理论物理概论学习指导

与武汉大学出版社出版的
《理论物理概论》（上、下册）配套使用

胡承正　周　详　缪　灵　编著

图书在版编目(CIP)数据

理论物理概论学习指导/胡承正,周详,缪灵编著.—武汉:武汉大学出版社,2014.2
ISBN 978-7-307-12697-8

Ⅰ.理… Ⅱ.①胡… ②周… ③缪… Ⅲ.理论物理学—高等学校—教学参考资料 Ⅳ.O41

中国版本图书馆 CIP 数据核字(2014)第 004386 号

责任编辑:任仕元　　责任校对:汪欣怡　　版式设计:马 佳

出版发行:**武汉大学出版社**　(430072 武昌 珞珈山)
(电子邮件:cbs22@whu.edu.cn 网址:www.wdp.com.cn)
印刷:湖北省荆州市今印印务有限公司
开本:720×1000 1/16　印张:19.5　字数:335 千字　插页:1
版次:2014 年 2 月第 1 版　2014 年 2 月第 1 次印刷
ISBN 978-7-307-12697-8　定价:30.00 元

前　言

理论力学、电动力学、热力学与统计物理学、量子力学是物理类本科生极为重要的四门专业基础课程，理论性强，难度大。为了使非物理类理工科学生既学习了这方面的理论和方法，又可略去不必要的内容和适当降低难度，在高等院校的物理教学中通常都把它们整合成一门课程，即理论物理予以讲授。有鉴于此，作者曾编著《理论物理概论》教材（上、下册），已由武汉大学出版社出版。《理论物理概论学习指导》正是与该教材配套的学习辅导书。本书的目的就在于帮助这门课程的学习者能深入理解和掌握它的基本理论、方法、技巧及其在实际中的应用。

全书共分三部分。第一部分（重点温习）对教材所讲述的内容进行了系统的回顾。第二部分（例题讲解）通过一些典型示例具体分析了这些理论方法的实际应用，不过，这并非单纯的例题分析，在某种意义上它也是所述内容的拓展和提高。第三部分（习题解答）则提供了教材中各章所附习题的全部解答。

“理论物理概论”课程对非物理类理工科学生的重要性是毋庸置疑的，但要想学好它却并非易事；课外多做练习则可以帮助学生消化和理解课堂所学的知识，因此，可以说做习题是学习这门理论课的一个重要环节。做习题关键是得自己动手。自己动手做，才会有所收获。翻书找答案只能是自己独立做完习题以后的事，它的目的也应该是从中进行比较、参考，看看自己动手做的结果是否正确。不对的话，错误出在何处；对的话，方法是否相同，孰优孰劣，因为解一道题也许不止一种方法。只有这样做，每完成一次习题才会有一次收获。这也是这本书想起的作用：它有如登山时的手杖，借助它，登山者步履更稳健，登山更方便，但要向上攀登，还必须挪动登山者自己的双腿。

本书的出版是与武汉大学出版社、武汉大学物理科学与技术学院的支持分不开的。在此，作者对为本书能得以出版给予过帮助的领导和同仁致以衷心的谢意。

作　者

2014 年 1 月于武汉珞珈山

目　　录

第一部分　重点温习

第1章　牛顿力学

1.1　物体的运动

力学是研究物体机械运动一般规律的科学。机械运动是指物体在空间的位置随时间的变化。

质点和刚体，参考系和参考坐标系，位矢和质点的运动方程，位移、速度和加速度

几种坐标系中速度与加速度的表达式

(1) 直角坐标系

速度

$$\boldsymbol{v} = v_x\boldsymbol{i} + v_y\boldsymbol{j} + v_z\boldsymbol{k} = \frac{\mathrm{d}x}{\mathrm{d}t}\boldsymbol{i} + \frac{\mathrm{d}y}{\mathrm{d}t}\boldsymbol{j} + \frac{\mathrm{d}z}{\mathrm{d}t}\boldsymbol{k} = \dot{x}\boldsymbol{i} + \dot{y}\boldsymbol{j} + \dot{z}\boldsymbol{k}$$

加速度

$$\boldsymbol{a} = a_x\boldsymbol{i} + a_y\boldsymbol{j} + a_z\boldsymbol{k} = \frac{\mathrm{d}v_x}{\mathrm{d}t}\boldsymbol{i} + \frac{\mathrm{d}v_y}{\mathrm{d}t}\boldsymbol{j} + \frac{\mathrm{d}v_z}{\mathrm{d}t}\boldsymbol{k} = \ddot{x}\boldsymbol{i} + \ddot{y}\boldsymbol{j} + \ddot{z}\boldsymbol{k}$$

(2) 平面极坐标系

$$\boldsymbol{v} = v_r\boldsymbol{i} + v_\theta\boldsymbol{j} = \dot{r}\boldsymbol{i} + r\dot{\theta}\boldsymbol{j}$$

$$\boldsymbol{a} = a_r\boldsymbol{i} + a_\theta\boldsymbol{j} = (\ddot{r} - r\dot{\theta}^2)\boldsymbol{i} + (r\ddot{\theta} + 2\dot{r}\dot{\theta})\boldsymbol{j}$$

(3) 自然坐标系

$$\boldsymbol{v} = \boldsymbol{v}(t) = v(t)\boldsymbol{\tau} \qquad v = v(t) = |\boldsymbol{v}(t)|$$

$$\boldsymbol{a} = a_\tau\boldsymbol{\tau} + a_n\boldsymbol{n} = \dot{v}\boldsymbol{\tau} + \frac{v^2}{\rho}\boldsymbol{n}$$

匀速直线运动与匀加速直线运动

自由落体运动

圆周运动、角速度与角加速度

1.2 物体的平衡

1. 力的概念

力和力的三要素

力是改变物体运动状态的原因。

力的三要素:① 力的作用位置或作用点;② 力的方向;③ 力的大小。

力的合成与分解遵守矢量合成与分解的法则。方法有:平行四边形法则、三角形法则、多边形法则。

力矩

(1) 力 $\boldsymbol{F}$ 对点 O 的力矩 $\boldsymbol{M}_O$

$$\boldsymbol{M}_O = \boldsymbol{r} \times \boldsymbol{F}$$

(2) 力 $\boldsymbol{F}$ 对轴 L 的力矩

$$\boldsymbol{M}_L(\boldsymbol{F}) = \boldsymbol{M}_O(\boldsymbol{F}_\perp)$$

力偶与力偶矩

大小相等、方向相反但不在同一直线上的一对平行力($\boldsymbol{F}$) 称为力偶。力偶所在的平面称为力偶作用面,力偶间的垂直距离($\boldsymbol{r}$) 称为力偶臂。力偶矩 $\boldsymbol{M} = \boldsymbol{r} \times \boldsymbol{F}$。

力系

作用在同一物体(或物体系) 上的一组力称为力系。如果作用在同一物体上的不同力系使物体产生相同的运动效果(物体各点的线加速度和角加速度相同),那么它们称为等效力系。

将由若干个力和力偶所组成的力系变成一个等效的力,或一个等效的力偶,或一个等效的力加力偶,这一过程称为力系的简化。

约束和约束力、稳定约束和不稳定约束、完整约束和不完整约束

摩擦和摩擦力、静滑动摩擦、动滑动摩擦和滚动摩擦

2. 物体的平衡

物体处于静止不动的状态,称为物体的静平衡,通常也简称为物体的平衡。

物体的平衡条件

(1) 作用于其上的各力的合力为零

$$\boldsymbol{F} = \sum_i \boldsymbol{F}_i = 0$$

(2) 各力对任意一点的合力矩为零

$$\boldsymbol{M}_O = \sum_i M_O(F_i) = 0$$

1.3　牛顿三定律

(1) 牛顿第一定律:物体在不受外力作用时,保持其运动状态不变,即或者做匀速直线运动或者保持静止。

(2) 牛顿第二定律:物体在力的作用下所产生的加速度($\boldsymbol{a}$) 与其所受的力($\boldsymbol{F}$) 成正比,方向与力的方向一致,即 $\boldsymbol{a} \propto \boldsymbol{F}$。如果写成等式,则为

$$\boldsymbol{a} = \frac{1}{m}\boldsymbol{F} \qquad \boldsymbol{F} = m\boldsymbol{a} = m\ddot{\boldsymbol{r}}$$

式中的比例系数 m 表示物体的质量。

(3) 牛顿第三定律:力的作用总是相互的,即有作用力必有反作用力。作用力与反作用力大小相等、方向相反且沿同一直线作用在不同物体上。

1.4　动量与冲量

动量与冲量

力与力的作用时间之积称为冲量,记为$\boldsymbol{I} = \boldsymbol{F}\mathrm{d}t$;物体质量与其速度之积称为动量,记为 $\boldsymbol{p} = m\boldsymbol{v}$。

动量定理

质点系总动量随时间的变化率等于该质点系所受的合外力,即

$$\frac{\mathrm{d}}{\mathrm{d}t}\boldsymbol{p} = \boldsymbol{F}$$

这一结论称为动量定理。

动量守恒定律:如果一个质点系所受的合外力等于零,那么质点系的总动量保持不变,这一结论称为动量守恒定律。

1.5　动量矩与冲量矩

动量矩与冲量矩

质点对某固定点的动量矩(又称角动量) 等于该固定点到质点的矢径与质点动量的矢量积,即

$$\boldsymbol{L} = \boldsymbol{r} \times \boldsymbol{p}$$

质点系对某固定点的动量矩等于该系统中所有质点对该固定点的动量矩的矢量和,即

$$\boldsymbol{L} = \sum_i \boldsymbol{L}_i = \sum_i \boldsymbol{r}_i \times \boldsymbol{p}_i$$

而冲量矩定义为力矩($\boldsymbol{M}$) 与作用时间 Δt 之积 $\boldsymbol{M}\Delta t$。

动量矩定理

质点系对任一固定点的动量矩对时间的导数，等于质点系上所有外力对同一固定点的力矩之矢量和，这就是质点系的动量矩定理，也叫做角动量定理。其表示式为

$$\frac{\mathrm{d}\boldsymbol{L}}{\mathrm{d}t}=\boldsymbol{M}=\sum_i \boldsymbol{r}_i\times\boldsymbol{F}_i$$

动量矩守恒定律：如果作用在质点系上所有外力对某固定点的力矩之矢量和等于零，那么质点系对该点的动量矩保持不变，这个结论叫做动量矩守恒定律，或角动量守恒定律。

1.6　功和能

功：物体所受外力与物体沿外力方向所移动距离之积叫做功（W）。其定义式为

$$W=\boldsymbol{F}\cdot\boldsymbol{r}=Fr\cos\theta$$

单位时间内所做的功叫功率（N），它可表示为

$$N=\frac{\mathrm{d}W}{\mathrm{d}t}=\boldsymbol{F}\cdot\boldsymbol{v}=Fv\cos\theta$$

保守力和耗散力、势能

因为保守力所做的功只与路径两端点位置有关，而与路径本身无关，所以我们可以引入一个物理量，它是物体位置的单值函数，它由初始位置改变到终止位置，其值的增加等于这两个位置间保守力做功的负值。这个物理量叫做物体的势能，或位能。因此，保守力又叫有势力或有位力。设相应某一保守力$\boldsymbol{F}$的物体势能为V，它们的关系为

$$\boldsymbol{F}=-\nabla V\qquad\left(\nabla=\boldsymbol{i}\frac{\partial}{\partial x}+\boldsymbol{j}\frac{\partial}{\partial y}+\boldsymbol{k}\frac{\partial}{\partial z}\right)$$

动能：物理量$\frac{1}{2}mv^2$叫做物体的动能。

动能定理：质点动能在某一运动过程中的增加等于作用于质点上的力在此过程中所做的功。

机械能守恒定律：质点在保守力作用下，其机械能（动能与势能之和）保持不变。这个结论叫做机械能守恒定律。

动量守恒定律、动量矩守恒定律和能量守恒定律是物理学中重要的三大守恒律，它构成了物理学的基础。

第 2 章 热现象的基本规律

2.1 热力学第零定律 温度

热力学系统与热力学平衡态

热力学第零定律(热平衡定律)

两个物体分别与第三个物体热平衡时,这两个物体之间也必然热平衡。这个规律叫做热力学第零定律,或热平衡定律。

温度

由热力学第零定律推知,互为热平衡的物体具有某一共同的物理性质,表征这一物理性质的量就是温度。

温标和温标的三要素、理想气体温标

热力学系统的状态方程

描写系统的状态参量与温度之间必然存在一定联系,表示这一联系的数学关系式称为状态方程或物态方程。

2.2 热力学第一定律

热力学过程、热量与功

热力学系统由一个状态改变到另一个状态叫做热力学过程,简称过程。如果在一个过程中的每一步,系统均处于平衡态,则这个过程叫做准静态过程。系统状态的改变可以通过做功与传递热量(传热) 来实现。

热力学第一定律

任意过程中,系统所吸收的热量等于系统内能的增加与系统对外做功之和。

$$Q = \Delta U + W$$

对无限小过程

$$\mathrm{d}Q = \mathrm{d}U + \mathrm{d}W$$

第一类永动机是不可能造成的。

热容量、内能与焓

物体温度升高 1 度所吸收的热量叫该物体的热容量或热容(C)。单位质量物体的热容叫比热容或比热(c)。

定容热容与定压热容

焓：$$H = U + pV$$

焦耳自由膨胀实验与焦耳－汤姆孙多孔塞实验

绝热过程

理想气体的绝热过程方程：$$pV^{\gamma} = C$$

卡诺循环

由两个等温过程和两个绝热过程组成的准静态循环过程叫做卡诺循环，进行卡诺循环的热机叫做卡诺热机。工作物质为理想气体的卡诺热机的效率

$$\eta = \frac{W}{Q_1} = \frac{T_1 - T_2}{T_1}$$

制冷机与制冷机的制冷系数ε

卡诺制冷机的制冷系数为 $$\varepsilon = \frac{Q_2}{|W|} = \frac{Q_2}{|Q_1| - Q_2} = \frac{T_2}{T_1 - T_2}$$

2.3 热力学第二定律

热力学第二定律的两种表述形式

克劳修斯表述：不可能把热量从低温物体传到高温物体而不引起其他变化。

开尔文表述：不可能从单一热源吸取热量使之完全变为有用的功而不引起其他变化。

利用从单一热源吸取的热量而使之完全变为有用功的热机通常称为第二类永动机，因此开尔文表述也可以说成：第二类永动机是不可能造成的。

克劳修斯表述与开尔文表述的等效性

卡诺定理：

所有工作于同一高温热源和同一低温热源之间的热机，以可逆机的效率为最大（这里所说的可逆机指的是工作物质在其中完成可逆循环的热机）。

推论：所有工作于同一高温热源和同一低温热源之间的可逆机的效率相等。

热力学温标

2.4 熵 热力学基本方程

克劳修斯不等式：

$$\sum_{i=1}^{n} \frac{Q_i}{T_i} \leqslant 0$$

上式称为克劳修斯不等式（和等式），其中等号对应可逆循环过程，不等号对应

不可逆循环过程。对连续变化过程

$$\oint \frac{đQ}{T} \leqslant 0$$

熵 热力学基本方程

熵：根据克劳修斯不等式可以推断，对任意经过 A、B 两状态的可逆循环过程，存在一个态函数 S 使得

$$\int_A^B \frac{đQ}{T} = S_B - S_A$$

这个态函数便叫做熵。

热力学第二定律数学表述的积分和微分形式

如果系统经任一不可逆过程从 A 到 B，那么根据克劳修斯不等式有

$$\int_A^B \frac{đQ}{T} < S_B - S_A$$

综合两式给出

$$S_B - S_A \geqslant \int_A^B \frac{đQ}{T}$$

对于无穷小过程便有

$$\mathrm{d}S \geqslant \frac{đQ}{T}$$

它们分别是关于热力学第二定律数学表述的积分和微分形式，其中等号对应可逆过程，不等号对应不可逆过程。

热力学基本方程：

$$T\mathrm{d}S \geqslant đQ = \mathrm{d}U + đW$$

熵增加原理

在绝热过程中，系统的熵永不减少；对可逆绝热过程，系统的熵不变；对不可逆绝热过程，系统的熵总是增加。这个结论叫做熵增加原理。

2.5 热力学函数

自由能和吉布斯函数

(1) 自由能

定义
$$F = U - TS$$

$$\mathrm{d}F = \mathrm{d}U - T\mathrm{d}S - S\mathrm{d}T = -S\mathrm{d}T - \mathrm{d}W$$

这个态函数(F) 称为自由能。

(2) 吉布斯函数

定义
$$G = U - TS + pV$$

$$dG = -SdT + Vdp - dW_1$$

式中 dW_1 是除去体积膨胀做功外，系统对外所做的其他功。这样定义的态函数(G)称为吉布斯函数。

麦克斯韦关系式：

$$\left(\frac{\partial p}{\partial S}\right)_V = -\left(\frac{\partial T}{\partial V}\right)_S \qquad \left(\frac{\partial V}{\partial S}\right)_p = \left(\frac{\partial T}{\partial p}\right)_S$$

$$\left(\frac{\partial S}{\partial V}\right)_T = \left(\frac{\partial p}{\partial T}\right)_V \qquad \left(\frac{\partial S}{\partial p}\right)_T = -\left(\frac{\partial V}{\partial T}\right)_p$$

TdS 方程：

$$TdS = C_V dT + T\left(\frac{\partial p}{\partial T}\right)_V dV, \quad TdS = C_p dT - T\left(\frac{\partial V}{\partial T}\right)_p dp$$

2.6 热力学第三定律

不能通过有限步骤使系统的温度达到绝对零度。

2.7 物质的相平衡和相变

孤立系、封闭系和开放系：

粒子数可变时，单元均匀系的热力学基本方程为

$$dU = TdS - pdV + \mu dn, \quad TdS = dU + pdV - \mu dn$$

单元复相系的平衡条件为

$$T_\alpha = T_\beta, \quad p_\alpha = p_\beta, \quad \mu_\alpha = \mu_\beta$$

它们分别代表热平衡条件、力学平衡条件和相平衡条件。

克拉珀龙方程

$$\frac{dp}{dT} = \frac{L}{T(v_\beta - v_\alpha)}$$

气液相变

第3章 电磁理论

3.1 电磁现象的实验规律

电荷与电场

(1) 库仑定律

$$\boldsymbol{F}_{12} = \frac{1}{4\pi\varepsilon_0}\frac{q_1 q_2}{r^2}\boldsymbol{e}_{12}$$

(2) 电场强度

$$\boldsymbol{E}=\frac{\boldsymbol{F}}{q_0}$$

点电荷产生的电场强度

$$\boldsymbol{E}=\frac{1}{4\pi\varepsilon_0}\frac{q}{r^3}\boldsymbol{r}$$

电荷连续分布的带电体产生的电场强度

$$\boldsymbol{E}=\frac{1}{4\pi\varepsilon_0}\int\frac{\rho(\boldsymbol{r}')}{r^3}\mathrm{d}\boldsymbol{r}'$$

(3) 高斯定理

电场中通过任意闭合曲面的电通量等于该曲面所包围的所有电荷电量代数和的$\frac{1}{\varepsilon_0}$倍,而与闭合曲面外的电荷无关,即

$$\oint\boldsymbol{E}\cdot\mathrm{d}\boldsymbol{S}=\frac{1}{\varepsilon_0}\int\mathrm{d}q=\frac{1}{\varepsilon_0}\int\rho(\boldsymbol{r})\mathrm{d}\boldsymbol{r}$$

这个结论叫做高斯定理。它的微分形式是

$$\nabla\cdot\boldsymbol{E}=\frac{\rho}{\varepsilon_0}$$

左边表示电场的散度。

(4) 静电场的环路定理

静电场对任意一个闭合回路的环量恒等于零,即

$$\oint_L\boldsymbol{E}\cdot\mathrm{d}\boldsymbol{l}=0$$

这个结论叫静电场的环路定理。它的微分形式是

$$\nabla\times\boldsymbol{E}=0$$

左边表示电场的旋度。

(5) 电势　电势梯度

单位正电荷所具有的电势能叫电势,记为U,

$$U_A-U_B=-\Delta U=\int_A^B\boldsymbol{E}\cdot\mathrm{d}\boldsymbol{r}$$

电势梯度∇U: $\boldsymbol{E}=-\nabla U$

泊松方程: $\Delta U=-\frac{\rho}{\varepsilon_0}$

电流与磁场

(1) 电流与电流密度

电荷的定向移动形成电流。正电荷运动的方向规定为电流的方向。电流的

大小用电流(强度)I来描述,它定义为单位时间通过导体某一横截面的电量。

电流密度

电流密度($\boldsymbol{j}$)是一个矢量,任意一点的电流密度的方向即是该点电流的方向,它的大小等于通过该点并与其方向垂直的单位面积上的电流。

(2) 毕奥-萨伐尔定律

实验表明,电流元$I\mathrm{d}\boldsymbol{l}$所激发的磁场中任意一点处的磁感应强度可由下式给出:

$$\mathrm{d}\boldsymbol{B} = \frac{\mu_0}{4\pi}\frac{I\mathrm{d}\boldsymbol{l} \times \boldsymbol{r}}{r^3}$$

式中$\mathrm{d}\boldsymbol{l}$的方向即电流方向,$\boldsymbol{r}$为电流元到该点的距离。这个规律叫做毕奥-萨伐尔定律。

(3) 磁场的散度与旋度

通过磁场中任一曲面S的磁感应通量φ,简称磁通量或磁通,定义式为

$$\varphi = \int_S \boldsymbol{B} \cdot \mathrm{d}\boldsymbol{S}$$

磁场的"高斯定理":对于任何稳定电流的磁场,通过任意闭合曲面的磁通恒等于零,即

$$\oint_S \boldsymbol{B} \cdot \mathrm{d}\boldsymbol{S} = 0, \quad \nabla \cdot \boldsymbol{B} = 0$$

安培环路定理:在恒定电流的磁场中,磁感应强度沿任意闭合路径的线积分,等于该路径所包围的全部电流代数和的μ_0倍,即

$$\oint_L \boldsymbol{B} \cdot \mathrm{d}\boldsymbol{l} = \mu_0 \sum_i I_i \qquad \nabla \times \boldsymbol{B} = \mu_0 \boldsymbol{j}$$

电磁感应

(1) 电磁感应现象

穿过闭合回路的磁通量发生变化时回路中会感生出电流的现象叫做电磁感应现象。这种感应而生的电流叫做感应电流。驱动感应电流的电动势叫做感应电动势。

(2) 电磁感应定律

感应电流的方向可以利用楞次定律判断:

感应电流的方向总是使它产生的磁场阻碍原回路中磁通量的变化。

感应电动势的大小可以利用法拉第定律确定:

闭合回路中感应电动势(ε)的大小与通过该回路的磁通量(φ)变化率成正比。

3.2　电介质和磁介质

电介质的极化、极化强度、极化电荷和极化电流

磁介质的磁化、磁化强度、磁化电流、磁化电流密度

3.3　麦克斯韦方程

真空中的麦克斯韦方程组

$$\nabla\cdot \boldsymbol{E}=\frac{\rho}{\varepsilon_0}\qquad \nabla\times \boldsymbol{E}=-\frac{\partial \boldsymbol{B}}{\partial t}$$

$$\nabla\cdot \boldsymbol{B}=0\qquad \nabla\times \boldsymbol{B}=\mu_0\boldsymbol{j}+\mu_0\varepsilon_0\frac{\partial \boldsymbol{E}}{\partial t}$$

洛伦兹力

洛伦兹力密度公式:电磁场对带电系统的力密度

$$\boldsymbol{F}=\rho\boldsymbol{E}+\boldsymbol{j}\times\boldsymbol{B}$$

洛伦兹力公式:一个电荷为 q,速度为 $\boldsymbol{v}$ 的粒子所受到的电磁场作用力

$$\boldsymbol{F}=q\boldsymbol{E}+q\boldsymbol{v}\times\boldsymbol{B}$$

介质中的麦克斯韦方程组

$$\nabla\cdot \boldsymbol{D}=\rho\qquad \nabla\times \boldsymbol{E}=-\frac{\partial \boldsymbol{B}}{\partial t}$$

$$\nabla\cdot \boldsymbol{B}=0\qquad \nabla\times \boldsymbol{H}=\boldsymbol{j}+\frac{\partial \boldsymbol{D}}{\partial t}$$

电磁场边值关系

3.4　电磁波

电磁场的波动性

电磁波在介质界面上的反射和折射

3.5　电磁场的能量与能流

电磁场的能量密度(u) 与能流密度($\boldsymbol{S}$)

$$\frac{\partial u}{\partial t}=\boldsymbol{E}\cdot\frac{\partial \boldsymbol{D}}{\partial t}+\boldsymbol{H}\cdot\frac{\partial \boldsymbol{B}}{\partial t}\qquad \boldsymbol{S}=\boldsymbol{E}\times\boldsymbol{H}$$

电磁场的能量守恒定律

$$-\frac{\mathrm{d}}{\mathrm{d}t}\int_V u\,\mathrm{d}V=\int_V \boldsymbol{f}\cdot\boldsymbol{v}\,\mathrm{d}V+\oint_\Sigma \boldsymbol{S}\cdot\mathrm{d}\boldsymbol{\sigma}\qquad -\frac{\partial u}{\partial t}=\boldsymbol{f}\cdot\boldsymbol{v}+\nabla\cdot\boldsymbol{S}$$

3.6 电磁场的矢势和标势

矢势 $\boldsymbol{A}$ 和标势 φ

$$\boldsymbol{B} = \nabla \times \boldsymbol{A} \qquad \boldsymbol{E} = -\nabla\varphi - \frac{\partial \boldsymbol{A}}{\partial t}$$

规范变换和规范不变性、达朗贝尔方程

第4章　狭义相对论

4.1 迈克尔孙-莫雷实验

4.2 相对论的基本原理

(1) 相对性原理:物理规律,不止是力学规律,也包括电磁现象等其他规律,在所有惯性参考系中都是一样的,不存在任何一个特殊的具有绝对意义的惯性系。

(2) 光速不变原理:光在真空中的速度 c 对任何惯性参考系都相等,且与光源的运动无关。

4.3 洛伦兹变换

洛伦兹变换公式

$$x' = \frac{x - vt}{\sqrt{1 - \beta^2}} \qquad y' = y \qquad z' = z$$

$$t' = \frac{t - \frac{v}{c^2}x}{\sqrt{1 - \beta^2}} \qquad \left(\beta = \frac{v}{c}\right)$$

速度变换公式

$$u'_x = \frac{u_x - \beta c}{1 - \frac{\beta}{c}u_x} = \frac{u_x - v}{1 - \frac{vu_x}{c^2}}$$

$$u'_y = \frac{u_y}{\gamma\left(1 - \frac{\beta}{c}u_x\right)} = \frac{u_y\sqrt{1 - \beta^2}}{1 - \frac{vu_x}{c^2}} \qquad \gamma = \frac{1}{\sqrt{1 - \beta^2}}$$

$$u'_z = \frac{u_z}{\gamma\left(1 - \frac{\beta}{c}u_x\right)} = \frac{u_z\sqrt{1-\beta^2}}{1 - \frac{vu_x}{c^2}}$$

4.4　相对论的时空理论

同时的相对性

在不同惯性系中观测发生的两个事件,在其中一个惯性系中表现为同时的,在另一惯性系中观察并不一定会是同时的。这就是同时的相对性。

洛伦兹 - 斐兹杰惹缩短

物体沿运动方向长度缩短的现象叫做洛伦兹 - 斐兹杰惹缩短。长度缩短为

$$l = l_0\sqrt{1-\beta^2}$$

爱因斯坦延缓

运动的时钟变慢的现象叫做爱因斯坦延缓。时钟延缓为

$$\Delta t = \frac{\Delta\tau}{\sqrt{1-\beta^2}}$$

4.5　相对论的四维表示

闵可夫斯基空间

洛仑兹变换

保持闵可夫斯基空间矢量长度不变的变换称为洛仑兹变换。洛仑兹变换是闵可夫斯基空间中的正交变换。

特殊洛仑兹变换

$$x'_\mu = Tx'_\nu \quad T = \begin{pmatrix} \gamma & 0 & 0 & i\beta\gamma \\ 0 & 1 & 0 & 0 \\ 0 & 0 & 1 & 0 \\ -i\beta\gamma & 0 & 0 & \gamma \end{pmatrix}$$

洛仑兹协变量

一个物理量在洛仑兹变换下若具有确定的变换性质,则称为洛仑兹协变量。

四维速度和动量

(1) 四维速度　$\boldsymbol{u}_\mu = \gamma(v_1, v_2, v_3, \mathrm{i}c)$

(2) 四维动量

$$p_\mu = \left(\boldsymbol{p}, \frac{\mathrm{i}}{c}W\right) \qquad W = \frac{m_0 c^2}{\sqrt{1 - \frac{v^2}{c^2}}}$$

相对论中能量与动量的关系式：

$$W^2 = p^2c^2 + m_0^2c^4$$

4.6 电磁场量的协变形式

四维电流密度矢量：$\boldsymbol{J}_\mu = (\boldsymbol{j}, \mathrm{i}c\rho) = \rho_0 u_\mu$

电荷守恒定律四维形式：$\partial_\mu \boldsymbol{J}_\mu = \boldsymbol{0}$

四维电磁势矢量：$\boldsymbol{A}_\mu = (\boldsymbol{A}, \frac{\mathrm{i}}{c}\varphi)$

达朗贝尔方程：　$\Box \boldsymbol{A}_\mu = -\mu_0 \boldsymbol{J}_\mu \qquad \boldsymbol{J}_\mu = (\boldsymbol{j}, \mathrm{i}c\rho)$

洛仑兹条件的四维形式：　$\partial_\mu A_\mu = 0$

电磁场张量

$$F_{\mu\nu} = \begin{pmatrix} 0 & B_3 & -B_2 & -\mathrm{i}\frac{E_1}{c} \\ -B_3 & 0 & B_1 & -\mathrm{i}\frac{E_2}{c} \\ B_2 & -B_1 & 0 & -\mathrm{i}\frac{E_3}{c} \\ \mathrm{i}\frac{E_1}{c} & \mathrm{i}\frac{E_2}{c} & \mathrm{i}\frac{E_3}{c} & 0 \end{pmatrix}$$

协变形式的麦克斯韦方程组

$$\partial_\nu F_{\mu\nu} = \frac{\partial F_{\mu\nu}}{\partial x_\nu} = \mu_0 J_\mu \qquad \frac{\partial F_{\mu\nu}}{\partial x_\lambda} + \frac{\partial F_{\nu\lambda}}{\partial x_\mu} + \frac{\partial F_{\lambda\mu}}{\partial x_\nu} = 0$$

第5章　量子力学初步

5.1 微观粒子的波粒二象性

经典物理学所遭遇的困难和量子论的提出

德布罗意波和微观粒子的波粒二象性

(1) 德布罗意关系

(2) 微观粒子的波粒二象性

微观粒子这种同时具有波动和粒子双重性的特点称为微观粒子的波粒二象性。

5.2　测不准关系

$$\Delta q \Delta p \geqslant \frac{\hbar}{2}$$

5.3　状态与波函数

粒子的运动状态可以用一个态函数 ψ 来描写。一般地,它是粒子坐标 $\boldsymbol{r}$ 和时间 t 的单值有界连续函数,这个态函数叫波函数。

5.4　力学量和算符

力学量的算符表示

量子力学中,力学量(实验上可以观测的量)用相应的算符(算子)来表示。坐标 q 和动量(p) 所对应的算符

$$\hat{q} = q \qquad \hat{p} = \frac{\hbar}{\mathrm{i}} \frac{\partial}{\partial q}$$

动量算符和角动量算符

哈密顿算符

保守力场中粒子的哈密顿算符

$$\hat{H} = \hat{T} + \hat{U} = -\frac{\hbar}{2m} \nabla^2 + U(x, y, z)$$

算符的一般性质

算符的对易、对易式

$$[\hat{A}, \hat{B}] = \hat{A}\hat{B} - \hat{B}\hat{A}$$

单位算符、逆算符、线性算符、伴随算符、厄密算符与酉算符

厄密算符的本征值和本征函数

(1) 本征值和本征函数。

(2) 厄密算符的本征值是实数。

(3) 属于厄密算符两个任意本征值的本征函数相互正交。

(4) 厄密算符本征函数的正交性和完全性。

力学量的平均值和可观测值

不同力学量同时有确定值的条件

定理:设 $\hat{A}$ 与 $\hat{B}$ 是任意两个力学量算符,那么它们存在一系列共同本征函数

所构成的完备集的充分必要条件是它们彼此对易,即

$$[\hat{A},\hat{B}] = \hat{A}\hat{B} - \hat{B}\hat{A} = 0$$

5.5 薛定谔方程

含时薛定谔方程

$$\mathrm{i}\hbar \frac{\partial \psi}{\partial t} = \hat{H}\psi$$

定态薛定谔方程

$$\hat{H}\varphi = E\varphi \qquad \hat{H} = -\frac{\hbar^2}{2m}\nabla^2 + V(\boldsymbol{r})$$

(1) 一维无限深方势阱

势函数

$$V(x) = \begin{cases} 0 & |x| < a \\ \infty & |x| \geqslant a \end{cases}$$

$$|x| \geqslant a \qquad \varphi(x) = 0$$

$|x| < a$, $\varphi(x)$ 满足定态薛定谔方程:

$$\frac{\mathrm{d}^2\varphi}{\mathrm{d}x^2} + k^2\varphi = 0 \quad k^2 = \frac{2mE}{\hbar^2}$$

能级

$$E_l = \frac{\hbar^2}{2m}\left(\frac{l\pi}{2a}\right) \qquad l = 1,2,\cdots$$

(2) 一维谐振子

谐振子势

$$V(x) = \frac{1}{2}m\omega^2 x^2 \qquad k = m\omega^2$$

定态薛定谔方程

$$\left(-\frac{\hbar^2}{2m}\frac{\mathrm{d}^2}{\mathrm{d}x^2} + \frac{1}{2}m\omega^2 x^2\right)\varphi(x) = E\varphi(x)$$

谐振子能量的可能取值

$$E_n = \left(n + \frac{1}{2}\right)\hbar\omega \qquad n = 0,1,2,\cdots$$

(3) 中心力场

中心力场

如果粒子所处的势场只与粒子的位矢大小有关,即 $V=V(r)$,这样的势场叫做中心力场或辏力场。中心力场中粒子的定态薛定谔方程式为

$$\left[-\frac{\hbar^2}{2m}\nabla^2+V(r)\right]\psi=E\psi$$

在球坐标中为

$$-\frac{\hbar^2}{2mr^2}\left[\frac{\partial}{\partial r}\left(r^2\frac{\partial}{\partial r}\right)+\frac{1}{\sin\theta}\frac{\partial}{\partial\theta}\left(\sin\theta\frac{\partial}{\partial\theta}\right)+\frac{1}{\sin^2\theta}\frac{\partial^2}{\partial\varphi^2}\right]\psi=E\psi$$

上述方程可用分离变量法求解。令

$$\psi(r,\theta,\varphi)=R(r)\mathrm{Y}(\theta,\varphi)$$

可分离成如下两个方程:

$$\frac{1}{r^2}\frac{\mathrm{d}}{\mathrm{d}r}\left(r^2\frac{\mathrm{d}R}{\mathrm{d}r}\right)+\left[\frac{2m}{\hbar^2}(E-V(r))-\frac{\lambda}{r^2}\right]R=0$$

$$\frac{1}{\sin\theta}\frac{\partial}{\partial\theta}\left(\sin\theta\frac{\partial\mathrm{Y}}{\partial\theta}\right)+\frac{1}{\sin^2\theta}\frac{\partial^2 Y}{\partial\varphi^2}=-\lambda\mathrm{Y}$$

上式第一个方程称为径向方程,它决定能量本征值 E 和径向波函数 $R(r)$。第二个方程只与角度 θ,φ 有关,由此得到的结论对任何中心力场均适用,其解 Y 即球谐函数

$$\mathrm{Y}_{lm}(\theta,\varphi)=(-1)^m\sqrt{\frac{(l-m)!}{(l+m)!}\frac{2l+1}{4\pi}}p_l^m(\cos\theta)\mathrm{e}^{\mathrm{i}m\varphi},l=0,1,2,\cdots$$

$$m=-l,-l+1,\cdots,l-1,l$$

(4) 氢原子

电子在库仑场中所具有的能量

$$V(r)=-\frac{e^2}{4\pi\varepsilon_0 r}$$

径向运动方程

$$\frac{1}{r^2}\frac{\mathrm{d}}{\mathrm{d}r}\left(r^2\frac{\mathrm{d}R}{\mathrm{d}r}\right)+\left[\frac{2m}{\hbar^2}\left(E+\frac{e^2}{4\pi\varepsilon_0 r}\right)-\frac{l(l+1)}{r^2}\right]R=0$$

能量的可能取值

$$E_n=-\frac{me^4}{32\pi^2\varepsilon_0^2\hbar^2}\frac{1}{n^2}$$

$n=1,2,3,\cdots$　　$l=0,1,2,\cdots,(n-1)$　　$m=-l,-l+1,\cdots,l-1,l$

5.6　角动量和自旋算符

角动量

满足条件 $\hat{\boldsymbol{L}} \times \hat{\boldsymbol{L}} = \mathrm{i}\hbar\hat{\boldsymbol{L}}$ 的力学量算符 $\hat{\boldsymbol{L}}$ 叫做角动量算符。

本征函数 ψ_{lm}

$\hat{\boldsymbol{L}}^2, \hat{L}_z$ 具有共同的本征函数,记这一共同的本征函数为 ψ_{lm},相应矩阵的矩阵元

$$(L^2)_{l'm',lm} = l(l+1)\hbar^2\delta_{l'l}\delta_{m'm} \qquad (L_z)_{l'm',lm} = m\hbar\delta_{l'l}\delta_{m'm}$$

$$(L_x)_{m,m-1} = (L_x)_{m-1,m} = \frac{\hbar}{2}\sqrt{(1+m)(l-m+1)}$$

$$(L_y)_{m,m-1} = -(L_y)_{m-1,m} = -\mathrm{i}\frac{\hbar}{2}\sqrt{(1+m)(l-m+1)}$$

自旋

(1) 电子的自旋

(2) 自旋态

当电子自旋与轨道运动间相互作用小到可忽略不计时,电子波函数可以写成

$$\psi(x,y,z,S_z,t) = \varphi(x,y,z,t)\chi(S_z)$$

式中,$\chi(S_z)$ 是描写自旋态的波函数,即自旋波函数。

(3) 自旋算符 $\hat{S}$ 与泡利算符 $\hat{\boldsymbol{\sigma}}$

$$\hat{\boldsymbol{S}} = \frac{\hbar}{2}\hat{\boldsymbol{\sigma}}, \qquad \sigma_x = \begin{pmatrix} 0 & 1 \\ 1 & 0 \end{pmatrix} \qquad \sigma_y = \begin{pmatrix} 0 & -\mathrm{i} \\ \mathrm{i} & 0 \end{pmatrix} \qquad \sigma_z = \begin{pmatrix} 1 & 0 \\ 0 & -1 \end{pmatrix}$$

总角动量

定义 $\hat{\boldsymbol{J}} = \hat{\boldsymbol{L}} + \hat{\boldsymbol{S}}$,$\hat{\boldsymbol{J}}$ 称为总角动量算符。$\boldsymbol{J}$ 满足角动量的一般定义式。因为 $\hat{J}^2, \hat{J}_z, \hat{L}^2$ 是守恒量而它们又彼此对易,因此它们存在共同本征函数。

5.7 全同粒子体系

质量、电荷、自旋等内禀属性完全相同的微观粒子叫做全同粒子。全同粒子具有不可区分性。全同粒子体系波函数具有交换对称性。

5.8 粒子在电磁场中的运动

电磁场中电子的薛定谔方程是

$$\mathrm{i}\hbar\frac{\partial\psi}{\partial t} = \hat{H}\psi = \left[\frac{1}{2m}\left(\hat{\boldsymbol{p}} + \frac{e}{c}\boldsymbol{A}\right)^2 - e\varphi + \frac{e\hbar}{2mc}\boldsymbol{B}\cdot\boldsymbol{\sigma}\right]\psi$$

式中,波函数 ψ 包含空间和自旋两部分,是一个二分量的列矩阵,它满足泡利方

程：

$$i\hbar \frac{\partial}{\partial t}\begin{pmatrix}\psi_1\\ \psi_2\end{pmatrix} = \hat{H}\begin{pmatrix}\psi_1\\ \psi_2\end{pmatrix}$$

正常塞曼效应

5.9　定态微扰论

非简并态微扰

如果未受微扰时，体系处于能量非简并的状态，即

$$\psi_0 = \varphi_m \qquad E_0 = \varepsilon_m \qquad \hat{H}_0\varphi_m = \varepsilon_m\varphi_m$$

用非简并态微扰方法给出的在二级微扰近似下能量和波函数分别是

$$E_m = \varepsilon_m + H'_{mm} + \sum_n{}' \frac{|H'_{mn}|}{\varepsilon_m - \varepsilon_n}$$

$$\psi_m = \varphi_m + \sum_n{}' \frac{|H'_{nm}|}{\varepsilon_m - \varepsilon_n}\varphi_n + \sum_l{}'\left[\sum_n{}' \frac{H'_{ln}H'_{nm}}{(\varepsilon_m - \varepsilon_l)(\varepsilon_m - \varepsilon_n)} - \frac{H'_{mm}H'_{lm}}{(\varepsilon_m - \varepsilon_l)^2}\right]\varphi_1$$

$$- \frac{1}{2}\sum_n{}' \frac{|H'_{nm}|^2}{(\varepsilon_m - \varepsilon_n)^2}\varphi_m$$

简并态微扰

如果未受微扰时，体系所处状态的能量本征值 ε_m 是 k 度简并的，那么作为微扰波函数的零级近似应是这 k 个本征函数的线性组合

$$\psi_0 = \sum_{j=1}^{k} C_j^{(0)}\varphi_{mj}$$

这时，一级微扰计算给出如下久期方程

$$\begin{vmatrix} H'_{11} - E_1 & H'_{12} & \cdots & H'_{1k} \\ H'_{21} & H'_{22} - E_1 & \cdots & H'_{2k} \\ \cdots & \cdots & \cdots & \cdots \\ H'_{k1} & H'_{k2} & \cdots & H'_{kk} - E_1 \end{vmatrix} = 0$$

由这个久期方程可以解出 E_1 的 k 个根 $E_1^{(i)}(i = 1, 2, \cdots, k)$，从而能量的修正值为

$$E_m^{(i)} = \varepsilon_m + E_1^{(i)} \qquad i = 1, 2, \cdots, k$$

5.10　量子跃迁

受到与时间有关的微扰 H' 后，在一级近似下的跃迁几率为

$$W_{mn}=\frac{1}{\hbar^2}\left|\int_0^t H'_{mn}e^{i\omega_{mn}t}dt\right|^2$$

两种典型跃迁

(1) 常微扰

如果微扰作用只发生在$(0,t)$时间间隔,且在此段时间内,H'与时间无关,这种微扰叫做常微扰。这时跃迁速率为

$$w_{mn}=\frac{dW_{mn}}{dt}=\frac{2\pi}{\hbar^2}|H'_{mn}|^2\delta(\omega_{mn})=\frac{2\pi}{\hbar}|H'_{mn}|^2\delta(E_m-E_n)$$

(2) 周期性微扰

一个单频周期性微扰可以写成

$$\hat{H}'(\boldsymbol{r},t)=\hat{F}(\boldsymbol{r})2\cos\omega t=\hat{F}(\boldsymbol{r})(e^{i\omega t}+e^{-i\omega t})$$

一级近似下的跃迁几率

$$W_{mn}=|a_m^{(1)}|^2=\frac{1}{\hbar^2}|F_{mn}|^2\frac{\sin^2[(\omega_{mn}\pm\omega)t/2]}{[(\omega_{mn}\pm\omega)/2]^2}$$

光的发射与吸收

第6章　近独立粒子体系

6.1　宏观物体的统计规律

随机变量

宏观物体的统计规律

统计物理学认为,系统宏观状态与微观状态之间的联系具有统计性质,在一定宏观条件下,虽然某一微观状态的出现具有偶然性,但它出现的几率却是确定的。所有宏观上可观测的物理量都是相应微观量的统计平均值。

一个微观量u的统计平均值

$$\bar{u}=\sum_{i=1}^{n}\rho_i u_i$$

即宏观上所测量到的值。而统计物理学的一个基本任务就是确定任何依赖于热力学系统微观状态的物理量取不同值的几率ρ_i(或统计权重)。

物理量的涨落、二次偏差的平均值(均方涨落)

6.2　近独立粒子体系

宏观态与微观态

相空间、μ 空间和 Γ 空间,能量曲面和能量曲面方程

经典统计与量子统计

近独立粒子体系

当组成一个系统的微观粒子间相互作用能与粒子本身的能量相比可以忽略不计时,这样的粒子叫做近独立粒子,由近独立粒子组成的体系就叫做近独立粒子体系。

6.3　近独立粒子体系的分布

等几率原理

对于一个孤立系统,由于其不受外界影响,系统各个可能的微观态出现的几率都相等。这个假设叫做等几率原理。

热力学几率(W) 与玻尔兹曼关系:

$$S = k\ln W$$

根据熵增加原理,处在平衡态的系统熵达到极大值。进而由玻尔兹曼关系式知,这时热力学几率也达到极大值。可见,平衡态是最可几态。

近独立粒子体系的最可几分布

费米 - 狄拉克(FD) 分布: $n_l = \dfrac{g_l}{e^{\alpha+\beta\varepsilon_l}+1}$

玻色 - 爱因斯坦(BE) 分布: $n_l = \dfrac{g_l}{e^{\alpha+\beta\varepsilon_l}-1}$

玻尔兹曼分布: $n_l = g_l e^{-\alpha-\beta\varepsilon_l}$

玻色系统或费米系统的内能、粒子数、广义力及熵

$$\bar{N} = -\frac{\partial\zeta}{\partial\alpha} \quad U = \bar{E} = -\frac{\partial\zeta}{\partial\beta} \quad \overline{X_j} = -\overline{\frac{\partial E}{\partial x_j}} = -\frac{1}{\beta}\frac{\partial\zeta}{\partial x_j} \quad S = k\left(\zeta - \alpha\frac{\partial\zeta}{\partial\alpha} - \beta\frac{\partial\zeta}{\partial\beta}\right)$$

$$\zeta = \sum_l \zeta_l = \pm\sum_l g_l \ln(1 \pm e^{-\alpha-\beta\varepsilon_l})$$

式中, + 号适用费米子,–号适用玻色子。

6.4　玻尔兹曼统计的适用范围

首先,如果粒子是可以分辨的,那么对于这样的系统,玻尔兹曼统计当然能够适用。

被固定在各自位置上的粒子叫做定域粒子,由定域粒子组成的系统叫做定域系统。对定域系统,玻尔兹曼统计适用。

其次,对同一种粒子组成的系统,应有

$$e^{\alpha} \gg 1$$

它可以看做玻尔兹曼分布律的适用条件。由此推得

$$\frac{\eta V}{Nh^3}(2\pi mkT)^{3/2} \gg 1$$

简并性气体与简并温度

$$T_0 = \frac{h^2}{2\pi mk}\left(\frac{N}{\eta V}\right)^{\frac{2}{3}}$$

称为简并温度。当 $T < T_0$ 时,气体称为简并性气体;而 $T = 0\mathrm{K}$ 时,气体称为完全简并性气体。

6.5 麦克斯韦速度分布律

麦克斯韦速度分布率

$$\mathrm{d}N = N\left(\frac{m}{2\pi kT}\right)^{\frac{3}{2}} \mathrm{e}^{-\frac{m}{2kT}(v_x^2+v_y^2+v_z^2)} \mathrm{d}v_x \mathrm{d}v_y \mathrm{d}v_z$$

麦克斯韦速率分布

$$\mathrm{d}N = 4\pi N\left(\frac{m}{2\pi kT}\right)^{\frac{3}{2}} \mathrm{e}^{-\frac{m}{2kT}v^2} v^2 \mathrm{d}v$$

平均速率 $\bar{v}$,方均根速率$\sqrt{\overline{v^2}}$ 和最可几速率 v_p

第7章　分析力学

7.1 虚功原理

实位移与虚位移

虚功原理

受理想不可解稳定约束的质点系达到平衡时,所有作用在此质点系上的主动力在任意位移上的虚功之和等于零。这个结论叫做虚功原理,或虚位移原理。即

$$\delta W = \sum_{i=1}^{n} \boldsymbol{F}_i \cdot \delta \boldsymbol{r}_i = 0$$

7.2 达朗伯原理

达朗伯原理

作用在质点系中各质点上的主动力、约束力和惯性力形成一个平衡力系。这一结论叫做达朗伯原理。三者关系可表为

$$\boldsymbol{F}_i + \boldsymbol{N}_i - m_i \ddot{\boldsymbol{r}}_i = 0 \qquad i = 1, 2, \cdots, n$$

所有主动力、约束力、惯性力对任一中心的力矩之和为零

$$\sum_{i=1}^{n} (\boldsymbol{r}_i \times \boldsymbol{F}_i) + \sum_{i=1}^{n} (\boldsymbol{r}_i \times \boldsymbol{N}_i) - \sum_{i=1}^{n} (\boldsymbol{r}_i \times m_i \ddot{\boldsymbol{r}}_i) = \boldsymbol{0}$$

7.3 拉格朗日方程

拉格朗日方程

受理想不可解稳定约束的完整系中拉格朗日方程

$$\frac{\mathrm{d}}{\mathrm{d}t}\left(\frac{\partial T}{\partial \dot{q}_\alpha}\right) - \frac{\partial T}{\partial q_\alpha} = Q_\alpha \quad \alpha = 1, 2, \cdots s$$

保守力系中的拉格朗日方程

$$\frac{\mathrm{d}}{\mathrm{d}t}\left(\frac{\partial L}{\partial \dot{q}_\alpha}\right) - \frac{\partial L}{\partial q_\alpha} = 0$$

式中，$L = T - V$，称为拉格朗日函数。

广义能量函数与广义能量函数守恒

如果拉格朗日函数不显含时间，则

$$\frac{\mathrm{d}}{\mathrm{d}t}\left(\sum_{\alpha=1}^{s} p_\alpha \dot{q}_\alpha - L\right) = \frac{\mathrm{d}h}{\mathrm{d}t} = 0$$

式中，

$$h = \sum_{\alpha=1}^{s} p_\alpha \dot{q}_\alpha - L$$

称为广义能量函数，上式表明广义能量函数守恒。若动能可以表示成广义速度的二次齐次式，则广义能量函数即系统总能量。

7.4 哈密顿正则方程

$$\dot{q}_\alpha = \frac{\partial H}{\partial p_\alpha} \qquad \dot{p}_\alpha = -\frac{\partial H}{\partial q_\alpha} \qquad \alpha = 1, 2, \cdots, s$$

$$H = -L + \sum_{\alpha=1}^{s} p_\alpha \dot{q}_\alpha$$

叫做哈密顿函数或哈密顿量，广义坐标和广义动量(q_α, p_α)叫做正则共轭量。对于稳定约束，动能是速度的二次齐次函数，这时哈密顿函数H就是力学体系的总能量E。

泊松括号

$$[\varphi, H] = \sum_{\alpha=1}^{s}\left(\frac{\partial\varphi}{\partial q_\alpha}\frac{\partial H}{\partial p_\alpha} - \frac{\partial\varphi}{\partial p_\alpha}\frac{\partial H}{\partial q_\alpha}\right)$$

而正则方程可以改写成

$$\dot{p}_\alpha = [p_\alpha, H] \qquad \dot{q}_\alpha = [q_\alpha, H] \qquad \alpha = 1,2,\cdots,s$$

7.5 哈密顿原理

记
$$S = \int_{t_1}^{t_2}(T - V)\,\mathrm{d}t = \int_{t_1}^{t_2} L\mathrm{d}t$$

称为作用函数,那么

$$\delta S = \delta\int_{t_1}^{t_2}(T - V)\,\mathrm{d}t = \delta\int_{t_1}^{t_2} L\mathrm{d}t = 0$$

它表明,保守完整的力学体系在相同时间内,由某一初始状态转变到另一已知状态的一切可能运动中,真实运动的作用函数具有极值。这一结论叫做哈密顿原理。

7.6 电磁场中带电粒子的拉格朗日函数和哈密顿函数

非相对论情形

$$L = \frac{1}{2}mv^2 - q(\varphi - \boldsymbol{v}\cdot\boldsymbol{A})$$

$$H = \boldsymbol{P}\cdot\boldsymbol{v} - L = \frac{1}{2m}(\boldsymbol{P} - q\boldsymbol{A})^2 + q\varphi$$

相对论情形

$$L = -m_0c^2\sqrt{1 - \frac{v^2}{c^2}} - q(\varphi - \boldsymbol{v}\cdot\boldsymbol{A})$$

$$H = \boldsymbol{P}\cdot\boldsymbol{v} - L = \frac{m_0c^2}{\sqrt{1 - \frac{v^2}{c^2}}} + q\varphi$$

或
$$H = \sqrt{(\boldsymbol{P} - q\boldsymbol{A})^2c^2 + m_0{}^2c^4} + q\varphi$$

7.7 电磁场的拉格朗日函数和哈密顿函数

电磁场的拉格朗日方程

$$\frac{\partial\tilde{L}}{\partial A_\mu} - \frac{\partial}{\partial x_\nu}\left(\frac{\partial\tilde{L}}{\partial(\partial_\nu A_\mu)}\right) = 0 \qquad \mu = 1,2,3,4$$

式中，$\tilde{L}$ 是拉格朗日函数密度，简称拉氏函数密度

$$\tilde{L} = -\frac{1}{2\mu_0}\partial_\nu A_\mu \partial_\nu A_\mu + A_\mu J_\mu$$

电磁场的哈密顿方程

$$\dot{A}_\mu = \mu_0 c^2 \pi_\mu \qquad \dot{\pi}_\mu = -J_\mu + \frac{1}{\mu_0}\frac{\partial^2 A_\mu}{\partial x_i \partial x_i}$$

哈密顿函数密度

$$\tilde{H} = \frac{1}{2\mu_0}\left[\frac{\partial A_\mu}{\partial x_i}\frac{\partial A_\mu}{\partial x_i} - \frac{\partial A_\mu}{\partial x_4}\frac{\partial A_\mu}{\partial x_4}\right] - A_\mu J_\mu$$

第 8 章 振动与转动

8.1 简单振动

机械振动、恢复力、振动中心

自由振动、受迫振动、阻尼振动

简谐振动

运动方程 $\ddot{x} + \omega^2 x = 0$ 解为 $x = A\sin(\omega t + \theta)$

式中，A 叫做振动的振幅，$\omega t + \theta$ 叫做振动的相位(位相)，θ 叫做初相位或初相。

阻尼振动

振动物体遇到黏滞阻力时，物体的运动微分方程为

$$m\ddot{x} = -kx - \alpha\dot{x}$$

令 $\omega^2 = \dfrac{k}{m}$，$2\gamma = \dfrac{\alpha}{m}$，通解是

$$x = A\mathrm{e}^{-\gamma t}\sin(\omega_1 t + \theta) \qquad \left(A = \sqrt{|B_1|^2 + |B_2|^2} \quad \tan\theta = \frac{B_1}{B_2}\right)$$

由此推得，$\gamma < \omega$ 为阻尼振动；$\gamma \geqslant \omega$ 是偏离平衡位置但非振动的运动。$\gamma = \omega$ 是刚好抑制振动发生的条件，称为临界阻尼。

受迫振动与共振

物体振动中，除受弹性恢复力作用外，还受到其他外力(外界激振力)作用，这种振动称为受迫振动。

设激振力为 $F_0\sin\omega t$，有阻尼情况下，物体运动微分方程是

$$m\ddot{x} = -kx - \alpha\dot{x} + F_0\sin\omega t$$

记$\omega_0^2=\frac{k}{m}$,$2\gamma=\frac{\alpha}{m}$,$f_0=\frac{F_0}{m}$,上式化成

$$\ddot{x}+2\gamma\dot{x}+\omega_0^2x=f_0\sin\omega t$$

它的通解是

$$x=Ae^{-\gamma t}\sin(\omega_1t+\theta)+\frac{f_0}{\sqrt{(\omega_0^2-\omega^2)^2+4\gamma^2\omega^2}}\sin(\omega t+\varphi)$$

式中,

$$\omega_1=\sqrt{\omega_0^2-\gamma^2}\qquad\tan\varphi=\frac{-2\gamma\omega}{\omega_0^2-\omega^2}$$

当$\gamma=0$时,振动无阻尼。合运动由两个均不衰减的简谐振动叠加而成。对$\omega=\omega_0$,这时的解

$$x=A\sin(\omega_0t+\theta)-\frac{f_0t}{2\omega_0}\sin\left(\omega_0t+\frac{\pi}{2}\right)$$

表明受迫振动的振幅随时间增长而不断增大,这种现象叫做共振。

8.2 复杂振动

两个同频率简谐振动的合成

(1) 两个振动在同一直线上;(2) 两个振动互相垂直。

二自由度线性系统的自由振动

8.3 保守系的微振动

8.4 刚体的运动

(1) 平动:刚体平动时,刚体上任意一点(通常选为质心)的运动可以代表其全体的运动。

(2) 定轴转动

定轴转动时刚体只有一个自由度,即它的角位移θ。刚体上任意一点的速度

$$v=r\omega=r\dot{\theta}\qquad \boldsymbol{v}=\boldsymbol{\omega}\times\boldsymbol{r}$$

而该点的加速度

$$a_\tau=\dot{v}=r\dot{\omega}=r\ddot{\theta}=r\alpha\qquad a_n=\frac{v^2}{r}=r\omega^2=\omega v$$

(3) 平面运动

做平面运动的刚体的自由度等于3。三个自由度可选取为基点A的坐标x_A，y_A和平面图形S上其余点(比如B)的角坐标,即绕A做定轴转动的角位移θ。相应地,B点的速度为

$$\boldsymbol{v}_B = \boldsymbol{v}_e + \boldsymbol{v}_r = \boldsymbol{v}_A + \boldsymbol{\omega} \times \boldsymbol{r}$$

B点的加速度

$$\boldsymbol{a}_B = \boldsymbol{a}_e + \boldsymbol{a}_r = \boldsymbol{a}_A + \boldsymbol{a}_\tau + \boldsymbol{a}_n$$

(4) 定点转动

欧拉角:章动角θ,进动角ψ,自转角φ。

欧拉运动学方程

$$\omega_x = \dot{\psi}\sin\theta\sin\varphi + \dot{\theta}\cos\varphi$$

$$\omega_y = \dot{\psi}\sin\theta\cos\varphi - \dot{\theta}\sin\varphi$$

$$\omega_z = \dot{\psi}\cos\theta + \dot{\varphi}$$

(5) 一般运动

8.5　刚体动力学

刚体质心C的运动方程

$$m\ddot{\boldsymbol{\rho}}_c = \boldsymbol{F}^{(e)} \qquad \boldsymbol{F}^{(e)} = \sum_{j=1}^{n} \boldsymbol{F}_j^{(e)}$$

刚体运动微分方程

如果选取刚体质心作基点,那么刚体的一般运动可以分解成质心的平动和刚体绕质心的转动。质心的平动服从质心的运动方程;刚体绕质心的转动服从如下刚体对质心的动量矩定理

$$\frac{\mathrm{d}\boldsymbol{L}_C}{\mathrm{d}t} = \sum_j \boldsymbol{r}_j \times \boldsymbol{F}_j^{(e)} = \boldsymbol{M}_C^{(e)}$$

刚体中动能定理

$$\mathrm{d}T = \sum_j \boldsymbol{F}_j^{(e)} \cdot \boldsymbol{\rho}_j$$

如为保守力,则有

$$T + V = E$$

刚体的平动和定轴转动

刚体平动时,运动微分方程便是刚体质心C的运动方程。

刚体定轴转动时,取固定轴为z轴。刚体定轴转动的运动方程为

$$I_z\dot{\omega}_z = M_z \qquad I_z = \sum_j m_j(x_j^2 + y_j^2) = \sum_j m_j R_j^2$$

I_z 是刚体对 z 轴的转动惯量。刚体定轴转时,其动能

$$T = \sum_j \frac{1}{2}m_j v_j^2 = \frac{1}{2}\sum_j m_j \omega^2 R_j^2 = \frac{1}{2}\omega^2 \sum_j m_j R_j^2 = \frac{1}{2}I_z\omega_z^2$$

刚体的平面运动微分方程为

$$m\ddot{\xi}_c = F_\xi \qquad m\ddot{\eta}_c = F_\eta \qquad I_z\dot{\omega} = M_z$$

刚体的定点转动

刚体绕定点 O 以角速度 $\boldsymbol{\omega}$ 转动时,刚体的动量矩(角动量)在直角坐标系的分量为

$$L_x = A\omega_x - H\omega_y - G\omega_z$$
$$L_y = - H\omega_x + B\omega_y - F\omega_z$$
$$L_z = - G\omega_x - F\omega_y + C\omega_z$$

选取适当的坐标轴可使 $F = G = H = 0$,这样的坐标轴叫惯量主轴。当以惯量主轴为坐标轴时,对它们的转动惯量 A,B,C 叫主转动惯量。这时有

$$\boldsymbol{L} = L_x\boldsymbol{i} + L_y\boldsymbol{j} + L_z\boldsymbol{k}$$

$$L_x = A\omega_x \qquad L_y = B\omega_y \qquad L_z = \omega_z$$

刚体定点转动的运动方程

$$A\dot{\omega}_x - (B - C)\omega_y\omega_z = M_x$$
$$B\dot{\omega}_y - (C - A)\omega_z\omega_x = M_y$$
$$C\dot{\omega}_z - (A - B)\omega_x\omega_y = M_z$$

通常称为欧拉动力学方程。结合欧拉运动学方程,共有 6 个微分方程,从中消去 ω_x,ω_y 和 ω_z,可以得到3个关于欧拉角 θ,ψ,φ 的微分方程,进而确定刚体的定点转动。

刚体的一般运动

8.6 陀螺的运动

赖柴定理与陀螺运动的近似方法

陀螺运动的量子化

8.7 角动量的耦合

角动量算符一般定义式:$\hat{\boldsymbol{J}} \times \hat{\boldsymbol{J}} = \mathrm{i}\hbar\hat{\boldsymbol{J}}$

本征函数与本征值

角动量平方算符与角动量算符各分量彼此对易,即

$$[\hat{\boldsymbol{J}}^2, \hat{J}_\alpha] = 0 \qquad \alpha = x, y, z$$

记 $\hat{\boldsymbol{J}}^2$ 和 $\hat{J}_z$ 这对对易算符的共同本征函数为 $|jm>$,它们满足本征方程

$$\hat{\boldsymbol{J}}^2 |jm> = j(j+1)\hbar^2 |jm>$$

$$\hat{J}_z |jm> = m\hbar |jm>$$

式中, $j = \begin{cases} 1/2, 3/2, 5/2, \cdots \\ 0, 1, 2, \cdots \end{cases} \quad m = -j, -j+1, \cdots, j-1, j$

角动量耦合

无耦合表象

设 $\hat{\boldsymbol{J}}_1$、$\hat{\boldsymbol{J}}_2$ 是体系的两个属于不同自由度的角动量算符。它们满足角动量基本对易关系

$$\hat{\boldsymbol{J}}_1 \times \hat{\boldsymbol{J}}_1 = i\hbar\hat{\boldsymbol{J}}_1 \qquad \hat{\boldsymbol{J}}_2 \times \hat{\boldsymbol{J}}_2 = i\hbar\hat{\boldsymbol{J}}_2$$

因为 $\boldsymbol{J}_1^2, \hat{J}_{1z}, \boldsymbol{J}_2^2, \hat{J}_{2z}$ 四个算符是互相对易的,所以它们的共同本征函数

$$|j_1m_1j_2m_2> = |j_1m_1>|j_2m_2> = \psi_{j_1m_1}\psi_{j_2m_2}$$

组成正交归一的完全系,体系的任意一个态(仅涉及与角动量有关的自由度)均可用它们展开。以这些本征函数为基矢的表象称为无耦合表象。

耦合表象

两个角动量算符可耦合成总角动量算符

$$\hat{\boldsymbol{J}} = \hat{\boldsymbol{J}}_1 + \hat{\boldsymbol{J}}_2$$

$\hat{\boldsymbol{J}}^2$、$\hat{\boldsymbol{J}}_z$、$\boldsymbol{J}_1^2$、$\boldsymbol{J}_2^2$ 四个算符也是互相对易的,它们的共同本征函数记为

$$|jm> = |j_1j_2jm> = \psi_{j_1j_2jm} = \psi_{jm}$$

所有的 $|jm>$ 组成正交归一完全系,以它们为基矢的表象称为耦合表象。

矢量耦合系数

将 $|j_1j_2jm> = |jm>$ 按非耦合表象基矢展开:

$$|jm> = \sum_{m_1, m_2} |j_1m_1j_2m_2> < j_1m_1j_2m_2 | jm>$$

展开系数 $<j_1m_1j_2m_2|jm>$ 就是这个变换矩阵的矩阵元,通常称为矢量耦合系数或克来布希 - 高登系数,简称矢耦系数或 C. G. 系数。

第 9 章 碰撞与散射

9.1 宏观物体的碰撞

碰撞现象及其基本特征

对心碰撞和偏心碰撞、正碰撞和斜碰撞

碰撞时的动力学定理

(1) 动量定理

$$\sum_i m_i \boldsymbol{v}'_i - \sum_i m_i \boldsymbol{v}_i = \sum_i \boldsymbol{I}_i$$

(2) 动量矩定理

$$\sum_i \boldsymbol{r}_i \times m\boldsymbol{v}'_i - \sum_i \boldsymbol{r}_i \times m_i \boldsymbol{v}_i = \sum_i \boldsymbol{r}_i \times \boldsymbol{I}_i = \sum_i \boldsymbol{M}_i$$

恢复因数

(1) 定义

实验表明,压缩冲量 $\boldsymbol{I}$ 与恢复冲量 $\boldsymbol{I}'$ 之间通常存在如下关系:

$$\boldsymbol{I}' = e\boldsymbol{I}$$

式中,e 叫做恢复因数或恢复系数。若 $e = 0$,则称为完全非弹性碰撞或塑性碰撞。若 $e = 1$,则称为完全弹性碰撞。$0 < e < 1$ 时,称为非完全弹性碰撞或弹性碰撞或非弹性碰撞。

(2) 两球相碰

对两个均质球正碰撞的情形:

$$e = \frac{v'_2 - v'_1}{v_1 - v_2}$$

$$v'_1 = \frac{m_1 - em_2}{m_1 + m_2}v_1 + \frac{(1+e)m_2}{m_1 + m_2}v_2 \quad v'_2 = \frac{(1+e)m_1}{m_1 + m_2}v_1 + \frac{m_2 - em_1}{m_1 + m_2}v_2$$

对两球斜碰撞的情形:

$$e = \frac{v'_{2n} - v'_{1n}}{v_{1n} - v_{2n}}$$

当两球光滑时,

$$v_{1t} = v'_{1t} \quad v_{2t} = v'_{2t}$$

当两球不光滑时

$$v'_{1t} - v_{1t} = \mu(v'_{1n} - v_{1n}) \qquad v'_{2t} - v_{2t} = \mu(v'_{2n} - v_{2n})$$

9.2 碰撞对运动刚体的作用

碰撞对定轴转动刚体的作用和碰撞对平面运动刚体的作用

9.3 微观粒子的散射

散射截面

记速度为 v 的粒子入射方向为 z 轴,受势场散射后发生偏转,方向处在沿

(θ,φ) 的立体角 $\mathrm{d}\Omega$ 中。若单位时间通过单位面积的入射粒子数目(入射粒子流密度) 为 N,单位时间偏转到 $\mathrm{d}\Omega$ 内的粒子数为 $\mathrm{d}N$,那么有

$$\mathrm{d}N = N\sigma(\theta\varphi)\mathrm{d}\Omega$$

式中,比例系数 $\sigma(\theta\varphi)$ 的量纲是面积,称为微分散射截面,或角分布。对各种可能的偏转方向积分后得到

$$\sigma_t = \int\sigma(\theta\varphi)\mathrm{d}\Omega = \int_0^{\pi}\int_0^{2\pi}\sigma(\theta\varphi)\sin\theta\mathrm{d}\theta\mathrm{d}\varphi$$

σ_t 称为总散射截面。

散射振幅

粒子受势场散射的过程可以用薛定谔方程描写:

$$\left[-\frac{\hbar^2}{2\mu}\nabla^2 + V\right]\psi = E\psi$$

一般情况下,方程的解可以写成平面波和球面波的叠加,即

$$\psi = \mathrm{e}^{ikz} + f(\theta)\frac{\mathrm{e}^{ikr}}{r}$$

式中,$f(\theta)$ 称为散射振幅。确定了散射振幅即确定了微分散射截面:

$$\sigma(\theta) = \frac{\hbar k}{\mu v}|f(\theta)|^2 = |f(\theta)|^2$$

9.4 分波法与刚球散射

分波法

粒子受中心势场散射,它的波函数 ψ 满足薛定谔方程

$$\nabla^2\psi + \left[k^2 - \frac{2\mu}{\hbar^2}V(r)\right]\psi = 0$$

其解的一般形式是

$$\psi = \psi(r\theta) = \sum_{l=0}^{\infty}R_l(r)Y_{l0}(\theta)$$

R_l 由径向方程解得

$$R_l(r)\xrightarrow[r\to\infty]{}\frac{A'_l}{kr}\sin(kr + \delta'_l) = \frac{A'_l}{kr}\sin\left(kr - \frac{l\pi}{2} + \delta_l\right)$$

式中,δ_l 叫做第 l 个分波的相移。代入 $\psi(r\theta)$ 表达式并与入射波的渐近形式相比较可得:

$$f(\theta) = \sum_l f_l(\theta) \qquad f_l(\theta) = \frac{2l + 1}{k}\mathrm{e}^{\mathrm{i}\delta_l}\sin\delta_l P_l(\cos\theta)$$

微分散射截面

$$\sigma(\theta) = |f(\theta)|^2 = \sum_{ll'} f_l^*(\theta) f_{l'}(\theta)$$

总散射截面

$$\sigma_t = \int \sigma(\theta)\,\mathrm{d}\Omega = \frac{4\pi}{k^2}\sum_l (2l+1)\sin^2\delta_l \quad \sigma_l = \frac{4\pi}{k^2}(2l+1)\sin^2\delta_l$$

σ_l称为第 l 个分波的散射截面。

刚球散射

9.5 玻恩近似

散射振幅

$$f(\theta) = -\frac{2\mu}{\hbar^2 q}\int_0^\infty r'V(r')\sin qr'\mathrm{d}r'$$

微分散射截面

$$\sigma(\theta) = |f(\theta)|^2 = \frac{4\mu^2}{\hbar^4 q^2}\left|\int_0^\infty r'V(r')\sin qr'\mathrm{d}r'\right|^2$$

式中,$\boldsymbol{q} = \boldsymbol{k} - \boldsymbol{k}_0$,$q = |\boldsymbol{q}| = 2k\sin\dfrac{\theta}{2}$,$\theta$ 是入射波与出射波间的夹角,$\boldsymbol{k}_0$ 为入射波波矢,它沿 z 轴方向,$\boldsymbol{k}$ 为出射波波矢,它沿 $\boldsymbol{r}$ 方向,对弹性散射,$|\boldsymbol{k}_0| = |\boldsymbol{k}| = k$。

玻恩近似的适用范围

对低能散射,势场必须很弱,作用范围必须很小,玻恩近似方能适用。而对高能散射,只要粒子速度(或动能)足够大,玻恩近似便可适用。

9.6 全同粒子的散射

对两个全同粒子组成的体系,若波函数是对称的,散射振幅为 $f(\theta) + f(\pi-\theta)$,相应的微分散射截面为 $\sigma(\theta) = |f(\theta) + f(\pi-\theta)|^2$。若波函数是反对称的,散射振幅为 $f(\theta) - f(\pi-\theta)$,相应的微分散射截面为 $\sigma(\theta) = |f(\theta) - f(\pi-\theta)|^2$。

9.7 质心坐标系与实验室坐标系

速度关系、散射角关系、截面关系

第 10 章 经典与量子理想气体

10.1 气体的热容

气体可以分为单原子分子气体、双原子分子气体、多原子分子气体。

1. 气体热容的经典理论

根据能量均分定理,单原子分子理想气体的摩尔定压热容与摩尔定容热容比 $\gamma = C_P/C_V = 5/3$,其理论结果与实验结果相符合。双原子分子理想气体的摩尔定压热容与摩尔定容热容比的理论结果 $\gamma = C_P/C_V = 9/7$,与实验结果不相符合。这是因为通常温度下双原子分子的振动对热容的贡献可以忽略。

2. 气体热容的量子理论

对一般气体,玻尔兹曼统计都能运用。这时,一个气体分子能量

$$\varepsilon_\ell = \varepsilon_\ell^t + \varepsilon_\ell^r + \varepsilon_\ell^v + \varepsilon_\ell^e$$

相应的配分函数

$$Z = Z^t Z^r Z^v Z^e$$

式中,

$$Z^t = \frac{e}{N}\Sigma g_l^t \mathrm{e}^{-\beta\varepsilon_l^t} Z^r = \Sigma g_l^r \mathrm{e}^{-\beta\varepsilon_l^r} Z^v = \Sigma g_l^v \mathrm{e}^{-\beta\varepsilon_l^v} Z^e = \Sigma g_l^e \mathrm{e}^{-\beta\varepsilon_l^e}$$

分子的平动能级总是可以看做连续的,具有经典值。

气体分子的平均振动能

$$\overline{\varepsilon^v} = -\frac{\partial}{\partial\beta}\ln Z^v = \frac{1}{2}\hbar\omega + \frac{\hbar\omega}{\mathrm{e}^{\beta\hbar\omega} - 1}$$

振动自由度对热容的贡献

$$C_V^v = N\frac{\partial\,\overline{\varepsilon^v}}{\partial T} = Nk\left(\frac{\hbar\omega}{kT}\right)^2 \frac{\mathrm{e}^{\frac{\hbar\omega}{kT}}}{(\mathrm{e}^{\hbar\omega/kT} - 1)^2}$$

令 $T_v = \dfrac{\hbar\omega}{k}$,称为气体的振动特征温度。一般气体的振动特征温度都非常高,常温下振动自由度对气体热容贡献很小,以致可以忽略。随着温度升高振动热容也增大,直至经典值。

双原子分子的转动可以看做自由转子,在量子力学中,转动自由度对气体热容的贡献仍具有经典数值。

由于电子激发态与基态能量之差大概在几个电子伏特的数量级,相应的特征温度约为 $10^4 \sim 10^5$K。一般温度下,电子的自由度对热容无贡献。

10.2　固体热容的统计理论

1. 固体热容的经典理论

固体的振动自由度近似为 $3N$。根据经典能量均分定理,每个振动自由度的平均能量为 kT,由此得固体的热容

$$C_V = \left(\frac{\partial\overline{E}}{\partial T}\right)_V = 3Nk$$

这个结果与杜隆 - 珀替 1819 年从实验所发现的定律符合。

不过,实验测量表明,固体热容的低温特性可用如下关系式表示:

$$C_V = \alpha T^3 + \gamma T$$

式中,α 和 γ 为常数。这一关系是经典理论所不能解释的。

2. 固体热容的量子理论

固体中 $3N$ 个独立的简正振动的平均能量

$$\bar{\varepsilon} = -\frac{\partial}{\partial\beta}\ln Z = \frac{h\nu}{e^{h\nu/kT}-1} + \frac{1}{2}h\nu$$

要计算 $3N$ 个振子的总能量进而求得固体的热容就必须确定每个振子的振动频率。理论上最常用的有两种模型,即爱因斯坦理论和德拜理论。

(1) 爱因斯坦理论

爱因斯坦认为,固体中所有简正振动的频率都相同,因而固体的热容

$$C_V = \left(\frac{\partial\overline{E}}{\partial T}\right)_V = 3Nk\left(\frac{\Theta_E}{T}\right)^2 \frac{e^{\Theta_E/T}}{(e^{\Theta_E/T}-1)^2}$$

这就是爱因斯坦的固体热容公式,式中 $\Theta_E = \frac{h\nu}{k}$ 为爱因斯坦特征温度。在高温下,爱因斯坦理论给出与经典一致的结果。但低温下,爱因斯坦理论与实验观测的规律并不定量符合。

(2) 德拜理论

简正振动数

位于频率间隔$(\nu, \nu + d\nu)$ 内简正振动数目

$$dN(\nu) = \frac{4\pi V}{c^3}\nu^2 d\nu$$

德拜的固体热容公式

$$C_V = \frac{9Nk}{x^3}\int_o^x \frac{y^4 e^y}{(e^y-1)^2}dy = 3Nk\left[4D(x) - \frac{3x}{e^x-1}\right]$$

式中,

$$y = \frac{h\nu}{kT} \qquad x = \frac{h\nu_D}{kT} = \frac{\Theta_D}{T} \qquad \Theta_D = \frac{h\nu_D}{k} \qquad D(x) = \frac{3}{x^3}\int_0^x \frac{y^3 dy}{e^y-1}$$

上式就是德拜的固体热容公式,$D(x)$ 叫德拜函数,Θ_D 是德拜特征温度。

德拜 T^3 定律

在$\frac{\Theta_D}{T} \ll 1$ 和$\frac{\Theta_D}{T} \gg 1$ 的两种极限情况下,相应的固体的热容为

$$C_V = 3Nk \qquad \frac{\Theta_D}{T} \ll 1, \qquad \frac{x}{e^x-1} \cong 1$$

$$C_V = 3Nk\frac{4\pi^4}{5x^3} = \frac{12Nk\pi^4}{5}\frac{T^3}{\Theta_D^3} \qquad \frac{\Theta_D}{T} \gg 1, \quad \frac{x}{e^x - 1} \cong 0$$

可见,在高温下,德拜理论也给出与经典理论相同的结果。而在低温下,德拜理论预言,固体的热容将依温度的三次方减小至零。这个规律称为德拜 T^3 定律。

10.3　顺磁性物质

顺磁性物质

顺磁性物质的原子(分子)具有永久磁(偶极)矩。原子(分子)的永久磁矩与总角动量($\boldsymbol{J}$)的关系为

$$\boldsymbol{\mu} = g\frac{e}{2m}\boldsymbol{J}$$

在磁场中,这些磁矩倾向于沿磁场方向规则取向,物质表现出顺磁性。

顺磁物质的磁化强度

原子(分子)磁化的宏观效应可以用磁化强度 M 来表示,它被定义为单位体积的磁矩。顺磁物质的磁化强度

$$M = ng\mu_B JB_J(x)$$

式中,
$$B_J(x) = \frac{2J+1}{2J}\mathrm{cth}\frac{2J+1}{2J}x - \frac{1}{2J}\mathrm{cth}\frac{x}{2J}$$

称为布里渊函数。

居里定律和磁饱和状态

在高温弱磁场情况下,顺磁物质的磁化强度与外磁场成正比,与温度成反比,这就是居里定律。在低温强磁场情况下,所有原子磁矩都趋向外磁场方向,称为磁饱和状态。

10.4　热辐射与光子气体

经典理论中黑体辐射的困难

普朗克黑体辐射公式

$$E_\nu \mathrm{d}\nu = \frac{8\pi V}{c^3}\frac{h\nu^3\mathrm{d}\nu}{e^{\frac{h\nu}{kT}} - 1}$$

维恩位移定律

设 λ_m 为 E_λ 取极大值时相应的波长,则

$$\lambda_m T = 2.898 \times 10^{-3}\mathrm{m}\cdot\mathrm{K}$$

它表明,当温度升高时,辐射能最大的波长以与温度成反比的方式向短波方向移动。这一规律称为维恩位移定律。

光子气体的热力学函数

10.5 玻色气体的性质

一般玻色气体的 ζ 函数

$$\zeta = -\sum_l g_l \ln(1 - e^{-\alpha-\beta\varepsilon_l})$$

玻色气体的热力学函数

$$N = -\frac{\partial\zeta}{\partial\alpha} \quad E = -\frac{\partial\zeta}{\partial\beta} = \frac{3}{2}kT\zeta \quad p = \frac{1}{\beta}\frac{\partial\zeta}{\partial V} = \frac{2}{3}\frac{E}{V} \quad S = k\left(\frac{5}{2}\zeta + N\alpha\right)$$

玻色 - 爱因斯坦凝结与凝结温度

因为玻色系统不受泡利不相容原理的限制,当温度趋近于零时,所有气体分子将迅速聚集到零能量基态,这一现象叫玻色 - 爱因斯坦凝结。发生玻色 - 爱因斯坦凝结时的温度(凝结温度) 为

$$T_c = \frac{h^2}{2\pi mk}\left(\frac{N}{2.612gV}\right)^{2/3}$$

10.6 费米气体的性质

费米气体的总粒子数 N 和总能量 E

$$N = \int dn = \frac{4\pi gV}{h^3}\int\frac{p^2 dp}{e^{(\varepsilon-\mu)/kT}+1} \quad E = \int \varepsilon dn = \frac{4\pi gV}{h^3}\int\frac{\varepsilon p^2 dp}{e^{(\varepsilon-\mu)/kT}+1}$$

费米能 ε_f、费米动量 p_f、费米温度 T_f

$$p_f = \left(\frac{3}{4\pi g}\right)^{1/3}\left(\frac{N}{V}\right)^{1/3} h \qquad \varepsilon_f = \frac{p_f^2}{2m} \qquad T_f = \frac{\varepsilon_f}{k}$$

在 $T \neq 0$ 的一般情况下

$$C_V = \left(\frac{\partial E}{\partial T}\right)_V = \frac{\pi^2}{2}Nk\frac{kT}{\varepsilon_f} = \frac{\pi^2}{2}Nk\frac{T}{T_f}$$

它表明,电子对热容的贡献与 T 成正比,这正好是实验测得的低温下固体热容表示式的第二项。

10.7 分子场近似与布喇格 - 威伦姆斯近似

第 11 章 原子与原子核

11.1 原子的一般特性

原子的质量和大小

原子模型:汤姆孙模型和卢瑟福模型

α 粒子散射实验:α 粒子的散射实验与卢瑟福原子模型的合理性。

卢瑟福散射公式

$$\sigma(\theta)=\left(\frac{1}{4\pi\varepsilon_0}\right)^2\left(\frac{z_1z_2e^2}{4E}\right)^2\frac{1}{\sin^4\dfrac{\theta}{2}}$$

原子的光谱

巴耳末公式:

$$\lambda=B\frac{n^2}{n^2-4}\qquad n=3,4,5,\cdots\qquad B=3645.6\mathring{A}$$

里德伯方程:

$$\tilde{\nu}=\frac{1}{\lambda}=R_H\left(\frac{1}{m^2}-\frac{1}{n^2}\right)=T(m)-T(n)$$

式中,$\tilde{\nu}=1/\lambda$ 称为波数,$R_H=4/B=1.0967758\times10^7\mathrm{m}^{-1}$ 为里德伯常数,T 为光谱项。

11.2　玻尔的原子理论

玻尔的氢原子理论包含了三条基本假设:定态条件、频率条件和角动量量子化。

定态条件

玻尔理论认为,电子绕核运动的轨道,或者说它所具有的能量不能任意取值,而受条件限制。电子只有在允许的轨道上,或以允许的能量运动时才不会产生电磁辐射而处于稳定状态。这种稳定状态称为定态,相应的条件称为定态条件。

频率条件

电子从一个定态变到另一个定态时,会以电磁波的形式放出(或吸收)能量

$$h\nu=E_n-E_m$$

上式称为频率条件(或辐射条件)。

角动量量子化

$$L=mvr=m\sqrt{\frac{ze^2}{4\pi\varepsilon_0 mr}}r=\sqrt{\frac{zme^2r}{4\pi\varepsilon_0}}=\sqrt{\frac{zme^2}{4\pi\varepsilon_0}\frac{a_1n^2}{z}}=n\frac{h}{2\pi}=n\hbar$$

上式表明,电子的角动量也是量子化的。

玻尔理论的实验验证

① 氢原子光谱;② 类氢离子的光谱;③ 氘的存在;④ 夫兰克 - 赫兹实验

玻尔理论的局限性

11.3 原子的谱项和磁矩

原子的能级

原子的能级,称为该原子的谱项,通常用$^{2S+1}L_J$来表示。

LS耦合和jj耦合

电子组态与原子态

原子中电子在n和l值不同的各态上的分布叫做电子组态。由一种电子组态可以构成相应的几种不同的原子谱项(原子态)。

洪特定则

由同一电子组态形成的谱项中,S值最大的能级位置最低;在S值相同的能级中,L值最大的位置最低。另外当同科电子有相同L不同J时,同科电子数小于或等于闭壳层填充数一半时,J值最小的能级位置最低(正常次序),或者J值最大的位置最低(反常次序)。

原子的磁矩

$$\boldsymbol{\mu} = -g\mu_B \boldsymbol{j}$$

$$g = 1 + \frac{j(j+1) - l(l+1) + s(s+1)}{2j(j+1)} \qquad \mu_B = \frac{e\hbar}{2m}$$

g称为朗德因子,μ_B是玻尔磁子。

11.4 原子的光谱

碱金属元素的原子光谱

碱金属元素的原子光谱具有类似的结构。一般可以观察到四个线系:主线系、第一辅线系(漫线性)、第二辅线系(锐线性)和柏格曼线系(基线系)。

光谱线的精细结构

用分辨本领足够高的仪器观察碱金属原子的光谱时,会发现每一条光谱线并非简单的一条线,而是由二条或三条线组成的。人们把它叫做光谱线的精细结构。

选择定则

电子从高能级向低能级跃迁(发散光谱)或从低能级向高能级跃迁(吸收光谱)时,遵守如下选择定则:

① 跃迁只能发生在不同宇称的量子态间;

② 对LS耦合,$\Delta S = 0$,$\Delta L = 0, \pm 1$,$\Delta J = 0, \pm 1$($0 \to 0$除外);

③ 对jj耦合,$\Delta J' = 0$,$\Delta j = 0, \pm 1$,$\Delta J = 0, \pm 1$($0 \to 0$除外)。

不满足上述条件的跃迁称禁戒跃迁。

氦原子光谱

氦原子光谱的谱线系有两套,即它有两个主线系,两个第一辅线系,两个第二辅线系等。一套是单线结构,另一套却有复杂结构。

原子光谱在磁场中所发生的塞曼效应

将光源置于磁场中,其光谱谱线会发生分裂,这一现象称为塞曼效应。原子在磁场中发生塞曼效应时由上下能级分裂引起的新谱线与原谱线频率之差

$$\nu' - \nu = (M_2 g_2 - M_1 g_1)\mu_B B/h = (M_2 g_2 - M_1 g_1)\frac{Be}{4\pi m}$$

11.5　原子的壳层结构和元素周期表

11.6　原子核的基本性质

原子核的电荷和质量、成分和大小

原子核的角动量,磁矩和电四极矩

原子核的磁矩(核磁矩)

$$\mu_I = gI(I+1)\mu_N$$

原子核的电偶极矩恒等于零。而原子核的电四极矩定义为

$$Q = \frac{1}{e}\int \rho(3z^2 - r^2)\,d\tau$$

原子核的结合能

原子核中所有质子质量和中子质量之和减去原子核的质量就是原子核的结合能。

放射性元素与放射性

一些原子序数很大的重元素会自发地放出射线而衰变成另一种元素的原子核,这一现象称为放射性(或放射衰变)。具有这种性质的元素称为放射性元素。实验表明,放射衰变遵守如下定律:

$$N = N_0 e^{-\lambda t}$$

11.7　核力与核反应

核力及其性质、核力的介子论

核反应

(1) 原子核反应及守恒定律

实验表明,原子核反应遵从如下守恒定律:① 电荷,② 核子数,③ 总质量和

总能量,④ 线动量,⑤ 角动量,⑥ 宇称等。

(2) 反应能及阈能

反应能

$$Q=(E_3+E_4)-(E_1+E_2)=[(M_1+M_2)-(M_3+M_4)]c^2$$

若 $Q>0$,则核反应是放能的;若 $Q<0$,则核反应是吸能的。

阈能

能使原子核在入射粒子撞击下发生核反应所需最小能量叫做阈能(E_m)。原则上放能核反应的阈能为零。吸能核反应的阈能

$$E_m=-Q\frac{M_1+M_2}{M_1}$$

(3) 核反应的类型

(4) 原子核的裂变和原子能

(5) 原子核的聚变

11.8 原子核结构

费米气体模型、液滴模型、壳层模型、集体模型

11.9 基本粒子

第 12 章 万有引力与天体

12.1 万有引力

开普勒定律:① 轨道定律,② 面积速度定律,③ 周期定律。

万有引力定律:两个物体间吸引力的大小与两物体质量的乘积成正比,而与它们之间距离的平方成反比,即

$$F=-G\frac{m_1m_2}{r^2}$$

三种宇宙速度

① 第一宇宙速度 v_1:第一宇宙速度是指物体可以环绕地球运动而不下落所需要的最小速度。

② 第二宇宙速度 v_2:第二宇宙速度是指物体完全脱离地球引力作用所需要的最小速度。

③ 第三宇宙速度 v_3:第三宇宙速度是指物体完全脱离太阳系所需要的最小

速度。

12.2　太阳系

太阳

太阳大气：光球、色球和日冕组成太阳大气。

平时我们见到的明亮圆盘状的太阳表面叫做光球。它是太阳外部的一层，又称光球层。通常所说的太阳大小、太阳表面温度也是指光球的大小、光球层的平均温度。色球层是光球之上一层比较稀薄和透明的气态物质。色球之外是过渡区，最外面是“日冕”。

太阳内部：太阳光球的里面称为内部。太阳内部包括核反应区、辐射区和对流区。

地球

地球的自转和公转：地球自转造成了昼夜交替，而地球公转则引起了四季变化。

地球内部构造可分三层。靠近地球中心的是地核（又分外核和内核），厚度约3480km。地核以上是地幔，厚度约2891km。最外层是地壳，厚度仅21.4km。

地球外面是大气层，大气中主要是氮气和氧气。大气层外是电离层，随后是等离子体。

月亮

由于日、地、月三者的相对位置随月亮绕地球运转而变化，造成了月有阴晴圆缺，称为月相。

月亮绕地球转动，而地球又绕太阳转动。在太阳光照射下，月亮和地球在背向太阳的方向都留下一条长长的影子。当月影扫过地面，便产生了日食；当月亮钻进地影，便产生了月食。

由月亮吸引力引起的潮汐叫太阴潮。太阳的引力也会引起潮汐，叫太阳潮。

太阳系

太阳系以太阳为中心，按照离太阳由近及远的顺序排列的大行量分别是：水星、金星、地球、火星、木星、土星、天王星和海王星。

12.3　恒星世界

恒星的距离

恒星所画圈的角半径即是恒星看地球轨道半径的张角，叫做恒星的（周年）视差，记为 π。显然，恒星到太阳的距离 r 与日地距离 a、视差 π 的关系是

$$r = \frac{a}{\sin\pi}$$

测出恒星的视差便可得到 r,这种测量恒星距离的方法称为三角视差法。

恒星的亮度

恒星每秒钟辐射的能量称为光度 L,它代表恒星的发光本领。地球上观测到的恒星的亮度(视亮度) I 与 L 的关系是

$$L = 4\pi r^2 I$$

视星等(m) 与绝对星等(M)、变星测距

$$m - M = 5\log r - 5$$

恒星的光谱

以恒星的光谱型(或表面温度) 为横坐标,以绝对星等(或光度) 为纵坐标将恒星的位置标记在此坐标平面上,这样绘制的图形叫做赫罗图。恒星在赫罗图上的分布并不均匀,绝大多数恒星落在从左上角到右下角的对角线上,称为主星序。位于主星序上的星称为主序星。

恒星的大小和质量

恒星的种类

主序星、白矮星、中子星和黑洞

引力半径或施瓦西半径

$$r_g = \frac{2GM}{c^2}$$

r_g 称为天体的引力半径或施瓦西半径。一个质量为 M 的天体,如果它的半径 $r \leqslant r_g$,那么任何到达此处的物质都只能被吸入而无法脱离,这个天体便成了一个黑洞。

12.4　宇宙空间

银河系

观测银河系人们会发现,有几十上百颗恒星聚集在一个不大的空间体积内,凭借互相之间的引力联系在一起,对其他恒星而言有大致相同的运动。这样形成的恒星集团称为星团。星团分为疏散星团和球状星团两种。在银河系中还有一种名叫星协的恒星集团。银河系里既有离散的恒星,也有簇集在一起的恒星。所有恒星质量的总和占银河系质量的 90%。

21cm 波长谱线

河外星系

星系是宇宙中十分重要又十分壮观的天体,它们是由恒星、气体和尘埃组成

的庞大系统。河外星系是指位于银河以外的星系。

星表

宇宙学红移与哈勃膨胀

天文学上习惯用光谱线的红移量 z 来表示波长的变化

$$z=\frac{\lambda-\lambda_0}{\lambda_0}$$

式中，λ_0 表示某一谱线的光在地面发射时所观测到的波长，λ 表示地面观测到从远方星系发出的同一谱线的波长。若 $z>0$，则称为红移；若 $z<0$，则称为紫移。

哈勃定律：$v=H_0d$，　　H_0 称为哈勃常数。

微波背景辐射和大爆炸宇宙学

哈勃膨胀（星系整体退行）、微波背景辐射和核合成理论为大爆炸宇宙学的建立奠定了三大基石。大爆炸宇宙学被公认为宇宙学的标准模型。

暗物质

第二部分　例题讲解

第1章　牛顿力学

1. 物体的质量中心,即质心。若物体各处重力加速度相同,则物体的质心即重心。对匀质物体(密度均匀的物体),它的质心即其几何形状的中心(或称形心)。对等厚度的匀质物体,它的质心即过厚度一半处的截面的形心。确定物体质心的方法除直接利用它的定义表达式(见1.7例题2)外,还会利用到:(1)对称性判别法,对具有对称面、对称轴、对称中心的匀质物体,它的质心就位于其对称面、对称轴、对称中心上。如均匀球体的质心就是它的球心。(2)分割组合法,若一个物体由几个形状简单的部分组成,那么可先求这些简单部分各自的质心,整个物体的质心便是由它们所组成的质点系的质心。(3)实验法,实际的物体,有的形状可能过于复杂,有的组成部分材料可能不同,难以用定义式计算,这时常用实验法确定其重心(质心)的位置。

设有一匀质物体由半径为 r 的圆柱体和置于其底面上的半径为 r 的半球体组成。若匀质物体的质心恰在半球体底面圆中心,试求圆柱体的高。

解　设圆柱体的高为 h,圆柱体和半球体组成的匀质体旋转对称轴(即中心对称轴)为 z 轴,匀质体密度为 ρ。今用下标1表圆柱体,下标2表半球体,

则圆柱体质量　$m_1 = \rho\pi r^2 h$

圆柱体质心坐标　$x_1 = y_1 = 0 \quad z_1 = \dfrac{h}{2}$

半球体质量　$m_2 = \rho\dfrac{2}{3}\pi r^3$

半球体质心坐标　$x_2 = y_2 = 0 \quad z_2 = h + \dfrac{3}{8}r$

整个匀质体质量　$m = m_1 + m_2 = \rho\pi r^2 h + \rho\dfrac{2}{3}\pi r^3$

匀质体质心坐标　$x = y = 0 \quad z = h$

于是

$$\left(\rho \pi r^2 h + \rho \frac{2}{3}\pi r^3\right) h = \rho \pi r^2 h \frac{h}{2} + \rho \frac{2}{3}\pi r^3 \left(h + \frac{3}{8} r\right)$$

$$h^2 = \frac{h^2}{2} + \frac{1}{4} r^2$$

所以

$$h = \frac{r}{\sqrt{2}}$$

2. 火车在直线轨道上以 $v_0 = 20\text{m/s}$ 的速度匀速行驶，车轮半径 $r = 1\text{m}$，车轮与轨道间无滑动。试求车轮上一点 M 的运动轨迹及在与轨道相接触瞬间的速度和加速度。设 $t = 0$ 时，M 点位于原点 O，轨道为 x 轴，铅垂线为 y 轴。

解　记车轮中心为 O'，t 时刻时，车轮与轨道的接触点为 A，M 点的坐标为 (x, y)，M 点滚过的角度为 φ（如图所示），则

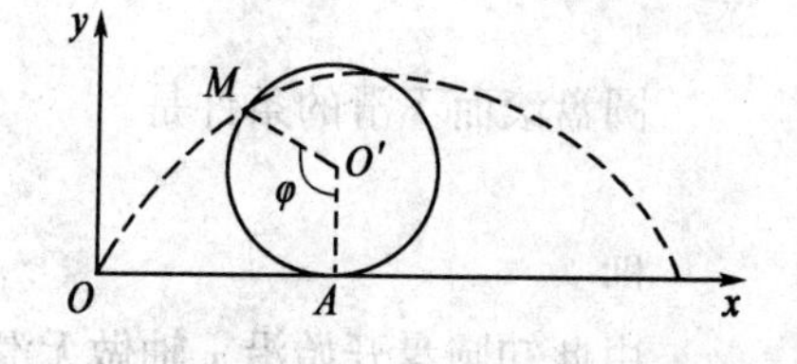

$$x = OA - O'M\cos\left(\varphi - \frac{\pi}{2}\right) = OA - r\sin\varphi$$

$$y = r + O'M\sin\left(\varphi - \frac{\pi}{2}\right) = r - r\cos\varphi$$

由于车轮与轨道间无滑动，故

$$r\varphi = AM = OA = v_0 t$$

于是，M 的运动轨迹满足如下方程：

$$x = v_0 t - r\sin\frac{v_0 t}{r} \qquad y = r - r\cos\frac{v_0 t}{r}$$

而 $v_0 = 20\text{m/s}$，$r = 1\text{m}$，所以

$$x = 20t - \sin 20\text{t} \qquad y = 1 - \cos 20\text{t}$$

当 M 点与轨道接触时，$y = 0$，$\cos 20t = 1$，$t = \dfrac{2n\pi}{20} = \dfrac{n\pi}{10}$（$n = 0, 1, 2, \cdots$）

代入　　$v_x = 20 - 20\cos 20t \qquad v_y = 20\sin 20t$ 得

$$v_x = v_y = 0 \qquad v = 0$$

代入　　$a_x = 400\sin 20t \qquad a_y = 400\cos t$ 得

$$a_x = 0 \qquad a_y = 400 \qquad a = a_y = 400(\text{m/s}^2)$$

3. 半径为 r 质量为 m 的匀质圆盘朝 x 轴正向做水平直线运动。$t = 0$ 时，圆盘平动速度为 v_0。若圆盘与直线间动摩擦因数是 f，试求圆盘开始沿 x 轴做无滑动的滚动所需的时间 t 及此后盘心 C 的速度。

解 圆盘沿 x 方向运动的方程为

$$m\ddot{x}=-fN=-fmg \qquad \ddot{x}=-fg$$

式中，x 是盘心 C 的坐标，N 是圆盘对水平面的正压力。对上式积分并注意到 $t=0$ 时，$\dot{x}=v_0$ 有

$$\dot{x}=v_0-fgt$$

而根据角动量定理

$$I\alpha=I\ddot{\varphi}=fNr$$

式中，$I=\frac{1}{2}mr^2$ 是圆盘对盘心的转动惯量，α 是圆盘滚动的角加速度，φ 是它滚过的角度。代入后得

$$\ddot{\varphi}=\frac{fNr}{I}=\frac{fmgr}{mr^2/2}=\frac{2fg}{r}$$

对上式积分，并注意到 $t=0,\dot{\varphi}=0$，有

$$\dot{\varphi}=\frac{2fg}{r}t$$

圆盘滚而不滑的条件是

$$\dot{x}=r\dot{\varphi}$$

即

$$v_0-fgt=2fgt$$

由此知圆盘开始沿 x 轴做无滑动的滚动所需时间

$$t=\frac{v_0}{3fg}$$

代入 $\dot{x}$ 的表示式可得此后盘心 C 的速度

$$v=v_0-fg\frac{v_0}{3fg}=\frac{2}{3}v_0$$

第 2 章　热现象的基本规律

1. 若 f 是变量 x,y 的函数，那么它的全微分

$$\mathrm{d}f=q\mathrm{d}x+r\mathrm{d}y \qquad q=\left(\frac{\partial f}{\partial x}\right)_y \qquad r=\left(\frac{\partial f}{\partial y}\right)_x$$

式中，q 与 x，r 与 y 称为共轭变量。定义变换：$g=f-qx-ry$，相应的全微分为

$$\mathrm{d}g=\mathrm{d}f-q\mathrm{d}x-x\mathrm{d}q-r\mathrm{d}y-y\mathrm{d}r=-x\mathrm{d}q-y\mathrm{d}r$$

式中

$$x=-\left(\frac{\partial g}{\partial q}\right)_r \qquad y=-\left(\frac{\partial g}{\partial r}\right)_q$$

可见,它将变量x,y的函数f转换成共轭变量q,r的函数g。这样的变换称为勒让德(Legendre)变换。试从热力学基本方程出发,利用勒让德变换给出焓、自由能和吉布斯函数的微分表达式。

解　热力学基本方程确定了内能U是熵S和体积V的函数

$$\mathrm{d}U = T\mathrm{d}S - p\mathrm{d}V \qquad T = \left(\frac{\partial U}{\partial S}\right)_V \qquad p = -\left(\frac{\partial U}{\partial V}\right)_S$$

通过勒让德变换,我们将S,V转换到它们的共轭变量T,p,U转换到$G = U - TS + pV$,即吉布斯函数,相应的微分表达式

$$\mathrm{d}G = -S\mathrm{d}T + V\mathrm{d}p$$

若勒让德变换只将一对共轭变量转换,比如S变成T,那么U转换到$F = U - TS$,即自由能,相应的微分表达式

$$\mathrm{d}F = -S\mathrm{d}T - p\mathrm{d}V$$

类似地,若勒让德变换只将一对共轭变量p,V转换,那么U转换到$H = U + pV$,即焓,相应的微分表达式

$$\mathrm{d}H = T\mathrm{d}S + V\mathrm{d}p$$

由此可见,独立变量适当选择下相应的特性函数和麦克斯韦关系都可以通过勒让德变换得到。

2. 几个温度不同的物体所组成的绝热系统,在达到热平衡的过程中可以对外做功,达到热平衡的方式不同,做功的多少也不同。试证明可逆过程中系统做功最大(最大功原理)。

证　设此绝热系统初始能量为U_0,达到热平衡后系统能量为U。由于建立热平衡的方式不同,相应系统的熵也不同,因此U是S的函数,即$U = U(S)$。根据热力学第一定律,绝热系统对外做功

$$W = -\Delta U = U_0 - U(S)$$

要比较建立热平衡方式不同时系统做功大小,可以将上式对S求偏微商,得到

$$\frac{\partial W}{\partial S} = -\left(\frac{\partial U}{\partial S}\right)_V = -T < 0$$

由此可见,W随S的增加而减少。从熵增加原理知,一个绝热系统的熵永不减少;对可逆过程,熵不变,对不可逆过程,熵总是增加。这意味着,由同一个初态出发的绝热过程中,当S保持不变时,W达到极大值。所以,可逆过程系统做功最大。

3. 温度分别为T_1、T_2($T_1 > T_2$)的两个相同物体组成一个绝热系统,以不同

方式达到热平衡。若建立热平衡时体积变化可以忽略,问什么方式系统做功最大?相应的平衡温度是多少?什么方式系统做功最小?相应平衡温度是多少?

解 显然,两物体直接热接触时系统做功最小,$W=0$,相应的平衡温度 $T_f=(T_1+T_2)/2$。而根据最大功原理,可逆过程系统做功最大。我们可以设想这两个物体组成的绝热系统经一可逆过程(比如由一工作于两物体间的可逆热机所完成的过程)达到热平衡。在此可逆过程中,温度为 T_1 的物体放出热量

$$Q_1 = C_V(T_1 - T_f)$$

温度为 T_2 的物体吸收热量

$$Q_2 = C_V(T_f - T_2)$$

系统做功

$$W = Q_1 - Q_2 = C_V(T_1 + T_2 - 2T_f)$$

同时,系统的熵变为

$$\Delta S = \int_{T_2}^{T_f} \frac{C_V \mathrm{d}T}{T} - \int_{T_f}^{T_1} \frac{C_V \mathrm{d}T}{T} = C_V \ln \frac{T_f^2}{T_1 T_2}$$

对可逆过程

$$\Delta S = 0 \qquad T_f = \sqrt{T_1 T_2}$$

所以,系统做的最大功为

$$W_{\max} = C_V(T_1 + T_2 - 2\sqrt{T_1 T_2})$$

由此可见,温度分别为 T_1 和 T_2 的两个相同物体组成的绝热系统,以不同方式达到热平衡时,系统所做功 W 满足:$0 \leqslant W \leqslant W_{\max}$;达到热平衡时的温度 T_f 满足:$(T_1+T_2)/2 \geqslant T_f \geqslant \sqrt{T_1 T_2}$。

第 3 章 电磁理论

1. 试求点电荷 q、点电荷系 q_j、电荷密度为 ρ 的连续分布带电体和电偶极矩所激发的电场中某点 A 的电势。

解 通常将无穷远处选作参考点,即令 $\varphi(\infty)=0$。根据式(3.1.22)有

$$\varphi = U_A = \int_A^{\infty} \boldsymbol{E} \cdot \mathrm{d}\boldsymbol{r}$$

对点电荷 q,$\boldsymbol{E} = \dfrac{1}{4\pi\varepsilon_0}\dfrac{q}{r^3}\boldsymbol{r}$

所以

$$\varphi = \int_r^{\infty} \frac{q}{4\pi\varepsilon_0 r'^2}\mathrm{d}r' = \frac{q}{4\pi\varepsilon_0 r}$$

式中,r 表示 A 点的径矢,为了避免混淆同时将积分变数改写为 r'。

由于电场的叠加性,多个电荷激发的电势 φ 等于各个电荷激发的电势 φ_j 的

代数和,因此一组点电荷 q_i 构成的点电荷系在 A 点所激发的电势

$$\varphi = \sum_i \varphi_i = \sum_i \frac{q_i}{4\pi\varepsilon_0 r_i}$$

对电荷密度为 ρ 的连续分布带电体,如果把它看做由无穷个微量电荷 $\mathrm{d}q = \rho(\boldsymbol{r}')\mathrm{d}\tau'$ 组成的点电荷体系,同时将求和相应地变成求积分,那么,便得到电场中 A 的电势

$$\varphi = \int_V \frac{\rho(\boldsymbol{r}')\mathrm{d}\tau'}{4\pi\varepsilon_0 |\boldsymbol{r} - \boldsymbol{r}'|}$$

式中,积分遍及带电体所在空间 V,$\boldsymbol{r}$ 是当所选坐标系坐标原点 O 在 V 内时,场点 A 到 O 的距离,$\boldsymbol{r}'$ 是 V 内任意一点到 O 的距离。

设电偶极子 $\boldsymbol{p} = q\boldsymbol{l}$(参见3.7例题1)沿 z 轴方向,偶极子臂中点与坐标原点 O 重合,电场中某点 A 的极矢是 $\boldsymbol{r}$,极角是 θ,点 A 到偶极子正负电荷的距离分别是 r_+, r_-。于是,A 点的电势

$$\varphi = \frac{q}{4\pi\varepsilon_0}\left(\frac{1}{r_+} - \frac{1}{r_-}\right)$$

当 $l \ll r$ 时

$$r_+ = \left[r^2 + \left(\frac{l}{2}\right)^2 - rl\cos\theta\right]^{\frac{1}{2}} = r\left[1 - \frac{rl\cos\theta - \left(\frac{l}{2}\right)^2}{r^2}\right]^{\frac{1}{2}}$$

$$\approx r\left[1 - \frac{1}{2}\frac{rl\cos\theta - \left(\frac{l}{2}\right)^2}{r^2}\right] \approx r - \frac{l\cos\theta}{2}$$

$$r_- = \left[r^2 + \left(\frac{l}{2}\right)^2 - rl\cos(\pi - \theta)\right]^{\frac{1}{2}} \approx r + \frac{r\cos\theta}{2}$$

代入 φ 的表示式得

$$\varphi = \frac{q}{4\pi\varepsilon_0}\left[\frac{1}{r - (l\cos\theta)/2} - \frac{1}{r + (l\cos\theta)/2}\right] = \frac{q}{4\pi\varepsilon_0}\frac{l\cos\theta}{r^2 - (l\cos\theta)^2/4}$$

$$\approx \frac{q}{4\pi\varepsilon_0}\frac{l\cos\theta}{r^2} = \frac{p}{4\pi\varepsilon_0}\frac{z}{r^3} = -\frac{1}{4\pi\varepsilon_0}p\frac{\partial}{\partial z}\frac{1}{r} = -\frac{1}{4\pi\varepsilon_0}\boldsymbol{p}\cdot\nabla\frac{1}{r}$$

2. 当带电体的线度远小于它到电场中某点 A 的距离时,可以将泰勒展开式

$$f(\boldsymbol{r}) = f(\boldsymbol{r}_0) + (\boldsymbol{r} - \boldsymbol{r}_0)\cdot\nabla f(\boldsymbol{r})\Big|_{r=r_0} + \frac{1}{2}(\boldsymbol{r} - \boldsymbol{r}_0)(\boldsymbol{r} - \boldsymbol{r}_0):\nabla\nabla f(\boldsymbol{r})\Big|_{r=r_0} + \cdots$$

应用到函数 $f(\boldsymbol{r}') = \frac{1}{R} = \frac{1}{|\boldsymbol{r} - \boldsymbol{r}'|}$ 上,将它在 $\boldsymbol{r}' = 0$ 附近展开得

$$\frac{1}{R}=\frac{1}{r}+\boldsymbol{r}'\cdot\nabla'\frac{1}{R}\bigg|_{r'=0}+\frac{1}{2}\boldsymbol{r}'\boldsymbol{r}':\nabla'\nabla'\frac{1}{R}\bigg|_{r'=0}+\cdots$$

因为

$$\nabla'\frac{1}{R}_{r'=0}=-\nabla\frac{1}{r}$$

所以

$$\begin{aligned}\frac{1}{R}&=\frac{1}{r}-\boldsymbol{r}'\cdot\nabla\frac{1}{r}+\frac{1}{2}\boldsymbol{r}'\boldsymbol{r}':\nabla\nabla\frac{1}{r}+\cdots\\&=\frac{1}{r}-\sum_{i=1}^{3}x'_i\frac{\partial}{\partial x_i}\frac{1}{r}+\frac{1}{2}\sum_{i,j=1}^{3}x'_ix'_j\frac{\partial^2}{\partial x_i\partial x_j}\frac{1}{r}+\cdots\end{aligned}$$

式中，$r=\sqrt{x^2+y^2+z^2}=\sqrt{\sum_i x_i^2}$ 是 A 到 O 的距离(原点 O 取在带电体内)，$r'=(x',y',z')=(x'_1,x'_2,x'_3)$ 是带电体上任意一点到 O 的距离。于是，电场中点 A 处的电势

$$\begin{aligned}\varphi&=\frac{1}{4\pi\varepsilon_0}\int_V\rho(\boldsymbol{r}')\left[\frac{1}{r}-\sum_i x'_i\frac{\partial}{\partial x_i}\frac{1}{r}+\frac{1}{2}\sum_{i,j}x'_ix'_j\frac{\partial^2}{\partial x_i\partial x_j}\frac{1}{r}+\cdots\right]\mathrm{d}\tau'\\&=\frac{1}{4\pi\varepsilon_0}\int_V\rho(\boldsymbol{r}')\left[\frac{1}{r}-\boldsymbol{r}'\cdot\nabla\frac{1}{r}+\frac{1}{2}\boldsymbol{r}'\boldsymbol{r}':\nabla\nabla\frac{1}{r}+\cdots\right]\mathrm{d}\tau'\end{aligned}$$

记

$$q=\int_V\rho(\boldsymbol{r}')\,\mathrm{d}\tau'$$

$$\boldsymbol{p}=\int_V\rho(\boldsymbol{r}')\,\boldsymbol{r}'\mathrm{d}\tau'$$

$$\overleftrightarrow{\boldsymbol{D}}=3\int_V\rho(\boldsymbol{r}')\boldsymbol{r}'\boldsymbol{r}'\mathrm{d}\tau'$$

φ 可写成：

$$\varphi=\frac{1}{4\pi\varepsilon_0}\left[\frac{q}{r}-\boldsymbol{p}\cdot\nabla\frac{1}{r}+\frac{1}{6}\overleftrightarrow{\boldsymbol{D}}:\nabla\nabla\frac{1}{r}+\cdots\right]\mathrm{d}\tau'$$

该式称为远离带电体的空间某点电势的多极展开式。式中第一项表示点电荷产生的势，第二项表示电偶极矩产生的势，第三项则表示电四极矩产生的势，体系的电四极矩定义为

$$\overleftrightarrow{\boldsymbol{D}}=3\int\rho(\boldsymbol{r}')\boldsymbol{r}'\boldsymbol{r}'\mathrm{d}\tau'$$

它是一个三阶对称张量，共6个独立分量。证明

(1) 电四极矩可以进行无迹化,即使得

$$D_{11}+D_{22}+D_{33}=0$$

因而只有5个独立分量。

(2) 具有球对称电荷分布的带电体没有电四极矩。

(3) 两个电偶极矩带相等电量 q,有相等臂长 l,位于同一直线上,但互不重叠,且取向相反,它们在远处激发的电势等同一个电四极矩。

证 (1) 注意到,当 $r\neq 0$ 时

$$\nabla^2\frac{1}{r}=-\nabla\cdot\frac{\boldsymbol{r}}{r^3}=-\frac{3r^2-3r^2}{r^5}=0$$

即

$$\nabla^2\frac{1}{r}=\sum_{ij}\frac{\partial^2}{\partial x_i\partial x_j}\left(\frac{1}{r}\right)\delta_{ij}=\vec{\boldsymbol{I}}:\nabla\nabla\frac{1}{r}=0$$

($\vec{\boldsymbol{I}}$ 为二阶单位张量),两边同乘 $-\frac{1}{6}\int\rho\,\boldsymbol{r}'^2\mathrm{d}\tau'$ 有

$$-\frac{1}{6}\int\rho\boldsymbol{r}'^2\mathrm{d}\tau'\,\vec{\boldsymbol{I}}:\nabla\nabla\frac{1}{r}=0$$

因此

$$\frac{1}{4\pi\varepsilon_0}\cdot\frac{1}{6}\int(3\rho\boldsymbol{r}'\boldsymbol{r}'-\rho\boldsymbol{r}'^2\vec{\boldsymbol{I}}):\nabla\nabla\frac{1}{r}\mathrm{d}\tau'$$

$$=\frac{1}{4\pi\varepsilon_0}\cdot\frac{1}{6}\int3\rho\boldsymbol{r}'\boldsymbol{r}':\nabla\nabla\frac{1}{r}\mathrm{d}\tau'$$

重新定义电四极矩张量

$$\vec{\boldsymbol{D}}=\int(3\rho\boldsymbol{r}'\boldsymbol{r}'-\rho\boldsymbol{r}'^2\vec{\boldsymbol{I}})\,\mathrm{d}\tau'$$

称为约化四极矩,显然它是对称的无迹张量,即

$$D_{ij}=D_{ji}\qquad D_{11}+D_{22}+D_{33}=0$$

只有5个独立分量。

(2) 若电荷分布具有球对称性,则

$$\int x'^2_1\rho(r')\mathrm{d}\tau'=\int x'^2_2\rho(r')\mathrm{d}\tau'=\int x'^2_3\rho(r')\mathrm{d}\tau'=\frac{1}{3}\int r'^2\rho(r')\mathrm{d}\tau$$

所以

$$D_{11}=D_{22}=D_{33}=0$$

又当 $i\neq j$ 时,由于被积函数为奇函数,因此

$$D_{12}=D_{23}=D_{31}=0$$

故具有球对称电荷分布的带电体没有电四极矩。

(3) 选取两个电偶极矩所在的直线为 z 轴，他们的中心为坐标原点 O，设两个正电荷的坐标 $\varepsilon = \pm b$，负电荷的坐标 $\varepsilon = \pm a$，则 $l = b - a$ 是偶极矩臂长，$L = b + a$ 是两偶极矩臂的中点间距离，若 r 表示电场中 A 点到 O 的距离，r_+ 和 r_- 分别表示 A 点到位于 z 轴正侧和负侧的偶极矩臂中点的距离，那么两个电偶极矩在 A 点产生的电势

$$\begin{aligned}\varphi &= -\frac{ql}{4\pi\varepsilon_0}\frac{\partial}{\partial z}\frac{1}{r_+} - \frac{ql}{4\pi\varepsilon_0}\frac{\partial}{\partial z}\frac{1}{r_-} \\ &= -\frac{ql}{4\pi\varepsilon_0}\frac{\partial}{\partial z}\left(\frac{1}{r_+} - \frac{1}{r_-}\right) \approx -\frac{ql}{4\pi\varepsilon_0}\frac{\partial}{\partial z}\left(-L\frac{\partial}{\partial z}\frac{1}{r}\right) \ (L \ll r) \\ &= \frac{qlL}{4\pi\varepsilon_0}\frac{\partial^2}{\partial z^2}\frac{1}{r}\end{aligned}$$

而两个偶极矩组成的带电体的电四极矩按定义为

$$D = D_{33} = 6q(b^2 - a^2) = 6q(b-a)(b+a) = 6qlL$$

所以 φ 的表示式可写成

$$\varphi = \frac{1}{4\pi\varepsilon_0}\frac{1}{6}D_{33}\frac{\partial^2}{\partial z^2}\frac{1}{r} = \frac{1}{4\pi\varepsilon_0}\frac{1}{6}\vec{\boldsymbol{D}}:\nabla\nabla\frac{1}{r}$$

这正是电四极矩在 A 点激发的电势。

3. 在经典理论中，带电粒子在磁场中的运动由洛伦兹力决定，因而只与 $\boldsymbol{B}$ 相关。因此，人们认为真实的物理场量是 $\boldsymbol{B}$ 而非 $\boldsymbol{A}$。但阿哈罗诺夫(Aharonov) 和玻姆(Bohm) 认为，矢势 $\boldsymbol{A}$ 也能够直接影响体系的量子行为，具有可观测的物理效应。为此，他们提出了一个电子双缝衍射的实验方案。一束电子经栅板上一对平行双缝分成两部分被透镜聚焦在屏幕上(如图所示)，栅板后置一细长螺线管，电子运动的空间局限在螺线管外。当螺线管不通电时，$\boldsymbol{B} = 0$，由双缝分开的两束电子由于相位差在屏幕上产生一干涉图样。当螺线管通电时，管外仍有 $\boldsymbol{B} = 0$，但 $\boldsymbol{A} \neq 0$。这时观测者会发现屏幕上的干涉图样将有一移动，其数值

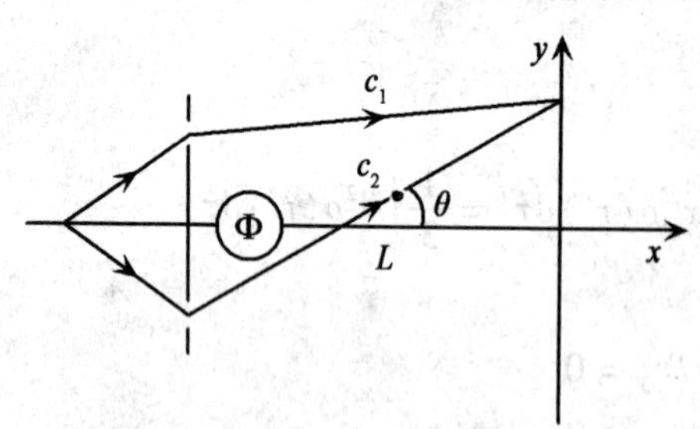

$$\Delta y = \frac{e\varphi}{mv}\frac{L}{d}$$

式中，d 为双缝距离，L 为屏与栅距离，φ 为螺线管磁通量，e,m,v 为电子电荷绝对值、质量、速度。这被称为阿哈罗诺夫-玻姆效应，简称 AB 效应。实验观察结果验证了上式。试利用量子理论说明 AB 效应。

解　螺线管未通电时，描述以速度 v 运动的电子的波函数是

$$e^{i\boldsymbol{p}\cdot\boldsymbol{r}/\hbar}$$

两束电子的相位差

$$\Delta\varphi_0 = \frac{1}{\hbar}\int_{c_2}\boldsymbol{p}\cdot d\boldsymbol{l} - \frac{1}{\hbar}\int_{c_1}\boldsymbol{p}\cdot d\boldsymbol{l} = \frac{1}{\hbar}p\Delta\boldsymbol{l}$$

$$\approx \frac{1}{\hbar}pd\sin\theta \approx kd\,\frac{y}{L}$$

螺线管通电后,管外 $\boldsymbol{A}\neq 0$,电子的机械动量应用正则动量 $\boldsymbol{P}=\boldsymbol{p}-e\boldsymbol{A}=m\boldsymbol{v}-e\boldsymbol{A}$(国际单位)代替,相应波函数是

$$e^{i\boldsymbol{p}\cdot\boldsymbol{r}/\hbar}$$

两束电子的相位差

$$\Delta\varphi = \frac{1}{\hbar}\int_{c_2}\boldsymbol{P}\cdot d\boldsymbol{l} - \frac{1}{\hbar}\int_{c_1}\boldsymbol{P}\cdot d\boldsymbol{l}$$

$$= \Delta\varphi_0 + \frac{e}{\hbar}\left(\int_{c_1}\boldsymbol{A}\cdot d\boldsymbol{l} - \int_{c_2}\boldsymbol{A}\cdot d\boldsymbol{l}\right) = \Delta\varphi_0 + \frac{e}{\hbar}\oint\boldsymbol{A}\cdot d\boldsymbol{l} = \Delta\varphi_0 + \frac{e\varphi}{\hbar}$$

$$= kd\,\frac{y}{L} + \frac{e\varphi}{\hbar} = \frac{kd}{L}\left(y + \frac{e\varphi}{k\hbar}\,\frac{L}{d}\right)$$

可见,移动的大小 $\Delta y = \frac{e\varphi}{k\hbar}\,\frac{L}{d} = \frac{e\varphi}{p}\,\frac{L}{d} = \frac{e\varphi}{mv}\,\frac{L}{d}$

第4章　狭义相对论

1. 一立方体的固有体积为 1m^3,求沿与立方体一边平行的方向以速率为 $0.8c$ 运动的观测者所观测到的此立方体的体积。

解　由洛伦兹-斐兹杰惹缩短知,立方体与运动方向(设为 x 轴)平行的一边长度收缩成:

$$l'_x = l_x\sqrt{1-(v/c)^2} = \sqrt{1-0.8^2} = 0.6\text{m}$$

而其他两边长度不变,即

$$l'_y = l_y = l'_z = l_z = 1\text{m}$$

所以观测者所观测到的此立方体的体积

$$V' = l'_x l'_y l'_z = 0.6\text{m}^3$$

2. 惯性系 S 坐标轴 x 上 A,B 两点到原点 O 距离相等,2 秒后同时接收到置于 O 点的光源发出的光信号。设惯性系 S' 相对 S 以 $v=0.6c$ 的速度沿 x 轴运动,求从 S' 观测,A,B 两点接收到光信号的时刻与位置。

解　在惯性系 S 中,A 点接收到光信号时的时空坐标为 $(2c,0,0,2)$。这一

事件从惯性系 S' 观测,其坐标由洛伦兹变换式(4.3.17) 给出

$$x' = \frac{x - vt}{\sqrt{1 - v^2/c^2}} = \frac{2c - 1.2c}{\sqrt{1 - 0.6^2}} = c$$

$$y' = 0$$

$$z' = 0$$

$$t' = \frac{t - vx/c^2}{\sqrt{1 - v^2/c^2}} = \frac{2 - 1.2}{\sqrt{1 - 0.6^2}} = 1$$

因此,在惯性系 S',A 点接收到光信号时的时空坐标为$(c,0,0,1)$。在惯性系 S 中,B 点接收到光信号时的时空坐标为$(-2c,0,0,2)$。将其代入洛伦兹变换式,得

$$x' = \frac{x - vt}{\sqrt{1 - v^2/c^2}} = \frac{-2c - 1.2c}{\sqrt{1 - 0.6^2}} = -4c$$

$$y' = 0$$

$$z' = 0$$

$$t' = \frac{t - vx/c^2}{\sqrt{1 - v^2/c^2}} = \frac{2 + 1.2}{\sqrt{1 - 0.6^2}} = 4$$

因此,在惯性系 S' 中,B 点接收到光信号时的时空坐标为$(-4c,0,0,4)$。可见,在 S 上同时发生的两事件(A 和 B 同时接收到光信号),在 S' 上变成了不同时的两事件,A 早于 B 接收到光信号,但两个惯性系中的光速却是相等的,同为 c。

第 5 章　量子力学初步

1. 对于平面单色波

$$\psi_k(x,t) = \mathrm{e}^{\mathrm{i}(kx - \omega t)}$$

其等相面

$$\varphi = kx - \omega t = C$$

(C 为常数) 是一个运动的平面。等相面运动的速度称为相速度(v_p),它由$\frac{\mathrm{d}\varphi}{\mathrm{d}t} = 0$ 给出,即

$$v_p = \frac{\omega}{k}$$

粒子的德布罗意波,有人认为是一个波包。它由许多平面波叠加而成,可以表示为

$$\psi(x,t)=\frac{1}{\sqrt{2\pi}}\int_{-\infty}^{\infty}\alpha(k)\mathrm{e}^{\mathrm{i}(kx-\omega t)}\mathrm{d}k$$

波包中心出现在相角 $\varphi = kx - \omega t$ 取极值处。它的位置由$\frac{\partial\varphi}{\partial k}=0$ 给出,即

$$x-\frac{\mathrm{d}\omega}{\mathrm{d}k}t=0$$

由此得波包中心的运动速度

$$v_g=\frac{\mathrm{d}\omega}{\mathrm{d}k}$$

这个速度称为群速度,它对应粒子的运动速度。试求相对论和非相对论性自由粒子的相速度与群速度。

解　对非相对性自由电子

$$E=\frac{p^2}{2m}$$

由德布罗意关系式(5.1.12)知

$$\omega=\frac{E}{\hbar}=\frac{1}{\hbar}\frac{(\hbar k)^2}{2m}=\frac{\hbar k^2}{2m}$$

从而

$$v_p=\frac{\omega}{k}=\frac{\hbar k}{2m}\qquad v_g=\frac{\mathrm{d}\omega}{\mathrm{d}k}=\frac{\hbar k}{m}=\frac{p}{m}=v$$

对相对论性自由电子

$$E=\sqrt{m^2c^4+p^2c^2}$$

根据哈密顿正则方程

$$v=\frac{\partial H}{\partial p}=\frac{\partial E}{\partial p}=\frac{2pc^2}{2E}=\frac{pc^2}{E}$$

从而

$$v_p=\frac{\omega}{k}=\frac{1}{k}\frac{E}{\hbar}=\frac{1}{p}\frac{pc^2}{v}=\frac{c^2}{v}$$

$$v_g=\frac{\mathrm{d}\omega}{\mathrm{d}k}=\frac{\mathrm{d}}{\mathrm{d}k}\frac{E}{\hbar}=\frac{1}{\hbar}\frac{\mathrm{d}}{\mathrm{d}k}\sqrt{m^2c^4+\hbar^2k^2c^2}=\frac{1}{\hbar}\frac{2\hbar^2c^2k}{2E}=v$$

2. (1) 若 $\hat{H}=\hat{H}(\lambda)$,λ 是任意参数,E_n 是某 $\hat{H}$ 的某个本征值,ψ_n 是它的本征函数,试证明海尔曼定理

$$\frac{\partial E_n}{\partial\lambda}=\left\langle\frac{\partial\hat{H}}{\partial\lambda}\right\rangle_n\equiv\int\psi_n^*\frac{\partial\hat{H}}{\partial\lambda}\psi_n\mathrm{d}z$$

$<\cdots>_n$ 表示对 ψ_n 态的平均。

(2) 利用上述定理证明

$$2\bar{T} = 2\left\langle \frac{p^2}{2m} \right\rangle_n = < \boldsymbol{r} \cdot \nabla V >_n$$

特别地，若粒子势能 $V(x,y,z)$ 是 x,y,z 的 n 次齐次函数，那么

$$2\bar{T} = n\bar{V}$$

上式称为维里定理。

证 (1) 将定态薛定谔方程

$$\hat{H}\psi_n - E_n\psi_n = 0$$

对 λ 求导

$$\left(\frac{\partial \hat{H}}{\partial \lambda} - \frac{\partial E_n}{\partial \lambda}\right)\psi_n + (\hat{H} - E_n)\frac{\partial \psi_n}{\partial \lambda} = 0$$

然后左乘 ψ_n^* 对体系所在空间积分得

$$\int \psi_n^* (\hat{H} - E_n)\frac{\partial \psi_n}{\partial \lambda}\mathrm{d}\tau = \int \psi_n^* \left(\frac{\partial E_n}{\partial \lambda} - \frac{\partial \hat{H}}{\partial \lambda}\right)\psi_n \mathrm{d}\tau$$

因为

$$\int \psi_n^* \hat{H}\frac{\partial \psi_n}{\partial \lambda}\mathrm{d}\tau = \int (\hat{H}^+ \psi_n)^* \frac{\partial \psi_n}{\partial \lambda}\mathrm{d}\tau = \int (\hat{H}\psi_n)^* \frac{\partial \psi_n}{\partial \lambda}\mathrm{d}\tau = E_n \int \psi_n^* \frac{\partial \psi_n}{\partial \lambda}\mathrm{d}\tau$$

所以等式左端等于零，而右端为

$$\frac{\partial E_n}{\partial \lambda} - \int \psi_n^* \frac{\partial \hat{H}}{\partial \lambda}\psi_n \mathrm{d}\tau$$

故

$$\frac{\partial E_n}{\partial \lambda} = \int \psi_n^* \frac{\partial \hat{H}}{\partial \lambda}\psi_n \mathrm{d}\tau = \left\langle \frac{\partial \hat{H}}{\partial \lambda} \right\rangle_n$$

这便证明了海尔曼定理。

(2) 粒子的哈密顿算符

$$\hat{H} = \hat{T} + \hat{V} = \frac{\hat{p}^2}{2m} + \hat{V} = -\frac{\hbar^2}{2m}\nabla^2 + V(\boldsymbol{r})$$

将 $\hbar$ 看作参数，对它求导

$$\frac{\partial \hat{H}}{\partial \hbar} = -\frac{\hbar}{m}\nabla^2 = \frac{2}{\hbar}\frac{\hat{p}^2}{2m}$$

由海尔曼定理知

$$2\left\langle \frac{\hat{p}^2}{2m} \right\rangle = \hbar \frac{\partial E_n}{\partial \hbar}$$

另一方面,若令$(X,Y,Z)=\boldsymbol{R}=\boldsymbol{r}/\hbar=(x/\hbar,y/\hbar,z/\hbar)$
那么

$$\hat{H}=-\frac{1}{2m}\nabla^2{}_R+V(\hbar\boldsymbol{R})=-\frac{1}{2m}\left(\frac{\partial^2}{\partial X^2}+\frac{\partial^2}{\partial Y^2}+\frac{\partial^2}{\partial Z^2}\right)+V(\hbar\boldsymbol{R})$$

$$\frac{\partial\hat{H}}{\partial\hbar}=\frac{\partial V}{\partial x}\frac{\partial x}{\partial\hbar}+\frac{\partial V}{\partial y}\frac{\partial y}{\partial\hbar}+\frac{\partial V}{\partial z}\frac{\partial z}{\partial\hbar}=\frac{1}{\hbar}\boldsymbol{r}\cdot\nabla V$$

于是

$$\frac{\partial E_n}{\partial\hbar}=\left\langle\frac{\partial\hat{H}}{\partial\hbar}\right\rangle_n=\frac{1}{\hbar}\langle\boldsymbol{r}\cdot\nabla V\rangle_n$$

故

$$2\left\langle\frac{\hat{p}^2}{2m}\right\rangle=\hbar\frac{\partial E_n}{\partial\hbar}=\langle\boldsymbol{r}\cdot\nabla V\rangle_n$$

如果$V(X,Y,Z)$是X,Y,Z的n次齐次函数,那么根据欧拉齐次函数定理有:

$$\boldsymbol{r}\cdot\nabla V=nV$$

所以

$$2\overline{T}=2\left\langle\frac{\hat{p}^2}{2m}\right\rangle=\langle\boldsymbol{r}\cdot\nabla V\rangle_n=n\overline{V}$$

3. 定义

$$\overline{\frac{\mathrm{d}\hat{A}}{\mathrm{d}t}}=\int\psi^*\frac{\mathrm{d}\hat{A}}{\mathrm{d}t}\psi\,\mathrm{d}\tau=\frac{\mathrm{d}}{\mathrm{d}t}\int\psi^*\hat{A}\psi\,\mathrm{d}\tau=\frac{\mathrm{d}\overline{A}}{\mathrm{d}t}$$

即算符$\frac{\mathrm{d}\hat{A}}{\mathrm{d}t}$的平均值等于$\hat{A}$的平均值对时间的微商。证明

$$\frac{\mathrm{d}\hat{A}}{\mathrm{d}t}=\frac{\partial\hat{A}}{\partial t}+\frac{1}{\mathrm{i}\hbar}[\hat{A},\hat{H}]$$

它表示力学量算符随时间的变化规律。

证　根据微分的性质有

$$\frac{\mathrm{d}\overline{A}}{\mathrm{d}t}=\frac{\mathrm{d}}{\mathrm{d}t}\int\psi^*\hat{A}\psi\,\mathrm{d}\tau=\int\frac{\partial\psi}{\partial t}\hat{A}\psi\,\mathrm{d}\tau+\int\psi^*\frac{\partial\hat{A}}{\partial t}\psi\,\mathrm{d}\tau+\psi^*\hat{A}\frac{\partial\psi}{\partial t}\mathrm{d}\tau$$

根据含时薛定谔方程(5.5.3)有

$$\mathrm{i}\hbar\frac{\partial\psi}{\partial t}=\hat{H}\psi$$

$$-\mathrm{i}\hbar\frac{\partial\psi^*}{\partial t}=(\hat{H}\psi)^*$$

代入$\frac{\mathrm{d}\overline{A}}{\mathrm{d}t}$表达式得

$$\frac{\mathrm{d}\bar{A}}{\mathrm{d}t} = \int\psi^* \frac{\partial\hat{A}}{\partial t}\psi\,\mathrm{d}\tau + \int\psi^*\hat{A}\,\frac{1}{\mathrm{i}\hbar}\hat{H}\psi\,\mathrm{d}\tau + \int\frac{-1}{\mathrm{i}\hbar}(\hat{H}\psi)^*\hat{A}\psi\,\mathrm{d}\tau$$

$$= \int\psi^* \frac{\partial\hat{A}}{\partial t}\psi\,\mathrm{d}\tau + \frac{1}{\mathrm{i}\hbar}\int\psi^*\hat{A}\hat{H}\psi\,\mathrm{d}\tau - \frac{1}{\mathrm{i}\hbar}\int\psi^*\hat{H}\hat{A}\psi\,\mathrm{d}\tau$$

$$= \int\psi^*\left\{\frac{\partial A}{\partial t} + \frac{1}{\mathrm{i}\hbar}(\hat{A}\hat{H} - \hat{H}\hat{A})\right\}\psi\,\mathrm{d}\tau$$

式中利用了 $\hat{H}$ 是厄密算符(见式(5.4.22)),即

$$\int(H\psi)^* A\psi\,\mathrm{d}\tau = \int\psi^* H^+ A\psi\,\mathrm{d}\tau = \int\psi^* HA\psi\,\mathrm{d}\tau$$

所以

$$\frac{\mathrm{d}\hat{A}}{\mathrm{d}t} = \frac{\partial\hat{A}}{\partial t} + \frac{1}{\mathrm{i}\hbar}(\hat{A}\hat{H} - \hat{H}\hat{A}) = \frac{\partial\hat{A}}{\partial t} + \frac{1}{\mathrm{i}\hbar}[\hat{A},\hat{H}]$$

特别地,若 $\hat{A}$ 不显含 t,$\frac{\partial\hat{A}}{\partial t} = 0$

$$\frac{\mathrm{d}\hat{A}}{\mathrm{d}t} = \frac{1}{\mathrm{i}\hbar}[\hat{A},\hat{H}]$$

此时,如果还有 $[\hat{A},\hat{H}] = 0$,即 $\hat{A}$ 与 $\hat{H}$ 对易,那么

$$\frac{\mathrm{d}\hat{A}}{\mathrm{d}t} = 0 \qquad \frac{\mathrm{d}\bar{A}}{\mathrm{d}t} = 0$$

力学量 A 称为守恒量。

第6章　近独立粒子体系

1. 自旋为$\frac{1}{2}$的粒子在磁场中可以有两种取向:自旋向上(顺磁场)和自旋向下(逆磁场)。问 $N = 8.5\times10^{25}$ 个这样的粒子共有多少种微观状态,若将此数值打印成一行,假设5个数字占1cm,求其总长度。

解　显然,一个粒子有两个状态,$N = 8.5\times10^{25}$ 个这样的粒子可能的微观状态的个数为 $2^{8.5\times10^{25}} = 10^{2.56\times10^{25}}$。此数值为1后面带 2.56×10^{25} 个零,这是一个非常巨大的数字。若5个数字占1cm,则总长度为

$$\frac{2.56\times10^{25}}{500}\mathrm{m} = 5.1\times10^{22}\mathrm{m}$$

为了想象这个长度有多长,我们可以把它与宇宙尺寸对照一下。宇宙的尺

寸可用光年来度量。1光年是光在1年里走的长度，它等于$3\times10^8\times365\times24\times3600=9.46\times10^{15}$m。因此$5.1\times10^{22}$m相当于$5.4\times10^6$光年，而银河系银晕直径为$3.26\times10^5$光年，银河系到仙女座星云（离银河系最近的较大的旋涡星系）距离为2.36×10^6光年。

2. 多原子分子的转动坐标一般可用三个欧勒角θ,ψ,φ描写，相应的广义动量表示式为：

$$p_\theta=A\omega_x\cos\varphi-B\omega_y\sin\varphi$$

$$p_\psi=A\omega_x\sin\theta\sin\varphi+B\omega_y\sin\theta\cos\varphi+C\omega_z\cos\theta$$

$$p_\varphi=C\omega_z$$

其中，A,B,C是三个主转动惯量，$\omega_x,\omega_y,\omega_z$是转动角速度，分子的转动能量为

$$\varepsilon_r=\frac{1}{2}(A\omega_x^2+B\omega_y^2+C\omega_z^2)$$

（1）写出气体分子按角速度的分布；

（2）计算转动配分函数和分子的平均转动能；

（3）求分子角动量平方L^2的平均值。

解　（1）通常原子或分子气体适用玻尔兹曼统计

$$\mathrm{d}N=\frac{N}{\int \mathrm{e}^{-\beta\varepsilon}\mathrm{d}\omega}\mathrm{e}^{-\beta\varepsilon}\mathrm{d}\omega$$

（见式6.5.6），对除分子转动部分外其余自由度积分后给出气体分子按转动自由度的分布

$$\mathrm{d}N=\frac{N}{\int \mathrm{e}^{-\beta\varepsilon_r}\mathrm{d}\omega_r}\mathrm{e}^{-\beta\varepsilon_r}\mathrm{d}\omega_r$$

非直线型多原子分子转动自由度可以用三个欧勒角描写，这时

$$\mathrm{d}\omega_r=\mathrm{d}p_\theta\mathrm{d}p_\psi\mathrm{d}p_\varphi\mathrm{d}\theta\mathrm{d}\psi\mathrm{d}\varphi$$

利用广义动量与转动角速度的关系，求得雅可比行列式

$$J=\frac{\partial(p_\theta,p_\psi,p_\varphi)}{\partial(\omega_x,\omega_y,\omega_\delta)}=ABC\sin\theta$$

由此得到

$$\mathrm{d}N=\frac{N}{\int \mathrm{e}^{-\beta\varepsilon_r}|J|\mathrm{d}\omega_x\mathrm{d}\omega_y\mathrm{d}\omega_z\mathrm{d}\theta\mathrm{d}\psi\mathrm{d}\varphi}\mathrm{e}^{-\beta\varepsilon_r}|J|\mathrm{d}\omega_x\mathrm{d}\omega_y\mathrm{d}\omega_z\mathrm{d}\theta\mathrm{d}\psi\mathrm{d}\varphi$$

再对$\mathrm{d}\theta,\mathrm{d}\psi,\mathrm{d}\varphi$积分后即给出气体分子按角速度分布

$$\mathrm{d}N=\frac{N}{\iiint \mathrm{e}^{-\frac{\beta}{2}(A\omega_x^2+B\omega_y^2+C\omega_z^2)}\mathrm{d}\omega_x\mathrm{d}\omega_y\mathrm{d}\omega_z}\mathrm{e}^{-\frac{\beta}{2}(A\omega_x^2+B\omega_y^2+C\omega_z^2)}\mathrm{d}\omega_x\mathrm{d}\omega_y\mathrm{d}\omega_z$$

$$= N\left(\frac{\beta}{2\pi}\right)^{\frac{3}{2}}\sqrt{ABC}\,\mathrm{e}^{-\frac{\beta}{2}(A\omega_x^2+B\omega_y^2+C\omega_z^2)}\mathrm{d}\omega_x\mathrm{d}\omega_y\mathrm{d}\omega_z$$

(2) 非直线型多原子分子的转动配分函数

$$Z_\mu^r = \frac{1}{h^3}\int \mathrm{e}^{-\beta\varepsilon_r}\mathrm{d}\omega_r = \frac{1}{h^3}\int \mathrm{e}^{-\beta\varepsilon_r}|J|\mathrm{d}\omega_x\mathrm{d}\omega_y\mathrm{d}\omega_z\mathrm{d}\theta\mathrm{d}\psi\mathrm{d}\varphi$$

$$= \frac{1}{h^3}\iiint \mathrm{e}^{-\frac{\beta}{2}(A\omega_x^2+B\omega_y^2+C\omega_z^2)}\mathrm{d}\omega_x\mathrm{d}\omega_y\mathrm{d}\omega_z\int_0^\pi ABC\sin\theta\mathrm{d}\theta\int_0^{2\pi}\mathrm{d}\psi\int_0^{2\pi}\mathrm{d}\varphi$$

$$= 16\left(\frac{\pi}{h}\right)^3\sqrt{2\pi ABC}\beta^{-\frac{3}{2}}$$

分子的平均转动能量

$$\bar{\varepsilon}_r = -\frac{\partial}{\partial\beta}\ln Z_\mu^r = \frac{3}{2}kT$$

(3) 由于 $L^2 = (A\omega_x)^2 + (B\omega_y)^2 + (C\omega_z)^2$

$$= 2A\frac{1}{2}A\omega_x^2 + 2B\frac{1}{2}B\omega_y^2 + 2C\frac{1}{2}C\omega_z^2$$

应用能量均分定理得

$$\overline{L^2} = 2A\frac{1}{2}kT + 2B\frac{1}{2}kT + 2C\frac{1}{2}kT = (A+B+C)kT$$

第7章　分析力学

1. 用长为 l 的弹性绳将一质量为 m 的摆锤系于梁上。$t=0$ 时,系统静止于铅垂位置,弹性绳在摆锤重力作用下伸长 s_0。此时摆锤在一瞬时水平冲击力作用下开始摆动。若 t 时刻的摆角为 θ,弹性绳伸长长度为 s,求摆锤的运动方程。设弹性绳劲度系数为 k,弹性绳质量和摆锤大小均可忽略。

解　取系统 $t=0$ 时的位置为重力势能和弹性势能的参考点。又 $t=0$ 时系统处于静止,$ks_0 = mg$。摆角为 θ 时,弹性绳总长为 $l+s$。这时,摆锤的径向速度与横向速度分别为

$$\dot{v}_n = \dot{s} \quad \dot{v}_t = (l+s)\dot{\theta}$$

因此,系统的动能

$$T = \frac{1}{2}m[\dot{s}^2 + (l+s)^2\dot{\theta}^2]$$

系统的势能

$$V=\frac{1}{2}k(s^2-s_0^2)+mg[(l+s_0)-(l+s)\cos\theta]$$

相应的拉格朗日函数

$$L=T-V=\frac{1}{2}m[\dot{s}^2+(l+s)^2\dot{\theta}^2]$$

$$-\frac{1}{2}k(s^2-s_0^2)-mg[(l+s_0)-(l+s)\cos\theta]$$

拉格朗日方程为

$$\frac{\mathrm{d}}{\mathrm{d}t}\left(\frac{\partial L}{\partial\dot{\theta}}\right)-\frac{\partial L}{\partial\theta}=0 \quad \frac{\mathrm{d}}{\mathrm{d}t}\left(\frac{\partial L}{\partial\dot{s}}\right)-\frac{\partial L}{\partial s}=0$$

其中

$$\frac{\partial L}{\partial\dot{\theta}}=m(l+s)^2\dot{\theta} \quad \frac{\mathrm{d}}{\mathrm{d}t}\left(\frac{\partial L}{\partial\dot{\theta}}\right)=m(l+s)^2\ddot{\theta}+2m(l+s)\dot{s}\dot{\theta}$$

$$\frac{\partial L}{\partial\theta}=-mg(l+s)\sin\theta$$

$$\frac{\partial L}{\partial\dot{s}}=m\dot{s} \quad \frac{\mathrm{d}}{\mathrm{d}t}\left(\frac{\partial L}{\partial\dot{s}}\right)=m\ddot{s}$$

$$\frac{\partial L}{\partial s}=m(l+s)\dot{\theta}^2-ks+mg\cos\theta$$

代入得

$$m(l+s)^2\ddot{\theta}+2m(l+s)\dot{s}\dot{\theta}+mg(l+s)\sin\theta=0$$

$$m\ddot{s}-m(l+s)\dot{\theta}^2+ks-mg\cos\theta=0$$

即

$$(l+s)\ddot{\theta}+2\dot{s}\dot{\theta}+g\sin\theta=0$$

$$\ddot{s}-(l+s)\dot{\theta}^2+\frac{k}{m}s-g\cos\theta=0$$

上面两式便是摆锤的运动方程。

2. 刚体运动时,如果刚体上任意一点到某个固定平面的距离始终不变,那么刚体的这种运动叫做平面运动。平面运动的刚体有 3 个自由度。它们可以选择为质心坐标 x_C,y_C 和刚体上其他点绕过质心且与固定平面垂直的直线做定轴转动的角位移 θ。试利用拉格朗日方程推导刚体平面运动的运动微分方程。

解　刚体的动能

$$T=\frac{1}{2}m(\dot{x}_C^2+\dot{y}_C^2)+\frac{1}{2}I_C\dot{\theta}^2$$

刚体所受的广义力

$$Q_x = F_x \quad Q_y = F_y \quad Q_C = M_C$$

式中，F_x，F_y 是合外力在 x，y 轴上的分量，I_C，M_C 是刚体绕过质心的定轴转动时的转动惯量和合力矩。代入拉格朗日方程，有

$$\frac{\mathrm{d}}{\mathrm{d}t}\left(\frac{\partial T}{\partial \dot{x}_C}\right) = Q_x \quad \frac{\mathrm{d}}{\mathrm{d}t}\left(\frac{\partial T}{\partial \dot{y}_C}\right) = Q_y \quad \frac{\mathrm{d}}{\mathrm{d}t}\left(\frac{\partial T}{\partial \dot{\theta}}\right) = Q_z$$

即

$$m\ddot{x}_C = F_x \quad m\ddot{y}_C = F_y \quad I_C\ddot{\theta} = M_C$$

这便是刚体平面运动的运动微分方程（对照式(8.5.26)）。

第8章　振动与转动

1. 如图所示，质量 m，半径 r 的匀质半圆盘在水平面上做无滑动的摆动。若半圆盘以直径 AB 铅直时的位置无初速地开始摆动，试求直径水平时半圆盘的角速度及对水平面的正压力。

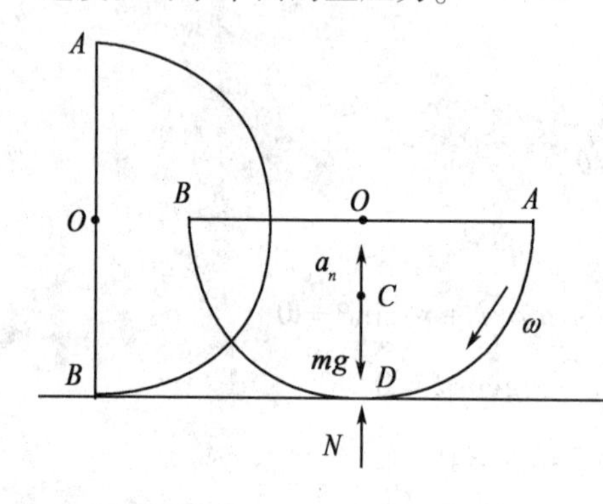

解　记 AB 中点为 O，半圆盘质心为 C。运用求质心的方法可知，$\overline{OC} \perp \overline{AB}$，$\overline{OC} = \frac{4r}{3\pi}$。根据动能定理有

$$\left(\frac{1}{2}mv^2 + \frac{1}{2}I\omega^2\right) - 0 = mg \times \overline{OC}$$

式中，v 是质心速度，I 是半圆盘对质心的转动惯量，ω 是半圆盘角速度。利用有关转动惯量的平行轴定理有

$$I_O = I + m \times \overline{OC}^2$$

这里 $I_O = \frac{1}{2}mr^2$ 是半圆盘对 O 点的转动惯量。于是

$$I = I_O - m \times \overline{OC}^2 = \frac{1}{2}mr^2 - m\left(\frac{4r}{3\pi}\right)^2 = mr^2\,\frac{9\pi^2 - 32}{18\pi^2}$$

记 D 是直径水平时半圆盘与水平面的接触点，则

$$v = \overline{CD} \times \omega = \left(r - \frac{4r}{3\pi}\right)\omega = \frac{3\pi - 4}{3\pi}r\omega$$

将上述数值代入动能定理表示式有

$$\frac{1}{2}mr^2\omega^2\frac{9\pi^2-24\pi+16}{9\pi^2}+\frac{1}{2}mr^2\omega^2\frac{9\pi^2-32}{18\pi^2}=mg\frac{4r}{3\pi}$$

由此得

$$\omega^2=\frac{16g}{(9\pi-16)r}$$

故直径水平时半圆盘的角速度

$$\omega=4\sqrt{\frac{g}{(9\pi-16)r}}$$

而此时半圆盘质心在铅直方向的运动方程是

$$-mg+N=ma_n=m\times\overline{OC}\times\omega^2$$

式中 a_n 是质心相对 O 的向心加速度,由此得正压力

$$N=mg+m\times\frac{4r}{3\pi}\times\frac{16g}{(9\pi-16)r}=mg\left[1+\frac{64}{3\pi(9\pi-16)}\right]$$

2. 设 O 是刚体上任意一点,L 是过 O 点的任意轴线。今以 O 点为原点作一固连在刚体上的直角坐标系 $O-xyz$,轴线 L 在此坐标系中的方向余弦为 $\alpha,\beta,\gamma(\alpha^2+\beta^2+\gamma^2=1)$。若 M 是刚体上任意一点,其质量为 m_j,坐标为(x_j,y_j,z_j),离轴线 L 的距离为 r_j,与 L 的夹角为 θ_j,则

$$\overline{ON}=\overline{OM}\cdot\hat{L}=\overline{OM}\cos\theta_j=\alpha x_j+\beta y_j+\gamma z_j$$

$$\overline{ON}^2=(\alpha x_j+\beta y_j+\gamma z_j)^2$$

($\hat{L}$ 表示轴线 L 上的单位矢量)

又
$$\overline{OM}^2=x_j^2+y_j^2+z_j^2$$

故
$$\begin{aligned}r_j^2&=\overline{OM}^2-\overline{ON}^2=x_j^2(\beta^2+\gamma^2)+y_j^2(\gamma^2+\alpha^2)+z_j^2(\alpha^2+\beta^2)\\&\quad-2\beta\gamma y_jz_j-2\gamma\alpha z_jx_j-2\alpha\beta x_jy_j\\&=\alpha^2(y_j^2+z_j^2)+\beta^2(z_j^2+x_j^2)+\gamma^2(x_j^2+y_j^2)-2\beta\gamma y_jz_j-2\gamma\alpha z_jx_j-2\alpha\beta x_jy_j\end{aligned}$$

于是刚体对轴线 L 的转动惯量

$$\begin{aligned}I&=\sum_j m_jr_j^2=\alpha^2\sum_j m_j(y_j^2+z_j^2)+\beta^2\sum_j m_j(z_j^2+x_j^2)+\gamma^2\sum_j m_j(x_j^2+y_j^2)\\&\quad-2\beta\gamma\sum_j m_jy_jz_j-2\gamma\alpha\sum_j m_jz_jx_j-2\alpha\beta\sum_j m_jx_jy_j\\&=A\alpha^2+B\beta^2+C\gamma^2-2F\beta\gamma-2G\gamma\alpha-2H\alpha\beta\end{aligned}$$

式中,$A=\sum_j m_j(y_j^2+z_j^2)\qquad B=\sum_j m_j(z_j^2+x_j^2)\qquad C=\sum_j m_j(x_j^2+y_j^2)$

是刚体绕坐标轴 x,y,z 转动的转动惯量,而

$$F = \sum_j m_j y_j z_j \qquad G = \sum_j m_j z_j x_j \qquad H = \sum_j m_j x_j y_j$$

称为惯性积。可见,刚体对任意轴线的转动惯量由 A,B,C,F,G,H 及轴线的方向余弦确定。A,B,C,F,G,H 六个量与 O 的位置和坐标轴方向有关。通常将这六个量写成

$$\overset{\leftrightarrow}{I} = \begin{pmatrix} A & -H & -G \\ -H & B & -F \\ -G & -F & C \end{pmatrix}$$

称为惯量张量,矩阵中的元素称为惯量系数。相应的转动惯量 I 则可以表示成

$$I = \hat{L} \cdot \overset{\leftrightarrow}{I} \cdot \hat{L} = (\alpha,\beta,\gamma) \begin{pmatrix} A & -H & -G \\ -H & B & -F \\ -G & -F & C \end{pmatrix} \begin{pmatrix} \alpha \\ \beta \\ \gamma \end{pmatrix}$$

如果在轴线 L 上截取一线段 OQ,且使其长 $\overline{OQ} = \frac{1}{\sqrt{I}} = R$,那么 Q 点的坐标是

$$x = R\alpha \qquad y = R\beta \qquad z = R\gamma$$

Q 的轨迹方程则是

$$R^2 I = 1$$

即

$$Ax^2 + By^2 + Cz^2 - 2Fyz - 2Gzx - 2Hxy = 1$$

通常上式表示一个中心在 O 点的椭球,称为惯量椭球。利用解析几何中求二次曲面主轴的方法或线性代数中求本征值的方法可以将上式化简成

$$Ax^2 + By^2 + Cz^2 = 1$$

相应此式的坐标轴叫惯量主轴,而此时的系数 A,B,C 叫主转动惯量。对一个均匀刚体,如果它有对称轴(设为 x 轴),那么此轴便是刚体的一个惯量主轴。这是因为若 $M(x_j,y_j,z_j)$ 是刚体上一点,则必有 $M'(x_j,-y_j,-z_j)$ 亦是刚体上一点,故下式成立:

$$H = \sum_j m_j x_j y_j = 0 \qquad G = \sum_j m_j x_j z_j = 0$$

说明 x 轴是 O 点的惯量主轴。同样,若均匀刚体有对称面,设为 xy 平面,则对刚体上任一点 $M(x_j,y_j,z_j)$ 必有对应点 $M''(x_j,y_j,-z_j)$,从而

$$F = \sum_j m_j y_j z_j = 0 \qquad G = \sum_j m_j z_j x_j = 0$$

故与 xy 平面垂直的子轴便是 O 点的惯量主轴。

今有一边长为 b 的刚性正三角形,其质量集中在三个顶点上,且均等于 m,求质心 O 的惯量主轴和对它们的主转动惯量。

解 设此正三角形为 $\triangle ABC$,质心 O 即它们的中心。任意顶点与 O 的连线

即正三角形的中垂线,比如$\overline{AON}$(N是垂足)都是对称轴,因此是O点的一个惯量主轴,设为x轴。又三角形所在平面是一个对称面,因此过O点与此对称面垂直的直线(设为z轴)是O点的又一个惯量主轴。而y轴则由x轴和z轴确定。利用正三角形的性质即可以得到对应的主转动惯量:

$$A = I_x = m \times \overline{BN}^2 + m \times \overline{CN}^2 = 2m\left(\frac{b}{2}\right)^2 = \frac{1}{2}mb^2$$

$$\begin{aligned} B = I_y &= m \times \overline{AO}^2 + 2m \times \overline{ON}^2 \\ &= m\left(\frac{2}{3} \times \frac{\sqrt{3}}{2}b\right)^2 + 2m\left(\frac{1}{3} \times \frac{\sqrt{3}}{2}b\right)^2 = \frac{1}{2}mb^2 \end{aligned}$$

$$C = I_z = m \times \overline{AO}^2 + m \times \overline{BO}^2 + m \times \overline{CO}^2 = 3m\left(\frac{2}{3} \times \frac{\sqrt{3}}{2}b\right)^2 = mb^2$$

第9章　碰撞与散射

1. 一长为a、质量为m的匀质细杆,静止在光滑水平面上。今杆上某处受到与杆垂直的水平冲量I的作用。如果要求杆的一端在碰撞结束瞬时的速度等于零,那么I应作用在杆的什么位置?

解　设细杆沿x轴,杆中心为坐标原点,I的作用点在x处。由动量定理和动量矩定理知

$$mv_C = I \qquad \frac{1}{12}ma^2\omega = Ix$$

设碰撞结束瞬时速度等于零的端点(A)与I的作用点在杆中心两侧,于是

$$v_A = v_C - \frac{1}{2}a\omega$$

根据题设条件,$v_A = 0$,由以上各式解得:$x = a/6$。

2. 利用玻恩近似法计算粒子在势场$V = V_0 e^{-\alpha^2 r^2}$中散射的微分散射截面。

解　根据玻恩近似下的散射振幅与散射截面计算公式(9.5.19)和(9.5.20)

$$f(\theta) = -\frac{2\mu}{\hbar^2 q}\int_0^\infty r'V(r')\sin qr'\mathrm{d}r' = -\frac{2\mu V_0}{\hbar^2 q}\int_0^\infty r' e^{-\alpha^2 r'^2}\sin qr'\mathrm{d}r'$$

其中的积分值可利用分部积分求得:

$$\int_0^{\infty} r' e^{-\alpha^2 r'^2} \sin qr' \mathrm{d}r' = -\frac{1}{2\alpha^2}\left[e^{-\alpha^2 r'^2} \sin qr' \Big|_{r'=0}^{r'=\infty} - \int_0^{\infty} e^{-\alpha^2 r'^2} \mathrm{d}\sin qr' \right]$$

$$= \frac{q}{2\alpha^2}\int_0^{\infty} e^{-\alpha^2 r'^2} \cos qr' \mathrm{d}r' = \frac{\sqrt{\pi}\, q}{4\alpha^3} e^{-q^2/4\alpha^2}$$

最后一个等式用到积分公式

$$\int_0^{\infty} e^{-\alpha^2 r'^2} \cos qr' \mathrm{d}r' = \frac{\sqrt{\pi}}{2\alpha} e^{-q^2/4\alpha^2}$$

将积分结果代入即得

$$f(\theta) = -\frac{2\mu V_0}{\hbar^2 q}\int_0^{\infty} r' e^{-\alpha^2 r'^2} \sin qr' \mathrm{d}r' = -\frac{\sqrt{\pi}\mu V_0}{2\hbar^2 \alpha^3} e^{-q^2/4\alpha^2}$$

$$\sigma(\theta) = |f(\theta)|^2 = \frac{\pi \mu^2 V_0^2}{4\hbar^4 \alpha^6} e^{-q^2/2\alpha^2} \qquad (q = 2k\sin\theta/2)$$

3. 在推导卢瑟福公式时，我们用到了靶核质量远大于入射粒子质量这一假设，然而实际情形通常并非如此，这时公式就需加以修正。不过，如果采用质心坐标系，并将入射粒子速度用它相对质心的速度代替，粒子的质量用约化质量(μ)代替，粒子动能用质心系能量(E_C)代替，那么，形式上公式仍然将保持不变，即微分散射截面

$$\sigma_C(\theta_C) = \left(\frac{1}{4\pi\varepsilon_0}\frac{Z_1 Z_2 e^2}{4E_C}\right)^2 \frac{1}{\sin^4 \theta_C/2}$$

式中，θ_c 是质心系中的散射角，E_c 是质心系中能量(相对运动动能)

$$E_C = \frac{1}{2}\mu v^2 \qquad \mu = \frac{m_1 m_2}{m_1 + m_2}$$

m_1, m_2 分别是入射粒子和靶核的质量。试利用质心坐标系与实验室坐标系的关系，求此时实验室坐标系中相应的微分散射截面。

解 两个坐标系成立如下关系式(9.7.7)

$$\sigma_C(\theta_C)\sin\theta_C \mathrm{d}\theta_C = \sigma_L(\theta_L)\sin\theta_L \mathrm{d}\theta_L$$

下标 C 表示质心坐标系中的物理量，下标 L 表示实验室坐标系中的物理量。因此，

$$\sigma_L(\theta_L) = \sigma_C(\theta_C)\frac{\sin\theta_C}{\sin\theta_L}\frac{\mathrm{d}\theta_C}{\mathrm{d}\theta_L}$$

根据式(9.7.5)有

$$\frac{\sin\theta_L}{\cos\theta_L} = \frac{\sin\theta_C}{\gamma + \cos\theta_C}$$

进而
$$\sin(\theta_C - \theta_L) = \gamma\sin\theta_L$$

且
$$\frac{m_1}{m_2} = \gamma = \frac{\sin\Delta}{\sin\theta_L} \qquad (\Delta = \theta_C - \theta_L)$$

两边对变量 θ_L 求导得
$$\left(\frac{d\theta_C}{d\theta_L} - 1\right)\cos(\theta_C - \theta_L) = \gamma\ \cos\theta_L$$

$$\frac{d\theta_C}{d\theta_L} = 1 + \gamma\frac{\cos\theta_L}{\cos\Delta} = 1 + \frac{\sin\Delta}{\sin\theta_L}\frac{\cos\theta_L}{\cos\Delta} = \frac{\sin(\theta_L + \Delta)}{\sin\theta_L\cos\Delta} = \frac{\sin\theta_C}{\sin\theta_L}\frac{1}{\cos\Delta}$$

故

$$\begin{aligned}\sigma_L(\theta_L) &= \sigma_C(\theta_C)\left(\frac{\sin\theta_C}{\sin\theta_L}\right)^2\frac{1}{\cos\Delta}\\ &= \left(\frac{1}{4\pi\varepsilon_0}\frac{Z_1Z_2e^2}{4E_C}\right)^2\frac{1}{\sin^4\theta_C/2}\frac{\sin^2\theta_C}{\sin^2\theta_L}\frac{1}{\cos\Delta}\\ &= \left[\frac{1}{4\pi\varepsilon_0}\frac{Z_1Z_2e^2}{4E_L}(1+\gamma)\frac{\sin\theta_C}{\sin\theta_L}\frac{1}{\sin^2\theta_C/2}\right]^2\frac{1}{\cos\Delta}\end{aligned}$$

式中
$$E_C = \frac{1}{2}\frac{m_1m_2}{m_1 + m_2}v^2 = \frac{1}{1+\gamma}\frac{1}{2}m_1v^2 = \frac{E_L}{1+\gamma}$$

注意到
$$1 + \gamma = 1 + \frac{\sin\Delta}{\sin\theta_L} = \frac{\sin\theta_L + \sin\Delta}{\sin\theta_L}$$

$$\frac{\sin\theta_C}{2\sin^2\theta_C/2} = \frac{1}{\tan\theta_C/2} = \frac{1}{\tan(\theta_L + \Delta)/2} = \frac{\cos\theta_L + \cos\Delta}{\sin\theta_L + \sin\Delta}$$

得
$$\begin{aligned}\sigma_L(\theta_L) &= \left[\frac{1}{4\pi\varepsilon_0}\frac{Z_1Z_2e^2}{2E_L}(1+\gamma)\frac{\sin\theta_C}{2\sin^2\theta_C/2}\frac{1}{\sin\theta_L}\right]^2\frac{1}{\cos\Delta}\\ &= \left(\frac{1}{4\pi\varepsilon_0}\frac{Z_1Z_2e^2}{2E_L}\right)^2\frac{(\cos\theta_L + \cos\Delta)^2}{\sin^4\theta_L\cos\Delta}\end{aligned}$$

或
$$\sigma_L(\theta_L) = \left(\frac{1}{4\pi\varepsilon_0}\frac{Z_1Z_2e^2}{2E_L}\right)^2\frac{1}{\sin^4\theta_L}\frac{\left(\cos\theta_L + \sqrt{1 - \gamma^2\sin^2\theta_L}\right)^2}{\sqrt{1 - \gamma^2\sin^2\theta_L}}$$

上面两式即是实验室坐标系中的卢瑟福公式。

第 10 章　经典与量子理想气体

1. 试求在什么温度下,银的电子摩尔热容 C_{Ve} 和晶格摩尔热容 C_V 相等。已知银的电子费米能 $\varepsilon_f = 5.5\text{eV}$,银的德拜温度 $\Theta_D = 210\text{K}$。

解　两种热容只有在低温下才能相等。低温下晶格的摩尔热容(见式(10.2.33))

$$C_V = \frac{12N_0 k\pi^4}{5\Theta_D^3}T^3 = \frac{12R\pi^4}{5\Theta_D^3}T^3$$

电子的摩尔热容(见式(10.6.18))

$$C_{Ve} = \frac{N_0 k^2\pi^2}{2\varepsilon_f}T = \frac{Rk\pi^2}{2\varepsilon_f}T$$

令 $C_{Ve} = C_V$,由此得

$$\frac{12R\pi^4}{5\Theta_D^3}T^3 = \frac{Rk\pi^2}{2\varepsilon_f}T$$

$$T = \left(\frac{5k\Theta_D^3}{24\pi^2\varepsilon_f}\right)^{\frac{1}{2}} = \sqrt{\frac{5\times 8.62\times 10^{-5}\times 210^3}{24\pi^2\times 5.5}} = 1.75(\mathrm{K})$$

2. 由热力学基本方程知

$$\frac{1}{T} = \left(\frac{\partial S}{\partial U}\right)_{N,V}$$

对通常系统,熵随内能单调增加,因此,其温度恒为正。但对某些特殊系统,在一定条件下,熵却随内能增加反而减少,这时,系统处于负温度状态。晶体中的核自旋系统便是一个熟知的例子。设自旋系统包含 N 个粒子,粒子自旋为1/2,在磁场 H 中的能量有两个可能值:$\pm\varepsilon$。

(1) 计算系统处于能量为

$$U = \bar{E} = (N_+ - N_-)\varepsilon$$

的状态时的热力学几率(这里,N_+ 表示能级 $+\varepsilon$ 上的粒子数,N_- 表示能级$-\varepsilon$ 上的粒子数);

(2) 计算此状态时系统的熵;

(3) 确定什么条件下,系统处于正温度状态,什么条件下,系统处于负温度状态?

解　(1)N 个粒子中有 N_+ 个粒子处在 $+\varepsilon$ 能级上,有 N_- 个粒子处在$-\varepsilon$ 能级上,相应的分配方式,即热力学几率为

$$W = \frac{N!}{N_+!\ N_-!}$$

(2) 由玻尔兹曼关系知

$$S = k\ln W = k\ln\frac{N!}{N_+!\ N_-!}$$

(3) 从 $U=(N_+-N_-)\varepsilon \quad N=N_++N_-$ 解得

$$N_\pm=\frac{N}{2}\left(1\pm\frac{U}{\varepsilon N}\right)$$

利用斯特令公式有

$$S=k[\ln N!-\ln N_+!-\ln N_-!]$$
$$=Nk\left[\ln 2-\frac{1}{2}\left(1+\frac{U}{\varepsilon N}\right)\ln\left(1+\frac{U}{\varepsilon N}\right)-\frac{1}{2}\left(1-\frac{U}{\varepsilon N}\right)\ln\left(1-\frac{U}{\varepsilon N}\right)\right]$$

于是

$$\frac{1}{T}=\left(\frac{\partial S}{\partial U}\right)_{N,H}=\frac{k}{2\varepsilon}\ln\frac{N\varepsilon-U}{N\varepsilon+U}$$

由此可见

$$U<0,\ N_->N_+,\ T>0;\ U>0,\ N_-<N_+,\ T<0;$$

$$U=\begin{cases}0^+ & N_-=\dfrac{N}{2}+0^+ \quad N_+=\dfrac{N}{2}-0^+ \quad T=+\infty\\ 0^- & N_-=\dfrac{N}{2}-0^+ \quad N_+=\dfrac{N}{2}+0^+ \quad T=-\infty\end{cases}$$

(其中 0^+ 与 0^- 分别代表 $1\pm\eta$, η 为正无穷小。) 这就是说, 当 $U<0$ 时, 低能级上的粒子数多于高能级上的粒子数, 系统处于正温度状态; 而当 $U>0$ 时, 粒子数反转, 低能级上的粒子数少于高能级上的粒子数, 系统处于负温度状态。所有粒子处在低能级时, 温度最低, 即 $N_-=N, T=0^+$; 所有粒子处在高能级时, 温度最高, 即 $N_-=0, T=0^-$。

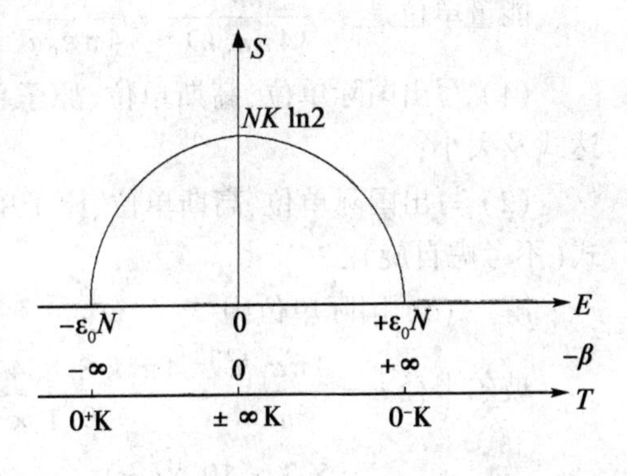

随着低能级上的粒子数由 $N_-=N$ 变到 $N_-=(N/2)+0^+$, 温度由 $T=0^+$ 变到 $T=+\infty$; 然后, 粒子数反转, 低能级上的粒子数少于高能级上的粒子数, 当 N_- 从 $(N/2)+0^-\to 0$, T 从 $-\infty\to 0^-$。所以, 负温度是比任何正温度都要高的温度。

上图是核自旋系统熵随温度的改变。

1951 年, 珀塞尔(Purcell) 和庞德(Pound) 在实验上实现了核自旋系统的负温度状态。他们用加强磁场方法将 LiF 晶体内核自旋沿磁场方向排列, 然后突然让磁场反向; 由于这一动作极其迅速, 以致晶体内核自旋不可能随磁场同时反转, 结果是原来与磁场同向的大多数自旋变成与磁场反向。这一状态具有负的绝对温度。

第11章　原子与原子核

1. 在原子物理中，为了避免计算公式书写过于繁冗，还经常使用原子单位($a.u.$)，它的定义如下：

取电子电量绝对值 $e=1$，电子质量 $m=1$，约化普朗克常数 $\hbar=1$ 为基本量，而

长度单位则为玻尔(第一)半径　$a=\dfrac{4\pi\varepsilon_0\hbar^2}{me^2}$

时间单位是　$\dfrac{a}{\alpha c}=\dfrac{(4\pi\varepsilon_0)^2\hbar^3}{me^4}$

速度单位是　$\dfrac{e^2}{4\pi\varepsilon_0\hbar}=\alpha c$　$\left(\alpha=\dfrac{e^2}{4\pi\varepsilon_0\hbar c}\text{为精细结构常数}\right)$

动量单位是　$\dfrac{me^2}{4\pi\varepsilon_0\hbar}$

能量单位是　$\dfrac{me^4}{(4\pi\varepsilon_0\hbar)^2}=\dfrac{e^2}{4\pi\varepsilon_0 a}$　$\left(I=\dfrac{e^2}{8\pi\varepsilon_0 a}\text{为氢原子电离能}\right)$

(1) 写出国际单位、高斯单位、原子单位中玻尔半径、氢原子基态能量的表达式及大小；

(2) 写出国际单位、高斯单位、原子单位中类氢离子的电子的哈密顿量表达式(不考虑自旋)。

解　(1) 国际单位中

玻尔半径 $a=\dfrac{4\pi\varepsilon_0\hbar^2}{me^2}=\dfrac{4\pi\times 8.854\times 10^{-12}\times(1.0546\times 10^{-34})^2}{9.1\times 10^{-31}\times(1.6\times 10^{-19})^2}$

$=5.3\times 10^{-11}(\text{m})$

氢原子基态能量

$$-I=\frac{-e^2}{8\pi\varepsilon_0 a}=-\frac{(1.6\times 10^{-19})^2}{8\pi\times 8.854\times 10^{-12}\times 5.3\times 10^{-11}}$$

$$=-2.17\times 10^{-18}J=-13.6\ (\text{eV})$$

高斯单位中

$$a=\frac{\hbar^2}{me^2}=\frac{(1.0546\times 10^{-34}\times 10^7)^2}{9.1\times 10^{-28}\times(4.8\times 10^{-10})^2}=5.3\times 10^{-9}(\text{cm})$$

$$-I=-\frac{e^2}{2a}=-\frac{(4.8\times 10^{-10})^2}{2\times 5.3\times 10^{-9}}=-2.17\times 10^{-11}\text{erg}=-13.6(\text{eV})$$

原子单位中

$$a = 1\ \text{a.u.} = 5.3 \times 10^{-11}\,\text{m}$$

$$-I = -\frac{1}{2}\text{a.u.} = -13.6\ \text{eV}$$

(2) 国际单位中,类氢离子的电子哈密顿量

$$H = \frac{p^2}{2m} - \frac{Ze^2}{4\pi\varepsilon_0 r}$$

高斯单位中

$$H = \frac{p^2}{2m} - \frac{Ze^2}{r}$$

原子单位中

$$H = \frac{p^2}{2} - \frac{1}{4\pi\varepsilon_0}\frac{Z}{r}$$

2. 物质的磁性意指物质在磁场中的行为,它表现为抗磁性、顺磁性和铁磁性。试利用经典理论说明物质的抗磁性并确定抗磁性物质的磁化率。

解　原子具有磁矩$\boldsymbol{\mu}_J$,在磁场作用下,原子磁矩受力矩作用,其角动量绕磁场方向进动。

$$\boldsymbol{M} = \boldsymbol{\omega} \times \boldsymbol{J}$$

式中,$\boldsymbol{M}$是电子所受的力矩,$\boldsymbol{J}$是电子角动量,$\boldsymbol{\omega}$是进动角速度。另一方面,根据式(8.6.38),有

$$\boldsymbol{M} = \boldsymbol{\mu}_J \times \boldsymbol{B} = \boldsymbol{\mu}_J \times \mu_0 \boldsymbol{H}$$

且由式(11.3.11)知,

$$\boldsymbol{\mu}_J = -g\mu_B \boldsymbol{J}/\hbar$$

于是

$$\boldsymbol{M} = \frac{g\mu_0\mu_B}{\hbar}\boldsymbol{H} \times \boldsymbol{J}$$

电子角动量表达式与式(11.3.11)的区别是这里$\boldsymbol{J}$包含$\hbar$。由于物质的抗磁性主要是指磁场对电子轨道运动作用的结果,故

$$g = 1 \qquad \frac{\mu_B}{\hbar} = \frac{e\hbar}{2m}\frac{1}{\hbar} = \frac{e}{2m}$$

对照$\boldsymbol{M} = \boldsymbol{\omega} \times \boldsymbol{J}$得

$$\omega = \frac{\mu_0 e}{2m}H \qquad \nu = \frac{\omega}{2\pi} = \frac{\mu_0 e}{4\pi m}H$$

已知一个电流回路产生的磁矩等于iA,A为回路面积,i为回路上电流。Z个

电子(Z 为原子序数) 所形成的电的环流,其强度

$$i_a = -Ze\nu = -\frac{\mu_0 Ze^2}{4\pi m}H$$

因此,它在磁场中所获得的附加磁矩

$$\mu_a = i_a A = -\frac{\mu_0 Ze^2}{4\pi m}H \cdot \pi \overline{\rho^2}$$

(电子带负电,故式中出现负号),这里 $\pi\overline{\rho^2}$ 表示等效电流回路所包围的面积

$$\overline{\rho^2} = \overline{x^2} + \overline{y^2} = \frac{2}{3}\overline{r^2}$$

$\overline{\rho^2}$ 是 Z 个电子到通过原子核而平行磁场的 Z 轴的距离,r 是电子到原子核的距离。代入 μ_a 的表示式得单个原子在磁场中所产生的附加磁矩

$$\mu_a = -\frac{\mu_0 Ze^2}{6m}H \cdot \overline{r^2}$$

可见,虽然原子的进动角速度沿 H 方向,但所产生的附加磁矩却与 H 反向。这说明了原子的抗磁性。

单位体积中的磁矩叫做磁化强度($\bar{M}$)。如果单位体积含 N 个原子,那么

$$\bar{M} = N\mu_a = -\frac{\mu_0 Ze^2 N}{6m}H \cdot \overline{r^2}$$

由此得抗磁性磁化率

$$\chi = \frac{\bar{M}}{H} = -\frac{\mu_0 Ze^2 N}{6m}\overline{r^2}$$

原则上,原子都有抗磁性,但若原子的角动量不为零,原子将具有永久磁矩,这类原子组成的物质在磁场中表现出顺磁性(参见 10.3 节)。有些物质,如铁、钴、镍等,在磁场中有比顺磁性物质大得多的磁化率,且在撤去磁场后仍保留磁性。这种现象称为铁磁性,这类物质称为铁磁性物质。铁磁性物质可分成许多小区,称为磁畴。一个磁畴内原子磁矩具有大致相同的取向,各个磁畴取向不一致,在未加磁场时,它们互相抵消,不显磁性。加上磁场后,各磁畴的磁矩均沿磁场方向,显示较强的宏观磁性。有关铁磁性的讨论参见 10.7 节。

3. 高能γ光子照射电子产生正负电子对,求发生此反应时γ光子的阈能。

解 此反应的反应式为

$$\gamma + e^- \rightarrow e^- + e^+ + e^-$$

反应前

$$P_\gamma = (\boldsymbol{p}_\gamma, i\varepsilon_\gamma) \qquad P_e = (0, imc^2)$$

反应后

$$P' = P'_{e^-} + P'_{e^+} + P'_{e^-}$$

这里，ε_γ 是γ光子能量，m 是电子静止质量，$P(P')$ 是四维动量。反应前后能量动量守恒，

$$P_\gamma + P_e = P'$$

由于四维动量的内积是洛伦兹不变量，因此

$$P_\gamma \cdot P_\gamma + P_e \cdot P_e + 2P_\gamma \cdot P_e = P' \cdot P'$$

上式左边为

$$0 - m^2c^4 - 2mc^2\varepsilon_\gamma$$

右边为

$$P_c'^2 = (i3mc^2)^2 = -9m^2c^4$$

即

$$m^2c^4 + 2mc^2\varepsilon_\gamma = 9m^2c^4$$

所以此反应阈能

$$\varepsilon_\gamma = 4mc^2 = 2.044\text{MeV}$$

（电子静止质量对应的能量 $mc^2 = 0.511\text{MeV}$）。

第 12 章　万有引力与天体

1. 假设天空中星星的分布是近似均匀的，其平均数密度为 n，其光度为 L，求天空在星光照耀下的亮度。

解　取天球中半径在 $(r, r+\mathrm{d}r)$ 区间的一薄层球壳，此薄层所含星星数目是 $n \cdot 4\pi r^2\mathrm{d}r$，地球上观测到这些星星的亮度

$$\mathrm{d}I = \frac{Ln \cdot 4\pi r^2\mathrm{d}r}{4\pi r^2} = Ln\mathrm{d}r$$

可见，一层内星星对天空亮度的贡献与距离远近无关，只与该层厚度有关。对上式积分即给出观测者所见到的视亮度。若宇宙无限，则积分值无限大；考虑到光线在传播中受到遮挡和吸收等因素影响，亮度可有所降低，但即使如此，其结果虽不会无限，但也将相当明亮，且无白天黑夜的区别。这显然与实际观测结果不符。它是由天文学家奥尔伯斯(H. W. M. Olbers)在 1823 年提出来的，称为奥尔伯斯佯谬或光度佯谬。

为了避免出现这一佯谬,人们提出了各种解释:其一,宇宙空间并非如牛顿时空观所认为的那样是绝对无限的;其二,星星在宇宙中的分布可能并不均匀,其数密度与光度似乎与位置有关;其三,地面观察到的来自遥远星际空间的光线是数十亿年前发出来的,它们与近距离星光可能有所不同,不应按同一方式叠加…… 也许这一切又与大尺度宇宙结构的模型有关。不过,不论什么模型,它都应该能够解释为什么夜晚的天空是黑的这一事实。

2. (1) 形如

$$a_0 + \frac{1}{a_1 +}\frac{1}{a_2 +} \cdots + \frac{1}{a_n} \equiv a_0 + \cfrac{1}{a_1 + \cfrac{1}{a_2 + \ddots \cfrac{1}{a_{n-1} + \cfrac{1}{a_n}}}}$$

的数叫做连分数。已知 1 回归年等于 365 天 5 时 48 分 46 秒,试以天为单位将它的真分数部分写成连分数形式,并据此说明人们常说"四年闰一天而百年少一闰"的道理。

(2) 已知 1 朔望月 = 29.5306 天。由于 1 回归年中包含的朔望月数目不是整数,因此农历隔些年就得闰一月。我们的祖先远在春秋时代前便知道"十九年七闰",试说明其理由。

解(1)365 天 5 时 48 分 46 秒 $= 365 + \frac{5}{24} + \frac{48}{24 \times 60} + \frac{46}{24 \times 60 \times 60}$ 天

$$= 365\,\frac{10463}{43200} \text{ 天}$$

将真分数部分写成连分数为

$$\frac{10463}{43200} = \frac{1}{43200/10463} = \frac{1}{4 + 1348/10463} = \cfrac{1}{4 + \cfrac{1}{10463/1348}}$$

$$= \cfrac{1}{4 + \cfrac{1}{7 + 1027/1348}} = \cfrac{1}{4 + \cfrac{1}{7 + \cfrac{1}{1348/1027}}} = \cfrac{1}{4 + \cfrac{1}{7 + \cfrac{1}{1 + 321/1027}}}$$

$$= \cfrac{1}{4 + \cfrac{1}{7 + \cfrac{1}{1 + \cfrac{1}{3 + 64/321}}}} = \cfrac{1}{4 + \cfrac{1}{7 + \cfrac{1}{1 + \cfrac{1}{3 + \cfrac{1}{5 + 1/64}}}}}$$

$$=\frac{1}{4}\,{}_{+}\,\frac{1}{7}\,{}_{+}\,\frac{1}{1}\,{}_{+}\,\frac{1}{3}\,{}_{+}\,\frac{1}{5}\,{}_{+}\,\frac{1}{64}$$

该分数的渐近分数是

$$\frac{1}{4}=0.25$$

$$\frac{1}{4}\,{}_{+}\,\frac{1}{7}=\frac{7}{29}=0.241379$$

$$\frac{1}{4}\,{}_{+}\,\frac{1}{7}\,{}_{+}\,\frac{1}{1}=\frac{8}{33}=0.242424$$

$$\frac{1}{4}\,{}_{+}\,\frac{1}{7}\,{}_{+}\,\frac{1}{1}\,{}_{+}\,\frac{1}{3}=\frac{31}{128}=0.242188$$

$$\frac{1}{4}\,{}_{+}\,\frac{1}{7}\,{}_{+}\,\frac{1}{1}\,{}_{+}\,\frac{1}{3}\,{}_{+}\,\frac{1}{5}=\frac{163}{673}=0.242199108$$

$$\frac{1}{4}\,{}_{+}\,\frac{1}{7}\,{}_{+}\,\frac{1}{1}\,{}_{+}\,\frac{1}{3}\,{}_{+}\,\frac{1}{5}\,{}_{+}\,\frac{1}{64}=\frac{10463}{43200}=0.242199074$$

由此可见,分数的渐近值从第一位起每隔一位从上方逼近该分数值;而从第二位起每隔一位从下方逼近该分数值。这就说明,四年闰一天。但这只是初步最好的近似值,而29年闰7天则要精密些,33年闰8天又更精密。因此,99年应闰24天,这正是百年少一闰。

(2)因1回归年=365.2422天,1朔望月=29.5306天,故1回归年应有的朔望月数目

$$\frac{365.2422}{29.5306}=12\,\frac{108750}{295306}$$

这说明,农历年有的是12个月,而有的是13个月,称为闰年。若把上面的真分数展成连分数则有

$$\frac{108750}{295306}=\frac{1}{2}\,{}_{+}\,\frac{1}{1}\,{}_{+}\,\frac{1}{2}\,{}_{+}\,\frac{1}{1}\,{}_{+}\,\frac{1}{1}\,{}_{+}\,\frac{1}{16}\,{}_{+}\,\frac{1}{1}\,{}_{+}\,\frac{1}{5}\,{}_{+}\,\frac{1}{2}\,{}_{+}\,\frac{1}{6}\,{}_{+}\,\frac{1}{2}\,{}_{+}\,\frac{1}{2}$$

它的渐近分数是

$$\frac{1}{2}\;\frac{1}{3}\;\frac{3}{8}\;\frac{4}{11}\;\frac{7}{19}\;\frac{116}{315}\;\cdots$$

由此可见,如果两年一闰则太多,三年一闰则太少;八年三闰又多了,十一年四闰又少了;而十九年七闰就比较精确了(这时它与精确值之差为0.000159)。

3. 1960年马修斯(Matthews)和桑德奇(Sandage)发现在射电源3C48的位置处有一颗视星等是16^m的恒星状天体(类星体)。若其红移量$z=0.367$,试按哈勃定律计算它的退行速度与距离(取$H_0=50\mathrm{km\cdot s^{-1}\cdot Mpc^{-1}}$)。

解　由式(12.4.6)有

$$\frac{1+\gamma}{1-\gamma}=(1+z)^2$$

于是

$$\gamma=\frac{v}{c}=\frac{(1+z)^2-1}{(1+z)^2+1}$$

将 $z=0.367$ 代入即得3C48的退行速度

$$v=\frac{(1+0.367)^2-1}{(1+0.367)^2+1}c=0.3028c=9.1\times10^4\mathrm{km}\cdot\mathrm{s}^{-1}$$

根据式(12.4.8)估算出它的距离为

$$d=\frac{v}{H_0}=\frac{9.1\times10^4}{50}=1.8\times10^3\mathrm{Mpc}=59.2\text{亿光年}$$

第三部分　习题解答

第1章　牛顿力学

1. 解

(1) 由于 $\dot{x}=2, \dot{y}=t+3$，所以质点速度大小

$$v=\sqrt{\dot{x}^2+\dot{y}^2}=\sqrt{2^2+(t+3)^2}=\sqrt{t^2+6t+13}$$

速度方向与 x 轴的夹角 α 满足

$$\tan\alpha=\frac{\dot{y}}{\dot{x}}=\frac{t+3}{2}$$

由于 $\ddot{x}=0\quad \ddot{y}=1$，所以质点加速度大小 $a=1$，方向沿 y 轴。

(2) 由运动方程第一式知 $t=\dfrac{x-4}{2}$，代入第二式有

$$y=\frac{1}{2}\left(\frac{x-4}{2}\right)^2+3\cdot\frac{x-4}{2}+4=\frac{1}{8}x^2+\frac{1}{2}x=\frac{1}{8}(x+2)^2-\frac{1}{2}$$

可见质点的运动轨迹为一抛物线。

2. 解　设火车制动后的运动是匀减速运动

$$v=v_0-|a|t$$

火车到站时的速度 $v=0$，故火车制动后至到站的时间

$$t=\frac{v_0}{|a|}=\frac{108\text{km/h}}{0.4\text{m/s}^2}=\frac{30\text{m/s}}{0.4\text{m/s}^2}=75\text{s}$$

这段时间火车运行的距离即距车站的路程

$$s=v_0t-\frac{1}{2}|a|t^2=30\times75-\frac{1}{2}\times0.4\times75^2=1125(\text{m})$$

3. 解　炸弹在垂直方向做自由落体运动，由距地面高度 $h=4000\text{m}$ 处落到地面所需时间

$$t=\sqrt{\frac{2h}{g}}=\sqrt{\frac{8000}{9.8}}=\frac{20}{7}(\text{s})$$

这段时间飞机飞行的距离

$$s = vt = 139 \times \frac{20}{7} = 397(\mathrm{m})$$

可见,飞机应在与目标地面距离为397m时提前投弹方能命中目标。

4. 解 船航行时,船员观察到的雨滴运动是相对运动,其运动方向与甲板夹角 α 的正弦为

$$\sin\alpha = \frac{4}{\sqrt{4^2 + 2^2}} = \frac{2}{\sqrt{5}}$$

船停航时,船员观察到的雨滴运动是绝对运动,其运动方向与甲板夹角 β 的正弦为

$$\sin\beta = \frac{4}{\sqrt{4^4 + 3^2}} = \frac{4}{5}$$

船航行速度则为牵连速度,根据运动合成的三角形法则有

$$\frac{28.8}{\sin[\pi - (\alpha + \beta)]} = \frac{v}{\sin\alpha}$$

而 $\sin[\pi - (\alpha + \beta)] = \sin(\alpha + \beta) = \sin\alpha\cos\beta + \cos\alpha\sin\beta$

$$= \frac{2}{\sqrt{5}} \cdot \frac{3}{5} + \frac{1}{\sqrt{5}} \cdot \frac{4}{5} = \frac{2}{\sqrt{5}}$$

由此得雨滴运动的速率

$$v = 28.8\mathrm{km/h}$$

5. 解 设东西向为 x 轴,南北向为 y 轴,灯塔的位置为坐标原点,航向朝东的船只经过灯塔时为计时起点,则两船的运动方程为

$$x = 0.5t \quad y = 0.5(t - 5400)$$

于是,两船的距离

$$s = \sqrt{x^2 + y^2} = 0.5\sqrt{t^2 + (t - 5400)^2}$$

令 $$f = t^2 + (t - 5400)^2$$

两船的最小距离满足

$$0 = \frac{\mathrm{d}f}{\mathrm{d}t} = 2t + 2(t - 5400)$$

由此得 $t = 2700$ 秒 $= 45$ 分,即45分钟后,两船相距最近,其值为

$$s = 0.5\sqrt{2700^2 + (2700 - 5400)^2} = 1350\sqrt{2}\,\mathrm{m} \approx 1.9\mathrm{km}$$

6. 解 电梯的运动是直线运动,开始时刻($t = 0$),电梯的速度和位置均为零。因此,由

$$\frac{dv}{dt}=a=\lambda(1-\sin bt)$$

得

$$v=\int_0^t dv=\int_0^t a dt=\lambda\int_0^t(1-\sin bt)dt=\lambda\left(t+\frac{1}{b}\cos bt-\frac{1}{b}\right)$$

由　$\frac{ds}{dt}=v$ 得

$$s=\int_0^t ds=\int_0^t v dt=\lambda\int_0^t\left(t+\frac{1}{b}\cos bt-\frac{1}{b}\right)dt=\lambda\left(\frac{1}{2}t^2+\frac{1}{b^2}\sin bt-\frac{1}{b}t\right)$$

因此,时间 T 后电梯的速度及上升高度分别为

$$v=\lambda\left(T+\frac{1}{b}\cos bT-\frac{1}{b}\right)\quad s=\lambda\left(\frac{1}{2}T^2-\frac{1}{b}T+\frac{1}{b^2}\sin bT\right)$$

7. 解　显然地面碰撞前后速度均为零,即 $v_1'=v_1=0$,从而 $v_2'=\eta v_2$。而自高处 h 处自由落下的小球在与地面碰前的速度 $v_2=\sqrt{2gh}$,因此,小球停止反弹的时间为

$$t=\frac{v_2'}{g}=\frac{\eta v_2}{g}=\eta\sqrt{\frac{2h}{g}}$$

这段时间小球所走的路程为

$$s=v_2't-\frac{1}{2}gt^2=v_2'\frac{v_2'}{g}-\frac{1}{2}g\left(\frac{v_2'}{g}\right)^2=\frac{1}{2}\frac{v_2'}{g}=\frac{1}{2g}\eta^2v_2^2=\eta^2h$$

8. 解　重物 G 受三个力作用:重力 W,垂直向下;张力 T_1,沿 AB,指向 A;张力 T_2,沿 BC 指向 C。平衡时①

$$T_1\sin\alpha-T_2\cos\beta=W$$
$$T_1\cos\alpha=T_2\sin\beta$$

9. 解　(1) 接触面无摩擦时,重物受三个力作用:重力 G,垂直向下;推力 F_1,向右;支承力 N,与斜面垂直,向上。平衡时

$$N=F_1\sin\theta+G\cos\theta$$
$$F_1\cos\theta=G\sin\theta$$

(2) 接触面有摩擦时,重物除受上面三个力作用外,还受到摩擦力作用,其方向沿斜面,方向与重物运动趋势相反。平衡时

$$N=F_1\sin\theta+G\cos\theta$$
$$\mu N+F_1\cos\theta=G\sin\theta$$

① 注意 β 为钝角。

10. 解　显然这三个力的合力为零。先取等边三角形中心为定点,则每个力绕中心的力矩是$F \cdot \frac{1}{3}\frac{\sqrt{3}}{2}a = \frac{1}{3}\frac{\sqrt{3}}{2}Fa$,因此合力矩为$\frac{\sqrt{3}}{2}Fa$,效果是使三角形逆时针方向转动。

11. 解　棒受三个力作用:棒的重量W,垂直向下;碗缘对棒的支承力N_1,方向与棒垂直且向上;半球形碗对棒端的支承力N_2,方向沿球面法线,即指向球心。平衡时

$$W\cos\theta = N_1 + N_2\sin\theta$$

$$W\sin\theta = N_2\cos\theta$$

$$W\cos\theta \cdot \frac{x}{2} = N_1 \cdot l$$

式中,x是棒长,θ是棒与水平面夹角。将上面第一式乘以$\cos\theta$减去第二式乘以$\sin\theta$得

$$N_1 = \frac{W(\cos^2\theta - \sin^2\theta)}{\cos\theta}$$

再代入第三式得

$$W\cos\theta \cdot \frac{x}{2} = \frac{W(\cos^2\theta - \sin^2\theta)}{\cos\theta} \cdot l \quad x = 2(1 - \tan^2\theta)l$$

注意到　$\cos\theta = \frac{l}{2r}$　　$\tan\theta = \frac{\sqrt{1 - (l/2r)^2}}{l/2r} = \frac{\sqrt{4r^2 - l^2}}{l}$

求得棒的长度为

$$x = 2l\left(1 - \frac{4r^2 - l^2}{l^2}\right) = \frac{4(l^2 - 2r^2)}{l}$$

12. 解　靠墙梯子受到6个力的作用:人的重量W_1,梯的重量W_2,墙面支承力N_1,地面支承力N_2,梯与墙间摩擦力f_1,梯与地间摩擦力f_2。平衡时

$$N_2 + f_1 = W_1 + W_2 \quad N_1 = f_2$$

$$W_2\frac{L}{2}\cos\theta + f_2L\sin\theta = N_2L\cos\theta$$

(第三式是各力相对墙面支承点的力矩)。注意到　$f_1 = \frac{N_1}{3}$,　$f_2 = \frac{N_2}{2}$,$W_1 = 3W_2$,则上面的式子可改写成

$$N_2 + \frac{N_1}{3} = 4W_2 \quad N_1 = \frac{N_2}{2}$$

$$W_2\cos\theta + N_2\sin\theta = 2N_2\cos\theta$$

由上面前两式得　$N_2 = \frac{24}{7}W_2$

代入第三式有

$$\tan\theta = \frac{\sin\theta}{\cos\theta} = \frac{2N_2 - W_2}{N_2} = \frac{41}{24} \qquad \theta = \arctan\frac{41}{24}$$

13. 解　由于对称性,剩余部分的质心必位于圆盘圆心与小圆盘圆心连线上。设此连线为水平轴,根据平衡条件,剩余部分与小圆盘各自重量对圆盘圆心的力矩相等,即

$$\left[\pi R^2 - \pi\left(\frac{R}{2}\right)^2\right]x = \pi\left(\frac{R}{2}\right)^2\frac{R}{2}$$

式中,x 是剩余部分质心与圆盘圆心距离,由此得 $x = R/6$。

14. 解　地球与月亮组成的物体系质心位置位于地球与月亮连线上,靠近地球的一端,设它到地球距离为 x,那么

$$(M_E + M_m)x = M_m \times 3.9 \times 10^8$$

所以

$$x = \frac{3.9 \times 10^8}{(1 + M_E/M_m)} = \frac{3.9}{82.3} \times 10^8 = 4.86 \times 10^6(\mathrm{m})$$

15. 解　圆柱沿水平面匀速滚动所需水平牵引力

$$F_r = \frac{\delta}{r}F_N = \frac{5 \times 10^{-3}}{0.6} \times 3000 = 25(\mathrm{N})$$

所以 F 的大小为

$$F = \frac{F_r}{\cos 30^\circ} = \frac{50}{\sqrt{3}} \approx 30(\mathrm{N})$$

16. 解　取 y 轴沿铅垂线,指向朝上。物体自抛出至最高处 h 的运动方程为

$$m\ddot{y} = -mg - \lambda m\dot{y}^2 \qquad \frac{\mathrm{d}\dot{y}}{\mathrm{d}t} = -g - \lambda\dot{y}^2$$

初始条件为：　$t = 0, \dot{y} = v = v_0, y = 0$

运动方程可改写成

$$\frac{\mathrm{d}\dot{y}}{g + \lambda\dot{y}^2} = -\mathrm{d}t \qquad \frac{\sqrt{\frac{\lambda}{g}}\mathrm{d}\dot{y}}{1 + \left(\sqrt{\frac{\lambda}{g}}\dot{y}\right)^2} = -\sqrt{\frac{\lambda}{g}}g\mathrm{d}t$$

两边积分

$$\int_0^t \frac{\sqrt{\frac{\lambda}{g}}\mathrm{d}\dot{y}}{1+\left(\sqrt{\frac{\lambda}{g}}\dot{y}\right)^2} = -\sqrt{\lambda g}\int_0^t \mathrm{d}t$$

得
$$\tan^{-1}\sqrt{\frac{\lambda}{g}}\dot{y} - \tan^{-1}\sqrt{\frac{\lambda}{g}}v_0 = -\sqrt{\lambda g}t$$

即
$$\sqrt{\frac{\lambda}{g}}\frac{\mathrm{d}y}{\mathrm{d}t} = \tan\left(\tan^{-1}\sqrt{\frac{\lambda}{g}}v_0 - \sqrt{\lambda g}t\right)$$

再一次积分给出

$$y = \frac{1}{\lambda}\ln\frac{\cos(\tan^{-1}\sqrt{\lambda/g}v_0 - \sqrt{\lambda g}t)}{\cos\tan^{-1}\sqrt{\lambda/g}v_0}$$

物体达到最高处时，$\frac{\mathrm{d}y}{\mathrm{d}t}=0$，$\tan^{-1}\sqrt{\frac{\lambda}{g}}v_0 - \sqrt{\lambda g}t = 0$，因此

$$h = \frac{1}{\lambda}\ln\frac{1}{\cos\tan^{-1}\sqrt{\lambda/g}v_0}$$

随后，物体开始下落，这时的运动方程为

$$m\ddot{y} = -mg + \lambda m\dot{y}^2 \qquad \frac{\mathrm{d}\dot{y}}{\mathrm{d}t} = -g + \lambda\dot{y}^2$$

$$\frac{\sqrt{\lambda/g}\mathrm{d}\dot{y}}{1-(\sqrt{\lambda/g}\dot{y})^2} = -\sqrt{\lambda g}\mathrm{d}t$$

如果重新计时，则有 $t=0, \dot{y}=0, y=h$

两边积分得

$$\int_0^t \frac{\sqrt{\lambda/g}\mathrm{d}\dot{y}}{1-(\sqrt{\lambda/g}\dot{y})^2} = \frac{1}{2}\int_0^t\left(\frac{1}{1+\sqrt{\lambda/g}\dot{y}} + \frac{1}{1-\sqrt{\lambda/g}\dot{y}}\right)\sqrt{\frac{\lambda}{g}}\mathrm{d}\dot{y}$$

$$= \frac{1}{2}\ln\frac{1+\sqrt{\lambda/g}\dot{y}}{1-\sqrt{\lambda/g}\dot{y}} = -\int_0^t\sqrt{\lambda g}\mathrm{d}t = -\sqrt{\lambda g}t$$

从而

$$\frac{1+\sqrt{\lambda/g}\dot{y}}{1-\sqrt{\lambda/g}\dot{y}} = \mathrm{e}^{-2\sqrt{\lambda g}t} \qquad \sqrt{\frac{\lambda}{g}}\dot{y} = \frac{\mathrm{e}^{-2\sqrt{\lambda g}t}-1}{\mathrm{e}^{-2\sqrt{\lambda g}t}+1} = -\frac{\mathrm{sh}\sqrt{\lambda g}t}{\mathrm{ch}\sqrt{\lambda g}t}$$

因此

$$\dot{y} = -\sqrt{\frac{g}{\lambda}}\frac{\mathrm{sh}\sqrt{\lambda g}t}{\mathrm{ch}\sqrt{\lambda g}t}$$

进而　$dy = -\sqrt{\frac{g}{\lambda}}\frac{\mathrm{sh}\sqrt{\lambda g}t}{\mathrm{ch}\sqrt{\lambda g}t}dt \qquad y = h - \frac{1}{\lambda}\ln \mathrm{ch}\sqrt{\lambda g}t$

落地时，$y = 0$

$$\frac{1}{\lambda}\ln \mathrm{ch}\sqrt{\lambda g}t = h = \frac{1}{\lambda}\ln \frac{1}{\cos\tan^{-1}\sqrt{\lambda/g}v_0}$$

$$\mathrm{ch}\sqrt{\lambda g}t = \frac{1}{\cos\tan^{-1}\sqrt{\lambda/g}v_0}$$

令 $\theta = \tan^{-1}\sqrt{\lambda/g}v_0, \tan\theta = \sqrt{\lambda/g}v_0, \cos\theta = \frac{1}{\sqrt{1+\tan^2\theta}} = \frac{1}{\sqrt{1+\lambda v_0^2/g}}$

$$\mathrm{ch}\sqrt{\lambda g}t = \frac{1}{\cos\theta} = \sqrt{1+\lambda v_0^2/g} \quad \mathrm{sh}\sqrt{\lambda g}t = \sqrt{\mathrm{ch}^2\sqrt{\lambda g}t - 1} = \sqrt{\frac{\lambda}{g}}v_0$$

将上面双曲线函数的值代入 $\dot{y}$ 的表达式给出物体返回地面时速度大小

$$v_1 = \sqrt{\frac{g}{\lambda}}\frac{\mathrm{sh}\sqrt{\lambda g}t}{\mathrm{ch}\sqrt{\lambda g}t} = \frac{v_0}{\sqrt{1+\frac{\lambda}{g}v_0^2}}$$

17. 解　设绳的张力为 T。根据牛顿第二定律，两物块的运动方程为①

$$G' - T = \frac{G'}{g}a \qquad 2T - G = \frac{G}{g}\frac{a}{2}$$

由此求得　$a = \frac{2}{5}g$

18. 解　落锤锻压时速度 $v = \sqrt{2gh} = \sqrt{2\times 9.8\times 3.5} = 8.4\mathrm{m\cdot s^{-1}}$，落锤动量的变化，即毛坯对落锤的冲量

$$I = mv - 0 = 1000\times 8.4 = 8.4\times 10^3(\mathrm{N\cdot s})$$

而落锤对毛坯的平均锻压力

$$f = \frac{8.4\times 10^3}{0.05} = 1.68\times 10^5(\mathrm{N})$$

19. 解　系统在 G_1 的速度为 v 时的动能

$$T = \frac{1}{2g}G_1v^2 + \frac{1}{2g}G_2v^2 + \frac{1}{2}\left(\frac{1}{2g}Gr^2\right)\omega^2 = \frac{1}{2g}\left(G_1 + G_2 + \frac{1}{2}G\right)v^2$$

式中，ω 是圆盘转动的角速度。根据动能定理的微分形式，$dT = dw$。dw 是外力所做的元功，显然

---

① 由于绳索是不可伸长的，因此动滑轮向上移动的距离只是物块 G' 向下移动距离的一半，即物块 G 向上的加速度大小只是 G' 向下加速度大小的 1/2。

$$dw = (G_1 - G_2)ds = (G_1 - G_2)vdt$$

而

$$dT = \frac{1}{g}(G_1 + G_2 + \frac{1}{2}G)vdv$$

所以

$$\frac{1}{g}(G_1 + G_2 + \frac{1}{2}G)vdv = (G_1 - G_2)vdt$$

$$a = \frac{dv}{dt} = \frac{(G_1 - G_2)g}{G_1 + G_2 + G/2}$$

20. 解 根据动量矩定理

$$\frac{d}{dt}\sum L_i = M$$

M 是作用在物体系上的合力矩，对刚体定轴转动

$$\sum L_i = \sum \Delta m_i v_i r_i = \sum \Delta m_i \omega r_i^2 = \omega \sum \Delta m_i r_i^2 = J\omega$$

式中，$J = \sum r_i^2 \Delta m_i$ 是刚体转动惯量，r_i 是刚体上质量为 Δm_i 的部分到定轴的距离，ω 是刚体绕定轴转动的角速度。因此

$$J\frac{d\omega}{dt} = J\alpha = M$$

α 是角加速度。在绳索断开的瞬间

$$\frac{1}{3}ml^2\alpha = mg\cos 45° \frac{l}{2} = \frac{\sqrt{2}}{4}mgl$$

式中，$J = \frac{1}{3}ml^2$ 是杆绕端点的转动惯量，由此得

$$\alpha = \frac{3\sqrt{2}}{4}\frac{g}{l} \qquad a_t = \frac{l}{2}\alpha = \frac{3\sqrt{2}}{8}g$$

a_t 是绳索断开瞬间杆的切向加速度。铅直方向杆的运动方程为

$$mg - N = ma_t\cos 45° = m\frac{3\sqrt{2}}{8}g\frac{\sqrt{2}}{2} = \frac{3}{8}mg$$

故作用在杆另一端的约束力 $N = mg - \frac{3}{8}mg = \frac{5}{8}mg$

21. 解 圆柱体受3个力作用：重力 mg，铅直向下；摩擦力 F，沿三角块斜面向上；正压力 N，与三角块斜面垂直，向上。圆柱体相对三角块做平面运动，其运动方程是

$$ma_c = mg\sin\theta - F$$

$$\frac{1}{2}mr^2\alpha = Fr \qquad \left(\alpha = \frac{a_c}{r}\right)$$

$$N = mg\cos\theta$$

由此解得　　$a_c = \frac{2}{3}g\sin\theta \qquad F = \frac{1}{3}mg\sin\theta$

三角块在水平方向受2个力作用:F与N的反作用力。此方向的运动方程是

$$N\sin\theta - F\cos\theta = Ma$$

$$a = \frac{1}{M}(N\sin\theta - F\cos\theta) = \frac{1}{M}\left(mg\cos\theta\sin\theta - \frac{1}{3}mg\sin\theta\cos\theta\right) = \frac{mg}{3M}\sin 2\theta$$

22. 解　物体从空中下落,空气阻力随物体下落速度的增大而增大,而加速度则不断减小。当加速度变为零时,速度大小将不再变化,因此,物体的收尾速度满足

$$-mg + \lambda m v_m^2 = 0$$

由此可得

$$v_m = \sqrt{\frac{g}{\lambda}}$$

23. 解　$\boldsymbol{F}$ 作用在重物上产生的水平推力为 $F\cos\theta$,向下压力为 $F\sin\theta$。

(1) 要想推动重物,F 必须满足

$$N = F\sin\theta + mg \qquad 0 \leqslant F\cos\theta - f_s N$$

式中,N 是水平面的支承力。由此解得

$$F \geqslant \frac{mg}{\cos\theta - f_s\sin\theta}$$

类似地,若要重物能匀速前进,则 F 应满足

$$N = F\sin\theta + mg \qquad F\cos\theta - fN = 0$$

即

$$F = \frac{mg}{\cos\theta - f\sin\theta}$$

(2) 由(1) 知,F 能推动重物的条件是

$$F\cos\theta - f_s(F\sin\theta + mg) = F(\cos\theta - f_s\sin\theta) - mg \geqslant 0$$

显然,若 $\cos\theta - f_s\sin\theta < 0$,上述条件不可能满足;因此,当

$$\theta > \arctan\frac{1}{f_s}$$

时,无论 $\boldsymbol{F}$ 多大,也不能推动重物。

24. 解　(1) 小球受3个力作用:重力 mg,铅直向下;绳的张力 T,与斜面平行,指向斜面上方;斜面支承力 N,与斜面垂直,向上。小球的运动方程为

$$T\cos\theta - N\sin\theta = ma \qquad T\sin\theta + N\cos\theta = mg$$

由此解得

$$T = ma\cos\theta + mg\sin\theta = \left(\frac{\sqrt{3}}{2}a + \frac{1}{2}g\right)m = 2.7(\mathrm{N})$$

$$N = \frac{mg - T\sin\theta}{\cos\theta} = \frac{mg - (ma\cos\theta + mg\sin\theta)\sin\theta}{\cos\theta} = \frac{\sqrt{3}g - a}{2}m = 3.4(\mathrm{N})$$

(2) 小球刚好脱离斜面时,$N = 0$。这时(1) 中的运动方程转化成

$$T\cos\theta = ma \qquad T\sin\theta = mg$$

因此 $a > g\cot\theta = \sqrt{3}g$,小球会脱离斜面。

25. 解 重物A受沿斜面向下的力$m_A g\sin\alpha$作用,重物B受沿斜面向下的力$m_B g\sin\beta$作用。因为$m_A g\sin\alpha = 50g > m_B g\sin\beta = 30\sqrt{2}g$,所以两重物将沿倾角为$\alpha$的斜面下滑。设重物下滑的加速度为$a$,绳的张力为$T$,两重物的运动方程为

$$m_B a = T - m_B g\sin\beta \qquad m_A a = m_A g\sin\alpha - T$$

由此求得

$$a = \frac{m_A g\sin\alpha - m_B g\sin\beta}{m_A + m_B}g = \frac{50 - 30\sqrt{2}}{160}g = \frac{5 - 3\sqrt{2}}{16}g$$

$$T = m_A g\sin\alpha - m_A a = \frac{3 + 3\sqrt{2}}{16}m_A g$$

26. 解 圆环受离心力作用而与物体间产生的摩擦阻力为

$$f = \mu\frac{mv^2}{r}$$

故物体做减速运动,其运动方程是

$$m\frac{\mathrm{d}v}{\mathrm{d}t} = -\mu\frac{mv^2}{r} \qquad -\frac{\mathrm{d}v}{v^2} = \frac{\mu}{r}\mathrm{d}t$$

两边积分

$$\int_v^{v_t}\frac{-1}{v^2}\mathrm{d}v = \int_0^t\frac{\mu}{r}\mathrm{d}t$$

得

$$\frac{1}{v_t} - \frac{1}{v} = \frac{\mu}{r}t \qquad v_t = \frac{1}{\mu t/r + 1/v}$$

于是

$$\frac{\mathrm{d}s}{\mathrm{d}t} = v_t = \frac{1}{\mu t/r + 1/v}$$

$$\int_0^s\mathrm{d}s = \int_0^t\frac{\mathrm{d}t}{\mu t/r + 1/v} = \frac{r}{\mu}\ln\left(\frac{\mu t}{r} + \frac{1}{v}\right)\Bigg|_0^t$$

得

$$s = \frac{r}{\mu}\ln\frac{\mu t/r + 1/v}{1/v}$$

所以，当 $v_t = v/2$ 时，物体经历的时间

$$\tilde{t} = \frac{r}{\mu}\left(\frac{2}{v} - \frac{1}{v}\right) = \frac{r}{\mu v}$$

这其间所走的路程

$$\tilde{s} = \frac{r}{\mu}\ln\frac{\frac{\mu}{r}\frac{r}{\mu v} + \frac{1}{v}}{\frac{1}{v}} = \frac{r}{\mu}\ln 2$$

27. 解　设女孩行走速度为 v_1，船移动速度为 v_2，根据动量守恒定律有

$$40v_1 + 320v_2 = 0$$

由此可得　$v_2 = -\frac{v_1}{8}$

式中，负号表示船移动的方向与女孩行走方向相反。若以船为参考系，则女孩相对地面的速度 v_1 为绝对速度；船相对地面的速度为牵连速度。根据速度合成规律（参见例题1），女孩相对船的速度 v'（相对速度）

$$v' = v_1 - v_2 = \frac{9}{8}v_1$$

因此，女孩从船头走到船尾的时间

$$t = \frac{4}{v'} = \frac{32}{9v_1}$$

这其间船移动的距离 $s = v_2 t = \frac{4}{9}$(m)。

28. 解　子弹发射前后动量的变化为 $8\times10^{-3}\times735$

发射一发子弹平均所需时间为 $\frac{60}{120} = \frac{1}{2}$ 秒，因此平均压力

$$f = \frac{8\times10^{-3}\times735}{1/2} = 11.76\text{(N)}$$

29. 解　将子弹和冲击摆看做一个系统，这个系统的动量和能量守恒，因此

$$mv = (m+M)v'$$

$$\frac{1}{2}mv^2 = \frac{1}{2}(m+M)v'^2 + (m+M)gl(1-\cos\theta)$$

式中，v 是子弹速度，v' 是子弹射入冲击摆后的共同速度，l 是摆长，计算时取冲击摆铅直时的位置为势能零点。由上面两式求得

$$\frac{1}{2}mv^2 = \frac{1}{2}\frac{m^2v^2}{m+M} + (m+M)gl(1-\cos\theta)$$

即
$$\frac{1}{2}\frac{mMv^2}{m+M}=(m+M)gl(1-\cos\theta)$$

所以
$$v=(m+M)\sqrt{\frac{2gl(1-\cos\theta)}{mM}}$$

30. 解　设气球的上升力为f,重物抛出后气球上升加速度为a',则

$$f-(m+M)g=(m+M)a$$
$$f-Mg=Ma'$$

从而
$$(m+M)a+mg=Ma'$$

所以
$$a'=\frac{(m+M)a+mg}{M}$$

31. 证　火车所受的作用力包括牵引力F和阻力f。根据动能定理,火车动能的变化等于这两个力所做的功,即

$$\mathrm{d}\left(\frac{1}{2}Mv^2\right)=(\boldsymbol{F}-\boldsymbol{f})\cdot\mathrm{d}\boldsymbol{r}$$

从而
$$\frac{\mathrm{d}}{\mathrm{d}t}\left(\frac{1}{2}Mv^2\right)=(\boldsymbol{F}-\boldsymbol{f})\cdot\frac{\mathrm{d}\boldsymbol{r}}{\mathrm{d}t}=\frac{\boldsymbol{F}\cdot\mathrm{d}\boldsymbol{r}}{\mathrm{d}t}-\boldsymbol{f}\cdot\frac{\mathrm{d}\boldsymbol{r}}{\mathrm{d}t}=\frac{\mathrm{d}W}{\mathrm{d}t}-fv=N-fv$$

$$\mathrm{d}t=\frac{\mathrm{d}(Mv^2/2)}{N-fv}=\frac{Mv\mathrm{d}v}{N-fv}$$

(1) 若f为常数,将上式两边积分得

$$t=\int_0^t\mathrm{d}t=\int_0^v\frac{Mv\mathrm{d}v}{N-fv}=\int_0^v\left(\frac{N}{N-fv}-1\right)\frac{M}{f}\mathrm{d}v$$
$$=\frac{M}{f}\left[-\frac{N}{f}\ln(N-fv)-v\right]_0^v=\frac{MN}{f^2}\ln\frac{N}{N-fv}-\frac{Mv}{f}$$

(2) 若f与速度成正比,$f=\lambda v$(λ 为常数),则

$$\mathrm{d}t=\frac{Mv\mathrm{d}v}{N-fv}=\frac{Mv\mathrm{d}v}{N-\lambda v^2}$$

两边积分得

$$t=\int_0^v\frac{Mv\mathrm{d}v}{N-\lambda v^2}=-\frac{M}{2\lambda}\int_0^v\frac{\mathrm{d}(N-\lambda v^2)}{N-\lambda v^2}=\frac{M}{2\lambda}\ln\frac{N}{N-\lambda v^2}=\frac{Mv}{2f}\ln\frac{N}{N-fv}$$

(假设火车由静止开始运动的瞬间$t=0$。)

32. 解　取y轴铅直向下,绳上端固定点为原点。由悬挂两物体的平衡条件知

$$kb_2=m_2g\qquad k=\frac{m_2g}{b_2}$$

式中,k是弹性绳劲度系数。若m_2脱离后开始计时,m_1的运动方程为

$$m_1\ddot{y} = -k(y-a) + m_1 g$$

初始条件为

$$t=0 \qquad y = a + b_1 \qquad \dot{y} = 0$$

m_1 的运动方程可以写成

$$\ddot{y} + \frac{m_2 g}{m_1 b_2} y = \frac{m_2 g}{m_1 b_2} a + g$$

这是一个二阶常系数非齐次微分方程,它的通解是

$$y = A\cos\left(\sqrt{\frac{m_2 g}{m_1 b_2}} t + \theta\right) + a + \frac{m_1}{m_2} b_2$$

由初始条件知

$$\theta = 0 \qquad A = b_1 - \frac{m_1}{m_2} b_2$$

所以

$$y = \left(b_1 - \frac{m_1}{m_2} b_2\right)\cos\left(\sqrt{\frac{m_2 g}{m_1 b}} t\right) + a + \frac{m_1}{m_2} b_2$$

33. 解　设弹簧自由端原来位置为势能零点,由机械能守恒定律有

$$\frac{1}{2}kx^2 - mgx = mgh \qquad \frac{1}{2} \times 100 \times 0.5^2 - mg \times 0.5 = mg \times 2$$

因此,重物重量　$G = mg = \frac{1}{2.5} \times \frac{1}{2} \times 100 \times 0.5^2 = 5(\mathrm{N})$

34. 解　$x = 2b$ 时,$y = b$。物体由 $y = b$ 自由滑到 $y = 0$ 处的速度

$$v = \sqrt{2gy} = \sqrt{2gb}$$

由　$x^2 = 4by$ 知

$$y' = \frac{\mathrm{d}y}{\mathrm{d}x} = \frac{x}{2b} \qquad y'' = \frac{\mathrm{d}^2 y}{\mathrm{d}x^2} = \frac{1}{2b}$$

相应的曲率为

$$\frac{1}{\rho} = \frac{y''}{(1 + y'^2)^{3/2}} = \frac{4b^2}{(4b^2 + x^2)^{3/2}}$$

当 $x = 0$ 时,$y = 0$,$\frac{1}{\rho} = \frac{1}{2b}$

此时物体对悬索的压力为

$$mg + m\frac{v^2}{\rho} = mg + m\frac{2gb}{2b} = 2mg$$

35. 解　依定义,圆盘绕过盘心且与盘面垂直的轴的动量矩是对以下元动量矩

$$dL = r \cdot dm \cdot v = r \cdot \omega r \cdot \rho r dr d\theta$$

的积分,即

$$L = \int dL = \int_0^r \rho \omega r^3 dr \int_0^{2\pi} d\theta = \rho \omega \frac{r^4}{4} 2\pi = \rho \omega \frac{\pi r^4}{2}$$

式中,ρ 是圆盘面密度,$\rho = m/\pi r^2$。代入后得

$$L = \frac{1}{2} m \omega r^2$$

36. 证 设炮弹发射时速度为 v,大炮反冲速度为 v'。根据动量守恒定律有

$$mv + Mv' = 0 \qquad v' = -\frac{m}{M} v$$

而根据动能定理,火药爆炸所做的功等于炮弹和大炮动能的增加

即 $$W = \frac{1}{2} m v^2 + \frac{1}{2} M v'^2 = \frac{1}{2} \frac{m(M+m)}{M} v^2$$

其中大炮反冲时消耗的功为

$$\frac{1}{2} M v'^2 = \frac{1}{2} \frac{m^2}{M} v^2$$

所以,两者之比等于

$$\frac{1}{2} \frac{m(M+m)}{M} v^2 \Big/ \frac{1}{2} \frac{m^2}{M} v^2 = \frac{M+m}{m}$$

37. 解 依题意, $$\frac{dm}{dt} \propto (r + ct)^2$$

积分得 $$m = \frac{m_0}{r^3} (r + ct)^3$$

式中,m_0 是 $t = 0$ 时雨滴质量,m 是 t 时刻时雨滴质量,m 表达式取上述形式是因 $t = 0, m = m_0$。根据动量定理的微分形式

$$\frac{d}{dt}(mv) = mg = \frac{m_0}{r^3} (r + ct)^3 g$$

积分得 $$mv = \frac{m_0}{r^3} \frac{1}{4c} [(r + ct)^4 - r^4] g$$

即 $$\frac{m_0}{r^3} (r + ct)^3 v = \frac{m_0}{r^3} \frac{1}{4c} [(r + ct)^4 - r^4] g$$

所以 $$v = \frac{g}{4c} \left[r + ct - \frac{r^4}{(r + ct)^3} \right]$$

38. 解 设均匀棒重 P,棒长为 l,绳的张力为 T,一绳断裂后,均匀棒下落,某瞬时下落的位置与原水平位置夹角为 θ。显然,棒绕一端的转动惯量

$$I = \frac{l^2}{3}\frac{P}{g}$$

根据动量矩定理

$$I\ddot{\theta} = P\frac{l}{2}\cos\theta \qquad \ddot{\theta} = \frac{3g}{2l}\cos\theta$$

对棒的质心运动,成立

$$P - T = \frac{P}{g}\ddot{\theta}\frac{l}{2} = \frac{3P}{4}\cos\theta \quad T = P\left(1 - \frac{3}{4}\cos\theta\right)$$

绳断裂瞬间,$\theta = 0$,这时另一绳张力

$$T = \frac{P}{4}$$

39. 解　均匀球体的球心运动方程为

$$m\ddot{s} = mg\sin\alpha - F$$

$$0 = mg\cos\alpha - N$$

式中,θ 是斜面倾斜角,s 是球心沿斜面位移,m 是球体质量,N 是斜面支承力,F 是静摩擦力。球体绕过球心且与斜面平行的轴运动的方程为

$$mk^2\ddot{\theta} = FR \qquad s = R\theta$$

式中,mk^2 是球体绕球心的转动惯量。对空心球

$$mk_1^2 = \int\sigma_1(R\sin\theta)^2R^2\sin\theta\mathrm{d}\theta\mathrm{d}\varphi = \sigma_1R^4\int_0^\pi\sin^3\theta\mathrm{d}\theta\int_0^{2\pi}\mathrm{d}\varphi$$

$$= \sigma_1R^4\frac{4}{3}2\pi = \frac{m}{4\pi R^2}\cdot\frac{8\pi R^4}{3} = \frac{2}{3}mR^2$$

式中,$\sigma_1 = m/4\pi R^2$,是空心球面密度。所以

$$k_1^2 = \frac{2}{3}R^2$$

对实心球

$$mk_2^2 = \int\sigma_2(r\sin\theta)^2r^2\sin\theta\mathrm{d}r\mathrm{d}\theta\mathrm{d}\varphi = \sigma_2\int_0^Rr^4\mathrm{d}r\int_0^\pi\sin^3\theta\mathrm{d}\theta\int_0^{2\pi}\mathrm{d}\varphi$$

$$= \sigma_2\frac{R^5}{5}\frac{4}{3}2\pi = \frac{m}{\frac{4}{3}\pi R^3}\cdot\frac{8\pi R^5}{15} = \frac{2}{5}mR^2$$

式中,$\sigma_2 = \dfrac{m}{4\pi R^3/3}$,是实心球体密度。所以

$$k_2^2 = \frac{2}{5}R^2$$

联立球心运动方程和球体绕球心的运动方程,可以求得

$$\ddot{\theta} = \frac{gR\sin\theta}{R^2 + k^2} \qquad \ddot{s} = \frac{g\sin\theta}{R^2 + k^2}$$

由于 $k_2 < k_1$,因此实心球比空心球移动得快。两球经过相等距离的时间比

$$t_1 : t_2 = \sqrt{\ddot{s}_2} : \sqrt{\ddot{s}_1} = \sqrt{\frac{1}{R^2 + k_2^2}} : \frac{1}{\sqrt{R^2 + k_1^2}} = \frac{\sqrt{R^2 + k_1^2}}{\sqrt{R^2 + k_2^2}} = \frac{5}{\sqrt{21}}$$

第2章　热现象的基本规律

1. 解　(1) 稀薄气体定容温度计所测温度与压强关系为

$$T = \frac{T_{tr}}{X_{tr}} X$$

式中,X_{tr} 为水的三相点 $T_{tr} = 273.16\text{K}$ 时定容温度计中气体的压强。代入 t^* 表达式有

$$t^* = \ln\left(k \frac{X_{tr}}{T_{tr}} T\right)$$

注意到,对水的三相点,$t^* = 273.16$,因此

$$273.16 = \ln kX_{tr}$$

由此得 t^* 与 T 的关系为

$$t^* = 273.16 + \ln \frac{T}{273.16}$$

(2) 显然,$T = 273.15, t^* = 273.16 + \ln \dfrac{273.15}{273.16} = 273.16$

$$T = 373.15, t^* = 273.16 + \ln \frac{373.15}{273.16} = 273.47$$

(3) 由 $t^* = 273.16 + \ln \dfrac{T}{273.16} = 0$ 可解得

$$T = 273.16\text{e}^{-273.16}$$

可见,温标 t^* 中存在零度。

2. 解　(1) 由 ξ 的表达式即得

$t = 0℃, \xi = 0\text{mV}; t = 100℃, \xi = 40\text{mV}; t = 250℃, \xi = 62.5\text{mV}$;

(2) 由 $t = 0℃(t^* = 0)$ 到 $t = 250℃(t^* = 250)$ 区间段 ξ 与 t^* 成正比,并利用(1) 的数据,我们有

$$t^* = \frac{250}{62.5}\xi = 4\xi$$

将 $t = 100$℃ 时 $\xi = 40$mV 代入,得到 t^* 读数是 $t^* = 160$。

下表给出了 0 ~ 250 区间 t, t^* 与 ξ 的相应值:

t(℃)	0	50	100	150	200	250
ξ(mV)	0	22.5	40	52.5	60	62.5
t^*	0	90	160	210	240	250

3. 解　设该温度计误差呈线性函数,即温度计读数 t^* 与正确值 t 的关系是

$$t^* = at + b$$

由

$$101.5 = 100a + b$$
$$-0.2 = -b$$

知

$$a = 1.017 \qquad b = -0.2$$
$$t^* = 1.017t - 0.2$$

若允许误差为0.1℃,则应有

$$0.1 > | t^* - t | = | 0.017t - 0.2 |$$

或

$$-0.1 < 0.017t - 0.2 < 0.1$$
$$0.1 < 0.017t < 0.3$$

由此得该温度计可用温度读数范围是

$$5.8℃ \leqslant t^* \leqslant 17.7℃$$

4. 解　根据玻意耳 - 马略特定律

$$p_1 V_1 = p_2 V_2$$

式中,下标 1 指气泡处在水面的状态,这时

$$p_1 = p_0 \qquad V_1 = \frac{4}{3}\pi r^3$$

下标 2 指气泡处在水深 h 处的状态,这时

$$p_2 = p_0 + \rho g h \qquad V_2 = \frac{4}{3}\pi \left(\frac{r}{2}\right)^3$$

代入得

$$p_0 \frac{4}{3}\pi r^3 = (p_0 + \rho g h)\frac{4}{3}\pi\left(\frac{r}{2}\right)^3$$

上式给出

$$h = \frac{7p_0}{\rho g}$$

5. 解　根据玻意耳-马略特定律,对一定质量M的理想气体,在温度为水的三相点温度$T_{tr} = 273.16\text{K}$时,成立

$$p_{tr}V_{tr} = C_{tr}$$

而在任意温度T时,成立

$$pV = p_{tr}V' = C$$

p和V是该温度下理想气体压强和体积,V'是压强为p_{tr}、温度为T时的体积,C是只与T有关的常数,C_{tr}是$T = T_{tr}$的常数值;p_{tr}和V_{tr}是T_{tr}下的该理想气体的压强和体积。理想气体的温标,如果是定压温标,被定义为

$$T = T_{tr}\frac{V}{V_{tr}}$$

如果测量是采用的理想气体定压温标,则应有

$$T = T_{tr}\frac{V}{V_{tr}} = T_{tr}\frac{p_{tr}V}{p_{tr}V_{tr}} = T_{tr}\frac{C}{C_{tr}}$$

所以

$$C = \frac{C_{tr}}{T_{tr}}T$$

代入$pV = C$得

$$pV = \frac{C_{tr}}{T_{tr}}T$$

记$n = \dfrac{M}{\mu}$,μ为气体摩尔质量,n为摩尔数,v为摩尔体积,则

$$C_{tr} = p_{tr}V_{tr} = np_{tr}v_{tr}$$

$$pV = n\frac{p_{tr}v_{tr}}{T_{tr}}T$$

令$R = \dfrac{p_{tr}v_{tr}}{T_{tr}}$,$R$为一常数,称为普适气体常数。于是

$$pV = nRT$$

这便是理想气体的状态方程

6. 解　根据阿伏伽德罗定律,在温度T_{tr}和压强p_{tr}下,1摩尔任何理想气体

的体积 v_{tr} 也都是相同的。这就是说，常数 R 的数值对任何气体均相同，因此称为普适气体常数。由理想气体状态方程知

$$R=\frac{p_{tr}v_{tr}}{T_{tr}}=\frac{p_0v_0}{T_0}$$

从而

$$R=\frac{1\,\text{atm}\times 22.41383\,\text{l}\cdot\text{mol}^{-1}}{273.15\,\text{K}}=8.20568\times 10^{-2}\,\text{atm}\cdot\text{l}\cdot\text{mol}^{-1}\cdot\text{K}^{-1}$$
$$=8.31441\,\text{J}\cdot\text{mol}^{-1}\cdot\text{K}^{-1}$$

7. 解　由 $\alpha=\dfrac{nR}{pV},\beta=\dfrac{1}{T}$ 及 $\alpha=\kappa\beta p$ 知

$$\kappa=\frac{\alpha}{\beta p}=\frac{nR}{pV}\frac{T}{p}\tag{1}$$

从而

$$\left(\frac{\partial V}{\partial T}\right)_p=\frac{nR}{p},\left(\frac{\partial V}{\partial p}\right)_T=-\frac{nRT}{p^2}\tag{2}$$

由(1)式解得 $V=\dfrac{nRT}{p}+\lambda(p)$，代入(2)式有

$$-\frac{nRT}{p^2}+\lambda'(p)=-\frac{nRT}{p^2}\qquad \lambda'(p)=0$$

$$\lambda=b\qquad(b\text{ 为常数})\qquad V=\frac{nRT}{p}+b$$

所以此气体物态方程为　　$p(V-b)=nRT$

8. 解　依题意，　$\left(\dfrac{\partial V}{\partial T}\right)_p=\dfrac{nR}{p},\left(\dfrac{\partial V}{\partial p}\right)_T=-\dfrac{V}{p}-a$

由前一式知 $V=\dfrac{nRT}{p}+\lambda(p)$，代入后一式有 $-\dfrac{nRT}{p^2}+\lambda'(p)=-\dfrac{V}{p}-a$

所以

$$-\frac{V-\lambda(p)}{p}+\lambda'(p)=-\frac{V}{p}-a$$

即

$$-a=\frac{\lambda(p)}{p}+\lambda'(p)\qquad \frac{\mathrm{d}\lambda(p)}{\mathrm{d}p}=-\frac{ap+\lambda(p)}{p}$$

令 $\lambda(p)=pu$ 则

$$p\frac{\mathrm{d}u}{\mathrm{d}p}+u=-a-u\qquad \frac{\mathrm{d}p}{p}+\frac{\mathrm{d}u}{2u+a}=0$$

其解为

$$\ln p+\frac{1}{2}\ln(2u+a)=\frac{1}{2}\ln b\quad(b\text{ 为积分常数})$$

或

$$p^2(2u+a)=b\qquad u=\frac{1}{2}\left(\frac{b}{p^2}-a\right)$$

代入 $V=\frac{nRT}{p}+\lambda(p)=\frac{nRT}{p}+pu$ 得

$$V=\frac{nRT}{p}+\frac{p}{2}\left(\frac{b}{p^2}-a\right)$$

即
$$pV+\frac{a}{2}p^2=nRT+\frac{b}{2}$$

注意到 $p\to 0$,上式应为理想气体方程 $pV=nRT$,因此 $b=0$。

从而此气体物态方程为
$$pV+\frac{a}{2}p^2=nRT$$

9. 解 根据热力学第一定律,1mol 水在 1 个大气压下,100℃ 时完全转化为水蒸气时,内能改变

$$\begin{aligned}\Delta u&=L-p\Delta v=4.06\times 10^4-1.01325\times 10^4(3.02\times 10^4-18.8)\times 10^{-6}\\&=3.75\times 10^4(\mathrm{J})\end{aligned}$$

10. 证

(1) 理想气体在多方过程中对外做功为

$$\begin{aligned}\int_{V_1}^{V_2}p\mathrm{d}V&=\int_{V_1}^{V_2}\frac{C}{V^n}\mathrm{d}V=C\,\frac{1}{-n+1}\left(\frac{1}{V_2^{n-1}}-\frac{1}{V_1^{n-1}}\right)\\&=\frac{1}{1-n}\left(\frac{C}{V_2^{n-1}}-\frac{C}{V_1^{n-1}}\right)=\frac{1}{1-n}\left(\frac{p_2V_2^n}{V_2^{n-1}}-\frac{p_1V_1^n}{V_1^{n-1}}\right)\\&=\frac{p_2V_2-p_1V_1}{1-n}\end{aligned}$$

(2)
$$\mathrm{d}Q=C_V\mathrm{d}T+p\mathrm{d}V$$

由 $pV=\nu RT$ 和 $pV^n=C$ 知①

$$V^{n-1}=\frac{C}{\nu RT}$$

两边微分得

$$(n-1)V^{n-2}\mathrm{d}V=\frac{C}{\nu R}\frac{-1}{T^2}\mathrm{d}T$$

$$\mathrm{d}V=-\frac{1}{n-1}\frac{C}{V^{n-2}\nu RT^2}\mathrm{d}T=\frac{1}{1-n}\frac{pV^n}{V^{n-2}pVT}\mathrm{d}T=\frac{V}{1-n}\frac{\mathrm{d}T}{T}$$

从而

$$\mathrm{d}Q=C_V\mathrm{d}T+\frac{pV}{1-n}\frac{\mathrm{d}T}{T}=C_V\mathrm{d}T+\frac{\nu R}{1-n}\mathrm{d}T$$

---

① 为避免混淆,这里用 ν 表摩尔数。

所以

$$C_n = \frac{\mathrm{d}Q}{\mathrm{d}T} = C_V + \frac{\nu R}{1-n} = C_V + \frac{C_p - C_V}{1-n}$$

$$= C_V\left(1 + \frac{\gamma - 1}{1-n}\right) = \frac{\gamma - n}{1-n}C_V$$

11. 解　(1) 体积不变,温度升高的过程是定容吸热过程。这时,气体对外不做功,$W=0$,气体吸收的热量等于其内能的增加

$$\mathrm{d}U = Q_1 = C_V(T_2 - T_1) = 60C_V$$

式中,C_V是气体摩尔定容热容。等温膨胀过程,气体内能不变,$\Delta U=0$,气体吸收的热量等于其对外所做的功

$$Q_2 = W = \int p\mathrm{d}V = \int_{V_1}^{2V_1}\frac{RT_2}{V}\mathrm{d}V = R(80+273)\ln 2 = 353R\ln 2$$

所以,在第一种情况下,气体从外界吸收的热量

$$Q = Q_1 + Q_2 = 60C_V + 353R\ln 2$$

气体对外做的功

$$W = 353R\ln 2$$

气体内能增加

$$\Delta U = 60C_V$$

(2) 先等温膨胀时

$$\mathrm{d}U = 0 \qquad Q_1 = W = RT_1\ln 2 = 293R\ln 2$$

再定容吸热时

$$W = 0 \qquad \Delta U = Q_2 = C_V(T_2 - T_1) = 60C_V$$

所以,在第二种情况下,气体从外界吸收的热量

$$Q = Q_1 + Q_2 = 60C_V + 293R\ln 2$$

气体对外做的功

$$W = 293R\ln 2$$

气体内能增加

$$\Delta U = 60C_V$$

由此也可以看出,气体内能的变化只与状态有关,而与过程无关,因此内能是态函数,但功和热量都是与过程有关的物理量。

12. 证　将金属容器内的氦气视为一热力学系统。在它缓慢、绝热地流入气瓶直至活门两边压强相等这一过程中,根据热力学第一定律,成立

$$Q = \Delta U + W$$

对绝热过程：$Q = 0$

而系统对外所做的功 $W = (n_i - n_f)p_0v'_0$

系统内能的增加 $\Delta U = n_fu_f + (n_i - n_f)u'_f - n_iu_i$

式中，v'_0和u'_f分别为气瓶内1mol氦气所占有的体积和所具有的内能。

所以 $n_fu_f + (n_i - n_f)u'_f - n_iu_i + (n_i - n_f)p_0v'_0 = 0$

从而 $n_iu_i - n_fu_f = (n_i - n_f)(u'_f + p_0v'_0)$

即 $$u_i - \frac{n_f}{n_i}u_f = \left(1 - \frac{n_f}{n_i}\right)h'$$

式中，$h' = u'_f + p_0v'_0$是气瓶内1mol氦气的焓。

13. (1) **证** 将进入容器的气体视为一热力学系统，根据热力学第一定律，有

$$0 = Q = \Delta U - p_0V_0 = U_f - U_0 - p_0V_0$$

所以 $U_f = U_0 + p_0V_0$

(2) **解** 令下标f表气体进入容器后的物理量，下标0表气体进入容器前的物理量。对理想气体

$$p_0V_0 = \Delta U = C_V\mathrm{d}T = C_V(T_f - T_0) = \frac{nR}{\gamma - 1}(T_f - T_0) = \frac{1}{\gamma - 1}(p_0V_f - p_0V_0T)$$

所以 $$V_f = V_0 + (\gamma - 1)V_0 = \gamma V_0$$

$$nRT_f = p_0V_f = \gamma p_0V_0 = \gamma nRT_0, T_f = \gamma T_o$$

14. 解 制冷机的制冷系数(ε)定义为制冷机从冷源吸收的热量与外界所做之功$|W| = |Q_1| - Q_2$之比，即

$$\varepsilon = \frac{Q_2}{|W|} = \frac{Q_2}{|Q_1| - Q_2}$$

对可逆机，ε只与热源和冷源的温度T_1, T_2有关(参见式(2.2.43)和(2.2.44))

$$\varepsilon = \frac{T_2}{T_1 - T_2}$$

在题给条件下，$T_1 = 300\mathrm{K}, T_2 = 273\mathrm{K}$，于是

$$\varepsilon = \frac{273}{27} = 10.11$$

而$Q_2 = 3.35 \times 10^5\mathrm{J}$，故电源至少应给冰箱提供的功

$$|W| = \frac{Q_2}{\varepsilon} = 3.3 \times 10^4\mathrm{J}$$

冰箱向外界散发的热量

$$|Q_1| = W + Q_2 = 3.68 \times 10^5 \text{J}$$

15. 证　由气体状态方程与内能表达式知

$$h = u + pv = (C_V + R)T + pb + 常数$$

$$C_p = C_V + R$$

因此，C_V 与 $\gamma = C_p/C_V$ 均为常数。

对绝热过程，$0 = C_V \mathrm{d}T + p\mathrm{d}v$

由气体状态方程与内能表达式知

$$(v - b)\mathrm{d}p + p\mathrm{d}v = R\mathrm{d}T$$

从上面两式消去 $\mathrm{d}T$ 项后得，$(v - b)\mathrm{d}p + \left(1 + \dfrac{R}{C_V}\right)p\mathrm{d}v = 0$

而 $\gamma = 1 + \dfrac{R}{C_V}$，上式变成　$\dfrac{\mathrm{d}p}{p} + \dfrac{\gamma \mathrm{d}v}{v - b} = 0$

积分后即得　$p(v - b)^{\gamma} = C$　（C 为常数）

（2）以 T, v 为自变量，此气体绝热过程方程为

$$T(v - b)^{\gamma - 1} = C' \qquad \left(C' = \frac{C}{R} 为另一个常数\right)$$

以此气体为工作物质的卡诺循环在等温膨胀过程中，从高温热源 T_1 吸收的热量

$$Q_1 = \int_{v_1}^{v_2} p\mathrm{d}v = \int_{v_1}^{v_2} \frac{RT_1}{v - b}\mathrm{d}v = RT_1 \ln \frac{v_2 - b}{v_1 - b}$$

在等温压缩过程中向低温热源 T_2 放出的热量

$$Q_2 = \int_{v_4}^{v_3} p\mathrm{d}v = \int_{v_4}^{v_3} \frac{RT_2}{v - b}\mathrm{d}v = RT_2 \ln \frac{v_3 - b}{v_4 - b}$$

利用绝热过程知

$$T_1(v_2 - b)^{\gamma - 1} = T_2(v_3 - b)^{\gamma - 1}$$

$$T_1(v_1 - b)^{\gamma - 1} = T_2(v_4 - b)^{\gamma - 1}$$

由此得　$\dfrac{v_2 - b}{v_1 - b} = \dfrac{v_3 - b}{v_4 - b}$

所以卡诺循环的效率

$$\eta = \frac{Q_1 - Q_2}{Q_1} = \frac{RT_1 \ln \dfrac{v_2 - b}{v_1 - b} - RT_2 \ln \dfrac{v_3 - b}{v_4 - b}}{RT_1 \ln \dfrac{v_2 - b}{v_1 - b}} = \frac{T_1 - T_2}{T_1}$$

与理想气体时相同。

16. (1) **解** 对理想气体准静态绝热过程

$$0 = C_V\mathrm{d}T + p\mathrm{d}V = C_V\mathrm{d}T + \frac{nRT}{V}\mathrm{d}V = C_V\mathrm{d}T + \frac{(C_p - C_V)T}{V}\mathrm{d}V$$

即 $$\frac{\mathrm{d}T}{(\gamma - 1)T} + \frac{\mathrm{d}V}{V} = 0 \qquad \left(\gamma = \frac{C_p}{C_V}\right)$$

记 $\ln F(T) = \int \frac{\mathrm{d}T}{(\gamma - 1)T}$ 得

$$VF(T) = C \qquad (C\text{ 为常数})$$

(2) **证** 此理想气体经一卡诺循环从高温热源下吸收的热量

$$Q_1 = \int_{V_1}^{V_2} p\mathrm{d}V = nRT_1\ln\frac{V_2}{V_1}$$

向低温热源 T_2 放出的热量

$$Q_2 = \int_{V_4}^{V_3} p\mathrm{d}V = nRT_2\ln\frac{V_3}{V_4}$$

由上述绝热过程中 V 和 T 的关系知

$$V_2F(T_1) = V_3F(T_2) \qquad V_1F(T_1) = V_4F(T_2)$$

所以 $$\frac{V_2}{V_1} = \frac{V_3}{V_4} \qquad \eta = \frac{Q_1 - Q_2}{Q_1} = \frac{T_1 - T_2}{T_1}$$

17. 证 假设有某两条绝热线相交于一点,则总能添加一等温线与此两条绝热线相交,它们构成一个循环。作此循环的热机将只从一个热源吸热而对外做功不带来其他影响。这显然违背热力学第二定律的开尔文说法。因此任何两条绝热线都不能相交。

18. 证 我们用带撇的量表示相应效率 η' 的热机,不带撇的量表示相应效率 $\eta = \frac{T_1 - T_2}{T_1}$ 的卡诺机。为简单计,先假设两个热机从高温热源吸收的热量相等,$Q_1 = Q_1'$。若 $\eta' > \eta$,则 $W' > W$。将 W' 中的一部分 W 带动卡诺机逆向运转,变成制冷机。两个热机完成一个循环后,高温热源无变化,热机从低温热源吸热

$$Q_2 - Q'_2 = (Q_1 - W_1) - (Q_1' - W') = W' - W > 0$$

对外做功 $W' - W$。总的效果是从单一热源吸热而全部变成有用功未产生其他影响。这与热力学第二定律的开尔文说法相违背。所以 $\eta' \leqslant \eta$。

其次,假设两个热机做功相同,$W = W'$。用热机 η' 带动卡诺机逆向运转,若 $\eta' > \eta$,则

$$Q_1 - Q_1' = \frac{W}{\eta} - \frac{W'}{\eta'} = W'\left(\frac{1}{\eta} - \frac{1}{\eta'}\right) > 0$$

$$Q_2 - Q'_2 = (Q_1 - W) - (Q'_1 - W') = Q_1 - Q'_1 > 0$$

一个循环后的总效果是热量 $Q_1 - Q'_1$从低温热源传给了高温热源而没有产生其他影响。这与热力学第二定律的克劳修斯说法相违背。所以 $\eta' \leqslant \eta$。

19. 解　①1mol 气体在定容加热过程中:

$C_V = \frac{3}{2}R, T_1 = 50 + 273.15 = 323.15\text{K}, T_2 = 150 + 273.15 = 423.15\text{K}$

熵变

$$\Delta S_V = \int_{T_1}^{T_2} \frac{C_V \mathrm{d}T}{T} = C_V \ln \frac{T_1}{T_2} = \frac{3}{2}R\ln \frac{423.15}{323.15} = 3.36(\text{J} \cdot \text{K}^{-1})$$

②1mol 气体在定压加热过程中:$C_p = C_V + R = \frac{5}{2}R$(参见式(2.2.19))

$$T_1 = 323.15\text{K} \qquad T_2 = 423.15\text{K}$$

熵变

$$\Delta S_p = \int_{T_1}^{T_2} \frac{C_p \mathrm{d}T}{T} = C_p \ln \frac{T_1}{T_2} = \frac{5}{2}R\ln \frac{423.15}{323.15} = 5.6(\text{J} \cdot \text{K}^{-1})$$

20. 解　依题意

$$\Delta S = \int_{20+273.15}^{100+273.15} 4187 \times 10 \frac{\mathrm{d}T}{T} + \frac{22.5 \times 10^5 \times 10}{273.15 + 100} + \int_{100+273.15}^{250+273.15} 1670 \times 10 \frac{\mathrm{d}T}{T}$$

$$= 41870\ln \frac{373.15}{293.15} + \frac{2.25 \times 10^7}{373.15} + 16700\ln \frac{523.15}{373.15}$$

$$= 7.6 \times 10^4(\text{J} \cdot \text{K}^{-1})$$

21. 解　为具体起见,设 $T_1 > T_2$。平衡时

$$C_P m(T_1 - T) = C_P m(T - T_2)$$

得平衡温度　$T = \frac{T_1 + T_2}{2}$

系统的熵变

$$\Delta S = \int_{T_1}^{\frac{T_1+T_2}{2}} \frac{C_P m \mathrm{d}T}{T} + \int_{T_2}^{\frac{T_1+T_2}{2}} \frac{C_P m \mathrm{d}T}{T} = C_P m\left(\ln \frac{T_1 + T_2}{2T_1} + \ln \frac{T_1 + T_2}{2T_2}\right)$$

$$= 2C_P m \ln \frac{T_1 + T_2}{2\sqrt{T_1 T_2}}$$

由于　$(\sqrt{T_1} - \sqrt{T_2})^2 = (T_1 + T_2) - 2\sqrt{T_1 T_2} > 0 \qquad (T_1 \neq T_2)$

所以　$T_1 + T_2 > 2\sqrt{T_1 T_2} \qquad \Delta S > 0$

22. 解　(1) 电阻器温度不变,$\Delta S = \frac{\Delta Q}{T} = 0$。

(2) 电阻器温度变化满足：$I^2Rt = C_P m\Delta T$

即
$$\Delta T = \frac{10^2 \times 25 \times 1}{837.2 \times 0.01} = 298.61$$

电阻器熵增加为

$$\Delta S = \int_{27+273.15}^{298.61+273.15} C_P m \frac{\mathrm{d}T}{T} = 837.2 \times 0.01 \ln \frac{598.76}{300.15} = 5.78(\mathrm{J \cdot K^{-1}})$$

23. 解 均匀杆温度分布是均匀的。若取 x 轴沿杆，温度为 T_1 的一端坐标为0，温度为 T_2 的另一端坐标为 l，其间任一点 x 处的温度则为

$$T = T_1 + \frac{T_2 - T_1}{l}x$$

达到平衡后，各处温度均为$\frac{T_1 + T_2}{2}$，$(x, x + \mathrm{d}x)$ 区间熵增为

$$\int_{T_1+(T_2-T_1)x/l}^{(T_1+T_2)/2} c_p\rho \mathrm{d}x \frac{\mathrm{d}T}{T} = c_p\rho \mathrm{d}x\left[\ln \frac{T_1 + T_2}{2} - \ln\left(T_1 + \frac{T_2 - T_1}{l}x\right)\right]$$

式中，c_p 为杆的定压比热，ρ 为线密度。整个杆的熵变为

$$\Delta S = \int_0^l c_p\rho\left[\ln \frac{T_1 + T_2}{2} - \ln\left(T_1 + \frac{T_2 - T_1}{l}x\right)\right]\mathrm{d}x$$

$$= c_p\rho l \ln \frac{T_1 + T_2}{2} - c_p\rho \frac{l}{T_2 - T}\left[\left(T_1 + \frac{T_2 - T_1}{l}x\right)\ln\left(T_1 + \frac{T_2 - T_1}{l}x\right) - \left(T_1 + \frac{T_2 - T_1}{l}x\right)\right]_0^l$$

$$= c_p\rho l \ln \frac{T_1 + T_2}{2} - \frac{c_p\rho l}{T_2 - T_1}(T_2\ln T_2 - T_2 - T_1\ln T_1 + T_1)$$

$$= C_p\left(1 + \ln \frac{T_1 + T_2}{2} - \frac{T_2\ln T_2 - T_1\ln T_1}{T_2 - T_1}\right)$$

式中，$C_p = c_P\rho l$ 是整个杆的热容量。

24. 证 理想气体温度由 T_1 升至 T_2，若经一等容过程，则

$$\Delta S_V = \int_{T_1}^{T_2} \frac{C_V \mathrm{d}T}{T} = C_V \ln \frac{T_2}{T_1}$$

若经一等压过程，则

$$\Delta S_p = \int_{T_1}^{T_2} \frac{C_p \mathrm{d}T}{T} = C_p \ln \frac{T_2}{T_1}$$

显然
$$\frac{\Delta S_p}{\Delta S_V} = \frac{C_p}{C_V} = \gamma$$

25. 证 热机所做的功

$$W = Q - Q_r \qquad Q_r = T_2\Delta S_r$$

这里，Q_r 表示热机向热源放出的热量（以下用下标 r 指热源的物理量）。将物体、热源和热机视为一系统，此复合系统是孤立系统。根据熵增加原理有

$$0 \leqslant \Delta S + \Delta S_r = S_2 - S_1 + \Delta S_r \qquad \Delta S_r \geqslant S_1 - S_2$$

所以　$W \leqslant Q - T_2(S_1 - S_2)$

热机所做的最大功　$W_{\max} = Q - T_2(S_1 - S_2)$

26. 证　将两物体和制冷机视为一系统，此复合系统为孤立系统。根据熵增加原理有

$$\Delta S_1 + \Delta S_2 \geqslant 0$$

而

$$\Delta S_1 + \Delta S_2 = \int_{T_1}^{T'} C_p \frac{\mathrm{d}T}{T} + \int_{T_1}^{T_2} C_p \frac{\mathrm{d}T}{T} = C_p \ln \frac{T' T_2}{T_1^2}$$

这里 C_P 为物体的定压热容，T' 为另一物体后来的温度。

由上两式得　$\dfrac{T' T_2}{T_1^2} \geqslant 1$　　即 $T' \geqslant \dfrac{T_1^2}{T_2}$

从而制冷机放出的热量

$$Q_1 = C_p(T' - T_1) \geqslant C_p\left(\frac{T_1^2}{T_2} - T_1\right)$$

制冷机吸收的热量

$$Q_2 = C_p(T_1 - T_2)$$

外界所做的功　$W = Q_1 - Q_2 \geqslant C_p\left(\dfrac{T_1^2}{T_2} + T_2 - 2T_1\right)$

所以所需最小功　$W_{\min} = C_p\left(\dfrac{T_1^2}{T_2} + T_2 - 2T_1\right)$

27. 证　由　$T\mathrm{d}S = T\left(\dfrac{\partial S}{\partial x}\right)_y \mathrm{d}x + T\left(\dfrac{\partial S}{\partial y}\right)_x \mathrm{d}y$

$$T\mathrm{d}S = \mathrm{d}U + p\mathrm{d}V = \left(\frac{\partial U}{\partial x}\right)_y \mathrm{d}x + \left(\frac{\partial U}{\partial y}\right)_x \mathrm{d}y + p\left[\left(\frac{\partial V}{\partial x}\right)_y \mathrm{d}x + \left(\frac{\partial V}{\partial y}\right)_x \mathrm{d}y\right]$$

$$= \left[\left(\frac{\partial U}{\partial x}\right)_y + p\left(\frac{\partial V}{\partial x}\right)_y\right]\mathrm{d}x + \left[\left(\frac{\partial U}{\partial y}\right)_x + p\left(\frac{\partial V}{\partial y}\right)_x\right]\mathrm{d}y$$

比较得

$$T\left(\frac{\partial S}{\partial x}\right)_y = \left(\frac{\partial U}{\partial x}\right)_y + p\left(\frac{\partial V}{\partial x}\right)_y$$

$$T\left(\frac{\partial S}{\partial y}\right)_x = \left(\frac{\partial U}{\partial y}\right)_x + p\left(\frac{\partial V}{\partial y}\right)_x$$

将上面第一式对 y 求偏导，第二式对 x 求偏导有

$$T\frac{\partial^2 S}{\partial x \partial y} + \left(\frac{\partial T}{\partial y}\right)_x \left(\frac{\partial S}{\partial x}\right)_y = \frac{\partial^2 U}{\partial x \partial y} + p\frac{\partial^2 V}{\partial x \partial y} + \left(\frac{\partial p}{\partial y}\right)_x \left(\frac{\partial V}{\partial x}\right)_y$$

$$T\frac{\partial^2 S}{\partial x\partial y}+\left(\frac{\partial T}{\partial x}\right)_y\left(\frac{\partial S}{\partial y}\right)_x=\frac{\partial^2 U}{\partial x\partial y}+p\frac{\partial^2 V}{\partial x\partial y}+\left(\frac{\partial p}{\partial x}\right)_y\left(\frac{\partial V}{\partial y}\right)_x$$

再将两式相减得

$$\left(\frac{\partial T}{\partial x}\right)_y\left(\frac{\partial S}{\partial y}\right)_x-\left(\frac{\partial T}{\partial y}\right)_x\left(\frac{\partial S}{\partial x}\right)_y=\left(\frac{\partial p}{\partial x}\right)_y\left(\frac{\partial V}{\partial y}\right)_x-\left(\frac{\partial p}{\partial y}\right)_x\left(\frac{\partial V}{\partial x}\right)_y$$

此即
$$\frac{\partial(T,S)}{\partial(x,y)}=\frac{\partial(p,V)}{\partial(x,y)}$$

若令 $x=T, y=V$,则上式成为

$$\left(\frac{\partial S}{\partial V}\right)_T=\left(\frac{\partial p}{\partial T}\right)_V$$

其余麦氏关系可类似求出。

28. 证
$$\left(\frac{\partial C_V}{\partial V}\right)_T=\left[\frac{\partial}{\partial V}T\left(\frac{\partial S}{\partial T}\right)_V\right]_T=T\frac{\partial^2 S}{\partial V\partial T}=T\left[\frac{\partial}{\partial T}\left(\frac{\partial S}{\partial V}\right)_T\right]_V$$
$$=T\left[\frac{\partial}{\partial T}\left(\frac{\partial p}{\partial T}\right)_V\right]_V=T\left(\frac{\partial^2 p}{\partial T^2}\right)_V$$

类似地

$$\left(\frac{\partial C_p}{\partial p}\right)_T=\left[\frac{\partial}{\partial p}T\left(\frac{\partial S}{\partial T}\right)_p\right]_T=T\frac{\partial^2 S}{\partial T\partial p}=-T\left(\frac{\partial^2 V}{\partial T^2}\right)_p$$

29. 解 对题 28 第一式两边进行积分

$$\int_{V_0}^{V}\left(\frac{\partial C_V}{\partial V}\right)_T\mathrm{d}V=\int_{V_0}^{V}T\left(\frac{\partial^2 p}{\partial T^2}\right)_V\mathrm{d}V$$

得
$$C_V-C_{V_0}=T\int_{V_0}^{V}\left(\frac{\partial^2 p}{\partial T^2}\right)_V\mathrm{d}V$$

即
$$C_V=C_{V_0}+T\int_{V_0}^{V}\left(\frac{\partial^2 p}{\partial T^2}\right)_V\mathrm{d}V$$

类似地
$$\int_{p_0}^{p}\left(\frac{\partial C_p}{\partial p}\right)_T\mathrm{d}p=-\int_{p_0}^{p}T\left(\frac{\partial^2 V}{\partial T^2}\right)_p\mathrm{d}p$$

得
$$C_p=C_{p_0}-T\int_{p_0}^{p}\left(\frac{\partial^2 V}{\partial T^2}\right)_p\mathrm{d}p$$

30. (1)1mol 理想气体的物态方程式 $pv=RT$,

由此知
$$\left(\frac{\partial v}{\partial T}\right)_p=\frac{R}{p},\quad \left(\frac{\partial p}{\partial T}\right)_v=\frac{R}{v},\quad \left(\frac{\partial v}{\partial p}\right)_T=-\frac{RT}{p^2}=-\frac{v}{p}$$

所以
$$\alpha=\frac{1}{v}\left(\frac{\partial v}{\partial T}\right)_p=\frac{1}{T},\quad \beta=\frac{1}{p}\left(\frac{\partial p}{\partial T}\right)_V=\frac{1}{T},\quad \kappa=-\frac{1}{v}\left(\frac{\partial v}{\partial p}\right)_T=\frac{1}{p}$$

(2) 利用题 29 有:

$$\left(\frac{\partial C_v}{\partial v}\right)_T = T\left(\frac{\partial^2 p}{\partial T^2}\right)_v = 0 \qquad \left(\frac{\partial C_p}{\partial p}\right)_T = -T\left(\frac{\partial^2 v}{\partial T^2}\right)_p = 0$$

所以理想气体的 C_v 和 C_p 只是温度的函数。

（3）
$$C_p - C_v = T\left(\frac{\partial v}{\partial T}\right)_p\left(\frac{\partial p}{\partial T}\right)_v = T\frac{R}{p}\frac{R}{v} = R$$

31. 证　（1）以 1mol 范德瓦尔斯气体为例,其状态方程为

$$\left(p + \frac{a}{v^2}\right)(v - b) = RT$$

由此知
$$v = \frac{RT}{p + \frac{a}{v^2}} + b$$

$$\left(\frac{\partial v}{\partial T}\right)_p = \frac{R\left(p + \frac{a}{v^2}\right) - RT\frac{-2a}{v^3}\left(\frac{\partial v}{\partial T}\right)_p}{\left(p + \frac{a}{v^2}\right)^2} = \frac{R}{p + \frac{a}{v^2}} + \frac{2a(v - b)}{v^3\left(p + \frac{a}{v^2}\right)}\left(\frac{\partial v}{\partial T}\right)_p$$

即

$$\left[1 - \frac{2a(v - b)}{v^3\left(p + \frac{a}{v^2}\right)}\right]\left(\frac{\partial v}{\partial T}\right)_p = \frac{R}{p + \frac{a}{v^2}} \qquad \frac{v^3\frac{RT}{v - b} - 2a(v - b)}{v^3\left(p + \frac{a}{v^2}\right)}\left(\frac{\partial v}{\partial T}\right)_p = \frac{R}{p + \frac{a}{v^2}}$$

所以
$$\frac{Rv^3}{RTv^3/(v - b) - 2a(v - b)} = \frac{v - b}{T - 2a\,(v - b)^2/Rv^3}$$

类似地
$$\left(\frac{\partial v}{\partial p}\right)_T = \frac{-RT}{\left(p + \frac{a}{v^2}\right)^2}\left[1 - \frac{2a}{v^3}\left(\frac{\partial v}{\partial p}\right)_T\right]$$

即

$$\left[1 - \frac{RT}{\left(p + \frac{a}{v^2}\right)^2}\frac{2a}{v^3}\right]\left(\frac{\partial v}{\partial p}\right)_T = -\frac{-RT}{\left(p + \frac{a}{v^2}\right)^2} \qquad \frac{v^3\frac{R^2T^2}{(v - b)^2} - 2aRT}{v^3\left(p + \frac{a}{v^2}\right)^2}\left(\frac{\partial v}{\partial p}\right)_T = \frac{-RT}{\left(p + \frac{a}{v^2}\right)^2}$$

所以
$$\left(\frac{\partial v}{\partial p}\right)_T = \frac{1}{\frac{2a}{v^3} - \frac{RT}{(v - b)^2}} = -\frac{(v - b)^2/R}{T - 2a\,(v - b)^2/Rv^3}$$

另外
$$p = \frac{RT}{v - b} - \frac{a}{v^2} \qquad \left(\frac{\partial p}{\partial T}\right)_v = \frac{R}{v - b}$$

综上结果给出：

$$\alpha = \frac{1}{v}\left(\frac{\partial v}{\partial T}\right)_p = \frac{1}{v}\frac{v-b}{T-2a(v-b)^2/Rv^3}$$

$$\beta = \frac{1}{p}\left(\frac{\partial p}{\partial T}\right)_v = \frac{1}{p}\frac{R}{v-b}$$

$$\gamma = -\frac{1}{v}\left(\frac{\partial v}{\partial p}\right)_T = \frac{1}{v}\frac{(v-b)^2/R}{T-2a(v-b)^2/Rv^3}$$

(2) $\left(\frac{\partial u}{\partial v}\right)_T = T\left(\frac{\partial p}{\partial T}\right)_v - p = T\frac{R}{v-b} - p = \frac{a}{v^2}$

(3) $\left(\frac{\partial C_v}{\partial v}\right)_T = T\left(\frac{\partial p}{\partial T^2}\right)_v = 0$

所以范德瓦尔斯气体的定容摩尔热容 C_v 只是温度的函数,与体积无关。

(4) $C_p - C_v = T\left(\frac{\partial v}{\partial T}\right)_p\left(\frac{\partial p}{\partial T}\right)_v$

$$= T\frac{v-b}{T-2a(v-b)^2/Rv^3}\frac{R}{v-b} = \frac{TR}{T-2a(v-b)^2/Rv^3}$$

32. 解 1 摩尔范德瓦尔斯气体从 $v_1 \to v_2$ 等温膨胀过程中的所做的功

$$W = \int_{v_1}^{v_2} p\mathrm{d}v = \int_{v_1}^{v_2}\left(\frac{RT}{v-b} - \frac{a}{v^2}\right)\mathrm{d}v$$

$$= RT\ln\frac{v_2-b}{v_1-b} + a\left(\frac{1}{v_2} - \frac{1}{v_1}\right)$$

1 摩尔范德瓦尔斯气体在此过程中内能的增加

$$\Delta u = \int_{v_1}^{v_2}\left(\frac{\partial u}{\partial v}\right)_T\mathrm{d}v = \int_{v_1}^{v_2}\frac{a}{v^2}\mathrm{d}v = -a\left(\frac{1}{v_2} - \frac{1}{v_1}\right)$$

所以 1 摩尔范德瓦尔斯气体由体积 v_1 等温膨胀到体积 v_2 所吸收的热量

$$Q = \Delta u + W = RT\ln\frac{v_2-b}{v_1-b}$$

注:对 n 摩尔范德瓦尔斯气体:$\left(p + \frac{A}{V^2}\right)(V-B) = nRT$

式中 $A = n^2a, B = nb$。在以上公式中将 A、B 代替 a、b 即可得到一般情况下的结果。

33. 解 根据式(2.6.7)

$$\mu = \frac{1}{C_p}\left[T\left(\frac{\alpha V}{\alpha T}\right)_p - V\right]$$

满足方程 $\mu = 0$ 的温度称转换温度,一般与压强有关。对 1mol 范德瓦耳斯气体

$$\left(p+\frac{a}{v^2}\right)(v-b)=RT$$

在 p 一定时两边对 T 求偏微商有

$$\left(p+\frac{a}{v^2}\right)\left(\frac{\mathrm{d}v}{\mathrm{d}T}\right)_p+(v-b)\frac{-2a}{v^3}\left(\frac{\mathrm{d}v}{\mathrm{d}T}\right)_p=R$$

由此得

$$\left(\frac{\mathrm{d}v}{\mathrm{d}T}\right)_p=\frac{R}{\left(p+\frac{a}{v^2}\right)-\frac{2a(v-b)}{v^3}}=\frac{R}{\frac{RT}{v-b}-\frac{2a(v-b)}{v^3}}$$

代入 μ 的表达式有

$$\mu=\frac{1}{C_p}\left[\frac{RT}{\frac{RT}{v-b}-\frac{2a(v-b)}{v^3}}-v\right]=\frac{1}{C_p}\frac{RT-\frac{RTv}{v-b}+\frac{2av(v-b)}{v^3}}{\frac{RT}{v-b}-\frac{2a(v-b)}{v^3}}$$

$$=\frac{1}{C_p}\frac{-RTbv^3+2av(V-b)^2}{RTv^3-2a(v-b)^2}$$

对转换温度 $\mu=0$

$$2av(v-b)^2-RTbv^3=0$$

$$RT=\frac{2a}{b}\left(1-\frac{b}{v}\right)^2$$

这便是转换温度满足的方程。通常将它表示成 T,p 的关系。由上式知

$$1-\frac{b}{v}=\sqrt{\frac{RbT}{2a}}\qquad\frac{1}{v}=\frac{1-\sqrt{RbT/2a}}{b}$$

所以

$$p=\frac{RT}{v-b}-\frac{a}{v^2}=\frac{RT}{(1-b/v)}\frac{1}{v}-\frac{a}{v^2}$$

$$=\frac{RT}{\sqrt{RbT/2a}}\frac{1-\sqrt{RbT/2a}}{b}-\frac{a}{b^2}\left(1-\sqrt{RbT/2a}\right)^2$$

$$=\left(1-\sqrt{RbT/2a}\right)\left[\frac{bRT}{a\sqrt{RbT/2a}}-\left(1-\sqrt{RbT/2a}\right)\right]\frac{a}{b^2}$$

$$=\frac{a}{b^2}\left(1-\sqrt{\frac{RbT}{2a}}\right)\left(3\sqrt{\frac{RbT}{2a}}-1\right)$$

上式就是范德瓦耳斯气体的转换温度公式。由此可见,对应一个压强有两个转换温度。

34. 解　焦耳 - 汤姆孙实验中,气体节流过程前后焓不变,因此

$$T\mathrm{d}S=\mathrm{d}U+p\mathrm{d}V=\mathrm{d}H-V\mathrm{d}p=-V\mathrm{d}p$$

即
$$dS = -\frac{V}{T}dp = -\frac{R}{p}dp$$

两边积分得 $\Delta S = -\int_{p_1}^{p_2}\frac{R}{p}dp = R\ln\frac{p_1}{p_2} > 0 \qquad (p_1 > p_2)$

35. 解 (1) 三相点处应有

$$23.03 - \frac{3754}{T} = 19.49 - \frac{3063}{T}$$

由此解得三相点的温度

$$T = \frac{3754 - 3063}{23.03 - 19.49} = 195(\mathrm{K})$$

(2) 在题给条件下,克拉珀龙方程化简成

$$\frac{dp}{dT} = \frac{L}{Tv} \quad \frac{1}{p}\frac{dp}{dT} = \frac{L}{pvT} = \frac{L}{RT^2}$$

积分给出
$$\ln p = -\frac{L}{RT} + A$$

式中,A 为积分的常数。对照氨的饱和蒸汽压方程便知:

$$L_{汽化} = 3063R = 2.55 \times 10^4(\mathrm{J/mol})$$
$$L_{升华} = 3754R = 3.12 \times 10^4(\mathrm{J/mol})$$

(3) 三相点处

$$L_{熔解} = h_l - h_s = h_l - h_g + h_g - h_s = -L_{汽化} + L_{升华}$$

利用(2) 便可求得三相点的熔解热

$$L_{熔解} = 3754R - 3063R = 691R = 0.57 \times 10^4(\mathrm{J/mol})$$

36. 解 已知 $L = 2.258 \times 10^6\mathrm{J \cdot kg^{-1}}, v_2 = 1.673\mathrm{m^3 \cdot kg}, v_1 = 1.044 \times 10^{-3}\mathrm{m^3 \cdot kg^{-1}}, T = 373.15\mathrm{K}$,将上述数据代入克拉珀龙方程(式 2.7.21)即得水的饱和蒸汽压随温度的变化率

$$\frac{dp}{dT} = \frac{L}{T(v_2 - v_1)} = \frac{2.258 \times 10^6}{373.15(1.673 - 1.044 \times 10^{-3})}$$
$$= 3619(\mathrm{Pa \cdot K^{-1}}) = 0.0357\mathrm{atm \cdot K^{-1}}$$

37. 解 已知 $\Delta p = (1 - p)\mathrm{atm}, \Delta T = 100 - 95 = 5\mathrm{K}$,并利用上题数据

$$\frac{\Delta p}{\Delta T} = 0.0357\mathrm{atm \cdot K^{-1}}$$

有

$$1 - p = 0.0357 \times 5 = 0.1785$$
$$p = 1 - 0.1785 = 0.82(\mathrm{atm}) = 8.3 \times 10^4\mathrm{Pa}$$

在此压强值下,温度到95℃ 时水就会沸腾。

38. 解　假设水的体积与蒸汽相比可以忽略,而蒸汽可视为理想气体,那么蒸汽的摩尔数 $n = pV/RT$,于是蒸汽由 393K 降至 373K 放出的热量

$$Q_1 = nC_V(T_1 - T_2) = \frac{1.96 \times 10^5 \times 6 \times 10^{-3}}{393} \times 3 \times (393 - 373) = 179.54(\mathrm{J})$$

这时蒸汽凝结成水的摩尔数

$$n' = \frac{p_1 V}{RT_1} - \frac{p_2 V}{RT_2} = \left(\frac{1.96 \times 10^5}{393} - \frac{9.81 \times 10^4}{373}\right)\frac{V}{R} = 235.725\frac{V}{R}$$

放出的能量

$$Q_2 = n'\mu L = 235.725\frac{V}{R} \times 18 \times 10^{-3} \times 2.26 \times 10^6 = 6920(\mathrm{J})$$

设喷入水的质量为 m,则喷入的水由10℃ 升至100℃ 吸收的热量

$$Q = mC(100 - 10) = 4.186 \times 10^3 \times 90m = 376740m$$

而
$$Q = Q_1 + Q_2$$

即
$$376740m = 6920 + 179.54$$

由此得　　$m = 19\mathrm{g}$

39. 证　按定义:$\mu = u + pv - Ts$,　而相平衡时:$\mu_1 = \mu_2$,因此

$$u_1 + pv_1 - Ts_1 = u_2 + pv_2 - Ts_2$$

即
$$\Delta u = u_2 - u_1 = T(s_2 - s_1) - p(v_2 - v_1)$$

又
$$\frac{\mathrm{d}p}{\mathrm{d}T} = \frac{L}{T(v_2 - v_1)} = \frac{s_2 - s_1}{v_2 - v_1}$$

所以
$$\Delta u = T(s_2 - s_1)\left[1 - \frac{p}{T}\frac{v_2 - v_1}{s_2 - s_1}\right] = L\left(1 - \frac{p}{T}\frac{\mathrm{d}T}{\mathrm{d}p}\right)$$

如果其中一相是气体,且可视为理想气体,则

$$\frac{\mathrm{d}p}{\mathrm{d}T} = \frac{L}{Tv_2} = \frac{L}{T}\frac{p}{RT}$$

从而
$$\Delta u = L\left(1 - \frac{p}{T}\frac{T}{L}\frac{RT}{p}\right) = L\left(1 - \frac{RT}{L}\right)$$

第3章　电磁理论

1. 证

$$\nabla\varphi = \boldsymbol{i}\frac{\partial\varphi}{\partial x} + \boldsymbol{j}\frac{\partial\varphi}{\partial y} + \boldsymbol{k}\frac{\partial\varphi}{\partial z}$$

$$\nabla\times(\nabla\varphi)=\begin{vmatrix} \boldsymbol{i} & \boldsymbol{j} & \boldsymbol{k} \\ \frac{\partial}{\partial x} & \frac{\partial}{\partial y} & \frac{\partial}{\partial z} \\ \frac{\partial\varphi}{\partial x} & \frac{\partial\varphi}{\partial y} & \frac{\partial\varphi}{\partial z} \end{vmatrix}=\boldsymbol{i}\left(\frac{\partial^2\varphi}{\partial y\partial z}-\frac{\partial^2\varphi}{\partial z\partial y}\right)+\boldsymbol{j}\left(\frac{\partial^2\varphi}{\partial z\partial x}-\frac{\partial^2\varphi}{\partial x\partial z}\right)+\boldsymbol{k}\left(\frac{\partial^2\varphi}{\partial x\partial y}-\frac{\partial^2\varphi}{\partial y\partial x}\right)=0$$

$$\nabla\times\boldsymbol{f}=\begin{vmatrix} \boldsymbol{i} & \boldsymbol{j} & \boldsymbol{k} \\ \frac{\partial}{\partial x} & \frac{\partial}{\partial y} & \frac{\partial}{\partial z} \\ f_x & f_y & f_z \end{vmatrix}=\boldsymbol{i}\left(\frac{\partial f_z}{\partial y}-\frac{\partial f_y}{\partial z}\right)+\boldsymbol{j}\left(\frac{\partial f_x}{\partial z}-\frac{\partial f_z}{\partial x}\right)+\boldsymbol{k}\left(\frac{\partial f_y}{\partial x}-\frac{\partial f_x}{\partial y}\right)$$

$$\nabla\cdot(\nabla\times\boldsymbol{f})=\frac{\partial}{\partial x}\left(\frac{\partial f_z}{\partial y}-\frac{\partial f_y}{\partial z}\right)+\frac{\partial}{\partial y}\left(\frac{\partial f_x}{\partial z}-\frac{\partial f_z}{\partial x}\right)+\frac{\partial}{\partial z}\left(\frac{\partial f_y}{\partial x}-\frac{\partial f_x}{\partial y}\right)=0$$

$$\nabla\times(\nabla\times\boldsymbol{f})=\begin{vmatrix} \boldsymbol{i} & \boldsymbol{j} & \boldsymbol{k} \\ \frac{\partial}{\partial x} & \frac{\partial}{\partial y} & \frac{\partial}{\partial z} \\ \frac{\partial f_z}{\partial y}-\frac{\partial f_y}{\partial z} & \frac{\partial f_x}{\partial z}-\frac{\partial f_z}{\partial x} & \frac{\partial f_y}{\partial x}-\frac{\partial f_x}{\partial y} \end{vmatrix}$$

$$=\boldsymbol{i}\left[\frac{\partial}{\partial y}\left(\frac{\partial f_y}{\partial x}-\frac{\partial f_x}{\partial y}\right)-\frac{\partial}{\partial z}\left(\frac{\partial f_x}{\partial z}-\frac{\partial f_z}{\partial x}\right)\right]+\boldsymbol{j}\left[\frac{\partial}{\partial z}\left(\frac{\partial f_z}{\partial y}-\frac{\partial f_y}{\partial z}\right)-\frac{\partial}{\partial x}\left(\frac{\partial f_y}{\partial x}-\frac{\partial f_x}{\partial y}\right)\right]$$

$$+\boldsymbol{k}\left[\frac{\partial}{\partial x}\left(\frac{\partial f_x}{\partial z}-\frac{\partial f_z}{\partial x}\right)-\frac{\partial}{\partial y}\left(\frac{\partial f_z}{\partial y}-\frac{\partial f_y}{\partial z}\right)\right]$$

考查 x 分量的情形

$$\frac{\partial}{\partial y}\left(\frac{\partial f_y}{\partial x}-\frac{\partial f_x}{\partial y}\right)-\frac{\partial}{\partial z}\left(\frac{\partial f_x}{\partial z}-\frac{\partial f_z}{\partial x}\right)=\frac{\partial^2 f_y}{\partial y\partial x}+\frac{\partial^2 f_z}{\partial z\partial x}-\frac{\partial^2 f_x}{\partial y^2}-\frac{\partial^2 f_x}{\partial z^2}$$

$$=\frac{\partial^2 f_x}{\partial x\partial x}+\frac{\partial^2 f_y}{\partial x\partial y}+\frac{\partial^2 f_z}{\partial x\partial z}-\frac{\partial^2 f_x}{\partial x^2}-\frac{\partial^2 f_x}{\partial y^2}-\frac{\partial^2 f_x}{\partial z^2}$$

$$=\frac{\partial}{\partial x}\left(\frac{\partial f_x}{\partial x}+\frac{\partial f_y}{\partial y}+\frac{\partial f_z}{\partial z}\right)-\left(\frac{\partial^2}{\partial x^2}+\frac{\partial^2}{\partial y^2}+\frac{\partial^2}{\partial z^2}\right)f_x$$

类似地,可得到 y 分量和 z 分量的表示式

$$\frac{\partial}{\partial z}\left(\frac{\partial f_z}{\partial y}-\frac{\partial f_y}{\partial z}\right)-\frac{\partial}{\partial x}\left(\frac{\partial f_y}{\partial x}-\frac{\partial f_x}{\partial y}\right)=\frac{\partial}{\partial y}\left(\frac{\partial f_x}{\partial x}+\frac{\partial f_y}{\partial y}+\frac{\partial f_z}{\partial z}\right)-\left(\frac{\partial^2}{\partial x^2}+\frac{\partial^2}{\partial y^2}+\frac{\partial^2}{\partial z^2}\right)f_y$$

$$\frac{\partial}{\partial x}\left(\frac{\partial f_x}{\partial z}-\frac{\partial f_z}{\partial x}\right)-\frac{\partial}{\partial y}\left(\frac{\partial f_z}{\partial y}-\frac{\partial f_y}{\partial z}\right)=\frac{\partial}{\partial z}\left(\frac{\partial f_x}{\partial x}+\frac{\partial f_y}{\partial y}+\frac{\partial f_z}{\partial z}\right)-\left(\frac{\partial^2}{\partial x^2}+\frac{\partial^2}{\partial y^2}+\frac{\partial^2}{\partial z^2}\right)f_z$$

所以

$$\nabla\times(\nabla\times\boldsymbol{f})=\nabla(\nabla\cdot\boldsymbol{f})-\nabla^2\boldsymbol{f}$$

式中,$\boldsymbol{i},\boldsymbol{j},\boldsymbol{k}$ 分别表示 x,y,z 轴上的单位矢量。

2. 证　考查 x 分量

$$[\nabla(\boldsymbol{A}\cdot\boldsymbol{B})]_x=\frac{\partial}{\partial x}(A_xB_x+A_yB_y+A_zB_z)$$

$$=\frac{\partial A_x}{\partial x}B_x+A_x\frac{\partial B_x}{\partial x}+\frac{\partial A_y}{\partial x}B_y+A_y\frac{\partial B_y}{\partial x}+\frac{\partial A_z}{\partial x}B_z+A_z\frac{\partial B_z}{\partial x}$$

$$[\boldsymbol{B}\times(\nabla\times\boldsymbol{A})+(\boldsymbol{B}\cdot\nabla)\boldsymbol{A}+\boldsymbol{A}\times(\nabla\times\boldsymbol{B})+(\boldsymbol{A}\cdot\nabla)\boldsymbol{B}]_x$$

$$=B_y\left(\frac{\partial A_y}{\partial x}-\frac{\partial A_x}{\partial y}\right)-B_z\left(\frac{\partial A_x}{\partial z}-\frac{\partial A_z}{\partial x}\right)+\left(B_x\frac{\partial}{\partial x}+B_y\frac{\partial}{\partial y}+B_z\frac{\partial}{\partial z}\right)A_x$$

$$+A_y\left(\frac{\partial B_y}{\partial x}-\frac{\partial B_x}{\partial y}\right)-A_z\left(\frac{\partial B_x}{\partial z}-\frac{\partial B_z}{\partial x}\right)+\left(A_x\frac{\partial}{\partial x}+A_y\frac{\partial}{\partial y}+A_z\frac{\partial}{\partial z}\right)B_x$$

$$=B_y\frac{\partial A_y}{\partial x}+B_z\frac{\partial A_z}{\partial x}+B_x\frac{\partial A_x}{\partial x}+A_y\frac{\partial B_y}{\partial x}+A_z\frac{\partial B_z}{\partial x}+A_x\frac{\partial B_x}{\partial x}$$

可见

$$[\nabla(\boldsymbol{A}\cdot\boldsymbol{B})]_x=[\boldsymbol{B}\times(\nabla\times\boldsymbol{A})+(\boldsymbol{B}\cdot\nabla)\boldsymbol{A}+\boldsymbol{A}\times(\nabla\times\boldsymbol{B})+(\boldsymbol{A}\cdot\nabla)\boldsymbol{B}]_x$$

类似地,可以证明对 y 分量和 z 分量,等式两端亦相等,所以

$$\nabla(\boldsymbol{A}\cdot\boldsymbol{B})=\boldsymbol{B}\times(\nabla\times\boldsymbol{A})+(\boldsymbol{B}\cdot\nabla)\boldsymbol{A}+\boldsymbol{A}\times(\nabla\times\boldsymbol{B})+(\boldsymbol{A}\cdot\nabla)\boldsymbol{B}$$

$$\nabla\cdot(\boldsymbol{A}\times\boldsymbol{B})=\frac{\partial}{\partial x}(A_yB_z-A_zB_y)+\frac{\partial}{\partial y}(A_zB_x-A_xB_z)+\frac{\partial}{\partial z}(A_xB_y-A_yB_x)$$

$$=\frac{\partial A_y}{\partial x}B_z+A_y\frac{\partial B_z}{\partial x}-\frac{\partial A_z}{\partial x}B_y-A_z\frac{\partial B_y}{\partial x}+\frac{\partial A_z}{\partial y}B_x+A_z\frac{\partial B_x}{\partial y}-\frac{\partial A_x}{\partial y}B_z-A_x\frac{\partial B_z}{\partial y}$$

$$+\frac{\partial A_x}{\partial z}B_y+A_x\frac{\partial B_y}{\partial z}-\frac{\partial A_y}{\partial z}B_x-A_y\frac{\partial B_x}{\partial z}$$

$$=\left(\frac{\partial A_z}{\partial y}-\frac{\partial A_y}{\partial z}\right)B_x+\left(\frac{\partial A_x}{\partial z}-\frac{\partial A_z}{\partial x}\right)B_y+\left(\frac{\partial A_y}{\partial x}-\frac{\partial A_x}{\partial y}\right)B_z$$

$$+A_x\left(\frac{\partial B_y}{\partial z}-\frac{\partial B_z}{\partial y}\right)+A_y\left(\frac{\partial B_z}{\partial x}-\frac{\partial B_x}{\partial z}\right)+A_z\left(\frac{\partial B_x}{\partial y}-\frac{\partial B_y}{\partial x}\right)$$

$$=(\nabla\times\boldsymbol{A})\cdot\boldsymbol{B}-\boldsymbol{A}\cdot(\nabla\times\boldsymbol{B})$$

3. 证

$$\nabla f(u)=\boldsymbol{i}\frac{\partial f(u)}{\partial x}+\boldsymbol{j}\frac{\partial f(u)}{\partial y}+\boldsymbol{k}\frac{\partial f(u)}{\partial z}$$

$$=\boldsymbol{i}\frac{\mathrm{d}f}{\mathrm{d}u}\frac{\partial u}{\partial x}+\boldsymbol{j}\frac{\mathrm{d}f}{\mathrm{d}u}\frac{\partial u}{\partial y}+\boldsymbol{k}\frac{\mathrm{d}f}{\mathrm{d}u}\frac{\partial u}{\partial z}=\frac{\mathrm{d}f}{\mathrm{d}u}\nabla u$$

$$\nabla\cdot\boldsymbol{A}(u)=\boldsymbol{i}\frac{\partial A_x(u)}{\partial x}+\boldsymbol{j}\frac{\partial A_y(u)}{\partial y}+\boldsymbol{k}\frac{\partial A_z(u)}{\partial z}$$

$$= \boldsymbol{i}\frac{\mathrm{d}A_x}{\mathrm{d}u}\frac{\partial u}{\partial x} + \boldsymbol{j}\frac{\mathrm{d}A_y}{\mathrm{d}u}\frac{\partial u}{\partial y} + \boldsymbol{k}\frac{\mathrm{d}A_z}{\mathrm{d}u}\frac{\partial u}{\partial z} = \nabla u \cdot \frac{\mathrm{d}\boldsymbol{A}}{\mathrm{d}u}$$

$$\nabla \times \boldsymbol{A}(u) = \boldsymbol{i}\left(\frac{\partial A_z(u)}{\partial y} - \frac{\partial A_y(u)}{\partial z}\right) + \boldsymbol{j}\left(\frac{\partial A_x(u)}{\partial z} - \frac{\partial A_z(u)}{\partial x}\right) + \boldsymbol{k}\left(\frac{\partial A_y(u)}{\partial x} - \frac{\partial A_x(u)}{\partial y}\right)$$

$$= \boldsymbol{i}\left(\frac{\mathrm{d}A_z}{\mathrm{d}u}\frac{\partial u}{\partial y} - \frac{\mathrm{d}A_y}{\mathrm{d}u}\frac{\partial u}{\partial z}\right) + \boldsymbol{j}\left(\frac{\mathrm{d}A_x}{\mathrm{d}u}\frac{\partial u}{\partial z} - \frac{\mathrm{d}A_z}{\mathrm{d}u}\frac{\partial u}{\partial x}\right) + \boldsymbol{k}\left(\frac{\mathrm{d}A_y}{\mathrm{d}u}\frac{\partial u}{\partial x} - \frac{\mathrm{d}A_x}{\mathrm{d}u}\frac{\partial u}{\partial y}\right)$$

$$= \nabla u \times \frac{\mathrm{d}\boldsymbol{A}}{\mathrm{d}u}$$

4. 证　考查 x 分量

$$(\nabla R)_x = \frac{\partial}{\partial x}\sqrt{(x-x')^2 + (y-y')^2 + (z-z')^2}$$

$$= \frac{2(x-x')}{2\sqrt{(x-x')^2 + (y-y')^2 + (z-z')^2}} = \frac{R_x}{R}$$

$$(\nabla' R)_x = \frac{\partial}{\partial x'}\sqrt{(x-x')^2 + (y-y')^2 + (z-z')^2}$$

$$= \frac{-2(x-x')}{2\sqrt{(x-x')^2 + (y-y')^2 + (z-z')^2}} = -\frac{R_x}{R}$$

$$\left(\nabla\frac{1}{R}\right)_x = \frac{\partial}{\partial x}\frac{1}{\sqrt{(x-x')^2 + (y-y')^2 + (z-z')^2}}$$

$$= -\frac{2(x-x')}{2[(x-x')^2 + (y-y')^2 + (z-z')^2]^{3/2}} = -\frac{R_x}{R^3}$$

类似地,可以求得其他分量,所以

$$\nabla R = -\nabla' R = \frac{\boldsymbol{R}}{R} \qquad \nabla\frac{1}{R} = -\nabla'\frac{1}{R} = -\frac{\boldsymbol{R}}{R^3}$$

$$\nabla \times \frac{\boldsymbol{R}}{R^3} = \begin{vmatrix} \boldsymbol{e}_x & \boldsymbol{e}_y & \boldsymbol{e}_z \\ \frac{\partial}{\partial x} & \frac{\partial}{\partial y} & \frac{\partial}{\partial z} \\ \frac{x-x'}{[(x-x')^2+(y-y')^2+(z-z')^2]^{3/2}} & \frac{y-y'}{[(x-x')^2+(y-y')^2+(z-z')^2]^{3/2}} & \frac{z-z'}{[(x-x')^2+(y-y')^2+(z-z')^2]^{3/2}} \end{vmatrix}$$

$$= \boldsymbol{e}_x\left[-\frac{3}{2}\frac{(z-z')(y-y')}{R^5} + \frac{3}{2}\frac{(y-y')(z-z')}{R^5}\right]$$

$$+ \boldsymbol{e}_y\left[-\frac{3}{2}\frac{(x-x')(z-z')}{R^5} + \frac{3}{2}\frac{(z-z')(x-x')}{R^5}\right]$$

$$+ \boldsymbol{e}_z\left[-\frac{3}{2}\frac{(y-y')(x-x')}{R^5} + \frac{3}{2}\frac{(x-x')(y-y')}{R^5}\right] = 0$$

$$-\nabla' \cdot \frac{\boldsymbol{R}}{R^3} = \nabla \cdot \frac{\boldsymbol{R}}{R^3} = \frac{\partial}{\partial x}\frac{x-x'}{R^3} + \frac{\partial}{\partial y}\frac{y-y'}{R^3} + \frac{\partial}{\partial z}\frac{z-z'}{R^3}$$

$$= \frac{(y-y')^2 + (z-z')^2 - 2(x-x')^2}{R^5} + \frac{(z-z')^2 + (x-x')^2 - 2(y-y')^2}{R^5}$$

$$+ \frac{(x-x')^2 + (y-y')^2 - 2(z-z')^2}{R^5} = 0 \quad (R \neq 0)$$

式中,$\boldsymbol{e}_x,\boldsymbol{e}_y,\boldsymbol{e}_z$ 分别是 x,y,z 轴上的单位矢量。

5. 解　$q = \int \mathrm{d}q = \int \rho R^2 \sin\theta \mathrm{d}\theta \mathrm{d}\varphi = \rho_0 R^2 \int_0^{\pi} \cos\theta \sin\theta \mathrm{d}\theta \int_0^{2\pi} \mathrm{d}\varphi$

$$= \rho_0 R^2 \int_0^{\pi} \sin\theta \mathrm{d}\sin\theta \int_0^{2\pi} \mathrm{d}\varphi = 0$$

6. 解　球体电荷密度 $\rho = \dfrac{Q}{\frac{4}{3}\pi R^3}$,设球心到球内 P 点的位矢为 $\boldsymbol{r}$,则 P 点处的线速度 $\boldsymbol{v} = \boldsymbol{\omega} \times \boldsymbol{r} = \omega r \sin\theta \boldsymbol{e}_{\varphi}$,所以球内该点处电流密度

$$\boldsymbol{j} = \rho \boldsymbol{v} = \frac{3Q}{4\pi R^3} \cdot \omega r \sin\theta \boldsymbol{e}_{\varphi} = \frac{3Q\omega r \sin\theta}{4\pi R^3}\boldsymbol{e}_{\varphi}$$

式中,$\boldsymbol{e}_{\varphi}$ 是与 $\boldsymbol{\omega}$ 和 $\boldsymbol{r}$ 所在平面垂直方向上的单位矢量,指向与旋转方向一致。θ 是 $\boldsymbol{r}$ 与旋转轴的夹角。

7. 解　将球面划分成无限多小圆环,圆环面与旋转轴垂直,与球心垂直距离为 $R\cos\theta$ 的圆形电流在球心处产生的磁感应强度,方向沿旋转轴,大小为

$$\mathrm{d}B = \frac{\mu_0}{4\pi}\frac{R\sin\theta \mathrm{d}I}{R^3} 2\pi R \sin\theta = \frac{\mu_0 \sin^2\theta}{2R}\mathrm{d}I$$

式中,θ 为极角①。带电导体球的电荷分布在球面上,其面电荷密度为 $\dfrac{Q}{4\pi R^2}$,因而线电流密度 $j = \dfrac{Q}{4\pi R^2}\omega R \sin\theta = \dfrac{Q\omega \sin\theta}{4\pi R}$。长度为 $R\mathrm{d}\theta$ 的面电流元

$$\mathrm{d}I = jR\mathrm{d}\theta = \frac{Q\omega \sin\theta}{4\pi R} R\mathrm{d}\theta = \frac{Q\omega}{4\pi}\sin\theta \mathrm{d}\theta$$

所以

$$\mathrm{d}B = \frac{\mu_0 \sin^2\theta}{2R}\frac{Q\omega}{4\pi}\sin\theta \mathrm{d}\theta = \frac{\mu_0 Q\omega}{8\pi R}\sin^3 \mathrm{d}\theta$$

$$B = \int \mathrm{d}B = \frac{\mu_0 Q\omega}{8\pi R}\int_0^{\pi} \sin^3\theta \mathrm{d}\theta = \frac{\mu_0 Q\omega}{8\pi R}\frac{4}{3} = \frac{\mu_0 Q\omega}{6\pi R}$$

---

①　参见教科书第三章例题3。

方向沿旋转轴,且与旋转方向成右手螺旋。

8. 证 利用

$$\nabla\times(\boldsymbol{a}\times\boldsymbol{b})=(\boldsymbol{b}\cdot\nabla)\boldsymbol{a}+(\nabla\cdot\boldsymbol{b})\boldsymbol{a}-(\boldsymbol{a}\cdot\nabla)\boldsymbol{b}-(\nabla\cdot\boldsymbol{a})b$$

有①

$$\begin{aligned}\nabla\times\boldsymbol{A}&=\nabla\times\left(\boldsymbol{g}\times\frac{\boldsymbol{r}}{r^3}\right)\\&=\left(\frac{\boldsymbol{r}}{r^3}\cdot\nabla\right)\boldsymbol{g}+\left(\nabla\cdot\frac{\boldsymbol{r}}{r^3}\right)\boldsymbol{g}-(\boldsymbol{g}\cdot\nabla)\frac{\boldsymbol{r}}{r^3}-(\nabla\cdot\boldsymbol{g})\frac{\boldsymbol{r}}{r^3}\\&=\left(\nabla\cdot\frac{\boldsymbol{r}}{r^3}\right)\boldsymbol{g}-(\boldsymbol{g}\cdot\nabla)\frac{\boldsymbol{r}}{r^3}=-(\boldsymbol{g}\cdot\nabla)\frac{\boldsymbol{r}}{r^3}\qquad(r\neq0)\\&=-\left(g_x\frac{\partial}{\partial x}+g_y\frac{\partial}{\partial y}+g_z\frac{\partial}{\partial z}\right)\frac{\boldsymbol{e}_xx+\boldsymbol{e}_yy+\boldsymbol{e}_zz}{r^3}\\&=-\left(g_x\frac{y^2+z^2-2x^2}{r^5}+g_y\frac{-3xy}{r^5}+g_z\frac{-3xz}{r^5}\right)\boldsymbol{e}_x\\&\quad-\left(g_x\frac{-3yx}{r^5}+g_y\frac{z^2+x^2-2y^2}{r^5}+g_z\frac{-3yz}{r^5}\right)\boldsymbol{e}_y\\&\quad-\left(g_x\frac{-3zx}{r^5}+g_y\frac{-3zy}{r^5}+g_z\frac{x^2+y^2-2z^2}{r^5}\right)\boldsymbol{e}_z\end{aligned}$$

$$\begin{aligned}\nabla\varphi&=\nabla\frac{\boldsymbol{g}\cdot\boldsymbol{r}}{r^3}=\left(\boldsymbol{e}_x\frac{\partial}{\partial x}+\boldsymbol{e}_y\frac{\partial}{\partial y}+\boldsymbol{e}_z\frac{\partial}{\partial z}\right)\frac{g_xx+g_yy+g_zz}{r^3}\\&=\left(g_x\frac{y^2+z^2-2x^2}{r^5}-g_y\frac{3yx}{r^5}-g_z\frac{3zx}{r^5}\right)\boldsymbol{e}_x\\&\quad+\left(-g_x\frac{3xy}{r^5}+g_y\frac{z^2+x^2-2y^2}{r^5}-g_z\frac{3zy}{r^5}\right)\boldsymbol{e}_y\\&\quad+\left(-g_x\frac{3xz}{r^5}-g_y\frac{3yz}{r^5}+g_z\frac{x^2+y^2-2z^2}{r^5}\right)\boldsymbol{e}_z\end{aligned}$$

所以

$$\nabla\times\boldsymbol{A}=-\nabla\varphi\qquad(r\neq0)$$

9. 解 以球心为坐标原点,取球坐标。由高斯定理

$$\oint\boldsymbol{D}\cdot\mathrm{d}\boldsymbol{S}=\int\rho\mathrm{d}V$$

(麦克斯韦方程组(3.6.1)第三式的积分形式)介质球空腔内,$r<r_1$

$$\boldsymbol{D}_1=\varepsilon_0\boldsymbol{E}_1$$

---

① 参见教科书(上册)附录A,三。

$$\oint \boldsymbol{D}_1 \cdot D\boldsymbol{S} = 4\pi r^2 D_1 = 4\pi r^2 \varepsilon_0 E_1 \qquad \int \rho \mathrm{d}V = 0$$

所以
$$E_1 = \frac{D_1}{\varepsilon_0} = 0$$

介质球体内，$r_1 < r < r_2$

$$\boldsymbol{D}_2 = \varepsilon \boldsymbol{E}_2$$

$$\oint \boldsymbol{D}_2 \cdot \mathrm{d}\boldsymbol{S} = 4\pi r^2 D_2 = 4\pi r^2 \varepsilon E_2$$

$$\int \rho \mathrm{d}V = \frac{4}{3}\pi(r^3 - r_1^3)\rho$$

$$4\pi r^2 \varepsilon E_2 = \frac{4}{3}\pi(r^3 - r_1^3)\rho$$

所以
$$\boldsymbol{E}_2 = \frac{\boldsymbol{D}_2}{\varepsilon} = \frac{(r^3 - r_1^3)\rho}{3\varepsilon r^3}\boldsymbol{r}$$

球体外，$r > r_2$

$$\boldsymbol{D}_3 = \varepsilon_0 \boldsymbol{E}_3$$

$$\oint \boldsymbol{D}_3 \cdot \mathrm{d}\boldsymbol{S} = 4\pi r^2 D_3 = 4\pi r^2 \varepsilon_0 E_3$$

$$\int \rho \mathrm{d}V = \frac{4}{3}\pi(r_2^3 - r_1^3)\rho$$

所以
$$\boldsymbol{E}_3 = \frac{\boldsymbol{D}_3}{\varepsilon_0} = \frac{(r_2^3 - r_1^3)\rho}{3\varepsilon_0 r^3}\boldsymbol{r}$$

由定义（式(3.3.16)和式(3.3.18)）

$$\boldsymbol{D}_2 = \varepsilon \boldsymbol{E}_2 = \varepsilon_0 \boldsymbol{E}_2 + \boldsymbol{P}_2$$

有
$$\frac{(r^3 - r_1^3)\rho}{3r^3}\boldsymbol{r} = \frac{\varepsilon_0(r^3 - r_1^3)\rho}{3\varepsilon r^3}\boldsymbol{r} + \boldsymbol{P}_2$$

得介质极化强度

$$\boldsymbol{P}_2 = \left(1 - \frac{\varepsilon_0}{\varepsilon}\right)\frac{(r^3 - r_1^3)\rho}{3r^3}\boldsymbol{r}$$

利用式(3.2.4)即可求出极化体电荷密度

$$\rho_P = -\nabla \cdot \boldsymbol{P}_2 = -\frac{1}{r^2}\frac{\partial}{\partial r}\left[r^2\left(1 - \frac{\varepsilon_0}{\varepsilon}\right)\frac{(r^3 - r_1^3)\rho}{3r^2}\right]$$

$$= -\frac{1}{r^2}\left(1 - \frac{\varepsilon_0}{\varepsilon}\right)\rho\frac{1}{3}\frac{\partial}{\partial r}(r^3 - r_1^3) = -\left(1 - \frac{\varepsilon_0}{\varepsilon}\right)\rho$$

将 $\boldsymbol{D}$ 的定义（式(3.3.16)）代入边值关系式(3.3.23)，有

$$\sigma_f = \boldsymbol{n} \cdot (\boldsymbol{D}_3 - \boldsymbol{D}_2) = \boldsymbol{n} \cdot (\varepsilon_0 \boldsymbol{E}_3 + \boldsymbol{P}_3 - \varepsilon_0 \boldsymbol{E}_2 - \boldsymbol{P}_2)$$
$$= \boldsymbol{n} \cdot (\varepsilon_0 \boldsymbol{E}_3 - \varepsilon_0 \boldsymbol{E}_2) + \boldsymbol{n} \cdot (\boldsymbol{P}_3 - \boldsymbol{P}_2)$$
$$= \sigma_f + \sigma_P + \boldsymbol{n} \cdot (\boldsymbol{P}_3 - \boldsymbol{P}_2)$$

所以

$$\boldsymbol{n} \cdot (\boldsymbol{P}_3 - \boldsymbol{P}_2) = -\sigma_P$$

介质球外,$\boldsymbol{P}_3 = 0$,故球壳外表面极化面电荷密度

$$\sigma_{P_2} = -\boldsymbol{n} \cdot (\boldsymbol{P}_3 - \boldsymbol{P}_2)\big|_{r=r_2} = \left(1 - \frac{\varepsilon_0}{\varepsilon}\right)\frac{r_2^3 - r_1^3}{3r_2^2}\rho$$

球腔内,$\boldsymbol{P}_1 = 0$,故球壳内表面极化面电荷密度

$$\sigma_{P_1} = -\boldsymbol{n} \cdot (\boldsymbol{P}_2 - \boldsymbol{P}_1)\big|_{r=r_1} = 0$$

10. 解 我们先计算等边三角形每条边在三角形中心处的电场强度。由于对称性,这一电场强度方向沿这条边的高。边上距边中心 l 处的线元 $\mathrm{d}l$,在三角形中心处的电场强度沿此高方向的投影

$$\mathrm{d}E = \frac{1}{4\pi\varepsilon_0}\frac{\rho\mathrm{d}l}{l^2 + \left(\frac{1}{3}\cdot\frac{\sqrt{3}}{2}a\right)^2}\frac{\sqrt{3}a/6}{\sqrt{l^2 + \left(\frac{1}{3}\cdot\frac{\sqrt{3}}{2}a\right)^2}} = \frac{1}{4\pi\varepsilon_0}\frac{\rho a}{2\sqrt{3}}\frac{\mathrm{d}l}{\left(l^2 + \frac{a^2}{12}\right)^{3/2}}$$

于是

$$E = 2\cdot\frac{1}{4\pi\varepsilon_0}\frac{\rho a}{2\sqrt{3}}\int_0^{a/2}\frac{\mathrm{d}l}{\left(l^2 + \frac{a^2}{12}\right)^{3/2}} = \frac{1}{4\pi\varepsilon_0}\frac{\rho a}{\sqrt{3}}\left[\frac{12}{a^2}\frac{l}{\sqrt{l^2 + a^2/12}}\right]_0^{a/2}$$

$$= \frac{1}{4\pi\varepsilon_0}\frac{\rho a}{\sqrt{3}}\frac{12}{a^2}\frac{a/2}{\sqrt{\frac{a^2}{4} + \frac{a^2}{12}}} = \frac{1}{4\pi\varepsilon_0}\frac{6\rho}{a}$$

将 ρ_1,ρ_2,ρ_3 代入上式,得到等边三角形三条边在三角形中心处的电场强度大小为

$$E_1 = 2E_2 = 2E_3 \qquad E_2 = E_3 = \frac{1}{4\pi\varepsilon_0}\frac{6\rho_2}{a}$$

它们的方向分别沿各边的高,彼此间夹角为120°,因此最后合成的电场强度大小为

$$E_1 - 2E_2\cos 60° = E_1 - E_2 = \frac{1}{4\pi\varepsilon_0}\frac{6\rho_2}{a}$$

方向沿线电荷密度为 ρ_1 的边的高。

11. 解 取 z 轴沿直长导线,P 点到直长导线的距离为 r,那么导线上电荷元 $\rho\mathrm{d}z$ 在 P 点处的电势

$$d\varphi = \frac{\rho dz}{4\pi\varepsilon_0\sqrt{z^2+r^2}}$$

积分得距无限长均匀直导线 r 远处的电势为

$$\varphi = \int_{-\infty}^{\infty} \frac{\rho dz}{4\pi\varepsilon_0\sqrt{z^2+r^2}} = \frac{\rho}{4\pi\varepsilon_0}\ln(z+\sqrt{z^2+r^2})\Big|_{-\infty}^{\infty}$$

显然,这一积分值为无穷大,这是因为直导线无限长和取无穷远处电势为零的结果。实际上,直长导线外两个不同点的电势差并不为零。例如,我们取另一点 P_0,它与无限长直导线的距离为 r_0,那么这两点电势差为

$$\begin{aligned}
\varphi - \varphi_0 &= \frac{\rho}{4\pi\varepsilon_0}\lim_{L\to\infty}\ln\frac{z+\sqrt{z^2+r^2}}{z+\sqrt{z^2+r_0^2}}\Bigg|_{-L}^{L} \\
&= \frac{\rho}{4\pi\varepsilon_0}\lim_{L\to\infty}\ln\left(\frac{1+\sqrt{1+r^2/L^2}}{1+\sqrt{1+r_0^2/L^2}}\frac{-1+\sqrt{1+r_0^2/L^2}}{-1+\sqrt{1+r^2/L^2}}\right) \\
&= \frac{\rho}{4\pi\varepsilon_0}\lim_{L\to\infty}\ln\left(\frac{1+1+r^2/2L^2}{1+1+r_0^2/2L^2}\frac{-1+1+r_0^2/2L^2}{-1+1+r^2/2L^2}\right) \\
&= \frac{\rho}{4\pi\varepsilon_0}\ln\frac{r_0^2}{r^2} = \frac{\rho}{2\pi\varepsilon_0}\ln\frac{r_0}{r}
\end{aligned}$$

若取 P_0 为参考点,即令 $\varphi_0 = 0$,则有

$$\varphi = \frac{\rho}{2\pi\varepsilon_0}\ln\frac{r_0}{r}$$

12. 解　取 x 轴沿带电板法线方向,等分带电板的截面为 $x=0$ 的平面。利用高斯定理容易证明,带电无限平面外任意一点的电场强度是 $\frac{\sigma}{2\varepsilon_0}$($\sigma$ 是面电荷密度)。将厚为 a 的均匀带电无限平板分成无限多厚为 dx 的平面,每个平面在空间任一点 P 的电场强度是 $\frac{\rho dx}{2\varepsilon_0}$(这时 $\sigma=\rho dx$)。对所有这些元电场强度积分便得到厚为 a 的均匀带电无限平板在 P 点处的电场强度

$$E = \int_{-a/2}^{a/2}\frac{\rho dx}{2\varepsilon_0} = \frac{\rho a}{2\varepsilon_0}$$

如果 P 点在平板内($-\frac{a}{2} < x < \frac{a}{2}$,$x$ 是 P 点坐标),那么所有小于 x 的平面在 P 点处产生的电场强度是

$$\int_{-a/2}^{x}\frac{\rho dx}{2\varepsilon_0} = \frac{\rho}{2\varepsilon_0}\left(x+\frac{a}{2}\right)$$

方向沿 x 轴正向;所有大于 x 的平面在 P 点处产生的电场强度是

$$\int_x^{\frac{a}{2}} \frac{\rho \mathrm{d}x}{2\varepsilon_0} = \frac{\rho}{2\varepsilon_0}\left(\frac{a}{2} - x\right)$$

方向沿 x 轴反向。故 P 处的电场强度

$$E = \frac{\rho}{2\varepsilon_0}\left(x + \frac{a}{2}\right) - \frac{\rho}{2\varepsilon_0}\left(\frac{a}{2} - x\right) = \frac{\rho x}{\varepsilon_0}$$

于是,均匀带电无限平板产生的电场强度为

$$E = \begin{cases} \dfrac{\rho a}{2\varepsilon_0} & x > \dfrac{a}{2} \\ \dfrac{\rho x}{\varepsilon_0} & -\dfrac{a}{2} < x < \dfrac{a}{2} \\ -\dfrac{\rho a}{2\varepsilon_0} & x < \dfrac{a}{2} \end{cases}$$

13. 解 以圆柱中心轴为 z 轴,取柱坐标,则 $\boldsymbol{J}_f = J_f \boldsymbol{e}_z$。由于圆柱的对称性,磁场只与离 z 轴的距离 r 有关,且沿 $\boldsymbol{e}_\varphi$ 方向。由安培环路定理

$$\oint \boldsymbol{H} \cdot \mathrm{d}\boldsymbol{l} = \int \boldsymbol{J}_f \cdot \mathrm{d}\boldsymbol{S}$$

知圆柱体空腔内($r < r_1$)

$$2\pi r H_1 = 0 \qquad \boldsymbol{B}_1 = \mu_0 \boldsymbol{H}_1 = 0$$

圆柱体内($r_1 < r < r_2$)

$$2\pi r H_2 = \pi(r^2 - r_1^2) J_f \qquad \boldsymbol{B}_2 = \mu \boldsymbol{H}_2 = \frac{\mu(r^2 - r_1^2)}{2r^2} \boldsymbol{J}_f \times \boldsymbol{r}$$

圆柱体外($r > r_2$)

$$2\pi r H_3 = \pi(r_2^2 - r_1^2) J_f \qquad \boldsymbol{B}_3 = \mu_0 \boldsymbol{H}_3 = \frac{\mu_0(r_2^2 - r_1^2)}{2r^2} \boldsymbol{J}_f \times \boldsymbol{r}$$

而 $H_2 = B_2/\mu_0 - M_2$(式 3.3.16),故

$$\frac{r^2 - r_1^2}{2r^2} \boldsymbol{J}_f \times \boldsymbol{r} = \frac{\mu(r^2 - r_1^2)}{2\mu_0 r^2} \boldsymbol{J}_f \times \boldsymbol{r} - \boldsymbol{M}_2$$

由此得导体内磁化强度

$$\boldsymbol{M}_2 = \frac{\mu - \mu_0}{\mu_0} \frac{r^2 - r_1^2}{2r^2} \boldsymbol{J}_f \times \boldsymbol{r}$$

利用式(3.2.10)即可求出导体内磁化电流密度

$$\boldsymbol{J}_M = \nabla \times \boldsymbol{M}_2 = \frac{\mu - \mu_0}{2\mu_0} \nabla \times \left(\frac{r^2 - r_1^2}{r^2} \boldsymbol{J}_f \times \boldsymbol{r}\right)$$

$$=\frac{\mu-\mu_0}{2\mu_0}\left[\left(\nabla\frac{r^2-r_1^2}{r^2}\right)\times(\boldsymbol{J}_f\times\boldsymbol{r})+\frac{r^2-r_1^2}{r^2}\nabla\times(\boldsymbol{J}_f\times\boldsymbol{r})\right]$$

$$=\frac{\mu-\mu_0}{2\mu_0}\left[\left(\frac{\partial}{\partial r}\frac{r^2-r_1^2}{r^2}\right)r\boldsymbol{J}_f+\frac{r^2-r_1^2}{r^2}\frac{1}{r}\frac{\partial r^2}{\partial r}\boldsymbol{J}_f\right]=\frac{\mu-\mu_0}{\mu_0}\boldsymbol{J}_f$$

利用边值条件(3.3.32)第四式便可求得导体内外表面磁化电流密度。中空圆柱形导体外部 $\boldsymbol{M}_3=0$,故外表面磁化电流线密度

$$\boldsymbol{\alpha}_3=\boldsymbol{e}_r\times(\boldsymbol{M}_3-\boldsymbol{M}_2)\mid_{r=r_2}=-\left(\frac{\mu}{\mu_0}-1\right)\frac{r_2^2-r_1^2}{2r_2}\boldsymbol{J}_f$$

空腔内 $\boldsymbol{M}_1=0$,故内表面磁化电流线密度

$$\boldsymbol{\alpha}_3=\boldsymbol{e}_r\times(\boldsymbol{M}_2-\boldsymbol{M}_1)\mid_{r=r_1}=0$$

14. 解　(1) 由于静电场中的导体是一等势体,因此可以只考虑球体外的情形。取球坐标系,坐标原点即球心,外电场方向即极轴方向。导体球外电势满足拉普拉斯方程①

$$\nabla^2 U=0\qquad (R>R_0)$$

且满足边界条件

$$R\to\infty,U\to-ER\cos\theta+U_0$$
$$R=R_0,U=\Phi_0$$

式中,E 为电场强度,U_0 为放入导体球之前原点的电势。具有上述无穷远处边界条件的拉普拉斯方程的通解是②

$$U=-ER\cos\theta+U_0+\sum_l\frac{b_l}{R^{l+1}}P_l(\cos\theta)\quad (R>R_0)$$

将通解代入 $R=R_0$ 的边界条件有

$$\Phi_0=-ER_0\cos\theta+U_0+\frac{b_0}{R_0}+\frac{b_1}{R_0^2}\cos\theta+\sum_{n>1}\frac{b_l}{R^{l+1}}P_l(\cos\theta)$$

比较两边系数知

$$b_0=(\Phi_0-U_0)R_0$$
$$b_1=ER_0^3$$
$$b_l=0\qquad (l>1)$$

所以此情况下,导体球外的电势

① 参见教科书式(3.1.27),$\rho=0$ 时的情形叫做拉普拉斯方程。

② 参考有关数学物理方法教科书。通解右边第一、二项是边界条件所需求的特解。由于无穷远处解的有限性,故和式中不出现 R^l 的项;又由于问题的轴对称性,故 Y_{lm} 的 $m=0$。

$$U=-ER\cos\theta+U_0+\frac{(\Phi_0-U_0)R_0}{R}+\frac{ER_0^3}{R^2}\cos\theta$$

(2) 导体球上带总电荷 Q 时,由于方程和边界条件与(1) 相同,这时球外电势仍为

$$U=-ER\cos\theta+U_0+\frac{(\Phi_0-U_0)R_0}{R}+\frac{ER_0^3}{R^2}\cos\theta$$

但其中 Φ_0 则应由高斯定理(式(3.1.12)) 确定,即 $R=R_0$ 时,成立

$$\begin{aligned}Q&=\varepsilon_0\oint\boldsymbol{E}\cdot\mathrm{d}\boldsymbol{S}=-\varepsilon_0\int\frac{\partial U}{\partial R}\Big|_{R=R_0}R_0^2\mathrm{d}\Omega\\&=-\varepsilon_0R_0^2\int\left[-E\cos\theta-\frac{(\Phi_0-U_0)R_0}{R^2}-\frac{2ER_0^3}{R^3}\cos\theta\right]_{R=R_0}\sin\theta\mathrm{d}\theta\mathrm{d}\varphi\\&=\varepsilon_0R_0^2 2\pi\int_0^\pi\left(\frac{\Phi_0-U_0}{R_0}+3E\cos\theta\right)\sin\theta\mathrm{d}\theta\\&=4\pi\varepsilon_0(\Phi_0-U_0)R_0\end{aligned}$$

$$\Phi_0-U_0=\frac{Q}{4\pi\varepsilon_0R_0}$$

所以此情形下,导体球外的电势

$$U=-ER\cos\theta+U_0+\frac{Q}{4\pi\varepsilon_0R}+\frac{ER_0^3}{R^2}\cos\theta$$

15. 解 (1) 由麦克斯韦方程①知

$$\nabla\times\boldsymbol{E}=-\frac{\partial\boldsymbol{B}}{\partial t}=-\mu_0\frac{\partial\boldsymbol{H}}{\partial t}$$

即②
$$\begin{aligned}\frac{\partial\boldsymbol{H}}{\partial t}&=-\frac{1}{\mu_0}\nabla\times\boldsymbol{E}=-\frac{1}{\mu_0}\boldsymbol{e}_\varphi\frac{\partial}{\partial z}\left[\frac{100}{\rho}\cos(10^8t-kz)\right]\\&=-\frac{100k}{\mu_0\rho}\sin(10^8t-kz)\boldsymbol{e}_\varphi\end{aligned}$$

对 t 积分得

$$\boldsymbol{H}=\frac{10^{-6}k}{\mu_0\rho}\cos(10^8t-kz)\boldsymbol{e}_\varphi$$

(2) 由于

---

① 参见式(3.3.17),对自由空间,$j=0,\rho=0$,对空气近似有 $\mu=\mu_0,\varepsilon=\varepsilon_0$。

② 解题中应用了∇算符运算在柱坐标中的表示式,式中 $\boldsymbol{e}_\rho,\boldsymbol{e}_\varphi,\boldsymbol{e}_z$ 是坐标系中三个坐标轴上的单位矢量。

$$\nabla\times\boldsymbol{H}=\frac{\partial\boldsymbol{D}}{\partial t}=\varepsilon_0\frac{\partial\boldsymbol{E}}{\partial t}$$

$$\nabla\times\boldsymbol{H}=-\boldsymbol{e}_\rho\frac{\partial}{\partial z}\left[\frac{10^{-6}k}{\mu_0\rho}\cos(10^8t-kz)\right]$$

$$=-\frac{10^{-6}k^2}{\mu_0\rho}\sin(10^8t-kz)\boldsymbol{e}_\rho$$

$$\frac{\partial\boldsymbol{E}}{\partial t}=-\frac{10^{10}}{\rho}\sin(10^8t-kz)\boldsymbol{e}_\rho$$

因此，$\dfrac{10^{-6}k^2}{\mu_0\rho}\sin(10^8t-kz)=\dfrac{\varepsilon_0 10^{10}}{\rho}\sin(10^8t-kz)$

$$k^2=10^{16}\varepsilon_0\mu_0=10^{16}/c^2$$

$$k=\pm10^8c^{-1}=\pm\frac{1}{3}(m^{-1})$$

(3) 对内导体表面运用边界条件(式(3.3.32)第四式)得其线电流密度

$$\boldsymbol{j}=\boldsymbol{e}_\rho\times\boldsymbol{H}_1=\boldsymbol{e}_\rho\times\boldsymbol{e}_\varphi\frac{10^{-6}k}{\rho\mu_0}\cos(10^8t-kz)\Big|_{\rho=10^{-3}\text{m}}$$

$$=\boldsymbol{e}_z\frac{10^{-6}\times(\pm1/3)}{10^{-3}\times4\pi\times10^{-7}}\cos(10^8t\mp z/3)$$

$$=\pm\frac{10^4}{12\pi}\cos(10^8t\mp z/3)\boldsymbol{e}_z=\pm\boldsymbol{e}_z265\cos(10^8t\mp z/3)(\text{A}\cdot\text{m}^{-1})$$

(4) 根据式(3.3.5)，位移电流密度

$$\boldsymbol{j}_\text{d}=\varepsilon_0\frac{\partial\boldsymbol{E}}{\partial t}=-\varepsilon_0\frac{100}{\rho}10^8\sin(10^8t-kz)\boldsymbol{e}_\rho$$

$$=-\frac{10^{10}\varepsilon_0}{\rho}\sin(10^8t-kz)\boldsymbol{e}_\rho$$

积分得位移电流

$$i=\int\boldsymbol{j}_\text{d}\cdot\text{d}\boldsymbol{s}=-\int_0^1\frac{10^{10}\varepsilon_0}{\rho}\sin(10^8t-kz)2\pi\rho\,\text{d}z$$

$$=-2\pi\varepsilon_0\frac{10^{10}}{k}\cos(10^8t-kz)\Big|_0^1$$

$$=\frac{2\pi\varepsilon_0\times10^{10}}{k}[\cos10^8t-\cos(10^8t-k)]$$

$$=\frac{2\pi\varepsilon_0\times10^{10}}{k}2\sin(10^8t-k/2)\sin k/2$$

$$=\frac{4\pi\times8.85\times10^{-12}\times10^{10}}{1/3}\sin\frac{1}{6}\sin(10^8t-1/6)$$

$$= 0.55\sin(10^8 t - 1/6)(A)$$

16. 解 由安培环路定理①

$$\oint_L \boldsymbol{H} \cdot \mathrm{d}\boldsymbol{l} = I_L$$

知,当 $r < R$(R 是导体半径),即导体内时

$$I_L = \frac{I}{\pi R^2}\pi r^2 = \frac{Ir^2}{R^2}$$

$$2\pi r H = \frac{Ir^2}{R^2}$$

所以 $$H = \frac{Ir}{2\pi R^2} \qquad B = \mu_0 H = \frac{\mu_0 Ir}{2\pi R^2}$$

当 $r > R$,即导体外时,

$$I_L = I \qquad 2\pi r H = I$$

所以 $$H = \frac{I}{2\pi r} \qquad B = \mu H = \frac{\mu I}{2\pi r}$$

17. 解 根据式(3.6.10)第一式,并注意到在稳恒电流情况下,$\boldsymbol{A}$ 与 t 无关,有

$$\nabla^2 \boldsymbol{A} = -\mu \boldsymbol{J}$$

此方程为一个泊松方程(对照式(3.1.27))。取以圆柱形导体中心轴线为 z 轴的柱坐标系,因为 $\boldsymbol{J} = j\boldsymbol{e}_z = \lambda r\boldsymbol{e}_z$,所以 $\boldsymbol{A} = A\boldsymbol{e}_z$;又因为问题的轴对称性,所以 $\boldsymbol{A}$ 只与 r 有关,即 $\boldsymbol{A} = A(r)\boldsymbol{e}_z$。在柱坐标中,上面的泊松方程化简成

$$\frac{1}{r}\frac{\mathrm{d}}{\mathrm{d}r}\left(r\frac{\mathrm{d}A}{\mathrm{d}r}\right) = -\mu_0 \lambda r$$

积分得

$$r\frac{\mathrm{d}A}{\mathrm{d}r} = -\frac{1}{3}\mu_0 \lambda r^3 + c_1$$

再积分得

$$A = -\frac{1}{9}\mu_0 \lambda r^3 + c_1 \ln r + c_2$$

考虑到 $r \to 0$ 时,A 应有限,故

$$c_1 = 0$$

---

① 式中 L 表示积分回路,I_L 表示通过此回路所围面积的电流。

而 $r=0$ 时,可取① $A=0$,故

$$c_2 = 0$$

所以,$r<a$ 时

$$\boldsymbol{A} = A\boldsymbol{e}_z = -\frac{1}{9}\mu_0\lambda r^3\boldsymbol{e}_z$$

而
$$\boldsymbol{B} = \nabla\times\boldsymbol{A} = -\frac{\mathrm{d}A}{\mathrm{d}r}\boldsymbol{e}_\varphi = \frac{1}{3}\mu_0\lambda r^2\boldsymbol{e}_\varphi$$

导体外($r>a$),$j=0$

$$\frac{1}{r}\frac{\mathrm{d}}{\mathrm{d}r}\left(r\frac{\mathrm{d}A}{\mathrm{d}r}\right) = 0$$

积分得

$$A = c_3\ln r + c_4$$

于是
$$\boldsymbol{B} = \nabla\times\boldsymbol{A} = -\frac{c_3}{r}\boldsymbol{e}_\varphi$$

由边值条件(式(3.3.32)第四式),并注意到$\boldsymbol{\alpha}=0$,知$\boldsymbol{H}$(从而$\boldsymbol{B}$)在$r=a$处的切线分量(此题中即B本身)连续,有

$$\frac{1}{3}\mu_0\lambda a^2 = -\frac{c_3}{a}$$

故
$$c_3 = -\frac{1}{3}\mu_0\lambda a^3$$

又在 $r=a$ 时,A 值也相等,即

$$-\frac{1}{9}\mu_0\lambda a^3 = -\frac{1}{3}\mu_0\lambda a^3\ln a + c_4$$

故
$$c_4 = \frac{1}{3}\mu_0\lambda a^3\left(\ln a - \frac{1}{3}\right)$$

所以 $r>a$ 时

$$\boldsymbol{A} = -\frac{1}{3}\mu_0\lambda a^3\left(\ln\frac{r}{a} + \frac{1}{3}\right)\boldsymbol{e}_z$$

$$\boldsymbol{B} = \frac{\mu_0\lambda a^3}{3r}\boldsymbol{e}_\varphi$$

18. 解　根据安培环路定理

$$\oint_L \boldsymbol{H}\cdot\mathrm{d}\boldsymbol{l} = I_L$$

① 此题利用了 $\boldsymbol{A}$ 具有规范自由度的性质,假设导体磁导率 $\mu\approx\mu_0$。

有：

当 $r < a$ 时 $\qquad I_L = 0 \qquad B = \mu_0 H = 0$

当 $a < r < b$ 时 $\qquad I_L = \dfrac{I\pi r^2}{\pi(b^2 - a^2)} \qquad B = \mu H = \mu \dfrac{Ir}{2\pi(b^2 - a^2)}$

式中，μ_0 是真空磁导率，μ 是导体磁导率，I_L 是通过环路所围面积的电流。$B(H)$ 的方向与 I 方向成右手螺旋。

19. 解 选取螺线管中心轴线为 x 轴，其正向与通过螺线管电流流向成右手螺旋。考察轴线上任意一点 P，取该点为坐标原点。如果绕制螺线管的导线较细且排列紧密（均匀密绕），那么螺线管的每匝线圈均可视作圆形线圈。利用有关圆电流在其轴线上磁场大小的已知结果（见例 3），便可求得它们的合磁场即螺线管在 P 点处的磁场强度。考虑 x 处一段长为 $\mathrm{d}x$ 的螺线管元，可以将它看作一个圆电流，其电流大小

$$\mathrm{d}I = nI\mathrm{d}x$$

它在 P 点产生的磁场

$$\mathrm{d}H = \frac{a^2 nI\mathrm{d}x}{2(a^2 + x^2)^{3/2}}$$

积分给出整个螺线管在 P 点处的磁场

$$H = \int_{x_1}^{x_2} \frac{a^2 nI}{2(a^2 + x^2)^{3/2}}\mathrm{d}x = \frac{nI}{2}\frac{x}{\sqrt{a^2 + x^2}}\Bigg|_{x_1}^{x_2} = \frac{nI}{2}\left[\frac{x_2}{\sqrt{a^2 + x_2^2}} - \frac{x_1}{\sqrt{a^2 + x_1^2}}\right]$$

式中，x_1 表示电流流入螺线管一端的坐标，x_2 表示电流流出螺线管一端的坐标。如果以 α_1 和 α_2 分别表示自 P 点处看这两端的视角，则

$$\cos\alpha_1 = \frac{x_1}{\sqrt{a^2 + x_1^2}} \qquad \cos\alpha_2 = \frac{x_2}{\sqrt{a^2 + x_2^2}}$$

所以，螺线管轴线上磁场大小

$$H = \frac{nI}{2}(\cos\alpha_2 - \cos x_1)$$

方向与电流流向成右手螺旋。

20. 解 选取以圆柱形导体中心轴为 z 轴的柱坐标，$\boldsymbol{J} = J\boldsymbol{e}_z$，在洛仑兹规范下，

$$\nabla^2\boldsymbol{A}_1 = -\mu_0 J\boldsymbol{e}_z \qquad (r < a)$$

$$\nabla^2\boldsymbol{A}_2 = \boldsymbol{0} \qquad (r > a)$$

式中，$\boldsymbol{A}_1,\boldsymbol{A}_2$ 分别是导体内外的矢势①，并满足边界条件

$$r=0 \qquad \boldsymbol{A}_1 \text{ 应有限}$$

$$r=a \quad \boldsymbol{e}_r \times \left(\frac{1}{\mu_0}\nabla\times\boldsymbol{A}_1 - \frac{1}{\mu}\nabla\times\boldsymbol{A}_2\right)=0$$

另外，若取 $r=a$ 为矢势零值参考点，则还有

$$\boldsymbol{A}_1|_{r=a}=\boldsymbol{A}_2|_{r=a}=\boldsymbol{0}$$

由导体内外矢势所满足的方程知

$$\boldsymbol{A}_1=A_1\boldsymbol{e}_z \qquad \boldsymbol{A}_2=A_2\boldsymbol{e}_z$$

而由于对称性，矢势只与 r 有关，即

$$\boldsymbol{A}_1=A_1(r)\boldsymbol{e}_z \qquad \boldsymbol{A}_2=A_2(r)\boldsymbol{e}_z$$

于是，在柱坐标中，上面的式子可表为

$$\frac{1}{r}\frac{\mathrm{d}}{\mathrm{d}r}\left(r\frac{\mathrm{d}A_1}{\mathrm{d}r}\right)=-\mu_0 J \qquad \frac{1}{r}\frac{\mathrm{d}}{\mathrm{d}r}\left(r\frac{\mathrm{d}A_2}{\mathrm{d}r}\right)=0$$

边界条件是

$$r=0 \qquad A_1 \text{ 有限}$$

$$r=a \qquad A_1=A_2=0, \qquad \frac{1}{\mu}\frac{\mathrm{d}A_2}{\mathrm{d}r}=\frac{1}{\mu_0}\frac{\mathrm{d}A_1}{\mathrm{d}r}$$

求解两个微分方程给出

$$r\frac{\mathrm{d}A_1}{\mathrm{d}r}=-\frac{\mu_0}{2}Jr^2+c_1 \qquad A_1=-\frac{\mu_0}{4}Jr^2+c_1\ln r+c_2$$

$$r\frac{\mathrm{d}A_2}{\mathrm{d}r}=c_3 \qquad A_2=c_3\ln r+c_4$$

代入边界条件给出

$$c_1=0 \qquad -\frac{\mu_0}{4}Ja^2+c_2=c_3\ln a+c_4=0 \qquad \frac{1}{\mu}\frac{c_3}{a}=-\frac{1}{2}Ja$$

由此得

$$c_1=0 \qquad c_2=\frac{\mu_0}{4}Ja^2 \qquad c_3=\frac{\mu}{2}Ja^2 \qquad c_4=-\frac{\mu_0}{2}Ja^2\ln a$$

所以 $\quad \boldsymbol{A}_1=\dfrac{\mu_0(a^2-r^2)}{4}\boldsymbol{J} \qquad \boldsymbol{A}_2=\dfrac{\mu_0 a^2\ln a/r}{2}\boldsymbol{J}$

21. 证　根据定义式(3.6.2)

$$\boldsymbol{B}=\nabla\times\boldsymbol{A}$$

---

①　参见教科书(上册) 式(3.3.32) 第4式和式(3.6.10)。

对之进行面积分并利用斯托克斯公式(参见教材(上册) 附录 A,四) 有

$$\int \boldsymbol{B} \cdot \mathrm{d}\boldsymbol{S} = \int (\nabla \times \boldsymbol{A}) \cdot \mathrm{d}\boldsymbol{S} = \oint \boldsymbol{A} \cdot \mathrm{d}\boldsymbol{l}$$

将右边的回路积分应用到分界面处,即在分界面两侧取一狭长回路,计算 A 在此回路上的积分(参见教材(上册)3.3.4),当回路短边边长趋于零时

$$\oint \boldsymbol{A} \cdot \mathrm{d}\boldsymbol{l} = (A_{2t} - A_{1t}) \Delta L$$

(ΔL 是长边边长) 而这时回路面积也趋于零,所以

$$\oint \boldsymbol{A} \cdot \mathrm{d}\boldsymbol{l} = \int \boldsymbol{B} \cdot \mathrm{d}\boldsymbol{S} = 0$$

即 $A_{2t} = A_{1t}$

这表明不同磁介质分界面上矢势 $\boldsymbol{A}$ 的切向分量连续。

22. 解 由折射定律(式(3.4.24)) 知

$$\frac{\sin\theta}{\sin\theta''} = \sqrt{\frac{\varepsilon_2\mu_2}{\varepsilon_1\mu_1}} = \frac{n_2}{n_1} = n_{21}$$

对电磁波从真空(入射介质) 入射至介质(折射介质)

$$\varepsilon_1 = \varepsilon_0 \quad \mu_1 = \mu_0 \qquad \varepsilon_r = \varepsilon_2/\varepsilon_1 = \varepsilon/\varepsilon_0 \quad \mu_r = \mu_2/\mu_1 = \mu/\mu_0$$

ε_r 和 μ_r 分别是介质的相对介电常数和相对磁导率。因为一般介质的磁导率 $\mu \approx \mu_0$,故 $\mu_r = 1$,从而

$$n_{21} = \sqrt{\varepsilon_r\mu_r} = \sqrt{\varepsilon_r} = \sqrt{2}$$

$$\frac{\sin\theta}{\sin\theta''} = \frac{\sin 45°}{\sin\theta''} = \sqrt{2}$$

由此得

$$\sin\theta'' = \frac{1}{2} \qquad \theta'' = 30°$$

当 $E \perp$ 入射面时,由式(3.4.27) 知

$$\frac{E'}{E} = -\frac{\sin(\theta - \theta'')}{\sin(\theta + \theta'')} = -\frac{\sin 45°\cos 30° - \cos 45°\sin 30°}{\sin 45°\cos 30° + \cos 45°\sin 30°} = -\frac{\sqrt{3} - 1}{\sqrt{3} + 1}$$

又因为电磁波强度与其振幅平方成正比,所以反射系数

$$R = \left|\frac{E'}{E}\right|^2 = \left|\frac{\sqrt{3} - 1}{\sqrt{3} + 1}\right|^2 = \frac{2 - \sqrt{3}}{2 + \sqrt{3}} = (2 - \sqrt{3})^2 = 0.072$$

在电磁波无损耗传播时,折射系数

$$T = 1 - R = \frac{2\sqrt{3}}{2 + \sqrt{3}} = 4\sqrt{3} - 6 = 0.928$$

23. 解　光从水入射到空气发生全反射的临界角 θ_c 满足

$$\sin\theta_c = n_{21} = \frac{n_2}{n_1} = \frac{1}{n} = \frac{1}{1.33} = 0.752$$

而

$$\sin\theta = \sin 60^\circ = \frac{\sqrt{3}}{2} = 0.866 > 0.752$$

所以入射角为60°时,光从水入射到空气会发生全反射。由式(3.4.31)和(3.4.32)知

$$k''_x = k\sin\theta = \frac{k''}{n_{21}}\sin\theta$$

由式(3.4.35)知,折射波沿表面传播的相速度

$$v_p = \frac{x}{t} = \frac{\omega}{k''_x} = \omega\frac{n_{21}}{k''\sin\theta} = k''c\frac{n_{21}}{k''\sin\theta} = \frac{c}{n\sin\theta} = \frac{2}{\sqrt{3}\,n}c = \frac{\sqrt{3}}{2}c = 0.87c$$

式中,c 为光速。由式(3.4.36)知,透入空气的深度

$$l = \frac{1}{\kappa} = \frac{1}{k\sqrt{\sin^2\theta - n_{21}^2}} = \frac{1}{kn_{21}\sqrt{(\sin\theta/n_{21})^2 - 1}} = \frac{1}{k''\sqrt{(\sin\theta/n_{21})^2 - 1}}$$

$$= \frac{\lambda''}{2\pi\sqrt{(n\sin\theta)^2 - 1}} = \frac{6.28\times10^{-5}}{2\pi\sqrt{(1.33\sin 60^\circ)^2 - 1}} = 1.7\times10^{-5}\text{cm}$$

24. 解　依题意,两个波可分别表示成

$$\boldsymbol{E}_1 = E_0\cos(\omega t + \alpha)\boldsymbol{e}_x \qquad \boldsymbol{E}_2 = E_0\cos\left(\omega t + \alpha + \frac{\pi}{2}\right)\boldsymbol{e}_y$$

合成波为

$$\boldsymbol{E} = \boldsymbol{E}_1 + \boldsymbol{E}_2$$

其振幅

$$E_T = \sqrt{E_0^2\cos^2(\omega t + \alpha) + E_0^2\cos^2\left(\omega t + \alpha + \frac{\pi}{2}\right)}$$

$$= E_0\sqrt{\cos^2(\omega t + \alpha) + \sin^2(\omega t + \alpha)} = E_0$$

与 x 轴的夹角 θ 满足

$$\tan\theta = \frac{E_0\cos\left(\omega t + \alpha + \frac{\pi}{2}\right)}{E_0\cos(\omega t + \alpha)} = -\tan(\omega t + \alpha)$$

$$\theta = -(\omega t + \alpha)$$

可见合成波是一振幅为 E_0、圆频率为 ω 的圆偏振波。事实上

$$E_1 = E_0\cos(\omega t + \alpha) \qquad E_2 = -E_0\sin(\omega t + \alpha) \qquad E_1^2 + E_2^2 = E_0^2$$

它表示横坐标为 E_1、纵坐标为 E_2 的点的轨迹是一个圆。因此,合成波是一圆偏

振波。

25. 解　单位时间落到导体表面面积为 ΔS 的入射电磁波必处在一个以 ΔS 为底、以 $c\cos\theta$ 为高的柱体内，此柱体体积是 $c\cos\theta\Delta S$。若电磁波动量密度为 g，则该体积内电磁波所具有的动量是

$$gc\cos\theta\Delta S = u\cos\theta\Delta S$$

式中已令 $u = gc$，它实际上是电磁波能量密度①。入射电磁波全部反射后，其切线分量不变，而法线分量变号，故单位时间此柱体体积内电磁波动量法向分量的改变是

$$2u\cos\theta\Delta S\cdot\cos\theta = 2u\cos^2\theta\Delta S$$

根据动量定理，单位时间单位面积上动量法线分量上的改变量即该表面上所受的正压力，也就是压强，所以导体表面所受的辐射压强是

$$p = 2u\cos^2\theta$$

若入射电磁波来自各个方向，则需对 θ 取平均，这时

$$\overline{p} = \frac{1}{4\pi}\int 2u\cos^2\theta\sin\theta\mathrm{d}\theta\mathrm{d}\varphi = \frac{u}{2\pi}\int_0^{\pi/2}\cos^2\theta\sin\theta\mathrm{d}\theta\int_0^{2\pi}\mathrm{d}\varphi = \frac{u}{3}$$

26. 解　电磁波在导体中传播时，$\rho = 0$，$\boldsymbol{j} = \sigma\boldsymbol{E}$，麦克斯韦方程组(3.3.17)为

$$\nabla\cdot\boldsymbol{D} = 0$$

$$\nabla\times\boldsymbol{E} = -\frac{\partial\boldsymbol{B}}{\partial t}$$

$$\nabla\cdot\boldsymbol{B} = 0$$

$$\nabla\times\boldsymbol{H} = \sigma\boldsymbol{E} + \frac{\partial\boldsymbol{D}}{\partial t}$$

其中，$\boldsymbol{D} = \varepsilon\boldsymbol{E}$，$\boldsymbol{B} = \mu\boldsymbol{H}$。与式(3.4.1)相比，多了一项 $\sigma\boldsymbol{E}$，因此式(3.4.2)也多了此项，即

$$\nabla\times(\nabla\times\boldsymbol{E}) = -\mu\varepsilon\frac{\partial^2\boldsymbol{E}}{\partial t^2} - \sigma\mu\frac{\partial\boldsymbol{E}}{\partial t}$$

从而有

$$\nabla^2\boldsymbol{E} - \mu\varepsilon\frac{\partial^2\boldsymbol{E}}{\partial t^2} - \mu\sigma\frac{\partial\boldsymbol{E}}{\partial t} = \boldsymbol{0}$$

类似地

---

① 若将电磁波看作光子组成的系统，因光子的静止质量 $m_0 = 0$，则由式(4.5.32)即可导出此式，参见第四章。

$$\nabla^2\boldsymbol{B}-\mu\varepsilon\frac{\partial^2\boldsymbol{B}}{\partial t^2}-\mu\sigma\frac{\partial\boldsymbol{B}}{\partial t}=\boldsymbol{0}$$

与波动方程(式(3.4.5))相比,多了一个与时间一次导数有关的项。对单色平面波,解

$$\boldsymbol{E}=\boldsymbol{E}_0\mathrm{e}^{\mathrm{i}(\boldsymbol{k}\cdot\boldsymbol{r}-\omega t)}$$

$$\boldsymbol{B}=\boldsymbol{B}_0\mathrm{e}^{\mathrm{i}(\boldsymbol{k}\cdot\boldsymbol{r}-\omega t)}$$

代入上述微分方程后得

$$-k^2+\mu\varepsilon\omega^2+\mathrm{i}\mu\sigma\omega=0$$

令

$$\varepsilon_\omega=\varepsilon+\mathrm{i}\frac{\sigma}{\omega}$$

这是一个复数,称为复介电常数。于是

$$-k^2+\mu\varepsilon_\omega\omega^2=0$$

与式(3.4.7)相似。由此可见,只要我们把非导电介质中的ε理解为ε_ω,那么导电介质中电磁波传播问题便与非导电介质的情况在形式上可等同处理。

因为ε_ω是复数,故$\boldsymbol{k}$是复矢量,记

$$\boldsymbol{k}=\boldsymbol{\beta}+\mathrm{i}\boldsymbol{\alpha}$$

其中,$\boldsymbol{\beta}$,$\boldsymbol{\alpha}$分别是$\boldsymbol{k}$的实部与虚部,代入平面波解有

$$\boldsymbol{E}=\boldsymbol{E}_0\mathrm{e}^{-\boldsymbol{\alpha}\cdot\boldsymbol{r}}\mathrm{e}^{\mathrm{i}(\boldsymbol{\beta}\cdot\boldsymbol{r}-\omega t)}$$

$$\boldsymbol{B}=\boldsymbol{B}_0\mathrm{e}^{-\boldsymbol{\alpha}\cdot\boldsymbol{r}}\mathrm{e}^{\mathrm{i}(\boldsymbol{\beta}\cdot\boldsymbol{r}-\omega t)}$$

可见,波矢$\boldsymbol{k}$的实部$\boldsymbol{\beta}$描述波传播的相位关系,虚部$\boldsymbol{\alpha}$描述波幅的衰减,因而β称为相位常数,α称为衰减常数,$\frac{1}{\alpha}$称为透入深度。由

$$\boldsymbol{k}^2=(\boldsymbol{\beta}+\mathrm{i}\boldsymbol{\alpha})^2=(\beta^2-\alpha^2)+\mathrm{i}2\boldsymbol{\alpha}\cdot\boldsymbol{\beta}$$

$$\mu\varepsilon_\omega\omega^2=\mu\left(\varepsilon+\mathrm{i}\frac{\sigma}{\omega}\right)\omega^2=\boldsymbol{k}^2$$

知

$$\beta^2-\alpha^2=\mu\varepsilon\omega^2$$

$$\boldsymbol{\alpha}\cdot\boldsymbol{\beta}=\frac{1}{2}\mu\sigma\omega$$

矢量$\boldsymbol{\alpha}$,$\boldsymbol{\beta}$的方向一般并不一致,但可利用边值关系(式(3.4.20))加以确定。假设电磁波入射到导体的平面为xz面,z轴是导体表面指向其内部的法线,$\boldsymbol{k}^{(0)}$是入射前波矢,$\boldsymbol{k}$是导体内部波矢,则依式(3.4.20)知

$$k_x^{(0)}=k_x=\beta_x+\mathrm{i}\alpha_x$$

由此得

$$\alpha_x = 0 \qquad \beta_x = k_x^{(0)}$$

特别地,当电磁波垂直入射导体表面时

$$\boldsymbol{k}^{(0)} = k\boldsymbol{e}_z \qquad \beta_x = 0$$

在这种情况下,$\boldsymbol{\alpha}$,$\boldsymbol{\beta}$ 都沿 z 方向,于是

$$\beta^2 - \alpha^2 = \mu\varepsilon\omega^2$$

$$\alpha\beta = \frac{1}{2}\mu\sigma\omega$$

解得

$$\beta = \omega\sqrt{\mu\varepsilon}\left[\frac{1}{2}\left(\sqrt{1+\frac{\sigma^2}{\varepsilon^2\omega^2}}+1\right)\right]^{1/2}$$

$$\alpha = \omega\sqrt{\mu\varepsilon}\left[\frac{1}{2}\left(\sqrt{1+\frac{\sigma^2}{\varepsilon^2\omega^2}}-1\right)\right]^{1/2}$$

对良导体,$\sigma/\varepsilon\omega \gg 1$

$$\beta = \alpha \approx \sqrt{\frac{1}{2}\sigma\mu\omega}$$

而

$$\boldsymbol{H}'' = \frac{1}{\omega\mu}\boldsymbol{k}'' \times \boldsymbol{E}'' = \frac{1}{\omega\mu}(\beta + \mathrm{i}\alpha)E''\boldsymbol{e}_z \times \boldsymbol{e}_x = \frac{1}{\omega\mu}\sqrt{\frac{\sigma\mu\omega}{2}}(1+\mathrm{i})E''\boldsymbol{e}_y$$

$$= \sqrt{\frac{\sigma}{2\omega\mu}}(1+\mathrm{i})E''\boldsymbol{e}_y$$

电磁波由真空垂直入射于导体表面时,电磁场边界条件为①

$$E + E' = E'' \qquad H - H' = H''$$

若选 $\boldsymbol{E}$ 沿 x 轴,则 $\boldsymbol{H}$ 沿 y 轴。利用式(3.4.16)有

$$\boldsymbol{H} = \frac{1}{\omega\mu_0}\boldsymbol{k} \times \boldsymbol{E} = \frac{1}{\omega\mu_0}\omega\sqrt{\mu_0\varepsilon_0}\,\boldsymbol{e}_z \times E\boldsymbol{e}_x = \sqrt{\frac{\varepsilon_0}{\mu_0}}E\boldsymbol{e}_y$$

$$\boldsymbol{H}' = \frac{1}{\omega\mu_0}\boldsymbol{k} \times \boldsymbol{E}' = \sqrt{\frac{\varepsilon_0}{\mu_0}}E'\boldsymbol{e}_y$$

代入边界条件第二式得

$$E - E' = \sqrt{\frac{\sigma}{2\omega\varepsilon_0}}(1+\mathrm{i})E''$$

(对导体,$\mu \approx \mu_0$)与第一式联立解出 E' 和 E'',便得到电磁波从真空垂直入射到导体的菲涅耳公式,比如

① 参见式(3.4.25)。

$$\frac{E'}{E}=\frac{1+\mathrm{i}-\sqrt{2\omega\varepsilon_0/\sigma}}{1+\mathrm{i}+\sqrt{2\omega\varepsilon_0/\sigma}}$$

由此知反射系数

$$R=\left|\frac{E'}{E}\right|^2=\frac{\left(1-\sqrt{2\omega\varepsilon_0/\sigma}\right)^2+1}{\left(1+\sqrt{2\omega\varepsilon_0/\sigma}\right)^2+1}\approx 1-2\sqrt{\frac{2\omega\varepsilon_0}{\sigma}}$$

这表明,导体导电性能越好,反射系数越接于1,即全部反射。

27. 证　由题4知,若 $\boldsymbol{r}'=\boldsymbol{0}$,$\boldsymbol{R}=\boldsymbol{r}=x\boldsymbol{e}_x+y\boldsymbol{e}_y+z\boldsymbol{e}_z$,则有

$$\nabla r=\frac{\boldsymbol{r}}{r}\qquad \nabla\frac{1}{r}=-\frac{\boldsymbol{r}}{r^3}$$

而

$$\nabla\times\boldsymbol{r}=\begin{vmatrix}\boldsymbol{e}_x & \boldsymbol{e}_y & \boldsymbol{e}_z\\ \dfrac{\partial}{\partial x} & \dfrac{\partial}{\partial y} & \dfrac{\partial}{\partial z}\\ x & y & z\end{vmatrix}=0$$

$$\nabla\cdot\boldsymbol{r}=\frac{\partial}{\partial x}x+\frac{\partial}{\partial y}y+\frac{\partial}{\partial z}z=3$$

$$\nabla\frac{1}{r^2}=\left(\boldsymbol{e}_x\frac{\partial}{\partial x}+\boldsymbol{e}_y\frac{\partial}{\partial y}+\boldsymbol{e}_z\frac{\partial}{\partial z}\right)\frac{1}{x^2+y^2+z^2}=\frac{2x\boldsymbol{e}_x+2y\boldsymbol{e}_y+2z\boldsymbol{e}_z}{-(x^2+y^2+z^2)^2}=-\frac{2\boldsymbol{r}}{r^4}$$

28. 证

$$\nabla\cdot(\nabla\times\boldsymbol{A})=\frac{\partial}{\partial x}\left(\frac{\partial A_z}{\partial y}-\frac{\partial A_y}{\partial z}\right)+\frac{\partial}{\partial y}\left(\frac{\partial A_x}{\partial z}-\frac{\partial A_z}{\partial x}\right)+\frac{\partial}{\partial z}\left(\frac{\partial A_y}{\partial x}-\frac{\partial A_x}{\partial y}\right)=0$$

$$\nabla\times\nabla\varphi=\begin{vmatrix}\boldsymbol{e}_x & \boldsymbol{e}_y & \boldsymbol{e}_z\\ \dfrac{\partial}{\partial x} & \dfrac{\partial}{\partial y} & \dfrac{\partial}{\partial z}\\ \dfrac{\partial\varphi}{\partial x} & \dfrac{\partial\varphi}{\partial y} & \dfrac{\partial\varphi}{\partial z}\end{vmatrix}=\boldsymbol{0}$$

29. 解　若 $\boldsymbol{B}=B\boldsymbol{e}_z$,那么可令 $\boldsymbol{A}=-By\boldsymbol{e}_x$ 或 $\boldsymbol{A}=Bx\boldsymbol{e}_y$,显然对这两种形式的 $\boldsymbol{A}$ 均有 $\boldsymbol{B}=\nabla\times\boldsymbol{A}$ 且 $\Delta\boldsymbol{A}=By\boldsymbol{e}_x+Bx\boldsymbol{e}_y$ 成立。

$$\nabla\times\boldsymbol{A}=0$$

30. 解　平面电磁波在无电荷、电流的空间中传播,$\rho=0$,$J=0$,式(3.6.10)成为

$$\nabla^2\boldsymbol{A}-\frac{1}{c^2}\frac{\partial^2\boldsymbol{A}}{\partial t^2}=\boldsymbol{0}$$

$$\nabla^2\varphi-\frac{1}{c^2}\frac{\partial^2\varphi}{\partial t^2}=0$$

其平面波解即为

$$\boldsymbol{A}=\boldsymbol{A}_0\mathrm{e}^{\mathrm{i}(\boldsymbol{k}\cdot\boldsymbol{r}-\omega t)}\qquad \varphi=\varphi_0\mathrm{e}^{\mathrm{i}(\boldsymbol{k}\cdot\boldsymbol{r}-\omega t)}$$

若采用洛仑兹规范

$$\nabla\cdot\boldsymbol{A}+\frac{1}{c^2}\frac{\partial\varphi}{\partial t}=0$$

则有

$$\varphi_0=\frac{c^2}{\omega}\boldsymbol{k}\cdot\boldsymbol{A}_0$$

这时① $\boldsymbol{B}=\nabla\times\boldsymbol{A}=\mathrm{i}\boldsymbol{k}\times\boldsymbol{A}$

$$\boldsymbol{E}=-\nabla\varphi-\frac{\partial\boldsymbol{A}}{\partial t}=-\mathrm{i}\boldsymbol{k}\varphi+\mathrm{i}\omega\boldsymbol{A}$$

$$=-\mathrm{i}\frac{c^2}{\omega}[\boldsymbol{k}(\boldsymbol{k}\cdot\boldsymbol{A})-k^2\boldsymbol{A}]=-\mathrm{i}\frac{c^2}{\omega}\boldsymbol{k}\times(\boldsymbol{k}\times\boldsymbol{A})=-\frac{c^2}{\omega}\boldsymbol{k}\times\boldsymbol{B}$$

若采用库仑规范$\nabla\cdot\boldsymbol{A}=0$,并注意到$\rho=0,\boldsymbol{J}=0$势的方程(3.6.9)变成

$$\nabla^2\boldsymbol{A}-\frac{1}{c^2}\frac{\partial^2\boldsymbol{A}}{\partial t^2}-\frac{1}{c^2}\frac{\partial}{\partial t}\nabla\varphi=0$$

$$\nabla^2\varphi=0$$

可取$\varphi=0$,于是

$$\nabla^2\boldsymbol{A}-\frac{1}{c^2}\frac{\partial^2\boldsymbol{A}}{\partial t^2}=0$$

其平面波解为

$$\boldsymbol{A}=\boldsymbol{A}_0\mathrm{e}^{\mathrm{i}(\boldsymbol{k}\cdot\boldsymbol{r}-\omega t)}$$

由于$\nabla\cdot\boldsymbol{A}=0$,$\boldsymbol{A}$只有横向分量(即与$\boldsymbol{k}$平行的分量为零)。继而

$$\boldsymbol{B}=\nabla\times\boldsymbol{A}=\mathrm{i}k\times\boldsymbol{A}\qquad(\boldsymbol{k}\cdot\boldsymbol{A}=0)$$

$$\boldsymbol{E}=-\nabla\varphi-\frac{\partial\boldsymbol{A}}{\partial t}=-\frac{\partial\boldsymbol{A}}{\partial t}=\mathrm{i}\omega\boldsymbol{A}$$

31. 证 在题给条件,方程组(3.6.1)化成

$$\nabla\cdot\boldsymbol{E}=0\qquad \nabla\times\boldsymbol{E}=-\frac{\partial\boldsymbol{B}}{\partial t}$$

$$\nabla\cdot\boldsymbol{B}=0\qquad \nabla\times\boldsymbol{B}=\mu\varepsilon\frac{\partial\boldsymbol{E}}{\partial t}$$

$(\boldsymbol{D}=\varepsilon\boldsymbol{E},\boldsymbol{B}=\mu\boldsymbol{H})$将$\boldsymbol{B}=\nabla\times\boldsymbol{A}$和$\boldsymbol{E}=-\nabla\varphi-\frac{\partial\boldsymbol{A}}{\partial t}$代入,并考虑到洛伦兹规

① 参见式(3.6.2)、式(3.6.4)和附录A(一)4。

范

$$\nabla\cdot \boldsymbol{A}+\mu\varepsilon\frac{\partial\varphi}{\partial t}=0$$

即得 $\nabla^2\boldsymbol{A}-\mu\varepsilon\dfrac{\partial^2\boldsymbol{A}}{\partial t^2}=0\qquad \nabla^2\varphi-\mu\varepsilon\dfrac{\partial^2\varphi}{\partial t^2}=0$

其解可写成 $\boldsymbol{A}(\boldsymbol{r},t)=\boldsymbol{A}(\boldsymbol{r})\mathrm{e}^{-\mathrm{i}\omega t}\qquad \varphi(\boldsymbol{r},t)=\varphi(\boldsymbol{r})\mathrm{e}^{-\mathrm{i}\omega t}$

由洛伦兹规范条件

$$\mu\varepsilon\frac{\partial\varphi(\boldsymbol{r},t)}{\partial t}=\mu\varepsilon(-i\omega)\mathrm{e}^{-\mathrm{i}\omega t}\varphi(\boldsymbol{r})=-\nabla\cdot\boldsymbol{A}(\boldsymbol{r},t)=-\mathrm{e}^{-\mathrm{i}\omega t}\,\nabla\cdot\boldsymbol{A}(\boldsymbol{r})$$

$$\varphi(\boldsymbol{r})=\frac{-\mathrm{i}}{\omega\mu\varepsilon}\nabla\cdot\boldsymbol{A}(\boldsymbol{r})$$

可见,φ 可由 $\boldsymbol{A}$ 确定,故 $\boldsymbol{E}$ 和 $\boldsymbol{B}$ 均可由 $\boldsymbol{A}$ 完全确定,即

$$\boldsymbol{E}=-\nabla\varphi-\frac{\partial\boldsymbol{A}}{\partial t}=\frac{\mathrm{i}}{\omega\mu\varepsilon}\nabla(\nabla\cdot\boldsymbol{A})+\mathrm{i}\omega\boldsymbol{A}$$

$$\boldsymbol{B}=\nabla\times\boldsymbol{A}$$

第 4 章　狭义相对论

1. 解　由式(4.4.10)知

$$\Delta t=\frac{\Delta\tau}{\sqrt{1-(v/c)^2}}=\frac{5}{\sqrt{1-(10^4/3\times10^8)^2}}=\frac{5}{\sqrt{1-10^{-8}/9}}$$

$$=5.000000003=5+3\times10^{-9}(\mathrm{s})$$

此结果表明,即使像飞船这样快速运动的物体,其时间延缓效应也是非常小的。

2. 解　取一根尺子为运动参考系 S',它相对某一参考系 S 的速度 u 方向为 x 轴正向,于是

$$v=u,u_x=-u,u_y=u_z=0。$$

根据公式(4.3.21)有

$$u_x=-u,u'_x=\frac{u_x-u}{1-uu_x/c^2}=\frac{-2uc^2}{c^2+u^2},u'_y=u'_z=0$$

因此,从一根尺上测量另一根尺的长度为

$$l=a\sqrt{1-u'^2_x/c^2}=a\sqrt{1-\frac{4u^2c^2}{(c^2+u^2)^2}}=a\frac{c^2-u^2}{c^2+u^2}$$

3. 解　火车运动时车长变化,依题给条件为

$$900=1000\sqrt{1-u^2/c^2}$$

式中 u 为火车速率。由此即得

$$u^2=(1-0.9^2)c^2=0.19c^2$$

$$u=\sqrt{0.19}\,c=0.44c$$

4. 解　取 $\boldsymbol{v}$ 的方向为地面参考系 S 的 x 轴正向,建筑物处的 x 坐标即原点,两铁塔的坐标分别为 x_1 和 x_2,且 $x_1=-a, x_2=a$。列车上观察者所在的参考系 S' 的 x' 轴与 x 轴平行。若在列车经过建筑物时开始计时,则从 S 上看,电光是同时到达 x_1 和 x_2 的,即 $t_1=t_2=a/c$。由此得

$$\Delta x=x_2-x_1=2a \qquad \Delta t=t_2-t_1=0 \quad \Delta s^2=\Delta x^2-c^2\Delta t^2=4a^2$$

这两个事件(x_1,t_1) 和(x_2,t_2) 在 S' 看来,应满足相对论要求。事件的空间距离,即从 S' 看两铁塔距离将依式(4.4.7) 变化

$$\Delta x'=\frac{\Delta x}{\sqrt{1-\beta^2}}=\frac{\Delta x}{\sqrt{1-v^2/c^2}}$$

时间间隔 $\Delta t'\neq 0$,两事件间隔在 S' 系中为

$$\Delta s'^2=\Delta x'-c^2\Delta t'^2=\frac{4a^2}{1-v^2/c^2}-c^2\Delta t'^2$$

由于事件间隔在洛伦兹变换下不变

$$\Delta s^2=4a^2=\frac{4a^2}{1-v^2/c^2}-c^2\Delta t'^2=\Delta s'^2$$

故

$$\Delta t'^2=\frac{4a^2}{c^2}\left(\frac{1}{1-v^2/c^2}-1\right)=\frac{4a^2}{c^2}\frac{v^2/c^2}{1-v^2/c^2}$$

$$\Delta t'=\frac{2av}{c^2\sqrt{1-v^2/c^2}}$$

这就是列车上观察者所观察到的时间差。此结果表明“同时”的相对性含义。

5. 解　将地面视为参考系 S,一飞船视为 S',比如以 $0.8c$ 飞行的飞船,那么

$$v=0.8c,\quad u_x=-0.8c,\quad u_y=u_z=0$$

代入速度变换公式(4.3.21) 得

$$u'_x=\frac{u_x-v}{1-vu_x/c^2}=\frac{-0.8c\times 2}{1+0.8^2}=-\frac{40}{41}c \qquad u'_y=u'_z=0$$

因此一飞船相对另一飞船的速度大小为$\frac{40}{41}c$,方向与另一飞船飞行方向相反。

6. 解　设列车速度为 v。列车运动时,站台上的观察者会发现,列车沿运动方向长度会缩短,即由 l_0 变成 $l_0\sqrt{1-v^2/c^2}$。这时车头与站台右端相距 $l_0-l_0\sqrt{1-v^2/c^2}$。由于 Δt 时间后两者重合,因此

$$v\Delta t = l_0(1 - \sqrt{1 - v^2/c^2})$$

$$1 - \frac{\Delta t}{l_0}v = \sqrt{1 - v^2/c^2} \qquad 1 - \frac{2\Delta t}{l_0}v + \frac{\Delta t^2}{l_0^2}v^2 = 1 - v^2/c^2$$

而 $v \neq 0$,所以

$$v = \frac{2\Delta t/l_0}{1/c^2 + \Delta t^2/l_0^2} = \frac{2l_0c^2\Delta t}{l_0^2 + c^2\Delta t^2}$$

7. 解　质子的相对论动量

$$p = \frac{m_p v}{\sqrt{1 - v^2/c^2}} = \frac{m_p 0.9c}{\sqrt{1 - 0.9^2}} = 2m_p c$$

式中,m_p 是质子静止质量。

8. 解　两个物体相对 S 系静止时的距离

$$a_0 = \frac{a}{\sqrt{1 - u^2/c^2}}$$

两个物体相对以速度 v 沿 x 轴运动的观察者的速度是

$$u'_x = \frac{u_x - v}{1 - vu_x/c^2} = \frac{u - v}{1 - uv/c^2} \qquad u'_y = u'_z = 0$$

所以这两个物体在观察者看来相距

$$a_0\sqrt{1 - u'^2_x/c^2} = \frac{a}{\sqrt{1 - u^2/c^2}}\sqrt{1 - (u - v)^2c^2/(c^2 - uv)^2} = \frac{ac\sqrt{c^2 - v^2}}{c^2 - uv}$$

9. 解　设 x 轴沿两列车对开方向,沿 x 轴正向开行的列车为 S' 系,地面为 S 系,根据速度变换公式求得两列车相对速度

$$u'_x = \frac{u_x - v}{1 - vu_x/c^2} = \frac{-v - v}{1 + v^2/c^2} = -\frac{2v}{1 + v^2/c^2} \quad u'_y = u'_z = 0$$

一列车上观察者看到另一列车的车长则为

$$l = l_0\sqrt{1 - u'^2_x/c^2} = l_0\sqrt{1 - 4v^2c^2/(c^2 + v^2)^2} = l_0\frac{c^2 - v^2}{c^2 + v^2}$$

10. 解　设 m_0 粒子速度大小为 v,复合粒子静止质量为 m,速度为 $\boldsymbol{v}'$,它们的四维动量 $\boldsymbol{p}_\mu = \left(\boldsymbol{p}, \frac{c}{i}W\right)$ 分别是

$$\left(\frac{m_0\boldsymbol{v}}{\sqrt{1 - v^2/c^2}}, \frac{c}{i}\frac{m_0c^2}{\sqrt{1 - v^2/c^2}}\right)\left(\frac{-m_0\boldsymbol{v}}{\sqrt{1 - v^2/c^2}}, \frac{c}{i}\frac{m_0c^2}{\sqrt{1 - v^2/c^2}}\right)$$

$$\left(\frac{m_0\boldsymbol{v}'}{\sqrt{1 - v'^2/c^2}}, \frac{c}{i}\frac{mc^2}{\sqrt{1 - v'^2/c^2}}\right)$$

根据动量和能量守恒定律,有

$$\frac{m_0 \boldsymbol{v}}{\sqrt{1-v^2/c^2}}+\frac{-m_0 \boldsymbol{v}}{\sqrt{1-v^2/c^2}}=0=\frac{m_0 \boldsymbol{v}'}{\sqrt{1-v'^2/c^2}}$$

$$\frac{m_0 c^2}{\sqrt{1-v^2/c^2}}+\frac{m_0 c^2}{\sqrt{1-v^2/c^2}}=\frac{mc^2}{\sqrt{1-v'^2/c^2}}$$

由此得 $\boldsymbol{v}'^2=0 \quad m=2m_0/\sqrt{1-v^2/c^2}$

11. 解 设质量为 m_1 和 m_2 的粒子的动量分别为 $\boldsymbol{p}_1,\boldsymbol{p}_2$。能量分别为 E_1, E_2,由式(4.5.32)知

$$E_1=\sqrt{p_1^2c^2+m_1^2c^4} \qquad E_2=\sqrt{p_2^2c^2+m_2^2c^4}$$

依衰变前后能量和动量守恒,应有

$$m_0c^2=E_1+E_2$$

$$\mathbf{0}=\boldsymbol{p}_1+\boldsymbol{p}_2$$

将 $\boldsymbol{p}_2=-\boldsymbol{p}_1$ 代入 E 的表示式得

$$E_2^2=p_1^2c^2+m_2^2c^4=E_1^2-m_1^2c^4+m_2^2c^4$$

又 $E_2=m_0c^2-E_1$

所以 $(m_0c^2-E_1)^2=E_1^2+(m_2^2-m_1^2)c^4$

由此知 $2m_0c^2E_1=m_0^2c^4-(m_2^2-m_1^2)c^4$

$$E_1=\frac{c^2}{2m_0}(m_0^2+m_1^2-m_2^2)$$

进而 $p_1^2=\frac{1}{c^2}(E_1^2-m_1^2c^4)=\left(\frac{c}{2m_0}\right)^2[(m_0^2+m_1^2-m_2^2)^2-(2m_0m_1)^2]$

$$=\left(\frac{c}{2m_0}\right)^2(m_0^2+m_1^2-m_2^2+2m_0m_1)(m_0^2+m_1^2-m_2^2-2m_0m_1)$$

$$=\left(\frac{c}{2m_0}\right)^2(m_0+m_1+m_2)(m_0+m_1-m_2)(m_0-m_1+m_2)(m_0-m_1-m_2)$$

$$=\left(\frac{c}{2m_0}\right)^2[m_0^2-(m_1+m_2)^2][m_0^2-(m_1-m_2)^2]$$

所以 $p_1=\frac{c}{2m_0}\sqrt{[m_0^2-(m_1+m_2)^2][m_0^2-(m_1-m_2)^2]}$

12. 解 光子的静止质量 $m_0=0 \quad W=h\nu$

由式(4.5.32)、式(4.5.34)、式(4.5.35)知光子的运动质量和动量分别为

$$m=\frac{W}{c^2}=\frac{h\nu}{c^2}$$

$$p = \frac{W}{c} = \frac{h\nu}{c} = \frac{h}{\lambda}$$

13. 解　根据光速不变原理,光在 S 系与 S' 系中的速度均为 c。L 与 M 的距离在 S' 系看来是 a,因此闪光发出和接受的时间间隔在 S' 系中是

$$\Delta t' = \frac{2a}{c}$$

但在 S 系中由于爱因斯坦延缓效应,时间间隔是

$$\Delta t = \frac{2a}{c\sqrt{1 - v^2/c^2}}$$

14. 解　设火箭加速方向沿静止系 S 的 x 轴正向。若 t 时刻火箭运动速度为 v,选取一运动系 S',它相对静止系的速度即 v。S' 便是瞬时惯性参考系。火箭在两个参考系中的速度关系是(参见式(4.3.22))

$$v(t) = u_x = \frac{u'_x + v}{1 + u'_x v/c^2}$$

在 S' 中

$$u'_x = 0, a'_x = \frac{\mathrm{d}u'_x}{\mathrm{d}t'} = 20m \cdot s^{-2}, \mathrm{d}t'/\mathrm{d}t = \sqrt{1 - v^2/c^2} = 1/\gamma$$

故在 S 中

$$\begin{aligned} a_x &= \frac{\mathrm{d}v(t)}{\mathrm{d}t} = \frac{\mathrm{d}u_x}{\mathrm{d}t'}\frac{\mathrm{d}t'}{\mathrm{d}t} = \frac{1}{\gamma}\frac{\mathrm{d}}{\mathrm{d}t'}\frac{u'_x + v}{1 + u'_x v/c^2} \\ &= \frac{1}{\gamma}\frac{a'_x(1 + u'_x v/c^2) - (u'_x + v)a'_x v/c^2}{(1 + u'_x v/c^2)^2} \\ &= \frac{1}{\gamma}a'_x(1 - v^2/c^2) = 20\ (1 - v^2/c^2)^{3/2} \end{aligned}$$

即

$$\mathrm{d}t = \frac{\mathrm{d}v}{20\ (1 - v^2/c^2)^{3/2}}$$

于是,在 S 系中火箭从 $v = 0$ 加速到 $v = \sqrt{0.99}c$ 所需时间

$$t = \int_0^v \frac{\mathrm{d}v}{20\ (1 - v^2/c^2)^{3/2}} = \frac{c}{20}\frac{v}{\sqrt{c^2 - v^2}}\Big|_0^{\sqrt{0.99}c} = 0.5c = 4.73(年)$$

而在 S' 系中

$$\mathrm{d}t' = \frac{1}{\gamma}\mathrm{d}t = \frac{\mathrm{d}v}{20(1 - v^2/c^2)}$$

故在火箭内的时钟记录的时间为

$$t' = \int_0^v \frac{\mathrm{d}v}{20(1 - v^2/c^2)} = \frac{c}{40}ln\frac{c + v}{c - v}\Big|_0^{\sqrt{0.99}c} = \frac{6c}{40} = 1.42(年)$$

15. 证　由定义

$$u_\mu = \gamma(v_1, v_2, v_3, ic) = (\gamma \boldsymbol{v}, ic\gamma)$$

$$a_\mu = \frac{\mathrm{d}u_\mu}{\mathrm{d}\tau} = \left(\frac{\mathrm{d}(\gamma \boldsymbol{v})}{\sqrt{1-\beta^2}\,\mathrm{d}t}, \frac{\mathrm{d}(ic\gamma)}{\sqrt{1-\beta^2}\,\mathrm{d}t}\right)$$

给出

$$a_\mu u_\mu = \frac{\gamma \boldsymbol{v} \cdot \mathrm{d}(\gamma \boldsymbol{v})}{\sqrt{1-\beta^2}\,\mathrm{d}t} + \frac{ic\gamma\,\mathrm{d}(ic\gamma)}{\sqrt{1-\beta^2}\,\mathrm{d}t}$$

其中

$$\frac{\gamma \boldsymbol{v} \cdot \mathrm{d}(\gamma \boldsymbol{v})}{\sqrt{1-\beta^2}\,\mathrm{d}t} = \frac{1}{(1-\beta^2)^{3/2}}\boldsymbol{v} \cdot \frac{\mathrm{d}\boldsymbol{v}}{\mathrm{d}t} + \frac{v^2/c^2}{(1-\beta^2)^{5/2}} v \frac{\mathrm{d}v}{\mathrm{d}t}$$

$$\frac{ic\gamma\,\mathrm{d}(ic\gamma)}{\sqrt{1-\beta^2}\,\mathrm{d}t} = -\frac{c^2}{1-\beta^2}\frac{\mathrm{d}}{\mathrm{d}t}\frac{1}{\sqrt{1-v^2/c^2}} = \frac{-1}{(1-\beta^2)^{5/2}} v \frac{\mathrm{d}v}{\mathrm{d}t}$$

所以

$$\begin{aligned} a_\mu u_\mu &= \frac{1}{(1-\beta^2)^{3/2}}\boldsymbol{v} \cdot \frac{\mathrm{d}\boldsymbol{v}}{\mathrm{d}t} + \frac{v^2/c^2}{(1-\beta^2)^{5/2}} v \frac{\mathrm{d}v}{\mathrm{d}t} - \frac{1}{(1-\beta^2)^{5/2}} v \frac{\mathrm{d}v}{\mathrm{d}t} \\ &= \frac{1}{(1-\beta^2)^{3/2}}\boldsymbol{v} \cdot \frac{\mathrm{d}\boldsymbol{v}}{\mathrm{d}t} - \frac{1}{(1-\beta^2)^{3/2}} v \frac{\mathrm{d}v}{\mathrm{d}t} = 0 \end{aligned}$$

16. 证　设物体相对某一惯性参考系 S 运动速度 $|\boldsymbol{u}| < c$。相对另一惯性系 S' 的运动速度为 $\boldsymbol{u}'$。则由间隔不变性有

$$\mathrm{d}\boldsymbol{r}^2 - c^2\mathrm{d}t^2 = \mathrm{d}x^2 + \mathrm{d}y^2 + \mathrm{d}z^2 - c^2\mathrm{d}t^2 = \mathrm{d}x'^2 + \mathrm{d}y'^2 + \mathrm{d}z'^2 - c^2\mathrm{d}t'^2 = \mathrm{d}\boldsymbol{r}'^2 - c^2\mathrm{d}t'^2$$

而

$$\boldsymbol{u} = \frac{\mathrm{d}\boldsymbol{r}}{\mathrm{d}t} \qquad \boldsymbol{u}' = \frac{\mathrm{d}\boldsymbol{r}'}{\mathrm{d}t'}$$

故

$$|\boldsymbol{u}\mathrm{d}t|^2 - c^2\mathrm{d}t^2 = (\boldsymbol{u}'\mathrm{d}t')^2 - c^2\mathrm{d}t'^2$$

$$u^2 - c^2 = u'^2 - c^2$$

因为

$$|\boldsymbol{u}| < c \quad u^2 - c^2 < 0$$

所以

$$u'^2 - c^2 < 0 \qquad |\boldsymbol{u}'| < c$$

17. 解　设惯性参考系 S' 相对惯性参考系 S 运动的速度为 $\boldsymbol{V}$，x 轴方向沿 $\boldsymbol{V}$ 方向；一物体在 S 系中速度为 $\boldsymbol{v}$，在 S' 系相应速度为 $\boldsymbol{v}'$。令

$$\beta = \frac{v}{c}, \gamma = \frac{1}{\sqrt{1-\beta^2}}; \quad \beta' = \frac{v'}{c}, \gamma' = \frac{1}{\sqrt{1-\beta'^2}}; \quad \tilde{\beta} = \frac{V}{c}, \tilde{\gamma} = \frac{1}{\sqrt{1-\tilde{\beta}^2}}$$

则 $u_\mu = \gamma(v_1, v_2, v_3, ic) \qquad u'_\mu = \gamma'(v'_1, v'_2, v'_3, ic)$

四维速度是一个矢量，遵循变换规律式(4.5.19)，其中变换矩阵为式(4.5.16)，即

$$\gamma' v_1' = \tilde{\gamma}\gamma v_1 + i\tilde{\beta}\,\tilde{\gamma}\gamma ic$$
$$\gamma' v_2' = \gamma v_2$$
$$\gamma' v_3' = \gamma v_3$$
$$\gamma' ic = -i\tilde{\beta}\,\tilde{\gamma}\gamma v_1 + \tilde{\gamma}\gamma ic$$

从而

$$\frac{v_1'}{\sqrt{1-v'^2/c^2}} = \frac{1}{\sqrt{1-V^2/c^2}}\frac{v_1}{\sqrt{1-v^2/c^2}} - \frac{V}{c}\frac{1}{\sqrt{1-V^2/c^2}}\frac{c}{\sqrt{1-v^2/c^2}}$$

$$\frac{v_2'}{\sqrt{1-v'^2/c^2}} = \frac{v_2}{\sqrt{1-v^2/c^2}}$$

$$\frac{v_3'}{\sqrt{1-v'^2/c^2}} = \frac{v_3}{\sqrt{1-v^2/c^2}}$$

$$\frac{c}{\sqrt{1-v'^2/c^2}} = \frac{-V}{c}\frac{1}{\sqrt{1-V^2/c^2}}\frac{v_1}{\sqrt{1-v^2/c^2}} + \frac{1}{\sqrt{1-V^2/c^2}}\frac{c}{\sqrt{1-v^2/c^2}}$$

由上面第四个式子有

$$\frac{1}{\sqrt{1-v'^2/c^2}} = \frac{1-Vv_1/c^2}{\sqrt{1-V^2/c^2}\sqrt{1-v^2/c^2}}$$

代入前面三式得

$$v_1' = \frac{v_1 - V}{1 - Vv_1/c^2}$$

$$v_2' = \frac{v_2\sqrt{1-V^2/c^2}}{1 - Vv_1/c^2}$$

$$v_3' = \frac{v_3\sqrt{1-V^2/c^2}}{1 - Vv_1/c^2}$$

这便是速度合成公式(对照式(4.3.21))。

18. 解　设该粒子动量为$\boldsymbol{p}$,质量为m。由于粒子在衰变过程中能量和动量守恒,因此

$$E = E_1 + E_2 \qquad \sqrt{p^2c^2 + m^2c^4} = \sqrt{p_1^2c^2 + m_1^2c^4} + \sqrt{p_2^2c^2 + m_2^2c^4}$$
$$\boldsymbol{p} = \boldsymbol{p}_1 + \boldsymbol{p}_2$$

由此知　$p^2 = p_1^2 + p_2^2 - 2p_1p_2\cos(\pi - \theta) = p_1^2 + p_2^2 + 2p_1p_2\cos\theta$

式中,θ是$\boldsymbol{p}_1$与$\boldsymbol{p}_2$间夹角。于是

$$(p_1^2 + p_2^2 + 2p_1p_2\cos\theta)c^2 + m^2c^4 = p_1^2c^2 + m_1^2c^4 + p_2^2c^2 + m_2^2c^4 + 2c^2\sqrt{p_1^2 + m_1^2c^2}$$

$\sqrt{p_2^2 + m_2^2c^2}$

即 $$2p_1p_2\cos\theta + m^2c^2 = m_1^2c^2 + m_2^2c^2 + 2\sqrt{(p_1^2 + m_1^2c^2)(p_2^2 + m_2^2c^2)}$$

解得 $$m^2 = m_1^2 + m_2^2 + \frac{2}{c^2}[\sqrt{(p_1^2 + m_1^2c^2)(p_2^2 + m_2^2c^2)} - p_1p_2\cos\theta]$$

19. 解 反应 $^9\text{Be} + \text{p} \to {}^6\text{Li} + \alpha$

前后静质量变化

$\Delta m = (9.012183 + 1.007825) - (6.015123 + 4.002603) = 0.002282\text{u}$

反应能为

$$\Delta mc^2 = 2.1\text{MeV}$$

反应 $^{14}\text{N} + \alpha \to {}^{17}\text{O} + \text{p}$

前后静质量变化

$\Delta m = (14.00307 + 4.002603) - (16.99913 + 1.007825) = -0.001282\text{u}$

反应能为

$$\Delta mc^2 = -1.2\text{MeV}$$

可见,前者是放能反应,后者是吸能反应。

20. 证 光电效应指的是,金属中的电子吸收光子获得足够能量后能克服脱出功而从金属中逃逸的现象。不过,由于动量、能量守恒定律的限制,自由电子却不能吸收单个光子,因此,在这个意义上,不存在光电效应。下面予以证明。设未俘获时,光子频率为 ν,能量 $E = h\nu$,动量大小为 $p = E/c$;电子能量为 E_1,动量为 $\boldsymbol{p}_1$;电子吸收光子后能量为 E_2,动量为 $\boldsymbol{p}_2$。根据能量、动量守恒定律,有

$$E_2 = E_1 + E, \qquad \boldsymbol{p}_2 = \boldsymbol{p}_1 + \boldsymbol{p}$$

而 $E_2^2 = p_2^2c^2 + E_0^2, \qquad E_1^2 = p_1^2c^2 + E_0^2, \qquad p_2^2 = p_1^2 + p^2 - 2p_1p\cos\theta$

式中,$E_0 = m_0c^2$ 是电子静止能量,m_0 是电子静止质量,θ 是 $\boldsymbol{p}_1$ 与 $\boldsymbol{p}$ 间夹角。将前两式代入后一式得

$$E_2^2 - E_0^2 = E_1^2 - E_0^2 + E^2 - 2E\sqrt{E_1^2 - E_0^2}\cos\theta$$

利用 $E_2 = E_1 + E$ 后给出

$$|\cos\theta| = \left|\frac{-E_1}{\sqrt{E_1^2 - E_0^2}}\right| > 1$$,与余弦值域矛盾。命题由此得证。

第5章 量子力学初步

1. 解 利用式(5.1.14)

$$\lambda = \frac{h}{p} = \frac{h}{\sqrt{2mE}}$$

即可求得各粒子德布罗意波长。

① 对电子，$m = 9.1 \times 10^{-31}\,\mathrm{kg}, E = 10eV = 16 \times 10^{-19}\,\mathrm{J}$

$$\lambda = \frac{6.626 \times 10^{-34}}{\sqrt{2 \times 9.1 \times 10^{-31} \times 16 \times 10^{-19}}} = 3.9 \times 10^{-10}(\mathrm{m})$$

② 对中子，$m = 1.675 \times 10^{-27}\,\mathrm{kg}, E = 1eV = 1.6 \times 10^{-19}\,\mathrm{J}$

$$\lambda = \frac{6.626 \times 10^{-34}}{\sqrt{2 \times 1.675 \times 10^{-27} \times 1.6 \times 10^{-19}}} = 2.86 \times 10^{-11}(\mathrm{m})$$

③ 对室温下分子，$\frac{3}{2}kT = \frac{3}{2} \times 1.38 \times 10^{-23} \times 300 = 6.21 \times 10^{-21}(\mathrm{J})$

$$\lambda = \frac{6.626 \times 10^{-34}}{\sqrt{2m \times 6.21 \times 10^{-21}}}$$

式中，m 是分子质量。比如对氧分子(O_2)，$m = 5.31 \times 10^{-26}\,\mathrm{kg}$

$$\lambda = \frac{6.626 \times 10^{-34}}{\sqrt{2 \times 5.31 \times 10^{-26} \times 6.21 \times 10^{-21}}} = 2.58 \times 10^{-11}(\mathrm{m})$$

2. 解　电子与质子间的库仑力

$$f_e = \frac{1}{4\pi\varepsilon_0}\frac{e^2}{r^2}$$

而它们之间的万有引力

$$f_g = \frac{Gm_e m_p}{r^2}$$

两者之比

$$\frac{f_e}{f_g} = \frac{1}{4\pi\varepsilon_0}\frac{e^2}{Gm_e m_p}$$

将 $e = 1.6 \times 10^{-19}\,\mathrm{C}, G = 6.6742 \times 10^{-11}\,\mathrm{m \cdot kg^{-1} \cdot s^{-2}}, \varepsilon_0 = 8.854 \times 10^{-12}\,\mathrm{F \cdot m^{-1}}, m_e = 9.1 \times 10^{-31}\,\mathrm{kg}, m_p = 1.67 \times 10^{-27}\,\mathrm{kg}$ 代入上式得其值

$$\frac{f_e}{f_g} = 2.3 \times 10^{39}$$

已知电子的玻尔半径①

$$a = \frac{4\pi\varepsilon_0\hbar}{m_e e^2}$$

① 参见式(5.5.56)。

当构成引力原子时，则应将 $Gm_e m_n$ 代替$\frac{e^2}{4\pi\varepsilon_0}$，于是其基态半径

$$a_g = \frac{\hbar}{m_e G m_e m_n} = \frac{\hbar}{G m_e^2 m_n} = 1.2 \times 10^{29}\,\text{m}$$

3. 解　氢原子的玻尔半径 $a = \frac{4\pi\varepsilon_0\hbar}{m_e e^2}$，在此式中以 m_μ 代替 m_e，以 ze^2 代替 e^2 便得到 μ 原子的半径

$$a_\mu = \frac{4\pi\varepsilon_0\hbar}{m_\mu Z e^2}$$

4. 解　粒子 t 时刻处在 $(x, x+\mathrm{d}x)$ 的概率

$$\rho(x,t)\mathrm{d}x = \int_{-\infty}^{\infty}\mathrm{d}y\int_{-\infty}^{\infty}\mathrm{d}z\varphi^*(x,y,z,t)\psi(x,y,z,t)\mathrm{d}x$$

5. 解　粒子处在 $(r, r+\mathrm{d}r)$ 内的概率

$$\rho(r)r^2\mathrm{d}r = \int_0^{\pi}\sin\theta\mathrm{d}\theta\int_0^{2\pi}\mathrm{d}\varphi\psi^*(r,\theta,\varphi)\psi(r,\theta,\varphi)r^2\mathrm{d}r$$

粒子处在 $\mathrm{d}\Omega$ 内的概率

$$\rho(\theta,\varphi)\mathrm{d}\Omega = \int_0^{\infty}\psi^*(r,\theta,\varphi)\psi(r,\theta,\varphi)r^2\mathrm{d}r\mathrm{d}\Omega$$

6. 解　由归一化条件①

$$1 = \int_{-\infty}^{\infty}\psi^*(x)\psi(x)\mathrm{d}x = |A|^2\int_{-\infty}^{\infty}\mathrm{e}^{-\alpha^2x^2}\mathrm{d}x = |A|^2\sqrt{\frac{\pi}{\alpha^2}} = |A|^2\frac{\sqrt{\pi}}{\alpha}$$

选取适当位相因子可以使 A 为实数，所以

$$A = \frac{\alpha^{1/2}}{\pi^{1/4}}$$

7. 解　正弦函数周期为 2π，因此 x 取值可选为 $(-a, a)$。由归一化条件

$$1 = \int_{-a}^{a}\psi^*(x)\psi(x)\mathrm{d}x = |A|^2\int_{-a}^{a}\sin^2\frac{\pi x}{a}\mathrm{d}x$$

$$= |A|^2\int_{-a}^{a}\frac{1}{2}\left(1-\cos\frac{2\pi x}{a}\right)\mathrm{d}x = |A|^2 a$$

所以
$$A = \frac{1}{\sqrt{a}}$$

显然概率最大的位置位于 $\sin\frac{\pi x}{a} = \pm 1$ 处，即

① 计算中利用了附录 E 公式 2。

$$x = \pm \frac{a}{2}$$

8. 证明　对任意波函数 $\psi(x,y,z)$

$$[x,\hat{p}_x]\psi(x,y,z) = [x,\frac{\hbar}{i}\frac{\partial}{\partial x}]\psi(x,y,z) = x\frac{\hbar}{i}\frac{\partial\psi}{\partial x} - \frac{\hbar}{i}\frac{\partial}{\partial x}(x\psi)$$

$$= \frac{\hbar}{i}x\frac{\partial\psi}{\partial x} - \frac{\hbar}{i}\left(\psi + x\frac{\partial\psi}{\partial x}\right) = -\frac{\hbar}{i}\psi = i\hbar\psi$$

$$[x,\hat{p}_y]\psi(x,y,z) = [x,\frac{\hbar}{i}\frac{\partial}{\partial y}]\psi(x,y,z) = x\frac{\hbar}{i}\frac{\partial\psi}{\partial y} - \frac{\hbar}{i}\frac{\partial}{\partial y}(x\psi)$$

$$= \frac{\hbar}{i}x\frac{\partial\psi}{\partial y} - \frac{\hbar}{i}x\frac{\partial\psi}{\partial y} = 0$$

$$[x,\hat{p}_z]\psi(x,y,z) = x\frac{\hbar}{i}\frac{\partial\psi}{\partial z} - \frac{\hbar}{i}\frac{\partial}{\partial z}(x\psi) = 0$$

由于 ψ 的任意性,所以

$$[x,\hat{p}_\alpha] = i\hbar\delta_{x\alpha}$$

同理可证

$$[y,\hat{p}_\alpha] = i\hbar\delta_{y\alpha} \qquad [z,\hat{p}_\alpha] = i\hbar\delta_{z\alpha} \qquad (\alpha = x,y,z)$$

9. 解

$$[\hat{p}_x,\hat{l}_x] = [\hat{p}_x, y\hat{p}_z - z\hat{p}_y] = 0$$

$$[\hat{p}_x,\hat{l}_y] = [\hat{p}_x, z\hat{p}_x - x\hat{p}_z] = [\hat{p}_x, z\hat{p}_x] - [\hat{p}_x, x\hat{p}_z] = -[\hat{p}_x, x\hat{p}_z]$$

$$= -[\hat{p}_x, x]\hat{p}_z = i\hbar p_z$$

$$[\hat{p}_x,\hat{l}_z] = [\hat{p}_x, x\hat{p}_y - y\hat{p}_x] = [\hat{p}_x, x\hat{p}_y] = [\hat{p}_x, x]\hat{p}_y = -i\hbar p_y$$

类似的计算可以得到如下一般公式:

$$[\hat{p}_\alpha,\hat{l}_\beta] = \pm i\hbar p_\gamma \qquad [\hat{p}_\alpha,\hat{l}_\alpha] = 0$$

式中,当 (α,β,γ) 是 (x,y,z) 的一个轮换时,取正号;否则,取负号。

10. 证　类似题 9 计算可得

$$[\alpha,\hat{l}_\alpha] = 0 \qquad [\alpha,\hat{l}_\beta] = \pm i\hbar\gamma$$

从而

$$(\boldsymbol{r}\times\hat{\boldsymbol{l}} + \hat{\boldsymbol{l}}\times\boldsymbol{r})_x = y\hat{l}_z - z\hat{l}_y + \hat{l}_y z - \hat{l}_z y = [y,\hat{l}_z] - [z,\hat{l}_y] = i\hbar x - (-i\hbar x) = 2i\hbar x$$

同理

$$(\boldsymbol{r}\times\hat{\boldsymbol{l}} + \hat{\boldsymbol{l}}\times\boldsymbol{r})_y = z\hat{l}_x - x\hat{l}_z + \hat{l}_z x - \hat{l}_x z = 2i\hbar y$$

$$(\boldsymbol{r}\times\hat{\boldsymbol{l}} + \hat{\boldsymbol{l}}\times\boldsymbol{r})_z = x\hat{l}_y - y\hat{l}_x + \hat{l}_x y - \hat{l}_y x = 2i\hbar z$$

所以

$$\boldsymbol{r}\times\hat{\boldsymbol{l}} + \hat{\boldsymbol{l}}\times\boldsymbol{r} = 2i\hbar\boldsymbol{r}$$

利用题 9 结果可得

$$(\hat{\boldsymbol{p}}\times\hat{\boldsymbol{l}}+\hat{\boldsymbol{l}}\times\hat{\boldsymbol{p}})_x=\hat{p}_y\hat{l}_z-\hat{p}_z\hat{l}_y+\hat{l}_y\hat{p}_z-\hat{l}_z\hat{p}_y=[\hat{p}_y,\hat{l}_z]-[\hat{p}_z,\hat{l}_y]$$
$$=\mathrm{i}\hbar\hat{p}_x+\mathrm{i}\hbar\hat{p}_x=2\mathrm{i}\hbar\hat{p}_x$$

同理 $(\hat{\boldsymbol{p}}\times\hat{\boldsymbol{l}}+\hat{\boldsymbol{l}}\times\hat{\boldsymbol{p}})_y=2\mathrm{i}\hbar\hat{p}_y \qquad (\hat{\boldsymbol{p}}\times\hat{\boldsymbol{l}}+\hat{\boldsymbol{l}}\times\hat{\boldsymbol{p}})_z=2\mathrm{i}\hbar\hat{p}_z$

所以
$$\hat{\boldsymbol{p}}\times\hat{\boldsymbol{l}}+\hat{\boldsymbol{l}}\times\hat{\boldsymbol{p}}=2\mathrm{i}\hbar\hat{\boldsymbol{p}}$$

11. 证 由$[\hat{A},\hat{B}]=\hat{A}\hat{B}-\hat{B}\hat{A}=1$知,

$$\hat{K}\hat{A}\psi_n=\hat{A}\hat{B}\hat{A}\psi_n=\hat{A}(\hat{A}\hat{B}-1)\psi_n=\hat{A}\hat{A}\hat{B}\psi_n-\hat{A}\psi_n$$
$$=\hat{A}\hat{K}\psi_n-\hat{A}\psi_n=\hat{A}\lambda_n\psi_n-\hat{A}\psi_n=(\lambda_n-1)\hat{A}\psi_n$$

可见,$\hat{A}\psi_n$ 也是 $\hat{K}$ 的本征函数,相应本征值为 λ_n-1。同理

$$\hat{K}\hat{B}\psi_n=\hat{A}\hat{B}\hat{B}\psi_n=(\hat{B}\hat{A}+1)\hat{B}\psi_n=\hat{B}\hat{K}\psi_n+\hat{B}\psi_n=(\lambda_n+1)\hat{B}\psi_n$$

$\hat{B}\psi_n$ 是 $\hat{K}$ 的本征值为 λ_n+1 的本征函数。

12. 证 $\hat{F}_+^+=(\hat{A}+\mathrm{i}\hat{B})^+=\hat{A}^+-\mathrm{i}\hat{B}^+=\hat{A}-\mathrm{i}\hat{B}=\hat{F}_-$

$$\hat{F}_-^+=(\hat{A}-\mathrm{i}\hat{B})^+=\hat{A}+\mathrm{i}\hat{B}=\hat{F}_+$$

13. 证 令 $\hat{F}=\mathrm{i}(\hat{p}_x^2x-x\hat{p}_x^2)$

由于 $\hat{F}^+=-\mathrm{i}(\hat{p}_x^2x-x\hat{p}_x^2)^+=-\mathrm{i}(x\hat{p}_x^2-\hat{p}_x^2x)=\mathrm{i}(\hat{p}_x^2x-x\hat{p}_x^2)=\hat{F}$

因此 $\hat{F}=\mathrm{i}(\hat{p}_x^2x-x\hat{p}_x^2)$ 是厄密算符。

14. 解 由于 x,y,z 轴的对称性,角动量的本征态既可用$(\hat{l}^2,\hat{l}_z)$ 的本征态 Y_{lm} 表示,也可用$(\hat{l}^2,\hat{l}_x)$ 的本征态,记为 Z_{lm},或$(\hat{l}^2,\hat{l}_y)$ 的本征态,记为 X_{lm} 表示。利用角动量的性质,不难求出它们彼此间的关系。下面仅讨论 $l=1$ 的情形。设

$$Y_{11}=c_1Z_{11}+c_0Z_{10}+c_{-1}Z_{1-1}$$

在 Y_{11} 态中

$$\overline{l}_x=0$$

$$2\hbar^2=\overline{l^2}=\overline{l_x^2}+\overline{l_y^2}+\overline{l_z^2}=2\,\overline{l_x^2}+\hbar^2 \qquad \overline{l_x^2}=\frac{\hbar^2}{2}$$

由

$$\overline{l}_x=\langle Y_{11}|\hat{l}_x|Y_{11}\rangle=c_1^2\langle Z_{11}|\hat{l}_x|Z_{11}\rangle+c_0^2\langle Z_{10}|\hat{l}_x|Z_{10}\rangle$$
$$+c_{-1}^2\langle Z_{1-1}|\hat{l}_x|Z_{1-1}\rangle$$

知
$$c_1^2\hbar-c_{-1}^2\hbar=0$$

类似地
$$c_1^2\hbar + c_{-1}^2\hbar = \frac{\hbar}{2}$$

两式联立解得
$$c_1 = c_{-1} = \frac{1}{2}$$

又因
$$c_1^2 + c_0^2 + c_{-1}^2 = 1$$

所以
$$c_0 = \frac{1}{\sqrt{2}}$$

于是
$$Y_{11} = \frac{1}{2}Z_{11} + \frac{1}{\sqrt{2}}Z_{10} + \frac{1}{2}Z_{1-1}$$

同理
$$Y_{1-1} = \frac{1}{2}Z_{11} - \frac{1}{\sqrt{2}}Z_{10} + \frac{1}{2}Z_{1-1}$$

$$Y_{10} = \frac{1}{\sqrt{2}}Z_{11} - \frac{1}{\sqrt{2}}Z_{1-1}$$

它们的逆变换是

$$Z_{11} = \frac{1}{2}Y_{11} + \frac{1}{\sqrt{2}}Y_{10} + \frac{1}{2}Y_{1-1}$$

$$Z_{10} = \frac{1}{\sqrt{2}}Y_{11} - \frac{1}{\sqrt{2}}Y_{1-1}$$

$$Z_{1-1} = \frac{1}{2}Y_{11} - \frac{1}{\sqrt{2}}Y_{10} + \frac{1}{2}Y_{1-1}$$

类似地

$$X_{11} = \frac{1}{2}Y_{11} + \frac{i}{\sqrt{2}}Y_{10} - \frac{1}{2}Y_{1-1}$$

$$X_{10} = \frac{1}{\sqrt{2}}Y_{11} + \frac{1}{\sqrt{2}}Y_{1-1}$$

$$X_{1-1} = \frac{1}{2}Y_{11} - \frac{i}{\sqrt{2}}Y_{10} - \frac{1}{2}Y_{1-1}$$

利用以上性质，我们可以将态 $\lambda_1 Y_{11} + \lambda_{-1}Y_{1-1}$ 写成

$$\lambda_1 Y_{11} + \lambda_{-1}Y_{1-1} = \lambda_1\left(\frac{1}{2}Z_{11} + \frac{1}{\sqrt{2}}Z_{10} + \frac{1}{2}Z_{1-1}\right) + \lambda_{-1}\left(\frac{1}{2}Z_{11} - \frac{1}{\sqrt{2}}Z_{10} + \frac{1}{2}Z_{1-1}\right)$$

$$= \frac{\lambda_1 + \lambda_{-1}}{2}Z_{11} + \frac{\lambda_1 - \lambda_{-1}}{\sqrt{2}}Z_{10} + \frac{\lambda_1 + \lambda_{-1}}{2}Z_{1-1}$$

可见，l_x 的可能取值是 $\hbar, 0, -\hbar$，它们的相应几率是 $\frac{|\lambda_1 + \lambda_{-1}|^2}{4}, \frac{|\lambda_1 - \lambda_{-1}|^2}{2}$,

$\frac{|\lambda_1+\lambda_{-1}|^2}{4}$,($|\lambda_1|^2+|\lambda_{-1}|^2=1$)。同样

$$\lambda_1 Y_{11}+\lambda_{-1}Y_{1-1}=\lambda_1\left(\frac{1}{2}X_{11}+\frac{1}{\sqrt{2}}X_{10}+\frac{1}{2}X_{1-1}\right)+\lambda_{-1}\left(-\frac{1}{2}X_{11}+\frac{1}{\sqrt{2}}X_{10}-\frac{1}{2}X_{1-1}\right)$$

$$=\frac{\lambda_1-\lambda_{-1}}{2}X_{11}+\frac{\lambda_1+\lambda_{-1}}{\sqrt{2}}X_{10}+\frac{\lambda_1-\lambda_{-1}}{2}X_{1-1}$$

可见,l_y 的可能取值也是 $\hbar$,0, $-\hbar$, 但相应几率是 $\frac{|\lambda_1-\lambda_{-1}|^2}{4}$, $\frac{|\lambda_1+\lambda_{-1}|^2}{2}$, $\frac{|\lambda_1-\lambda_{-1}|^2}{4}$。显然,$l_z$ 的可能取值是 $\hbar$ 和 $-\hbar$,相应几率是 $|\lambda_1|^2$ 和 $|\lambda_{-1}|^2$。l^2 的本征值则是 $2\hbar$。

15. 证　由定义式 $\hat{\boldsymbol{l}}\times\hat{\boldsymbol{l}}=\mathrm{i}\hbar\hat{\boldsymbol{l}}$ 知

$$\mathrm{i}\hbar\hat{l}_x=\hat{l}_y\hat{l}_z-\hat{l}_z\hat{l}_y$$

设 ψ 是 $\hat{l}_z$ 的任意一个本征态,相应本征值为 λ,即 $\hat{l}_z\psi=\lambda\psi$,于是

$$\overline{l}_x=\int\psi^*\hat{l}_x\psi\,\mathrm{d}V=\frac{1}{\mathrm{i}\hbar}\int\psi^*(\hat{l}_y\hat{l}_z-\hat{l}_z\hat{l}_y)\psi\,\mathrm{d}\tau$$

$$=\frac{\lambda}{\mathrm{i}\hbar}\int\psi^*(\hat{l}_y-\hat{l}_y)\psi\,\mathrm{d}\tau=0$$

同理

$$\mathrm{i}\hbar\hat{l}_y=\hat{l}_z\hat{l}_x-\hat{l}_x\hat{l}_z$$

$$\overline{l}_y=\int\psi^*\hat{l}_y\psi\,\mathrm{d}v=\int\psi^*(\hat{l}_z\hat{l}_x-\hat{l}_x\hat{l}_z)\psi\,\mathrm{d}\tau=\lambda\int\psi^*(\hat{l}_x-\hat{l}_x)\psi\,\mathrm{d}\tau=0$$

16. 证　设 ψ 是任一波函数,于是

$$\overline{F^2}=\int\psi^*\hat{F}^2\psi\,\mathrm{d}\tau=(\psi,\hat{F}\hat{F}\psi)=(\hat{F}^+\psi,\hat{F}\psi)=(\hat{F}\psi,\hat{F}\psi)$$

$$=\int(\hat{F}\psi)^*(\hat{F}\psi)\,\mathrm{d}\tau=\int|\hat{F}\psi|^2\mathrm{d}\tau\geqslant 0$$

17. 证　依题意

$$\mathrm{i}\hbar\frac{\partial\psi_1}{\partial t}=\hat{H}\psi_1\qquad \mathrm{i}\hbar\frac{\partial\psi_2}{\partial t}=\hat{H}\psi_2$$

从而

$$\mathrm{i}\hbar\frac{\partial}{\partial t}\int\psi_1^*\psi_2\,\mathrm{d}\tau=\int\left(\mathrm{i}\hbar\frac{\partial\psi_1^*}{\partial t}\psi_2+\psi_1^*\,\mathrm{i}\hbar\frac{\partial\psi_2}{\partial t}\right)\mathrm{d}\tau$$

$$=-\int\left(\mathrm{i}\hbar\frac{\partial\psi_1}{\partial t}\right)^*\psi_2\,\mathrm{d}\tau+\int\psi_1^*\,\mathrm{i}\hbar\frac{\partial\psi_2}{\partial t}\mathrm{d}\tau=-\int(\hat{H}\psi_1)^*\psi_2\,\mathrm{d}\tau+\int\psi_1^*\hat{H}\psi_2\,\mathrm{d}\tau$$

$$= -(\hat{H}\psi_1,\psi_2) + (\psi_1,\hat{H}\psi_2) = -(\hat{H}\psi_1,\psi_2) + (\hat{H}^+\psi_1,\psi_2)$$

$$= -(\hat{H}\psi_1,\psi_2) + (\hat{H}\psi_1,\psi_2) = 0$$

所以，$\int\psi_1^*\psi_2\mathrm{d}\tau$ 之值与时间无关。

18. 证　设 ψ_1,ψ_2 是属于同一能量 E 的束缚态，即它们皆满足一维定态薛定谔方程

$$-\frac{\hbar}{2m}\frac{\mathrm{d}^2}{\mathrm{d}x^2}\psi(x) + V(x)\psi(x) = E\psi(x)$$

这时

$$\psi''_1 = -\frac{2m(E-V)}{\hbar}\psi_1$$

$$\psi''_2 = -\frac{2m(E-V)}{\hbar}\psi_2$$

上面第一式两边同乘 ψ_2 减去第二式两边同乘 ψ_1 得

$$\psi_2\psi''_1 - \psi_1\psi''_2 = 0$$

此式又可写成

$$(\psi_2\psi'_1)' - (\psi_1\psi'_2)' = 0$$

两边积分得

$$\psi_2\psi'_1 - \psi_1\psi'_2 = c_1$$

式中，c_1 为一常数。由于 ψ_1,ψ_2 都是束缚态，因此，当 $|x|\to\infty$ 时，ψ_1 和 ψ_2 均应趋于零，即 $c_1 = 0$

$$\psi_2\psi'_1 - \psi_1\psi'_2 = 0$$

所以

$$\frac{\psi'_1}{\psi_1} - \frac{\psi'_2}{\psi_2} = 0$$

两边积分给出

$$\ln\psi_1 - \ln\psi_2 = \ln\frac{\psi_1}{\psi_2} = \ln c$$

式中，c 为另一积分常数。故 $\psi_1 = c\psi_2$

这表明 ψ_1 和 ψ_2 最多差一常数，即它们代表同一态。而 $\psi_1\psi_2$ 的任意性，说明同一能量的束缚态都是同一态，因此一维束缚态是非简并的。

19. 解　设粒子束缚态波函数为 $\varphi(x)$，显然

$$\varphi(x) = 0 \quad x \leqslant 0 \qquad x \geqslant a$$

在势阱内，φ 满足定态薛定谔方程

$$\frac{\mathrm{d}^2\varphi}{\mathrm{d}x^2} + k^2\varphi = 0 \qquad k^2 = \frac{2mE}{\hbar}$$

通解为 $\varphi(x)=A\sin(kx+\theta)$

$x=0 \quad \varphi(0)=A\sin\theta=0 \qquad$ 由此得 $\quad \theta=0$

$x=a \quad \varphi(a)=A\sin ka=0 \qquad$ 由此得 $\quad k=\dfrac{n\pi}{a} \qquad (n=1,2,\cdots)$

所以

$$\varphi(x)=A\sin\frac{n\pi x}{a}$$

束缚态能级

$$E_n=\frac{\hbar}{2m}\left(\frac{n\pi}{a}\right)^2 \qquad (n=1,2,\cdots)$$

由归一化条件

$$\int_0^a \varphi^*(x)\varphi(x)\mathrm{d}x=1$$

有

$$1=\int_0^a A^2\sin^2\frac{n\pi x}{a}\mathrm{d}x=\frac{A^2}{2}\int_0^a\left(1-\cos\frac{2n\pi x}{a}\right)\mathrm{d}x=\frac{a}{2}A^2$$

$$A=\sqrt{\frac{2}{a}}$$

故归一化波函数

$$\varphi(x)=\sqrt{\frac{2}{a}}\sin\frac{n\pi x}{a} \qquad (n=1,2,\cdots)$$

20. 解　粒子运动的薛定谔方程是

$$V(x)=\infty \qquad x\leqslant 0$$

$$-\frac{\hbar^2}{2m}\frac{\mathrm{d}^2\psi_2}{\mathrm{d}x^2}-V_0\psi_2=E\psi_2 \qquad 0<x<a$$

$$-\frac{\hbar^2}{2m}\frac{\mathrm{d}^2\psi_3}{\mathrm{d}x^2}=E\psi_3 \qquad x\geqslant a$$

其解为

$$\psi_1(x)=0 \qquad x\leqslant 0$$

$$\psi_2(x)=A\sin(kx+\delta) \qquad 0<x<a$$

$$\psi_3(x)=B\mathrm{e}^{\lambda x}+C\mathrm{e}^{-\lambda x} \qquad x\geqslant a$$

式中，$k^2=\dfrac{2m(E+V_0)}{\hbar^2}$，$\quad \lambda^2=-\dfrac{2mE}{\hbar^2} \quad (E<0)$

利用边界条件：

$x=0$，$0=\psi_1(0)=\psi_2(0)=A\sin\delta$，从而 $\delta=0$

$x\to\infty$，$\psi_3\to 0$，从而 $B=0$

于是 $\psi_1(x)=0 \qquad x\leqslant 0$

$$\psi_2(x) = A\sin kx \qquad 0 < x < a$$

$$\psi_3(x) = Ce^{-\lambda x} \qquad x \geqslant a$$

再利用 $x = a$ 处,ψ 及其导数连续有

$$A\sin ka = Ce^{-\lambda a}$$

$$kA\cos ka = -\lambda Ce^{-\lambda a}$$

两式相除得

$$k\cot ka = -\lambda$$

式中,k 和 λ 都是 E 的函数,由此方程便可确定束缚态能量,可见上式即能级方程。

上式亦可改写成

$$\sin^2 ka = \frac{1}{1+\cot^2 ka} = \frac{1}{1+\lambda^2/k^2} = \frac{k^2}{k^2+\lambda^2} = \frac{k^2\hbar^2}{2m(E+V_0)-2mE} = \frac{k^2}{k_0^2}$$

式中,$k_0^2 = \sqrt{2mV_0/\hbar^2}$。由于 $\cot ka < 0$,ka 在第2,4象限,所以

$$\sin ka = \pm\frac{ka}{k_0 a}$$

此为一个超越方程。左边表示正弦曲线,右边是一条斜率为 $1/k_0$ 的直线,用作图法确定出这两条线的交点,便求得了方程的解,即粒子能级。由此可见,如果粒子至少有一个束缚态,那么两线应有一个交点。这就意味着,在左边正弦曲线 $ka = \frac{\pi}{2}$ 处,右边直线 $ka/k_0 a \leqslant 1$

故

$$1 \leqslant \frac{ka}{k_0 a} = \frac{\pi/2}{k_0 a} = \frac{\pi/2}{a\sqrt{2mV_0/\hbar}}$$

$$V_0 a^2 \geqslant \frac{\pi^2\hbar}{8m}$$

这便是粒子在该势阱中运动时至少存在一个束缚态的条件。

21. 解　粒子运动的薛定谔方程是

$$\frac{d^2\psi}{dx^2} + k^2\psi = 0 \qquad x < 0$$

$$\frac{d^2\psi}{dx^2} + k'^2\psi = 0 \qquad x > 0$$

式中,$k'^2 = 2m(E-V_0)/\hbar$。对 $x < 0$,既有入射波,又有反射波,因此

$$\psi = e^{ikx} + Re^{-ikx}$$

对 $x > 0$,仅有透射波,因此

$$\psi = Se^{ik'x}$$

在 $x=0$ 处，ψ 与 ψ' 连续，由此得

$$1+R=S$$
$$k(1-R)=k'S$$

联立解出

$$R=\frac{k-k'}{k+k'}\qquad S=\frac{2k}{k+k'}$$

注意到透射几率流密度

$$j_{\mathrm{d}}=\frac{\hbar}{2mi}\left[S^{*}\mathrm{e}^{-\mathrm{i}k'x}\frac{\partial}{\partial x}(S\mathrm{e}^{\mathrm{i}k'x})-S\mathrm{e}^{\mathrm{i}k'x}\frac{\partial}{\partial x}(S^{*}\mathrm{e}^{-\mathrm{i}k'x})\right]=\frac{\hbar k'}{m}|S|^{2}=\frac{k'}{k}|S|^{2}v$$

所以

$$\text{透射系数}\equiv\left|\frac{j_{\mathrm{d}}}{j}\right|=\frac{k'}{k}|S|^{2}=\frac{4kk'}{(k+k')^{2}}$$

$$\text{反射系数}\equiv\left|\frac{j_{r}}{j}\right|=|R|^{2}=\frac{(k-k')^{2}}{(k+k')^{2}}$$

22. 解　利用分离变量法，二维各向同性谐振子定态波函数可以写成

$$\psi(x,y)=X(x)Y(y)$$

代入薛定谔方程 $\hat{H}\psi=E\psi$ 有

$$-\frac{\hbar^{2}}{2m}\left(\frac{\partial^{2}}{\partial x^{2}}+\frac{\partial^{2}}{\partial y^{2}}\right)X(x)Y(y)+\frac{1}{2}m\omega^{2}(x^{2}+y^{2})X(x)Y(y)=EX(x)Y(y)$$

两边同除 ψ 得

$$-\frac{\hbar^{2}}{2m}\frac{1}{X(x)}\frac{\partial^{2}X(x)}{\partial x^{2}}+\frac{1}{2}m\omega^{2}x^{2}=E-\left[-\frac{\hbar^{2}}{2m}\frac{1}{Y(y)}\frac{\partial^{2}Y(y)}{\partial y^{2}}+\frac{1}{2}m\omega^{2}y^{2}\right]$$

上式左边是 x 的函数，右边是 y 的函数，若两边相等，两边所得值必为常数，设为 E_1，即

$$-\frac{\hbar^{2}}{2m}\frac{1}{X(x)}\frac{\partial^{2}X(x)}{\partial x^{2}}+\frac{1}{2}m\omega^{2}x^{2}=E_{1}$$

$$E-\left[-\frac{\hbar^{2}}{2m}\frac{1}{Y(y)}\frac{\partial^{2}Y(y)}{\partial y^{2}}+\frac{1}{2}m^{2}y^{2}\right]=E_{1}$$

两式可写成

$$-\frac{\hbar^{2}}{2m}\frac{\partial^{2}X}{\partial x^{2}}+\frac{1}{2}m\omega^{2}x^{2}X=E_{1}X$$

$$-\frac{\hbar^{2}}{2m}\frac{\alpha^{2}Y}{\alpha y^{2}}+\frac{1}{2}m\omega^{2}y^{2}Y=E_{2}Y\qquad(E-E_{1}=E_{2})$$

这是两个一维谐振子方程，其解分别为

$$X_m(x) = N_m e^{-\frac{1}{2}\alpha^2 x^2} H_m(\alpha x)$$
$$Y_n(y) = N_n e^{-\frac{1}{2}\alpha^2 y^2} H_n(\alpha y)$$

相应本征值　$E_m = \left(m + \dfrac{1}{2}\right)\hbar\omega \qquad E_n = \left(n + \dfrac{1}{2}\right)\hbar\omega$

所以二维各向同性谐振子定态波函数为

$$\psi_{mn}(x,y) = N_m N_n e^{-\frac{1}{2}\alpha^2(x^2+y^2)} H_m(\alpha x) H_n(\alpha y)$$

能级为

$$E_N = E_{mn} = E_1 + E_2 = E_m + E_n = (m + n + 1)\hbar\omega \quad (m,n = 0,1,2,\cdots)$$
$$N = m + n$$

对于任意给定数目 $N = m + n \quad (N = 0,1,2,\cdots)$，$m$(或 n) 可有 $N + 1$ 个取值，故能级简并度为 $N + 1$。

23. 解　与题22类似，定态波函数可表为

$$\psi(x,y,z) = X(x)Y(y)Z(z)$$

代入薛定谔方程，两边同除 ψ 得

$$-\frac{\hbar^2}{2m}\frac{\partial^2 X}{\partial x^2} + \frac{1}{2}m\omega^2 x^2 X = E_1 X$$
$$-\frac{\hbar^2}{2m}\frac{\partial^2 Y}{\partial y^2} + \frac{1}{2}m\omega^2 y^2 Y = E_2 Y$$
$$-\frac{\hbar^2}{2m}\frac{\partial^2 Z}{\partial z^2} + \frac{1}{2}m\omega^2 z^2 Z = E_3 Z \qquad (E = E_1 + E_2 + E_3)$$

这三个一维谐振子方程的解分别是

$$X_m(x) = N_m e^{-\frac{1}{2}\alpha^2 x^2} H_m(\alpha x)$$
$$Y_n(y) = N_n e^{-\frac{1}{2}\alpha^2 y^2} H_n(\alpha y)$$
$$z_l(z) = N_l e^{-\frac{1}{2}\alpha^2 y^2} H_l(\alpha z)$$

相应本征值是

$$E_m = \left(m + \frac{1}{2}\right)\hbar\omega \qquad E_n = \left(n + \frac{1}{2}\right)\hbar\omega \qquad E_l = \left(l + \frac{1}{2}\right)\hbar\omega$$

所以三维各向同性谐振子定态波函数

$$\psi_{mnl}(x,y,z) = N_m N_n N_l e^{-\frac{1}{2}\alpha^2(x^2+y^2+z^2)} H_m(\alpha x) H_n(\alpha y) H_l(\alpha z)$$

能级为

$$E_N = E_{mnl} = E_1 + E_2 + E_3 = E_m + E_n + E_l = \left(m + n + l + \frac{3}{2}\right)\hbar\omega$$

$(N = m + n + l, m,n,l = 0,1,2,\cdots)$

对于给定 $N=m+n+l(N=0,1,2,\cdots)$,m,n,l 可能取值的数目相当于将 N 个球分配到 3 个盒子中可能有的方式数目。这个数目是

$$\binom{N+3-1}{2}=\binom{N+2}{2}=\frac{(N+2)(N+1)}{2}$$

故能级的简并度是$\frac{(N+2)(N+1)}{2}$。(参见 6.3.4 节)

24. 解　一维谐振子的平均能量 $\bar{E}=\frac{\overline{p^2}}{2m}+\frac{1}{2}m\omega^2\overline{x^2}$

其中坐标平均值

$$\bar{x}=\int\psi^* x\psi\,\mathrm{d}x=N_n^2\int_{-\infty}^{\infty}\mathrm{e}^{-\alpha^2x^2}H_n^2(\alpha x)x\mathrm{d}x=0$$

这是因为被积函数为奇函数。

动量平均值

$$\bar{p}=\int\psi^*\ \frac{\hbar}{\mathrm{i}}\frac{\partial}{\partial x}\psi\,\mathrm{d}x=\frac{\hbar}{\mathrm{i}}N_n^2\int_{-\infty}^{\infty}\mathrm{e}^{-\frac{1}{2}\alpha^2x^2}H_n(\alpha x)\ \frac{\mathrm{d}}{\mathrm{d}x}[\mathrm{e}^{-\frac{1}{2}\alpha^2x^2}H_n(\alpha x)]\mathrm{d}x$$

利用分部积分得

$$\bar{p}=-\frac{\hbar}{\mathrm{i}}N_n^2\int_{-\infty}^{\infty}\frac{\mathrm{d}}{\mathrm{d}x}[\mathrm{e}^{-\frac{1}{2}\alpha^2x^2}H_n(\alpha x)]\mathrm{e}^{-\frac{1}{2}\alpha^2x^2}H_n(\alpha x)\mathrm{d}x=-\bar{p}$$

同样　$\bar{p}=0$

于是

$$\overline{(\Delta x)^2}=\overline{(x-\bar{x})^2}=\overline{x^2}-\bar{x}^2=\overline{x^2}$$

$$\overline{(\Delta p)^2}=\overline{(p-p)^2}=\overline{p^2}-\bar{p}^2=\overline{p^2}$$

$$\bar{E}=\frac{\overline{(\Delta p)^2}}{2m}+\frac{1}{2}m\omega^2\overline{(\Delta x)^2}$$

由测不准关系①

$$\overline{(\Delta x)^2(\Delta p)^2}\geqslant\frac{\hbar}{4}$$

求出 $\bar{E}$ 的最小值,这便是谐振子基态。将其代入后有

$$\bar{E}=\frac{\hbar^2}{8m}\frac{1}{\overline{(\Delta x)^2}}+\frac{1}{2}m\omega^2\overline{(\Delta x)^2}$$

$\bar{E}$ 取最小值的条件为

---

① 见 5.11 例题 1。

$$\frac{\hbar^2}{8m}\frac{-1}{[\overline{(\Delta x)^2}]^2}+\frac{1}{2}m\omega^2=0$$

由此得

$$\overline{(\Delta x)^2}=\frac{\hbar}{2m\omega}$$

$\bar{E}$ 的最小值为　$\bar{E}=\frac{\hbar^2}{8m}\frac{2m\omega}{\hbar}+\frac{1}{2}m\omega^2\frac{\hbar}{2m\omega}=\frac{1}{2}\hbar\omega$

这便是一维谐振子基态能量。

25. 解　氢原子能量

$$E=\frac{p^2}{2m}+\frac{1}{4\pi\varepsilon_0}\frac{e^2}{r}$$

下面我们利用 $p\sim\Delta p, r\sim\Delta r, \Delta p\Delta r\sim\hbar$ 来估算氢原子基态能量。这时

$$E\sim\frac{(\Delta p)^2}{2m}+\frac{1}{4\pi\varepsilon_0}\frac{e^2}{\Delta r}\sim\frac{\hbar^2}{2m}\frac{1}{(\Delta r)^2}+\frac{1}{4\pi\varepsilon_0}\frac{e^2}{\Delta r}$$

根据测不准关系，E 不能为零，求出 E 的最小值，便是氢原子基态能量。E 取最小值的条件是

$$\frac{\hbar^2}{2m}\frac{-2}{(\Delta r)^3}+\frac{e^2}{4\pi\varepsilon_0}\frac{-1}{(\Delta r)^2}=0$$

由此得

$$\frac{1}{\Delta r}=-\frac{e^2}{4\pi\varepsilon_0}\frac{m}{\hbar^2}$$

E 的最小值为

$$E=\frac{\hbar^2}{2m}\frac{m^2e^4}{16\pi^2\varepsilon_0^2\hbar^4}-\frac{e^2}{4\pi\varepsilon_0}\frac{me^2}{4\pi\varepsilon_0\hbar^2}=-\frac{me^4}{32\pi^2\varepsilon_0^2\hbar^2}$$

这便是氢原子基态能量。

26. 证　利用式(5.6.21)和式(5.6.23)即可证明 σ 各量间的反对易关系。比如，式(5.6.21)中

$$\hat{\sigma}_y\hat{\sigma}_z-\hat{\sigma}_z\hat{\sigma}_y=i2\hat{\sigma}_x$$

两边左乘 $\hat{\sigma}_y$ 并利用式(5.6.23)有

$$\hat{\sigma}_z-\hat{\sigma}_y\hat{\sigma}_z\hat{\sigma}_y=i2\hat{\sigma}_y\hat{\sigma}_x$$

两边右乘 $\hat{\sigma}_y$ 并利用式(5.6.23)又有

$$\hat{\sigma}_y\hat{\sigma}_z\hat{\sigma}_y-\hat{\sigma}_z=i2\hat{\sigma}_x\hat{\sigma}_y$$

将这样得到的两式相加即给出

$$\hat{\sigma}_x\hat{\sigma}_y + \hat{\sigma}_y\hat{\sigma}_x = 0$$

同理
$$\hat{\sigma}_y\hat{\sigma}_z + \hat{\sigma}_z\hat{\sigma}_y = 0$$
$$\hat{\sigma}_z\hat{\sigma}_x + \hat{\sigma}_x\hat{\sigma}_z = 0$$

27. 证

$$P_+ + P_- = \frac{1}{2}(1+\sigma_z) + \frac{1}{2}(1-\sigma_z) = 1$$

$$P_\pm^2 = \frac{1}{4}(1 \pm \sigma_z)^2 = \frac{1}{4}(1+\sigma_z^2 \pm 2\sigma_z) = \frac{1}{4}(2 \pm 2\sigma_z) = \frac{1}{2}(1 \pm \sigma_z) = P_\pm$$

$$P_\pm P_\mp = \frac{1}{2}(1 \pm \sigma_z)\frac{1}{2}(1 \mp \sigma_z) = \frac{1}{4}(1-\sigma_z^2) = \frac{1}{4}(1-1) = 0$$

28. 证

$$\hat{\boldsymbol{j}} \times \hat{\boldsymbol{j}} = (\hat{\boldsymbol{l}} + \hat{\boldsymbol{s}}) \times (\hat{\boldsymbol{l}} + \hat{\boldsymbol{s}}) = \hat{\boldsymbol{l}} \times \hat{\boldsymbol{l}} + \hat{\boldsymbol{s}} \times \hat{\boldsymbol{l}} + \hat{\boldsymbol{l}} \times \hat{\boldsymbol{s}} + \hat{\boldsymbol{s}} \times \hat{\boldsymbol{s}}$$
$$= \hat{\boldsymbol{l}} \times \hat{\boldsymbol{l}} + \hat{\boldsymbol{s}} \times \hat{\boldsymbol{s}} = \mathrm{i}\hbar\hat{\boldsymbol{l}} + \mathrm{i}\hbar\hat{\boldsymbol{s}} = \mathrm{i}\hbar(\hat{\boldsymbol{l}} + \hat{\boldsymbol{s}}) = \mathrm{i}\hbar\hat{\boldsymbol{j}}$$

29. 证

$$(\sigma_x \pm \mathrm{i}\sigma_y)^2 = \sigma_x^2 - \sigma_y^2 \pm \mathrm{i}(\sigma_x\sigma_y + \sigma_y\sigma_x) = 1 - 1 = 0$$

30. 证 (1) 由 $\hat{\boldsymbol{j}} \times \hat{\boldsymbol{j}} = \mathrm{i}\hbar\hat{\boldsymbol{j}}$ 知

$$\hat{j}_y\hat{j}_z - \hat{j}_z\hat{j}_y = \mathrm{i}\hbar\hat{j}_x$$
$$\hat{j}_z\hat{j}_x - \hat{j}_x\hat{j}_z = \mathrm{i}\hbar\hat{j}_y$$
$$\hat{j}_x\hat{j}_y - \hat{j}_y\hat{j}_x = \mathrm{i}\hbar\hat{j}_z$$

$$[\hat{j}^2, \hat{j}_x] = [\hat{j}_x^2 + \hat{j}_y^2 + \hat{j}^z, \hat{j}_x] = [\hat{j}_y^2, \hat{j}_x] + [\hat{j}_z^2, \hat{j}_x]$$
$$= \hat{j}_y[\hat{j}_y, \hat{j}_x] + [\hat{j}_y, \hat{j}_x]\hat{j}_y + \hat{j}_z[\hat{j}_z, \hat{j}_x] + [\hat{j}_z, \hat{j}_x]\hat{j}_z$$
$$= \hat{j}_y(-\mathrm{i}\hbar\hat{j}_z) - \mathrm{i}\hbar\hat{j}_z\hat{j}_y + \hat{j}_z\mathrm{i}\hbar\hat{j}_y + \mathrm{i}\hbar\hat{j}_y\hat{j}_z = 0$$

$$[\hat{l}^2, \hat{j}_x] = [\hat{l}^2, \hat{l}_x + \hat{s}_x] = [\hat{l}^2, \hat{l}_x] = [\hat{l}^2, \hat{l}_x] = 0$$

同理可证其余各式。

(2) $[\hat{l}^2, \hat{\boldsymbol{s}} \cdot \hat{\boldsymbol{l}}] = [\hat{l}^2, \hat{s}_x\hat{l}_x + \hat{s}_y\hat{l}_y + \hat{s}_z\hat{l}_z]$

$$= \hat{s}_x[\hat{l}^2, \hat{l}_x] + \hat{s}_y[\hat{l}^2, \hat{l}_y] + \hat{s}_z[\hat{l}^2, \hat{l}_z] = 0$$

$$[\hat{j}^2, \hat{l}^2] = [(\hat{\boldsymbol{l}} + \hat{\boldsymbol{s}})^2, l^2] = [\hat{l}^2 + \hat{s}^2 + 2\hat{\boldsymbol{l}} \cdot \hat{\boldsymbol{s}}, \hat{l}^2]$$
$$= 2[\hat{\boldsymbol{l}} \cdot \hat{\boldsymbol{s}}, \hat{l}^2] = 0$$

$$[\hat{j}_{x,}, \hat{\boldsymbol{s}} \cdot \hat{\boldsymbol{l}}] = [\hat{l}_x + \hat{s}_x, \hat{s}_x\hat{l}_x + \hat{s}_y\hat{l}_y + \hat{s}_z\hat{l}_z]$$
$$= [\hat{l}_x, \hat{s}_x\hat{l}_x + \hat{s}_y\hat{l}_y + \hat{s}_z\hat{l}_z] + [\hat{s}_x, \hat{s}_x\hat{l}_x + \hat{s}_y\hat{l}_y + \hat{s}_z\hat{l}_z]$$

$$= [\hat{l}_x, \hat{s}_y\hat{l}_y + \hat{s}_z\hat{l}_z] + [\hat{s}_x, \hat{s}_y\hat{l}_y + \hat{s}_z\hat{l}_z]$$

$$= s_y[\hat{l}_x, \hat{l}_y] + \hat{s}_z[\hat{l}_x, \hat{l}_z] + [\hat{s}_x, \hat{s}_y]l_y + [\hat{s}_x, \hat{s}_z]\hat{l}_z$$

$$= \hat{s}_y \mathrm{i}\hbar\hat{l}_z + \hat{s}_z(-\mathrm{i}\hbar\hat{l}_y) + \mathrm{i}\hbar\hat{s}_z\hat{l}_y - \mathrm{i}\hbar\hat{s}_y\hat{l}_z = 0$$

同理 $$[\hat{j}_y, \hat{\boldsymbol{s}}\cdot\hat{\boldsymbol{l}}] = [\hat{j}_z, \hat{\boldsymbol{s}}\cdot\hat{\boldsymbol{l}}] = 0$$

31. 解　电子自旋有两个本征态

$$\chi_{\frac{1}{2}} = \begin{pmatrix}1\\0\end{pmatrix} \qquad \chi_{-\frac{1}{2}} = \begin{pmatrix}0\\1\end{pmatrix}$$

记两个电子的这两个自旋状态为

$$\chi_{\frac{1}{2}}(1),\ \chi_{-\frac{1}{2}}(1),\ \chi_{\frac{1}{2}}(2),\ \chi_{-\frac{1}{2}}(2)$$

显然,二电子体系的对称自旋波函数是

$$\chi_{11} = \chi_{\frac{1}{2}}(1)\chi_{\frac{1}{2}}(2)$$

$$\chi_{1-1} = \chi_{-\frac{1}{2}}(1)\chi_{-\frac{1}{2}}(2)$$

$$\chi_{10} = \frac{1}{\sqrt{2}}\left(\chi_{\frac{1}{2}}(1)\chi_{-\frac{1}{2}}(2) + \chi_{-\frac{1}{2}}(1)\chi_{\frac{1}{2}}(2)\right)$$

反对称自旋波函数是

$$\chi_{00} = \frac{1}{\sqrt{2}}\left(\chi_{\frac{1}{2}}(1)\chi_{-\frac{1}{2}}(2) - \chi_{-\frac{1}{2}}(1)\chi_{\frac{1}{2}}(2)\right)$$

式中,$\frac{1}{\sqrt{2}}$是归一化因子。

32. 证　设两个电子的自旋算符分别为$\hat{\boldsymbol{S}}_1, \hat{\boldsymbol{S}}_2$,总自旋算符为$\hat{\boldsymbol{S}} = \hat{\boldsymbol{S}}_1 + \hat{\boldsymbol{S}}_2$。

于是 $$\hat{\boldsymbol{S}}_1 = \frac{\hbar}{2}\hat{\boldsymbol{\sigma}}_1, \hat{\boldsymbol{S}}_2 = \frac{\hbar}{2}\hat{\boldsymbol{\sigma}}_2$$

$$\hat{\boldsymbol{S}}^2 = \frac{\hbar}{4}(\hat{\boldsymbol{\sigma}}_1 + \hat{\boldsymbol{\sigma}}_2)^2 = \frac{\hbar}{4}(\hat{\boldsymbol{\sigma}}_1^2 + \hat{\boldsymbol{\sigma}}_2^2 + 2\hat{\boldsymbol{\sigma}}_1\cdot\hat{\boldsymbol{\sigma}}_2)$$

由式(5.6.23)知(I为单位算符)

$$\hat{\boldsymbol{\sigma}}_1^2 = \hat{\boldsymbol{\sigma}}_{1x}^2 + \hat{\boldsymbol{\sigma}}_{1y}^2 + \hat{\boldsymbol{\sigma}}_{1z}^2 = 3I$$

$$\hat{\boldsymbol{\sigma}}_2^2 = \hat{\boldsymbol{\sigma}}_{2x}^2 + \hat{\boldsymbol{\sigma}}_{2y}^2 + \hat{\boldsymbol{\sigma}}_{2z}^2 = 3I$$

因此

$$(\hat{\boldsymbol{\sigma}}_1^2 + \hat{\boldsymbol{\sigma}}_2^2)\chi_{\sigma_z} = (3+3)\chi_{\sigma_z} = 6\chi_{\sigma_z} \qquad (\sigma = 1, z = \pm 1, 0; \sigma = 0, z = 0)$$

而由题33知

$$\hat{\boldsymbol{\sigma}}_1\cdot\hat{\boldsymbol{\sigma}}_2\chi_{1z} = \chi_{1z} \qquad (z = \pm 1, 0)$$

$$\hat{\boldsymbol{\sigma}}_1\cdot\hat{\boldsymbol{\sigma}}_2\chi_0 = -3\chi_{00}$$

所以

$$\hat{S}^2\chi_{1z}=\frac{\hbar}{4}(6+2)\chi_{1z}=2\hbar\chi_{1z}=1\cdot(1+1)\hbar\chi_{1z}\qquad(z=\pm1,0)$$

$$\hat{S}\chi_{00}=\frac{\hbar}{4}(6-6)\chi_{00}=0=0\cdot(0+1)\hbar\chi_{00}$$

可见,自旋三重态和自旋单态均是总自旋平方算符的本征函数,相应本征值分别为 $2\hbar(s=1)$ 和 $0(s=0)$。

33. 证 　利用表示式(5.6.26)和

$$\hat{\boldsymbol{\sigma}}_1\cdot\hat{\boldsymbol{\sigma}}_2=\hat{\sigma}_{1x}\hat{\sigma}_{2x}+\hat{\sigma}_{1y}\hat{\sigma}_{2y}+\hat{\sigma}_{1z}\hat{\sigma}_{2z}$$

并注意到各分量下标1和2分别运算在电子1和电子2上,有

$$\begin{aligned}\hat{\boldsymbol{\sigma}}_1\cdot\hat{\boldsymbol{\sigma}}_2\chi_{11}&=(\hat{\sigma}_{1x}\hat{\sigma}_{2x}+\hat{\sigma}_{1y}\hat{\sigma}_{2y}+\hat{\sigma}_{1z}\hat{\sigma}_{2z})\chi_{\frac{1}{2}}(1)\chi_{\frac{1}{2}}(2)\\&=\chi_{-\frac{1}{2}}(1)\chi_{-\frac{1}{2}}(2)+i\chi_{-\frac{1}{2}}(1)i\chi_{-\frac{1}{2}}(2)+\chi_{\frac{1}{2}}(1)\chi_{\frac{1}{2}}(2)=\chi_{\frac{1}{2}}(1)\chi_{\frac{1}{2}}(2)\\&=\chi_{11}\end{aligned}$$

$$\begin{aligned}\hat{\boldsymbol{\sigma}}_1\cdot\hat{\boldsymbol{\sigma}}_2\chi_{1-1}&=(\hat{\sigma}_{1x}\hat{\sigma}_{2x}+\hat{\sigma}_{1y}\hat{\sigma}_{2y}+\hat{\sigma}_{1z}\hat{\sigma}_{2z})\chi_{-\frac{1}{2}}(1)\chi_{-\frac{1}{2}}(2)\\&=\chi_{\frac{1}{2}}(1)\chi_{\frac{1}{2}}(2)+(-i)\chi_{\frac{1}{2}}(1)(-i)\chi_{\frac{1}{2}}(2)+(-1)\chi_{-\frac{1}{2}}(1)\\&\quad(-1)\chi_{-\frac{1}{2}}(2)\\&=\chi_{-\frac{1}{2}}(1)\chi_{-\frac{1}{2}}(2)=\chi_{1-1}\end{aligned}$$

$$\hat{\boldsymbol{\sigma}}_1\cdot\hat{\boldsymbol{\sigma}}_2\chi_{10}=(\hat{\sigma}_{1x}\hat{\sigma}_{2x}+\hat{\sigma}_{1y}\hat{\sigma}_{2y}+\hat{\sigma}_{1z}\hat{\sigma}_{2z})\frac{1}{\sqrt{2}}\left[\chi_{\frac{1}{2}}(1)\chi_{-\frac{1}{2}}(2)+\chi_{-\frac{1}{2}}(1)\chi_{\frac{1}{2}}(2)\right]$$

$$=\frac{1}{\sqrt{2}}\left[\chi_{-\frac{1}{2}}(1)\chi_{\frac{1}{2}}(2)+\chi_{\frac{1}{2}}(1)\chi_{-\frac{1}{2}}(2)+\chi_{-\frac{1}{2}}(1)\chi_{\frac{1}{2}}(2)+\chi_{\frac{1}{2}}(1)\chi_{-\frac{1}{2}}(2)\right]$$

$$\left[-\chi_{\frac{1}{2}}(1)\chi_{-\frac{1}{2}}(2)-\chi_{-\frac{1}{2}}(1)\chi_{\frac{1}{2}}(2)\right]$$

$$=\frac{1}{\sqrt{2}}\left[\chi_{\frac{1}{2}}(1)\chi_{-\frac{1}{2}}(2)+\chi_{-\frac{1}{2}}(1)\chi_{\frac{1}{2}}(2)\right]=\chi_{10}$$

$$\hat{\boldsymbol{\sigma}}_1\cdot\hat{\boldsymbol{\sigma}}_2\chi_{00}=(\hat{\sigma}_{1x}\hat{\sigma}_{2x}+\hat{\sigma}_{1y}\hat{\sigma}_{2y}+\hat{\sigma}_{1z}\hat{\sigma}_{2z})\frac{1}{\sqrt{2}}\left[\chi_{\frac{1}{2}}(1)\chi_{-\frac{1}{2}}(2)-\chi_{-\frac{1}{2}}(1)\chi_{\frac{1}{2}}(2)\right]$$

$$=\frac{1}{\sqrt{2}}\left[\chi_{-\frac{1}{2}}(1)\chi_{\frac{1}{2}}(2)-\chi_{\frac{1}{2}}(1)\chi_{-\frac{1}{2}}(2)+\chi_{-\frac{1}{2}}(1)\chi_{\frac{1}{2}}(2)-\chi_{\frac{1}{2}}(1)\chi_{-\frac{1}{2}}(2)\right]$$

$$\left[-\chi_{\frac{1}{2}}(1)\chi_{-\frac{1}{2}}(2)+\chi_{-\frac{1}{2}}(1)\chi_{\frac{1}{2}}(2)\right]$$

$$=-\frac{3}{\sqrt{2}}\left[\chi_{\frac{1}{2}}(1)\chi_{-\frac{1}{2}}(2)-\chi_{-\frac{1}{2}}(1)\chi_{\frac{1}{2}}(2)\right]=-3\chi_{10}$$

可见自旋三重态和自旋单态均是 $\hat{\boldsymbol{\sigma}}_1\cdot\hat{\boldsymbol{\sigma}}_2$ 的本征态,相应的本征值分别是1

和 -3。

34. 解　(1) $U=\frac{1}{2}m\omega^2\frac{\alpha}{\sqrt{\pi}}\int_{-\infty}^{\infty}x^2e^{-\alpha^2x^2}dx=\frac{1}{2}m\omega^2\frac{\alpha}{\sqrt{\pi}}\frac{1}{2\alpha^2}\sqrt{\frac{\pi}{\alpha^2}}=\frac{m\omega^2}{4\alpha^2}=\frac{\hbar\omega}{4}$

($\alpha=\sqrt{m\omega/\hbar}$, 见式(5.5.27))

(2) 将 $\frac{d^2\psi}{dx^2}=\frac{d^2}{dx^2}\left(\sqrt{\frac{\alpha}{\pi^{1/2}}}e^{-\alpha^2x^2/2}\right)=\sqrt{\frac{\alpha}{\pi^{1/2}}}\left(-\alpha^2e^{-\alpha^2x^2/2}+\alpha^4x^2e^{-\alpha^2x^2/2}\right)$

代入 $\bar{T}$ 的表达式得

$$\bar{T}=-\frac{\hbar^2}{2m}\frac{\alpha}{\sqrt{\pi}}\left\{-\alpha^2\int_{-\infty}^{\infty}e^{-\alpha^2x^2}dx+\alpha^4\int_{-\infty}^{\infty}x^2e^{-\alpha^2x^2}dx\right\}$$

$$=-\frac{\hbar^2}{2m}\frac{\alpha}{\sqrt{\pi}}\left(-\alpha^2\sqrt{\frac{\pi}{\alpha^2}}+\alpha^4\frac{1}{2\alpha^2}\sqrt{\frac{\pi}{\alpha^2}}\right)=\frac{\hbar^2}{2m}\frac{\alpha}{\sqrt{\pi}}\frac{\alpha^2}{2}\frac{\sqrt{\pi}}{\alpha}=\frac{\hbar^2\alpha^2}{4m}=\frac{\hbar\omega}{4}$$

$$(3)\ c(p)=\int_{-\infty}^{\infty}\frac{1}{\sqrt{2\pi\hbar}}e^{-ipx/\hbar}\sqrt{\frac{\alpha}{\pi^{1/2}}}e^{-\alpha^2x^2/2}dx$$

$$=\frac{1}{\sqrt{2\pi\hbar}}\sqrt{\frac{\alpha}{\pi^{1/2}}}\int_{-\infty}^{\infty}e^{-\frac{\alpha^2x^2}{2}-i\frac{px}{\hbar}}dx$$

$$=\frac{1}{\sqrt{2\pi\hbar}}\sqrt{\frac{\alpha}{\pi^{1/2}}}\int_{-\infty}^{\infty}e^{-\frac{\alpha^2}{2}\left(x+\frac{ip}{\alpha^2\hbar}\right)^2-\frac{\alpha^2}{2}\frac{p^2}{\alpha^4\hbar}}dx$$

$$=\frac{1}{\sqrt{2\pi\hbar}}\sqrt{\frac{\alpha}{\pi^{1/2}}}e^{-\frac{p^2}{2\alpha^2\hbar}}\sqrt{\frac{\pi}{\alpha^2/2}}=\frac{1}{\sqrt{\pi^{1/2}\hbar\alpha}}e^{-\frac{p^2}{2\alpha^2\hbar}}$$

$$=(\pi m\omega\hbar)^{-1/4}e^{-p^2/(2m\omega\hbar)}$$

35. 解　由归一化条件

$$1=\int\psi^*\psi dx=\lambda^2\int_0^{\infty}x^2e^{-2\alpha x}dx$$

$$=\lambda^2\left[\frac{x^2}{-2\alpha}e^{-2\alpha x}-\frac{2}{-2\alpha}\frac{1}{4\alpha^2}e^{-2\alpha x}(-2ax-1)\right]_0^{\infty}$$

$$=\lambda^2\frac{1}{4\alpha^3}$$

有
$$\lambda=2\sqrt{\alpha^3}$$

从而动量的几率分布函数

$$c(p)=\int\varphi_p^*\psi dx=\int_0^{\infty}\frac{1}{\sqrt{2\pi\hbar}}e^{-ipx/\hbar}\lambda xe^{-\alpha x}dx=\frac{\lambda}{\sqrt{2\pi\hbar}}\int_0^{\infty}xe^{-(\alpha+ip/\hbar)x}dx$$

$$=\frac{\lambda}{\sqrt{2\pi\hbar}}\left\{\frac{1}{(\alpha+ip/\hbar)^2}e^{-(\alpha+ip/\hbar)x}[-(\alpha+ip/\hbar)x-1]\right\}_0^{\infty}$$

$$= \frac{\lambda}{\sqrt{2\pi\hbar}} \frac{1}{(\alpha + \mathrm{i}p/\hbar)^2} = \sqrt{\frac{2\alpha^3}{\pi\hbar}} \frac{1}{(\alpha + \mathrm{i}p/\hbar)^2}$$

平均动量

$$\bar{p} = \int c^*(p) p c(p) \mathrm{d}p = \frac{2\alpha^3}{\pi\hbar} \int_{-\infty}^{\infty} \frac{p\mathrm{d}p}{(\alpha^2 + p^2/\hbar)^2} = 0$$

36. 解 粒子的径向方程是①

$$\frac{1}{r^2}\frac{\mathrm{d}}{\mathrm{d}r}\left(r^2\frac{\mathrm{d}R}{\mathrm{d}r}\right) + \left[k^2 - \frac{l(l+1)}{r^2}\right]R = 0 \qquad (r < a)$$

式中，$k = \sqrt{2mE/\hbar}$。

边界条件为

$$|R(r)|_{r=a} = 0$$

引入无量纲变量 $\rho = kr$，径向方程化成

$$\frac{\mathrm{d}^2R}{\mathrm{d}\rho^2} + \frac{2}{\rho}\frac{\mathrm{d}R}{\mathrm{d}\rho} + \left[1 - \frac{l(l+1)}{\rho^2}\right]R = 0 \quad (r < a)$$

这是一个球贝塞尔方程，它的满足 $\rho \to 0$ 时有界的解为

$$R_{kl}(r) = j_l(kr)$$

$j_l(kr)$ 是 l 阶球贝塞尔函数。由边界条件知

$$j_l(ka) = 0$$

记 $\lambda_{l\nu}$ 是 j_l 的第 ν 个根，则 $k = \lambda_{l\nu}/a$，从而粒子的能级

$$E_{\nu lm} = \frac{\hbar\lambda_{l\nu}^2}{2ma^2}$$

相应的波函数

$$\psi_{\nu lm} = Aj_l\left(\frac{\lambda_{l\nu}}{a}r\right)Y_{lm}(\theta,\varphi)$$

A 为归一化常数。

37. 证 设线性算符 $\hat{F}$ 并非厄密，我们总可以将 $\hat{F}$ 表示成

$$\hat{F} = \frac{1}{2}(\hat{F} + \hat{F}^+) + \frac{1}{2}(\hat{F} - \hat{F}^+) = \frac{1}{2}(\hat{F} + \hat{F}^+) + \mathrm{i}\frac{1}{2\mathrm{i}}(\hat{F} - \hat{F}^+)$$

记 $\hat{A} = \frac{1}{2}(\hat{F} + \hat{F}^+)$，$\hat{B} = \frac{1}{2\mathrm{i}}(\hat{F} - \hat{F}^+)$，显然

---

① 参见式(5.5.49)第一个方程，这里 $\lambda = l(l+1)$，$V(r) = 0(r < a)$，对 $r \geqslant aR(r) = 0$。

$$\hat{A}^+ = \frac{1}{2}(\hat{F}^+ + \hat{F}) = \hat{A}$$

$$\hat{B}^+ = -\frac{1}{2\mathrm{i}}(\hat{F}^+ - \hat{F}) = \frac{1}{2\mathrm{i}}(\hat{F} - \hat{F}^+) = \hat{B}$$

可见 $\hat{A},\hat{B}$ 均是厄密算符,而

$$\hat{F} = \hat{A} + \mathrm{i}\hat{B}$$

38. 证　由 $\langle u - v \mid u - v\rangle > 0$ 和

$\langle u - v \mid u - v\rangle = \langle u \mid u\rangle - \langle v \mid u\rangle - \langle u \mid v\rangle + \langle v \mid v\rangle = \langle u \mid u\rangle + \langle v \mid v\rangle - 2\mathrm{Re}\langle u \mid v\rangle$ 知

$$\mathrm{Re}\langle u \mid v\rangle < \frac{1}{2}(\langle u \mid u\rangle + \langle v \mid v\rangle)$$

在上面的式子中,如果我们以 $c\mid u\rangle$ 代替 $\mid u\rangle$, $\frac{1}{c}\mid v\rangle$ 代替 $\mid v\rangle$(c 为正实数),那么在这一替换下不等式左边保持不变,而右边变成

$$\frac{1}{2}(c^2\langle u \mid u\rangle + \frac{1}{c^2}\langle v \mid v\rangle)$$

且对正实数 c 的任意取值,不等式仍然成立。特别地,当上式取极值时,不等式也成立。显然。当 c 满足下述条件,上式即取极值:

$$0 = \frac{\mathrm{d}}{\mathrm{d}c}(c^2\langle u \mid u\rangle + \frac{1}{c^2}\langle v \mid v\rangle) = 2c\langle u \mid u\rangle - \frac{2}{c^3}\langle v \mid v\rangle$$

即
$$c^2 = \sqrt{\frac{\langle v \mid v\rangle}{\langle u \mid u\rangle}}$$

代入得

$$\frac{1}{2}(c^2\langle u \mid u\rangle + \frac{1}{c^2}\langle v \mid v\rangle) = \sqrt{\langle u \mid u\rangle\langle v \mid v\rangle}$$

从而

$$\mathrm{Re}\langle u \mid v\rangle < \sqrt{\langle u \mid u\rangle\langle v \mid v\rangle}$$

再将上式中的 $\mid u\rangle$ 代以 $\mathrm{e}^{-\mathrm{i}\alpha}\mid u\rangle$($\alpha$ 为实数),这时,不等式右边保持不变,而左边变成

$$\mathrm{Re}(\mathrm{e}^{\mathrm{i}\alpha}\langle u \mid v\rangle) = \mathrm{Re}[(\cos\alpha + \mathrm{i}\sin\alpha)(\mathrm{Re}\langle u \mid v\rangle + \mathrm{i}\mathrm{Im}\langle u \mid v\rangle)]$$
$$= \cos\alpha\mathrm{Re}\langle u \mid v\rangle - \sin\alpha\mathrm{Im}\langle u \mid v\rangle$$

且对实数 α 的任意取值,不等式仍然成立。特别地,当上式取极值时,不等式也成立,这时

$$0=\frac{\mathrm{d}}{\mathrm{d}\alpha}(\cos\alpha\mathrm{Re}\langle u|v\rangle-\sin\alpha\mathrm{Im}\langle u|v\rangle)$$
$$=-\sin\alpha\mathrm{Re}\langle u|v\rangle-\cos\alpha\mathrm{Im}\langle u|v\rangle$$

由此知

$$\tan\alpha=-\frac{\mathrm{Im}\langle u|v\rangle}{\mathrm{Re}\langle u|v\rangle}$$
$$\cos^2\alpha=\frac{1}{1+\tan^2\alpha}=\frac{(\mathrm{Re}\langle u|v\rangle)^2}{(\mathrm{Re}\langle u|v\rangle)^2+(\mathrm{Im}\langle u|v\rangle)^2}$$
$$\sin^2\alpha=\frac{(\mathrm{Im}\langle u|v\rangle)^2}{(\mathrm{Re}\langle u|v\rangle)^2+(\mathrm{Im}\langle u|v\rangle)^2}$$

于是

$$\cos\alpha\mathrm{Re}\langle u|v\rangle-\sin\alpha\mathrm{Im}\langle u|v\rangle$$
$$=\sqrt{(\mathrm{Re}\langle u|v\rangle)^2+(\mathrm{Im}\langle u|v\rangle)^2}=|\langle u|v\rangle|$$

所以 $$|\langle u|v\rangle|<\sqrt{\langle u|u\rangle\langle v|v\rangle}$$

即 $$|\langle u|v\rangle|^2<\langle u|u\rangle\langle v|v\rangle$$

39. 解 若平面单色光的电场强度

$$\boldsymbol{E}=\boldsymbol{E}_0\cos(\omega t-\boldsymbol{k}\cdot\boldsymbol{r})$$

在国际单位制中

$$\nabla\times\boldsymbol{E}=-\frac{\partial\boldsymbol{B}}{\partial t}$$

于是

$$\boldsymbol{B}=\boldsymbol{k}\times\boldsymbol{E}/\omega$$

而洛伦兹力公式为

$$\boldsymbol{F}=e(\boldsymbol{E}+\boldsymbol{v}\times\boldsymbol{B})$$

故磁场与电场对电子作用力之比是

$$\frac{|e\boldsymbol{v}\times\boldsymbol{B}|}{|e\boldsymbol{E}|}=\frac{|\boldsymbol{v}\times\boldsymbol{B}|}{|\boldsymbol{E}|}\sim\frac{vk}{\omega}=\frac{v}{c}$$

40. 解 利用定义式(5.6.19)和题32、33即知，$\hat{s}^2$ 和 $\hat{s}_z$ 的共同本征函数就是自旋三重态($s=1$)的波函数

$$\chi_{11}=\chi_{\frac{1}{2}}(1)\chi_{\frac{1}{2}}(2)$$
$$\chi_{10}=\frac{1}{\sqrt{2}}[\chi_{\frac{1}{2}}(1)\chi_{-\frac{1}{2}}(2)+\chi_{-\frac{1}{2}}(1)\chi_{\frac{1}{2}}(2)]$$
$$\chi_{1-1}=\chi_{-\frac{1}{2}}(1)\chi_{-\frac{1}{2}}(2)$$

和自旋单态($s=0$)的波函数

$$\chi_{00}=\frac{1}{\sqrt{2}}\left[\chi_{\frac{1}{2}}(1)\chi_{-\frac{1}{2}}(2)-\chi_{-\frac{1}{2}}(1)\chi_{\frac{1}{2}}(2)\right]$$

它们也是 $\hat{\boldsymbol{s}}_1\cdot\hat{\boldsymbol{s}}_2$ 的本征函数，相应的本征值分别是$\frac{\hbar^2}{4}$ 和 $-\frac{3\hbar^2}{4}$。

41. 解　由于

$$\hat{H}_0=\frac{1}{2m}\left(\hat{\boldsymbol{p}}-\frac{q}{c}\boldsymbol{A}\right)^2+q\varphi$$

只与空间 $\boldsymbol{r}$ 和时间 t 有关，而

$$\hat{H}'=-\mu\boldsymbol{B}\cdot\boldsymbol{\sigma}$$

只与自旋 s 和时间 t 有关，因此粒子整体波函数 ψ 可以写成空间部分 φ 和自旋部分 χ 之积，即①

$$\psi(\boldsymbol{r},s_z,t)=\varphi(\boldsymbol{r},t)\chi(t)=\varphi(\boldsymbol{r},t)\begin{pmatrix}a(t)\\b(t)\end{pmatrix}$$

相应的薛定谔方程为

$$\mathrm{i}\hbar\frac{\partial}{\partial t}\left[\varphi(\boldsymbol{r},t)\chi(t)\right]=(\hat{H}_0+\hat{H}')\varphi(\boldsymbol{r},t)\chi(t)$$

从而

$$\mathrm{i}\hbar\frac{\partial\varphi}{\partial t}\chi+\varphi\mathrm{i}\hbar\frac{\partial\chi}{\partial t}=\chi\hat{H}_0\varphi+\varphi\hat{H}'\chi$$

两边同除以 $\varphi\chi$ 得

$$\frac{\mathrm{i}\hbar}{\varphi}\frac{\partial\varphi}{\partial t}+\frac{\mathrm{i}\hbar}{\chi}\frac{\partial\chi}{\partial t}=\frac{\hat{H}_0\varphi}{\varphi}+\frac{\hat{H}'\chi}{\chi}$$

因为含 φ 的部分只与 $\boldsymbol{r},t$ 有关，含 χ 的部分只与 s,t 有关，所以

$$\mathrm{i}\hbar\frac{\partial\varphi}{\partial t}=\hat{H}_0\varphi\qquad\qquad \mathrm{i}\hbar\frac{\partial\chi}{\partial t}=\hat{H}'\chi$$

即

$$\mathrm{i}\hbar\frac{\partial}{\partial t}\varphi(\boldsymbol{r},t)=\left[\frac{1}{2m}\left(\boldsymbol{p}-\frac{q}{c}\boldsymbol{A}\right)^2+q\varphi\right]\varphi(\boldsymbol{r},t)$$

$$\mathrm{i}\hbar\frac{\partial}{\partial t}\begin{pmatrix}a(t)\\b(t)\end{pmatrix}=-\mu\boldsymbol{B}\cdot\boldsymbol{\sigma}\begin{pmatrix}a(t)\\b(t)\end{pmatrix}$$

这便是粒子波函数中空间部分和自旋部分各自满足的波动方程。

42. 解　磁场 $\boldsymbol{B}=B\boldsymbol{e}_x$（$\boldsymbol{e}_x$ 是沿 x 方向的单位矢量），自旋部分满足的波动方程为

① 参见式(5.6.15)。

$$\mathrm{i}\hbar\frac{\partial}{\partial t}\begin{pmatrix}a\\b\end{pmatrix}=-\mu\boldsymbol{B}\cdot\boldsymbol{\sigma}\begin{pmatrix}a\\b\end{pmatrix}=-\mu B\sigma_x\begin{pmatrix}a\\b\end{pmatrix}=-\mu B\begin{pmatrix}0&1\\1&0\end{pmatrix}\begin{pmatrix}a\\b\end{pmatrix}$$

即

$$\mathrm{i}\hbar\frac{\partial a}{\partial t}=-\mu Bb$$

$$\mathrm{i}\hbar\frac{\partial b}{\partial t}=-\mu Ba$$

将第一式再次对 t 求导并利用第二式得

$$\mathrm{i}\hbar\frac{\partial^2 a}{\partial t^2}=-\mu B\frac{\partial b}{\partial t}=-\mathrm{i}\frac{\mu^2B^2}{\hbar}a$$

记 $\omega=\mu B/\hbar$,上式变成

$$\frac{\partial^2 a}{\partial t^2}=-\omega^2 a$$

其解为

$$a=A\cos(\omega t+\delta)$$

而

$$\mathrm{i}\hbar\frac{\partial a}{\partial t}=-\mathrm{i}\hbar A\omega\sin(\omega t+\delta)=-\mu Bb$$

$$b=\mathrm{i}A\frac{\hbar\omega}{\mu B}\sin(\omega t+\delta)=\mathrm{i}A\sin(\omega t+\delta)$$

所以自旋波函数

$$\begin{pmatrix}a\\b\end{pmatrix}=A\begin{pmatrix}\cos(\omega t+\delta)\\\mathrm{i}\sin(\omega t+\delta)\end{pmatrix}$$

由初始条件,$t=0$ 时

$$\begin{pmatrix}1\\0\end{pmatrix}=\begin{pmatrix}a\\b\end{pmatrix}=A\begin{pmatrix}\cos\delta\\\mathrm{i}\sin\delta\end{pmatrix}$$

知 $\delta=0$。由归一化条件

$$1=(a^*,b^*)\begin{pmatrix}a\\b\end{pmatrix}=A^*(\cos\omega t,-\mathrm{i}\sin\omega t)\begin{pmatrix}\cos\omega t\\\mathrm{i}\sin\omega t\end{pmatrix}A=|A|^2$$

知 $A=1$。故粒子自旋波函数为

$$\begin{pmatrix}\cos\omega t\\\mathrm{i}\sin\omega t\end{pmatrix}$$

43. 解　电子自旋磁矩

$$\boldsymbol{\mu}_s=-\frac{e\hbar}{2mc}\boldsymbol{\sigma}=-\mu_B\boldsymbol{\sigma}$$

$\mu_B=e\hbar/2mc$ 是玻尔磁矩,此处采用的是高斯单位。电子自旋磁矩在磁场中的势能为

$$-\boldsymbol{B}\cdot\boldsymbol{\mu}_s=\mu_B\boldsymbol{B}\cdot\boldsymbol{\sigma}$$

相应的波动方程则为①

$$\mathrm{i}\hbar\frac{\mathrm{d}}{\mathrm{d}t}\begin{pmatrix}a\\b\end{pmatrix}=\mu_B\boldsymbol{B}\cdot\boldsymbol{\sigma}\begin{pmatrix}a\\b\end{pmatrix}$$

由于 $\boldsymbol{B}=(B\sin\theta\cos\varphi,B\sin\theta\sin\varphi,B\cos\theta)$

$$\begin{aligned}\boldsymbol{B}\cdot\boldsymbol{\sigma}&=B\sin\theta\cos\varphi\begin{pmatrix}0&1\\1&0\end{pmatrix}+B\sin\theta\sin\varphi\begin{pmatrix}0&-\mathrm{i}\\\mathrm{i}&0\end{pmatrix}+B\cos\theta\begin{pmatrix}1&0\\0&-1\end{pmatrix}\\&=\begin{pmatrix}B\cos\theta&B\sin\theta\cos\varphi-\mathrm{i}B\sin\theta\sin\varphi\\B\sin\theta\cos\varphi+\mathrm{i}B\sin\theta\sin\varphi&-B\cos\theta\end{pmatrix}\\&=\begin{pmatrix}B\cos\theta&B\mathrm{e}^{-\mathrm{i}\varphi}\sin\theta\\B\mathrm{e}^{\mathrm{i}\varphi}\sin\theta&-B\cos\theta\end{pmatrix}\end{aligned}$$

所以

$$\frac{\mathrm{d}a}{\mathrm{d}t}=-\mathrm{i}\frac{\mu_BB}{\hbar}(\cos\theta a+\mathrm{e}^{-\mathrm{i}\varphi}\sin\theta b)$$

$$\frac{\mathrm{d}b}{\mathrm{d}t}=-\mathrm{i}\frac{\mu_BB}{\hbar}(\mathrm{e}^{\mathrm{i}\varphi}\sin\theta a-\cos\theta b)$$

这是一个常系数齐次线性微分方程组。它的特征方程是

$$\begin{vmatrix}-\mathrm{i}\dfrac{\mu_BB}{\hbar}\cos\theta-\lambda&-\mathrm{i}\dfrac{\mu_BB}{\hbar}\mathrm{e}^{-\mathrm{i}\varphi}\sin\theta\\-\mathrm{i}\dfrac{\mu_BB}{\hbar}\mathrm{e}^{\mathrm{i}\varphi}\sin\theta&\mathrm{i}\dfrac{\mu_BB}{\hbar}\cos\theta-\lambda\end{vmatrix}=0$$

特征根为

$$\lambda=\pm\mathrm{i}v\frac{\mu_BB}{\hbar}$$

对 $\lambda=\mathrm{i}\mu_BB/\hbar$，其线性无关解可写成

$$a=A_1\mathrm{e}^{\mathrm{i}\frac{\mu_BB}{\hbar}t}\qquad b=A_2\mathrm{e}^{\mathrm{i}\frac{\mu_BB}{\hbar}t}$$

代入微分方程组有

$$\mathrm{i}\frac{\mu_BB}{\hbar}A_1\mathrm{e}^{\mathrm{i}\frac{\mu_BB}{\hbar}t}=-\mathrm{i}\frac{\mu_BB}{\hbar}(\cos\theta A_1\mathrm{e}^{\mathrm{i}\frac{\mu_BB}{\hbar}t}+\mathrm{e}^{-\mathrm{i}\varphi}\sin\theta A_2\mathrm{e}^{\mathrm{i}\frac{\mu_BB}{\hbar}t})$$

$$\mathrm{i}\frac{\mu_BB}{\hbar}A_2\mathrm{e}^{\mathrm{i}\frac{\mu_BB}{\hbar}t}=-\mathrm{i}\frac{\mu_BB}{\hbar}(\mathrm{e}^{\mathrm{i}\varphi}\sin\theta A_1\mathrm{e}^{\mathrm{i}\frac{\mu_BB}{\hbar}t}-\cos\theta A_2\mathrm{e}^{\mathrm{i}\frac{\mu_BB}{\hbar}t})$$

---

① 电子的电荷为负，自旋磁矩中出现负号，而波动方程右边则无负号。

即
$$(1+\cos\theta)A_1+e^{-i\varphi}\sin\theta A_2=0$$
$$e^{-i\varphi}\sin\theta A_1+(1-\cos\theta)A_2=0$$

由此得
$$A_2=-\frac{1+\cos\theta}{\sin\theta}e^{i\varphi}A_1$$

令 $A_1=c_1$，则 $A_2=-\dfrac{1+\cos\theta}{\sin\theta}e^{i\varphi}c_1$

类似地，对 $\lambda=-i\mu_B B/\hbar$，其线性无关解可写成
$$a=B_1 e^{-i\frac{\mu_B B}{\hbar}t}\qquad b=B_2 e^{-i\frac{\mu_B B}{\hbar}t}$$

代入微分方程组有
$$B_1=B_1\cos\theta+B_2e^{-i\varphi}\sin\theta$$
$$B_2=B_1e^{-i\varphi}\sin\theta-B_2\cos\theta$$

由此得
$$B_2=\frac{1-\cos\theta}{\sin\theta}e^{i\varphi}B_1$$

令 $B_1=c_2$，则
$$B_2=\frac{1-\cos\theta}{\sin\theta}e^{i\varphi}c_2$$

所以微分方程组的通解为
$$a=c_1e^{i\frac{\mu_B B}{\hbar}t}+c_2e^{-i\frac{\mu_B B}{\hbar}t}$$
$$b=e^{i\varphi}\left(-c_1\frac{1+\cos\theta}{\sin\theta}e^{i\frac{\mu_B B}{\hbar}t}+c_2\frac{1-\cos\theta}{\sin\theta}e^{-i\frac{\mu_B B}{\hbar}t}\right)$$

由初始条件 $t=0,a=1,b=0$ 知
$$c_1=\frac{1-\cos\theta}{2}=\sin^2\frac{\theta}{2}\qquad c_2=\frac{1+\cos\theta}{2}=\cos^2\frac{\theta}{2}$$

从而
$$a=\frac{1-\cos\theta}{2}e^{i\frac{\mu_B B}{\hbar}t}+\frac{1+\cos\theta}{2}e^{-i\frac{\mu_B B}{\hbar}t}=\cos\frac{\mu_B B}{\hbar}t-i\cos\theta\sin\frac{\mu_B B}{\hbar}t$$
$$b=e^{i\varphi}\left(-\frac{\sin\theta}{2}e^{i\frac{\mu_B B}{\hbar}t}+\frac{\sin\theta}{2}e^{-i\frac{\mu_B B}{\hbar}t}\right)=-ie^{i\varphi}\sin\theta\sin\frac{\mu_B B}{\hbar}t$$

所以时刻 t，电子自旋向上和向下的几率分别为
$$P_{+\frac{1}{2}}=\cos^2\frac{\mu_B Bt}{\hbar}+\cos^2\theta\sin^2\frac{\mu_B Bt}{\hbar}$$
$$P_{-\frac{1}{2}}=\sin^2\theta\sin^2\frac{\mu_B Bt}{\hbar}$$

44. 解 在本征值方程 $\hat{s}_n\chi=\lambda\chi$ 中

$$\hat{s}_n = \hat{s}_x\cos\alpha + \hat{s}_y\cos\beta + \hat{s}_z\cos\gamma$$

$$= \frac{\hbar}{2}\begin{pmatrix}0 & 1\\1 & 0\end{pmatrix}\cos\alpha + \frac{\hbar}{2}\begin{pmatrix}0 & -\mathrm{i}\\\mathrm{i} & 0\end{pmatrix}\cos\beta + \frac{\hbar}{2}\begin{pmatrix}1 & 0\\0 & -1\end{pmatrix}\cos\gamma$$

$$= \frac{\hbar}{2}\begin{pmatrix}\cos\gamma & \cos\alpha - \mathrm{i}\cos\beta\\\cos\alpha + \mathrm{i}\cos\beta & -\cos\gamma\end{pmatrix}$$

$$\chi = \begin{pmatrix}a\\b\end{pmatrix}$$

从而

$$\frac{\hbar}{2}\begin{pmatrix}\cos\gamma & \cos\alpha - \mathrm{i}\cos\beta\\\cos\alpha + \mathrm{i}\cos\beta & -\cos\gamma\end{pmatrix}\begin{pmatrix}a\\b\end{pmatrix} = \lambda\begin{pmatrix}a\\b\end{pmatrix}$$

本征值的取值由以下久期方程决定：

$$\begin{vmatrix}\frac{\hbar}{2}\cos\gamma - \lambda & \frac{\hbar}{2}(\cos\alpha - \mathrm{i}\cos\beta)\\\frac{\hbar}{2}(\cos\alpha + \mathrm{i}\cos\beta) & -\frac{\hbar}{2}\cos\gamma - \lambda\end{vmatrix} = 0$$

即
$$-\left(\frac{\hbar}{2}\cos\gamma + \lambda\right)\left(\frac{\hbar}{2}\cos\gamma - \lambda\right) - \frac{\hbar^2}{4}(\cos^2\alpha + \cos^2\beta)$$

$$= -\left(\frac{\hbar^2}{4}\cos^2\gamma - \lambda^2\right) - \frac{\hbar^2}{4}(\cos^2\alpha + \cos^2\beta) = \lambda^2 - \frac{\hbar^2}{4} = 0$$

可见 $\hat{s}_n$ 的本征值只有两个，分别是 $+\frac{\hbar}{2}$ 和 $-\frac{\hbar}{2}$。当 $\lambda = \frac{\hbar}{2}$ 时

$$a\cos\gamma + b(\cos\alpha - \mathrm{i}\cos\beta) = a$$
$$a(\cos\alpha + \mathrm{i}\cos\beta) - b\cos\gamma = b$$

其解为
$$b = \frac{\cos\alpha + \mathrm{i}\cos\beta}{1 + \cos\gamma}a$$

利用归一化条件

$$1 = |a|^2 + |b|^2 = |a|^2\left[1 + \frac{\cos^2\alpha + \cos^2\beta}{(1 + \cos\gamma)^2}\right] = |a|^2\frac{2}{1 + \cos\gamma}$$

得
$$a = \sqrt{\frac{1 + \cos\gamma}{2}} \qquad b = \frac{\cos\alpha + \mathrm{i}\cos\beta}{\sqrt{2(1 + \cos\gamma)}}$$

故相应的本征函数是

$$\begin{pmatrix}\sqrt{(1 + \cos\gamma)/2}\\\dfrac{\cos\alpha + \mathrm{i}\cos\beta}{\sqrt{2(1 + \cos\gamma)}}\end{pmatrix}$$

当 $\lambda=-\dfrac{\hbar}{2}$ 时

$$a\cos\gamma+b(\cos\alpha-\mathrm{i}\cos\beta)=-a$$
$$a(\cos\alpha+\mathrm{i}\cos\beta)-b\cos\gamma=-b$$

其解为

$$b=-\frac{\cos\alpha+\mathrm{i}\cos\beta}{1-\cos\gamma}a$$

利用归一化条件

$$1=|a|^2+|b|^2=|a|^2\left[1+\frac{\cos^2\alpha+\cos^2\beta}{(1-\cos\gamma)^2}\right]=|a|^2\frac{2}{1-\cos\gamma}$$

得 $$a=\sqrt{\frac{1-\cos\gamma}{2}}\qquad b=-\frac{\cos\alpha+\mathrm{i}\cos\beta}{\sqrt{2(1-\cos\gamma)}}$$

故相应的本征函数是

$$\begin{pmatrix}\sqrt{(1-\cos\gamma)/2}\\ -\dfrac{\cos\alpha+\mathrm{i}\cos\beta}{\sqrt{2(1-\cos\gamma)}}\end{pmatrix}$$

显然,在上述 $\lambda=\dfrac{\hbar}{2}$ 的本征态中,测量 $\hat{s}_z$ 的值可能为$\dfrac{\hbar}{2}$,相应几率是

$$P_+=\left|\sqrt{\frac{1+\cos\gamma}{2}}\right|^2=\frac{1+\cos\gamma}{2}$$

可能为 $-\dfrac{\hbar}{2}$,相应几率是

$$P_-=\left|\frac{\cos\alpha+\mathrm{i}\cos\beta}{\sqrt{2(1+\cos\gamma)}}\right|^2=\frac{\cos^2\alpha+\cos^2\beta}{2(1+\cos\gamma)}=\frac{1-\cos\gamma}{2}$$

而它的平均值为

$$\bar{s}_z=\frac{\hbar}{2}\frac{1+\cos\gamma}{2}-\frac{\hbar}{2}\frac{1-\cos\gamma}{2}=\frac{\hbar}{2}\cos\gamma$$

在 $\lambda=-\dfrac{\hbar}{2}$ 的本征态中,测量 $\hat{s}_z$ 的值可能为$\dfrac{\hbar}{2}$,相应几率是

$$P_+=\left|\sqrt{\frac{1-\cos\gamma}{2}}\right|^2=\frac{1-\cos\gamma}{2}$$

可能是 $-\dfrac{\hbar}{2}$,相应几率是

$$P_-=\left|-\frac{\cos\alpha+\mathrm{i}\cos\beta}{\sqrt{2(1-\cos\gamma)}}\right|^2=\frac{\cos^2\alpha+\cos^2\beta}{2(1-\cos\gamma)}=\frac{1+\cos\gamma}{2}$$

而平均值是

$$\bar{s}_z = \frac{\hbar}{2}\frac{1-\cos\gamma}{2} - \frac{\hbar}{2}\frac{1+\cos\gamma}{2} = -\frac{\hbar}{2}\cos\gamma$$

45. 解　在以未微扰态作基矢的矩阵表示中

$$H_0 = \begin{pmatrix} E_1^{(0)} & 0 \\ 0 & E_2^{(0)} \end{pmatrix} \qquad H' = \begin{pmatrix} c & b \\ b & c \end{pmatrix}$$

利用式(5.9.31)即得二级微扰近似下的能级

$$E_1 = E_1^{(0)} + c + \frac{b}{E_1^{(0)} - E_2^{(0)}}$$

$$E_2 = E_2^{(0)} + c + \frac{b}{E_2^{(0)} - E_1^{(0)}}$$

能级的精确值由本征值方程

$$H\begin{pmatrix} a_1 \\ a_2 \end{pmatrix} = \lambda \begin{pmatrix} a_1 \\ a_2 \end{pmatrix}$$

所对应的久期方程

$$\begin{vmatrix} E_1^{(0)} + c - \lambda & b \\ b & E_2^{(0)} + c - \lambda \end{vmatrix} = 0$$

确定。上式可写成

$$\lambda^2 - (E_1^{(0)} + E_2^{(0)} + 2c)\lambda + (E_1^{(0)}E_2^{(0)} + cE_1^{(0)} + cE_2^{(0)} + c^2 - b^2) = 0$$

它的解是

$$\lambda = \frac{1}{2}\left[(E_1^{(0)} + E_2^{(0)} + 2c) \pm \sqrt{(E_2^{(0)} - E_1^{(0)})^2 + 4b^2}\right]$$

即能级的精确值是

$$E_1 = \frac{1}{2}\left[(E_1^{(0)} + E_2^{(0)} + 2c) - \sqrt{(E_2^{(0)} - E_1^{(0)})^2 + 4b^2}\right]$$

$$E_2 = \frac{1}{2}\left[(E_1^{(0)} + E_2^{(0)} + 2c) + \sqrt{(E_2^{(0)} - E_1^{(0)})^2 + 4b^2}\right]$$

显然,若

$$\frac{2b}{E_2^{(0)} - E_1^{(0)}} \ll 1$$

则

$$\sqrt{(E_2^{(0)} - E_1^{(0)})^2 + 4b^2} \approx E_2^{(0)} - E_1^{(0)} + \frac{2b^2}{E_2^{(0)} - E_1^{(0)}}$$

这两种方法便给出相同结果。

46. 解　体系哈密顿算符可以分解成未微扰项

$$H_0 = \begin{pmatrix} E_1^{(0)} & 0 & 0 \\ 0 & E_2^{(0)} & 0 \\ 0 & 0 & E_2^{(0)} \end{pmatrix}$$

和微扰项

$$H' = \begin{pmatrix} 0 & a & b \\ a^* & 0 & 0 \\ b^* & 0 & 0 \end{pmatrix}$$

未微扰能级 $E_1^{(0)}$ 是非简并的,根据公式(5.9.31)并注意到 $H'_{mm}=0$,有

$$E = E_1^{(0)} + \frac{|a|^2 + |b|^2}{E_1^{(0)} - E_2^{(0)}}$$

未微扰能级 $E_2^{(0)}$ 是二重简并的,相应的久期方程(式 5.9.38)为

$$\begin{vmatrix} E^{(1)} & 0 \\ 0 & E^{(1)} \end{vmatrix} = 0$$

其解为二重根 $E^{(1)}=0$。可见一级能量修正值为零,且未消除简并,这时需要考虑二级微扰。记

$$E = E_2^{(0)} + E^{(2)}$$

$$\boldsymbol{\Psi} = \boldsymbol{\Psi}_0 + \boldsymbol{\Psi}_1 + \boldsymbol{\Psi}_2$$

式中

$$\boldsymbol{\Psi}_0 = c_\alpha \boldsymbol{\Psi}_\alpha^{(0)} + c_\beta \boldsymbol{\Psi}_\beta^{(0)}$$

$\boldsymbol{\Psi}_\alpha^{(0)}$ 和 $\boldsymbol{\Psi}_\beta^{(0)}$ 是属于能级 $E_2^{(0)}$ 的两个本征态。$\boldsymbol{\Psi}_1$ 仍可按式(5.9.23)求得:

$$\begin{aligned}
\boldsymbol{\Psi}_1 &= \frac{\boldsymbol{\Psi}'_0}{E_2^{(0)} - E_1^{(0)}} \int \boldsymbol{\Psi}'^*_0 H' \boldsymbol{\Psi}_0 \mathrm{d}\tau \\
&= \frac{\boldsymbol{\Psi}'_0}{E_2^{(0)} - E_1^{(0)}} \int \boldsymbol{\Psi}'^*_0 H' (c_\alpha \boldsymbol{\Psi}_\alpha^{(0)} + c_\beta \boldsymbol{\Psi}_\beta^{(0)}) \mathrm{d}\tau \\
&= \frac{\boldsymbol{\Psi}'_0}{E_2^{(0)} - E_1^{(0)}} \left[c_\alpha \int \boldsymbol{\Psi}'^*_0 H' \boldsymbol{\Psi}_\alpha^{(0)} \mathrm{d}\tau + c_\beta \int \boldsymbol{\Psi}'^*_0 H' \boldsymbol{\Psi}_\beta^{(0)} \mathrm{d}\tau \right] \\
&= \frac{1}{E_2^{(0)} - E_1^{(0)}} (c_\alpha H'_{12} + c_\beta H'_{13}) \boldsymbol{\Psi}'_0 \\
&= \frac{a c_\alpha + b c_\beta}{E_2^{(0)} - E_1^{(0)}} \boldsymbol{\Psi}'_0
\end{aligned}$$

式中,$\boldsymbol{\Psi}'_0$是属于能级 $E_1^{(0)}$ 的本征态。这时相应二次微扰的方程(式 5.9.7)为

$$H_0 \boldsymbol{\Psi}_2 + H' \boldsymbol{\Psi}_1 = E_2^{(0)} \boldsymbol{\Psi}_2 + E^{(2)} \boldsymbol{\Psi}_0$$

同样 Ψ_2 亦可按式(5.9.9)展开,将上式两边左乘 $\Psi_\alpha^{(0)*}$ 并对全空间积分得

$$\frac{ac_\alpha + bc_\beta}{E_2^{(0)} - E_1^{(0)}}\int \Psi_\alpha^{(0)*} H' \Psi_0' \mathrm{d}\tau = E^{(2)} c_\alpha$$

将上式两边左乘 $\Psi_\beta^{(0)*}$ 并对全空间积分得

$$\frac{ac_\alpha + bc_\beta}{E_2^{(0)} - E_1^{(0)}}\int \Psi_\beta^{(0)*} H' \Psi_0' \mathrm{d}\tau = E^{(2)} c_\beta$$

这两个式子即

$$\frac{ac_\alpha + bc_\beta}{E_2^{(0)} - E_1^{(0)}} H'_{21} - E^{(2)} c_\alpha = 0$$

$$\frac{ac_\alpha + bc_\beta}{E_2^{(0)} - E_1^{(0)}} H'_{31} - E^{(2)} c_\beta = 0$$

从而

$$\left(\frac{|b|^2}{E_2^{(0)} - E_1^{(0)}} - E^{(2)}\right) c_\alpha + \frac{a^* b}{E_2^{(0)} - E_1^{(0)}} c_\beta = 0$$

$$\frac{ab^*}{E_2^{(0)} - E_1^{(0)}} c_\alpha + \left(\frac{|b|^2}{E_2^{(0)} - E_1^{(0)}} - E^{(2)}\right) c_\beta = 0$$

上述齐次方程有非零解的条件是

$$\begin{vmatrix} \dfrac{|a|^2}{E_2^{(0)} - E_1^{(0)}} - E^{(2)} & \dfrac{a^* b}{E_2^{(0)} - E_1^{(0)}} \\ \dfrac{ab^*}{E_2^{(0)} - E_1^{(0)}} & \dfrac{|b|^2}{E_2^{(0)} - E_1^{(0)}} - E^{(2)} \end{vmatrix} = 0$$

此即

$$(E^{(2)})^2 - \frac{|a|^2 + |b|^2}{E_2^{(0)} - E_1^{(0)}} E^{(2)} = 0$$

其解为

$$E^{(2)} = 0 \qquad E^{(2)} = \frac{|a|^2 + |b|^2}{E_2^{(0)} - E_1^{(0)}}$$

所以体系能量直至二级修正的值是

$$E_1^{(0)} - \frac{|a|^2 + |b|^2}{E_2^{(0)} - E_1^{(0)}}$$

$$E_2^{(0)}$$

$$E_2^{(0)} + \frac{|a|^2 + |b|^2}{E_2^{(0)} - E_1^{(0)}}$$

能级的精确解由相应的久期方程

$$\begin{vmatrix} E_1^{(0)} - \lambda & a & b \\ a^* & E_2^{(0)} - \lambda & 0 \\ b^* & 0 & E_2^{(0)} - \lambda \end{vmatrix} = 0$$

确定。上式可写成

$$(E_2^{(0)} - \lambda)[(E_2^{(0)} - \lambda)(E_1^{(0)} - \lambda) - (|a|^2 + |b|^2)] = 0$$

其解为

$$\lambda = E_2^{(0)}$$

$$\lambda = \frac{1}{2}\left[(E_2^{(0)} + E_1^{(0)}) \pm \sqrt{(E_2^{(0)} - E_1^{(0)})^2 + 4(|a|^2 + |b|^2)}\right]$$

即能级的精确值是

$$E_1 = \frac{1}{2}\left[(E_2^{(0)} + E_1^{(0)}) - \sqrt{(E_2^{(0)} - E_1^{(0)})^2 + 4(|a|^2 + |b|^2)}\right]$$

$$E_2 = E_2^{(0)}$$

$$E_3 = \frac{1}{2}\left[(E_2^{(0)} + E_1^{(0)}) + \sqrt{(E_2^{(0)} - E_1^{(0)})^2 + 4(|a|^2 + |b|^2)}\right]$$

显然,若$\dfrac{4(|a|^2 + |b|^2)}{(E_2^{(0)} - E_1^{(0)})^2} \ll 1$

则
$$\sqrt{(E_2^{(0)} - E_1^{(0)})^2 + 4(|a|^2 + |b|^2)} \approx E_2^{(0)} - E_1^{(0)} + \frac{2(|a|^2 + |b|^2)}{E_2^{(0)} - E_1^{(0)}}$$

这两种方法给出相同结果。

47. 解 利用高斯定理可以证明,在高斯单位制中电子在球形核作用下的势能

$$V(r) = \begin{cases} -\dfrac{ze^2}{r_0}\left(\dfrac{3}{2} - \dfrac{1}{2}\dfrac{r^2}{r_0^2}\right) & r < r_0 \\ -\dfrac{ze^2}{r} & r > r_0 \end{cases}$$

式中:z是原子核中质子数。如果我们把电子在当作点电荷的原子核中的哈密顿量视为未微扰项 H_0,这时 $V = -ze^2/r$,那么它们的差即微扰项

$$H' = \begin{cases} -\dfrac{ze^2}{r_0}\left(\dfrac{3}{2} - \dfrac{1}{2}\dfrac{r^2}{r_0^2}\right) - \left(-\dfrac{ze^2}{r}\right) & r < r_0 \\ 0 & r > r_0 \end{cases}$$

于是,基态能量的一级修正为

$$E_1 = \int \psi_{100}^*(\boldsymbol{r}) H' \psi_{100}(\boldsymbol{r}) \mathrm{d}\boldsymbol{r}$$

式中，$\psi_{100}(\boldsymbol{r}) = R_{10}(r) Y_{00}(\theta, \varphi) = \frac{1}{\sqrt{\pi a^3}} \mathrm{e}^{-r/a}$

将 ψ 和 H' 的表示式代入积分中得

$$E_1 = \int_0^{r_0} \frac{1}{\pi a^3} \mathrm{e}^{-2r/a} \left(\frac{ze^2}{r} + \frac{ze^2 r^2}{2r_0^3} - \frac{3ze^2}{2r_0} \right) 4\pi r^2 \mathrm{d}r$$

考虑到

$$\frac{r}{a} \ll 1 \qquad \mathrm{e}^{-2r/a} \sim 1$$

积分变成

$$E_1 = \frac{4ze^2}{a^3} \int_0^{r_0} \left(r + \frac{1}{2r_0^3} r^4 - \frac{3}{2r_0} r^2 \right) \mathrm{d}r$$

$$= \frac{4ze^2}{a^3} \left[\frac{1}{2} r^2 + \frac{1}{10 r_0^3} r^5 - \frac{1}{2r_0} r^3 \right]_0^{r_0} = \frac{2ze^2 r_0^2}{5a^3}$$

48. 解　氦原子或类氦离子含两个电子，其薛定谔方程为

$$\hat{H}\psi = \left(-\frac{\hbar^2}{2m} \nabla_1^2 - \frac{\hbar^2}{2m} \nabla_2^2 - \frac{ze^2}{r_1} - \frac{ze^2}{r_2} + \frac{e^2}{r_{12}} \right) \psi = E\psi$$

式中
$$\nabla_i^2 = \frac{\partial^2}{\partial x_i^2} + \frac{\partial^2}{\partial y_i^2} + \frac{\partial^2}{\partial z_i^2} \qquad (i = 1, 2)$$

m 是电子质量，e 是电子电荷绝对值，r_1, r_2 分别是两个电子到核的距离，r_{12} 是两电子间距离，z 是原子序数，对氦原子，$z = 2$。令

$$\hat{H}_0 = -\frac{\hbar^2}{2m} \nabla_1^2 - \frac{ze^2}{r_1} - \frac{\hbar^2}{2m} \nabla_2^2 - \frac{ze^2}{r_2}$$

为未微扰项。显然，无微扰的基态波函数可以写成

$$\psi(\boldsymbol{r}_1, \boldsymbol{r}_2) = \psi_{100}(\boldsymbol{r}_1) \psi_{100}(\boldsymbol{r}_2)$$

$$\psi_{100} = R_{10} Y_{00} = \sqrt{\frac{z^3}{\pi a^3}} \mathrm{e}^{-zr/a}$$

而微扰项为

$$\hat{H}' = \frac{e^2}{r_{12}}$$

未微扰基态能量则为

$$E_0 = E_1^{(0)} + E_2^{(0)} = -2z^2 E_H$$

式中 E_H 是氢原子基态能量。由电子之间相互作用所引起的能量一级修正值

$$E_1 = \iint \psi^*(\boldsymbol{r}_1, \boldsymbol{r}_2)\hat{H}'\psi(\boldsymbol{r}_1, \boldsymbol{r}_2)\mathrm{d}\boldsymbol{r}_1\mathrm{d}\boldsymbol{r}_2$$

$$= \left(\frac{z^3 e}{\pi a^3}\right)^2 \iint \mathrm{d}\boldsymbol{r}_1\mathrm{d}\boldsymbol{r}_2 \frac{\mathrm{e}^{-2z(r_1+r_2)/a}}{r_{12}}$$

$$= \frac{ze^2}{2^5\pi^2 a}\iint \frac{\mathrm{e}^{-\rho_1-\rho_2}}{\rho_{12}}\mathrm{d}\boldsymbol{\rho}_1\mathrm{d}\boldsymbol{\rho}_2 \qquad \left(\rho = \frac{2zr}{a}\right)$$

定义

$$I = \iint \frac{\mathrm{e}^{-\rho_1-\rho_2}}{\rho_{12}}\mathrm{d}\boldsymbol{\rho}_1\mathrm{d}\boldsymbol{\rho}_2 = \iint \frac{\mathrm{e}^{-\rho_1-\rho_2}}{\rho_{12}}4\pi\rho_1^2\mathrm{d}\rho_1 4\pi\rho_2^2\mathrm{d}\rho_2$$

这个重积分相当于两个球形分布电荷 $\mathrm{e}^{-\rho_1}$ 和 $\mathrm{e}^{-\rho_2}$ 间的库仑能。为了计算这一积分,我们可以先求出电荷分布 $\mathrm{e}^{-\rho_1}$ 产生的静电势,然后再求出电荷分布 $\mathrm{e}^{-\rho_2}$ 在前一分布的场中的势能。由电磁理论知,位于$(\rho_1, \rho_1 + \mathrm{d}\rho_1)$ 间电荷分布为 $\mathrm{e}^{-\rho_1}$ 的球壳所带电荷在距该球心 R 处产生的电势为

$$\begin{cases} 4\pi\rho_1^2\mathrm{e}^{-\rho_1}\mathrm{d}\rho_1 \dfrac{1}{\rho_1} & \rho_1 > R \\ 4\pi\rho_1^2\mathrm{e}^{-\rho_1}\mathrm{d}\rho_1 \dfrac{1}{R} & \rho_1 < R \end{cases}$$

因此,分布 $\mathrm{e}^{-\rho_1}$ 的电荷在距中心 R 处的总电势为

$$\frac{4\pi}{R}\int_0^R \mathrm{e}^{-\rho_1}\rho_1^2\mathrm{d}\rho_1 + 4\pi\int_R^\infty \mathrm{e}^{-\rho_1}\rho_1\mathrm{d}\rho_1$$

$$= \frac{4\pi}{R}[-\rho_1^2\mathrm{e}^{-\rho_1} - 2(\rho_1 + 1)\mathrm{e}^{-\rho_1}]_0^R - 4\pi[(\rho_1 + 1)\mathrm{e}^{-\rho_1}]_R^\infty$$

$$= \frac{4\pi}{R}[-R^2\mathrm{e}^{-R} - 2(R + 1)\mathrm{e}^{-R} + 2] + 4\pi(R + 1)\mathrm{e}^{-R}$$

$$= \frac{4\pi}{R}[2 - \mathrm{e}^{-R}(R + 2)]$$

从而

$$I = \int_0^\infty \frac{4\pi}{\rho_2}[2 - \mathrm{e}^{-\rho_2}(\rho_2 + 2)]\mathrm{e}^{-\rho_2}4\pi\rho_2^2\mathrm{d}\rho_2$$

$$= 16\pi^2\int_0^\infty [2 - \mathrm{e}^{-\rho_2}(\rho_2 + 2)]\mathrm{e}^{-\rho_2}\rho_2\mathrm{d}\rho_2$$

$$= 16\pi^2\left\{-2\mathrm{e}^{-\rho_2}(\rho_2 + 1) - \left[-\frac{\rho_2^2}{2}\mathrm{e}^{-2\rho_2} - \frac{2\rho_2 + 1}{4}\mathrm{e}^{-2\rho_2} - \frac{2\rho_2 + 1}{2}\mathrm{e}^{2\rho_2}\right]\right\}_0^\infty$$

$$= 20\pi^2$$

最后得

$$E_1 = \frac{ze^2}{2^5\pi^2 a}20\pi^2 = \frac{5}{8}\frac{ze^2}{a} = \frac{5z}{4}E_H$$

$$E = E_0 + E_1 = -\left(2z^2 - \frac{5}{4}z\right)E_H$$

49. 解　自由转子的定态薛定谔方程是

$$\hat{H}\psi = \frac{\hat{L}^2}{2I}\psi = E\psi$$

这是一个球谐函数方程,它的解是

$$\psi = Y_{lm}(\theta,\varphi)$$

相应本征值是

$$E_{lm} = \frac{\hbar^2}{2I}l(l+1)$$

由于 E_{lm} 与磁量子数无关,所以对一个确定 l,可有 $2l+1$ 个本征函数,简并度为 $2l+1$。显然,自由转子的基态是 Y_{00},能量 $E_{00}=0$。注意到①

$$\langle l,m \mid H' \mid l,m \rangle = 0$$

$$\langle l,m \mid H' \mid l-1,m \rangle = \langle l-1,m \mid H' \mid l,m \rangle = a\sqrt{\frac{l^2-m^2}{4l^2-1}}$$

我们推得,转子的能量一级修正值为零,而基态能量的二级修正值为

$$E_2 = \frac{|\langle 10 \mid H' \mid 00 \rangle|^2}{E_{00}-E_{10}} = -\frac{I}{\hbar^2}a^2\frac{1}{3} = -\frac{a^2 I}{3\hbar^2}$$

50. 解　恒定电场中谐振子势能

$$V(x) = \frac{1}{2}m\omega^2 x^2 - q\xi x = \frac{1}{2}m\omega^2(x-x_0)^2 + c$$

式中,$x_0 = q\xi/(m\omega^2)$,$c = -q^2\xi^2/(2m\omega^2)$ 均为常数。它的薛定谔方程仍具有谐振子解的形式,只是应将 x 替换成 $x-x_0$,即本征值仍为 $E_n = (n+1/2)\hbar\omega$,相应的本征函数则为

$$\psi_n(x-x_0) = \left(\frac{\alpha}{2^n n!\sqrt{\pi}}\right)^{1/2} e^{-\alpha^2(x-x_0)^2/2} H_n(\alpha(x-x_0))$$

而未置入电场时,谐振子基态

$$\psi_0(x) = \left(\frac{\alpha}{\sqrt{\pi}}\right)^{1/2} e^{-\alpha^2 x^2/2} \qquad \left(\alpha = \sqrt{\frac{m\omega}{\hbar}}\right)$$

由此得

① 参见附录 B(二)4。

$$c_n = \int_{-\infty}^{\infty} \psi_0(x)\psi_n(x-x_0)\,dx$$

$$= \int_{-\infty}^{\infty} \left(\frac{\alpha}{\sqrt{\pi}}\right)^{1/2} e^{-\alpha^2x^2/2} \left(\frac{\alpha}{2^n n!\ \sqrt{\pi}}\right)^{1/2} e^{-\alpha^2(x-x_0)^2/2} H_n(\alpha(x-x_0))$$

令 $\eta_0 = \alpha x_0, \eta = \alpha x$,并利用(见式(5.5.39))

$$H_n(\eta) = (-1)^n e^{\eta^2} \frac{d^n}{d\eta^n}(e^{-\eta^2})$$

得 $$c_n = \frac{(-1)^n}{\sqrt{2^n n!\ \pi}} \int_{-\infty}^{\infty} e^{-\eta^2/2} e^{-(\eta-\eta_0)^2/2} e^{(\eta-\eta_0)^2} \frac{d^n}{d\eta^n} e^{-(\eta-\eta_0)^2} d\eta$$

$$= \frac{(-1)^n}{\sqrt{2^n n!\ \pi}} \int_{-\infty}^{\infty} e^{\eta_0^2/2-\eta\eta_0} \frac{d^n}{d\eta^n} e^{-\eta^2-\eta_0^2+2\eta_0\eta} d\eta$$

$$= \frac{(-1)^n}{\sqrt{2^n n!\ \pi}} e^{-\eta_0^2/2} \int_{-\infty}^{\infty} e^{-\eta_0\eta} \frac{d^n}{d\eta^n} e^{-\eta^2+2\eta_0\eta} d\eta$$

分部积分 n 次后,上式右边积分给出

$$\int_{-\infty}^{\infty} e^{-\eta_0\eta} \frac{d^n}{d\eta^n} e^{-\eta^2+2\eta_0\eta} d\eta = \eta_0^n \int_{-\infty}^{\infty} e^{-\eta^2+\eta_0\eta} d\eta$$

$$= \eta_0^n \int_{-\infty}^{\infty} e^{-(\eta+\eta_0/2)^2+\eta_0^2/4} d\eta = \sqrt{\pi}\,\eta_0^n e^{\eta_0^2/4}$$

于是 $$c_n = \frac{(-1)^n}{\sqrt{2^n n!\ n}} e^{-\eta_0^2/2} \sqrt{\pi}\,\eta_0^n e^{\eta_0^2/4} = \frac{(-1)^n}{\sqrt{2^n n!}} \eta_0^n e^{-\eta_0^2/4}$$

所以处于基态的谐振子受扰后跃迁到第 n 个激发态的几率

$$w_{n0} = |c_n|^2 = \frac{1}{2^n n!} \eta_0^{2n} e^{-\eta_0^2/2} = \frac{\bar{n}^n}{n!} e^{-\bar{n}}$$

式中,$\bar{n} = \eta_0^2/2 = q^2\xi^2/(2\hbar m\omega^3)$。此式呈泊松分布形式。

51. 解 要使氢原子电离必须供给电子由基态至脱离核吸引的能量,因此最小频率①

$$\omega_0 = \frac{0-(-me^4/2\hbar^2)}{\hbar} = \frac{me^4}{2\hbar^3}$$

电场微扰项

$$H' = e\boldsymbol{\xi}\cdot\boldsymbol{r}\sin\omega t = e\boldsymbol{\xi}\cdot\boldsymbol{r}\frac{e^{i\omega t}-e^{-i\omega t}}{2i} = Fe^{-i\omega t} + F^* e^{i\omega t}$$

① 本题采用高斯单位。

$$F=\frac{\mathrm{i}}{2}e\boldsymbol{\xi}\cdot\boldsymbol{r}$$

对氢原子电离

$$\psi_n=\psi_{100}=\frac{1}{\sqrt{\pi a^3}}\mathrm{e}^{-r/a}\qquad \psi_k=\frac{1}{(2\pi)^{3/2}}\mathrm{e}^{\mathrm{i}\boldsymbol{k}\cdot\boldsymbol{r}}$$

$$F_{kn}=\int\frac{1}{(2\pi)^{3/2}}\mathrm{e}^{-\mathrm{i}\boldsymbol{k}\cdot\boldsymbol{r}}\frac{\mathrm{i}}{2}e\boldsymbol{\xi}\cdot\boldsymbol{r}\frac{1}{\sqrt{\pi a^3}}\mathrm{e}^{-r/a}\mathrm{d}\boldsymbol{r}$$

取极轴沿 $\boldsymbol{k}$ 方向，而 $\boldsymbol{\xi}$ 与 $\boldsymbol{k}$ 的夹角为 θ_0，方位角为 φ_0。由于

$$\boldsymbol{r}=(r\sin\theta\cos\varphi,r\sin\theta\sin\varphi,r\cos\theta)$$

$$\boldsymbol{\xi}=(\xi\sin\theta_0\cos\varphi_0,\xi\sin\theta_0\sin\varphi_0,\xi\cos\theta_0)$$

$$\begin{aligned}\boldsymbol{\xi}\cdot\boldsymbol{r}&=\xi r[\sin\theta\sin\theta_0(\cos\varphi\cos\varphi_0+\sin\varphi\sin\varphi_0)+\cos\theta\cos\theta_0]\\&=\xi r[\sin\theta\sin\theta_0\cos(\varphi-\varphi_0)+\cos\theta\cos\theta_0]\end{aligned}$$

$$\int_0^{2\pi}\cos(\varphi-\varphi_0)\mathrm{d}\varphi=0$$

所以

$$\begin{aligned}F_{kn}&=\frac{\mathrm{i}e}{2^{5/2}\pi^2a^{3/2}}\int\mathrm{e}^{-\mathrm{i}\boldsymbol{k}\cdot\boldsymbol{r}-r/a}\xi r\cos\theta\cos\theta_0r^2\mathrm{d}r\sin\theta\mathrm{d}\theta\mathrm{d}\varphi\\&=\frac{\mathrm{i}e\xi\cos\theta_0}{\pi(2a)^{3/2}}\int_0^{\pi}\cos\theta\sin\theta\mathrm{d}\theta\int_0^{\infty}\mathrm{e}^{(-\mathrm{i}k\cos\theta-1/a)r}r^3\mathrm{d}r\\&=\frac{\mathrm{i}e\xi\cos\theta_0}{\pi(2a)^{3/2}}\int_{-1}^{1}\frac{6x\mathrm{d}x}{(1/a+\mathrm{i}kx)^4}\qquad(x=\cos\theta)\\&=\frac{\mathrm{i}6e\xi\cos\theta_0}{\pi(2a)^{3/2}}\int_{-1}^{1}\frac{1}{(\mathrm{i}k)^2}\left[\frac{1}{(1/a+\mathrm{i}kx)^3}-\frac{1}{a}\frac{1}{(1/a+\mathrm{i}kx)^4}\right]\mathrm{d}(ikx+1/a)\\&=\frac{\mathrm{i}e\xi\cos\theta_0}{\pi(2a)^{3/2}}\frac{1}{ak^2}\left[\frac{\mathrm{i}3ak+1}{(1/a+\mathrm{i}k)^3}-\frac{-3\mathrm{i}ak+1}{(1/a-\mathrm{i}k)^3}\right]\\&=\frac{\mathrm{i}e\xi\cos\theta_0}{\pi(2a)^{3/2}}\frac{1}{ak^2}\frac{-\mathrm{i}16a^6k^3}{(1+a^2k^2)^3}=\frac{e\xi\cos\theta_0}{\pi(2a)^{3/2}}\frac{16ka^5}{(1+k^2a^2)^3}\end{aligned}$$

而 $\mathrm{d}w_{nk}=\frac{2\pi}{\hbar}|F_{kn}|^2\delta(E_k-E_n-\hbar\omega)\mathrm{d}k,\qquad k=\sqrt{\frac{2mE_k}{\hbar^2}}$

$$\mathrm{d}k=k^2\mathrm{d}k\mathrm{d}\Omega=\frac{mk}{\hbar^2}\mathrm{d}\Omega\mathrm{d}E_k$$

$$\mathrm{d}w_{nk}=\frac{2\pi}{\hbar}\frac{e^2\xi^2\cos^2\theta_0}{\pi^2(2a)^3}\frac{2^8k^2a^{10}}{(1+k^2a^2)^6}\delta(E_k-E_n-\hbar\omega)\frac{mk}{\hbar^2}\mathrm{d}\Omega\mathrm{d}E_k$$

$$= \frac{2^6 m a^7 e^2}{\pi \hbar^3} \frac{\xi^2 k^3 \cos^2\theta_0}{(1+k^2a^2)^6} \delta(E_k - E_n - \hbar\omega) \mathrm{d}E_k \mathrm{d}\Omega$$

对 $\mathrm{d}E_k$ 积分得

$$\mathrm{d}w = \frac{2^6 m a^7 e^2}{\pi \hbar^3} \frac{\xi^2 k^3}{(1+k^2a^2)^6} \cos^2\theta_0 \mathrm{d}\Omega$$

式中

$$k^2 = 2mE_k/\hbar^2 \qquad E_k = E_n + \hbar\omega \quad E_n = -e^2/2a = -\hbar\omega_0 \qquad a = \hbar^2/me^2$$

考虑到

$$\frac{\omega}{\omega_0} = \frac{E_k - E_n}{-E_n} = 1 - \frac{E_k}{E_n} = 1 - \frac{\hbar^2k^2/2m}{-e^2/2a} = 1 + k^2 a \frac{\hbar^2}{me^2} = 1 + k^2a^2$$

$$\int \cos^2\theta_0 \mathrm{d}\Omega = 2\pi \int_0^\pi \cos^2\theta_0 \mathrm{d}\theta_0 = \frac{4\pi}{3}$$

对 $\mathrm{d}\Omega$ 积分后即得到单位时间内原子被电离的几率

$$w = \frac{256 a^3 \xi^2}{3\hbar} \left(\frac{\omega_0}{\omega}\right)^6 \left(\frac{\omega}{\omega_0} - 1\right)^{3/2}$$

第6章　近独立粒子体系

1. 解　(1) 随机打印一次可能有26个结果,打印26次各种可能结果为 26^{26}。

(2) 随机打印26个字母可能的结果 26^{26} 次中只有1次是完全按字母顺序排列的,因此概率为 $1/26^{26}$。

(3) 一般说来,要打 26^{26} 次才能两次出现(2)中情况,而两次打字间隔为30s,因此平均要等待的时间是

$$26^{26} \times 30\mathrm{s} \approx 1.8468 \times 10^{38}\mathrm{s} \approx 5.85 \times 10^{30}\mathrm{y}$$

2. 解　(1)1个分子有两种可能的状态,N 个分子共有 2^N 种可能的状态。

(2) 上述 2^N 种可能状态中,只有1种是全部分子处在左边(或右边)的,因此其概率为 2^{-N}。

(3)200个分子共 2^{200} 种可能状态,状态改变1次需 10^{-12}s,因此从分子全部处在左边(或右边)到下一次分子又全部处在左边(或右边),这之间平均需等待的时间为

$$2^{200} \times 10^{-12}\mathrm{s} = 1.6 \times 10^{60} \times 10^{-12}\mathrm{s} = 1.6 \times 10^{48}\mathrm{s} = 5 \times 10^{40}\mathrm{y}$$

是地球年龄(50亿年 $= 5 \times 10^9$y)的 10^{31} 倍。

3. 解　单原子分子只有平动能，其能量曲面方程为

$$\frac{1}{2m}(p_x^2+p_y^2+p_z^2)=\varepsilon$$

这是一个半径为$\sqrt{2m\varepsilon}$ 的球，相体积为

$$\omega=\int \mathrm{d}\boldsymbol{p}\mathrm{d}\boldsymbol{r}=\frac{4}{3}\pi\,(2m\varepsilon)^{3/2}V$$

式中，V 为单原子分子运动所及的空间体积。

4. 参见教材 6.6 节例题 1。

5. 参见教材 10.9 节例题 1。

6. 证　对三维情形，利用分离变量法可得到与一维情形相似的如下三个方程①

$$p_x=n_xh/L_x \qquad p_y=n_yh/L_y \qquad p_z=n_zh/L_z$$

由此得

动量沿 x 方向的分量处在$(p_x,p_x+\mathrm{d}p_x)$ 的数目为

$$\mathrm{d}n_x=\frac{L_x}{h}\mathrm{d}p_x$$

动量沿 y 方向的分量处在$(p_y,p_y+\mathrm{d}p_y)$ 的数目为

$$\mathrm{d}n_y=\frac{L_y}{h}\mathrm{d}p_y$$

动量沿 z 方向的分量处在$(p_z,p_z+\mathrm{d}p_z)$ 的数目为

$$\mathrm{d}n_z=\frac{L_z}{h}\mathrm{d}p_z$$

因此动量处在$(p_x,p_y,p_z;p_x+\mathrm{d}p_x,p_y+\mathrm{d}p_y,p_z+\mathrm{d}p_z)$ 的数目为

$$\mathrm{d}n_x\mathrm{d}n_y\mathrm{d}n_z=\frac{L_xL_yL_z}{h^3}\mathrm{d}p_x\mathrm{d}p_y\mathrm{d}p_z=\frac{V\mathrm{d}p_x\mathrm{d}p_y\mathrm{d}p_z}{h^3}$$

由于 n_x,n_y,n_z 是描写粒子量子态的参数（量子数），所以上式左边即是量子态数，右边分子 $V\mathrm{d}p_x\mathrm{d}p_y\mathrm{d}p_z$ 是相应这些量子态的相体积。这便表明一个量子态对应相体积大小为 h^3。

7. 解　(1) 经典转子的广义坐标为 θ,φ，广义动量为 p_θ,p_φ，能量曲面为②

$$\frac{1}{2I}\left(p_\theta^2+\frac{p_\varphi^2}{\sin^2\theta}\right)=\varepsilon$$

---

① 参见 6.6 例题 2。

② 参见教材 6.6 节例题 1，经典转子只有转动能，即不包含 $p^2/2m$ 项。

式中,I 是转子的转动惯量,这个能量曲面包围的相体积

$$\omega(\varepsilon)=\int_{H\leqslant\varepsilon}\mathrm{d}\varphi\mathrm{d}\theta\mathrm{d}p_\theta\mathrm{d}p_\varphi=\int_0^{2\pi}\mathrm{d}\varphi\int_0^{\pi}\mathrm{d}\theta\int\mathrm{d}p_\theta\mathrm{d}p_\varphi$$

由于能量曲面在动量空间投影是一椭圆,其长、短半轴分别为$\sqrt{2I\varepsilon}$ 和 $\sqrt{2I\varepsilon}\sin\theta$,因此

$$\int\mathrm{d}p_\theta\mathrm{d}p_\varphi=\pi 2I\varepsilon\sin\theta$$

$$\omega(\varepsilon)=\int_0^{2\pi}\mathrm{d}\varphi\int_0^{\pi}2\pi I\varepsilon\sin\theta\mathrm{d}\theta=8\pi^2 I\varepsilon$$

(2) 在量子力学中,转子能量 $\varepsilon=l(l+1)\hbar/2I$,因此两个能级间所对应的相体积

$$\Delta\omega=\omega_l-\omega_{l-1}=l(l+1)h^2-l(l-1)h^2=2lh^2$$

而能级的简并度为 $2l+1$,所以一个量子态对应的相体积为

$$\frac{\Delta\omega}{2l+1}=\frac{2lh^2}{2l+1}\xrightarrow{l\gg1}h^2$$

8. 证 (1) 三维各向同性谐振子的哈密顿量

$$H=\frac{P^2}{2m}+\frac{1}{2}m\omega^2r^2=\frac{1}{2m}(p_x^2+p_y^2+p_z^2)+\frac{1}{2}m\omega^2(x^2+y^2+z^2)$$

定态薛定谔方程为

$$\left[-\frac{\hbar}{2m}\left(\frac{\partial^2}{\partial x^2}+\frac{\partial^2}{\partial y^2}+\frac{\partial^2}{\partial z^2}\right)+\frac{1}{2}m\omega^2(x^2+y^2+z^2)\right]\psi=\varepsilon\psi$$

利用分离变量法可以将这个方程分解成三个方程,其中每一个都具有与式(1.2.18)相似的形式。因此谐振子的能量也可以表示三项之和,其中每一项都具有与式(1.2.19)相似的形式,即

$$\varepsilon=\left(n_1+\frac{1}{2}\right)\hbar\omega+\left(n_2+\frac{1}{2}\right)\hbar\omega+\left(n_3+\frac{1}{2}\right)\hbar\omega=\left(n+\frac{3}{2}\right)\hbar\omega$$

式中,$n=n_1+n_2+n_3$,n_1,n_2,n_3 为非负整数。

(2) 当 $\varepsilon=\frac{5}{2}\hbar\omega$ 时,$n=1$,n_1、n_2、n_3 的可能取值只能是:

$$n_1=1,n_2=n_3=0;n_2=1,n_1=n_3=0;n_3=1,n_1=n_2=0$$

从而相应能级的简并度为 $g_1=3$。

当 $\varepsilon=\frac{7}{2}\hbar\omega$ 时,$n=2$,n_1、n_2、n_3 的可能取值只能是:

$n_1=2$、$n_2=n_3=0$;$n_2=2$,$n_1=n_3=0$;$n_3=2$,$n_1=n_2=0$

$n_1=0$、$n_2=n_3=1$;$n_2=0$,$n_1=n_3=1$;$n_3=1$,$n_1=n_2=1$

从而相应能级的简并度为 $g_2 = 6$。

(3) 当 n 为任意非负数整数时，我们可以把满足条件 $n_1 + n_2 + n_3 = n$ 的每一组 n_1、n_2、n_3 的可能取值看作将 n 个不可辨的球分配到3个可分辨的盒中的一种方式。显然所有可能分配方式的数目应是

$$g_n = \binom{n+3-1}{n} = \frac{(n+2)(n+1)}{2}。$$

9. 证　(1) 一维谐振子的能量曲面为

$$\frac{p^2}{2m} + \frac{1}{2}m\omega^2 x^2 = \varepsilon$$

即

$$\frac{p^2}{2m\varepsilon} + \frac{x^2}{2\dfrac{\varepsilon}{m\omega^2}} = 1$$

这是一长、短轴分别为 $\sqrt{2m\varepsilon}$、$\sqrt{\dfrac{2\varepsilon}{m\omega^2}}$ 的椭圆。能量曲面所包围的相体积即椭圆所围面积

$$\omega(\varepsilon) = \pi\sqrt{2m\varepsilon}\sqrt{\frac{2\varepsilon}{m\omega^2}} = \frac{2\pi}{\omega}\varepsilon$$

(2) 线性谐振子的能量本征值

$$\varepsilon = \left(n + \frac{1}{2}\right)\hbar\omega$$

两个能级间所夹相体积是

$$\Delta\omega = \omega(\varepsilon_n) - \omega(\varepsilon_{n-1}) = \frac{2\pi}{\omega}[(n+1)\hbar\omega - n\hbar\omega] = 2\pi\hbar = h$$

由于一维谐振子能级是非简并的，可见一个量子态对应 M 空间中大小为 h 的一个体积元。

10. 解　(1) 三维谐振子的能量曲面方程为

$$\frac{1}{2m}(p_x^2 + p_y^2 + p_z^2) + \frac{1}{2}m\omega^2(x^2 + y^2 + z^2) = \varepsilon$$

它所包围的相体积

$$\omega(\varepsilon) = \int_{H\leqslant\varepsilon} \mathrm{d}p_x \mathrm{d}p_y \mathrm{d}p_z \mathrm{d}x\mathrm{d}y\mathrm{d}z$$

令　$\xi_1 = \dfrac{p_x}{\sqrt{2m}}, \xi_2 = \dfrac{p_y}{\sqrt{2m}}, \xi_3 = \dfrac{p_z}{\sqrt{2m}}, \xi_4 = \sqrt{\dfrac{m\omega^2}{2}}x, \xi_5 = \sqrt{\dfrac{m\omega^2}{2}}y, \xi_6 = \sqrt{\dfrac{m\omega^2}{2}}z$

上式化成

$$\omega(\varepsilon)=(2m)^{\frac{3}{2}}\left(\frac{2}{m\omega^2}\right)^{\frac{3}{2}}\int\limits_{\sum\xi_i\leqslant\varepsilon}\mathrm{d}\xi_1\mathrm{d}\xi_2\mathrm{d}\xi_3\mathrm{d}\xi_4\mathrm{d}\xi_5\mathrm{d}\xi_6$$

上式积分为一半径为$\sqrt{\varepsilon}$ 的六维超球体体积

$$V_6=\frac{\pi^{\frac{6}{2}}}{\Gamma\left(1+\frac{6}{2}\right)}(\sqrt{\varepsilon})^6=\frac{\pi^3\varepsilon^3}{\Gamma(4)}$$

所以
$$\omega(\varepsilon)=(2m)^{\frac{3}{2}}\left(\frac{2}{m\omega^2}\right)^{\frac{3}{2}}\frac{\pi^3\varepsilon^3}{\Gamma(4)}=\frac{1}{6}\left(\frac{2\pi}{\omega}\right)^3\varepsilon^3$$

(2) 三维谐振子能量曲面所包围的相体积由(1) 知

$$\omega(\varepsilon)=\frac{1}{6}\left(\frac{2\pi}{\omega}\right)^3\varepsilon^3$$

两个能级间所夹相体积是

$$\Delta\omega=\omega(\varepsilon_n)-\omega(\varepsilon_{n-1})=\frac{1}{6}\left(\frac{2\pi}{\omega}\right)^3\left[\left(n+\frac{3}{2}\right)^3-\left(n+\frac{1}{2}\right)^3\right](\hbar\omega)^3$$

$$=\frac{h^3}{6}\left(3n^2+6n+\frac{13}{4}\right)$$

由题8知,三维谐振子能级简并度$g_n=\frac{(n+2)(n+1)}{2}=\frac{n^2+3n+2}{2}$,所以一个量子态对应$\mu$ 空间的相体积元为

$$\frac{\frac{h^3}{6}\left(3n^2+6n+\frac{13}{4}\right)}{\frac{n^2+3n+2}{2}}=\frac{h^3\left(n^2+2n+\frac{13}{12}\right)}{n^2+3n+2}\xrightarrow{\text{大量子数极限下}}h^3$$

11. 解 (1)$\mathrm{d}t$ 时间内速度为 $\boldsymbol{v}_i$ 的分子在与 $\mathrm{d}A$ 面碰撞后动量的改变为 $2mv_{ix}$

所给予器壁的压力
$$\mathrm{d}f_i=\frac{2mv_{ix}}{\mathrm{d}t}$$

(2)$\mathrm{d}t$ 时间内速度$\boldsymbol{v}_i$ 的分子能与 $\mathrm{d}A$ 发生碰撞都位于一柱体内,此柱体底面积为 $\mathrm{d}A$,高为 $v_{ix}\mathrm{d}t$,体积为 $v_{ix}\mathrm{d}t\mathrm{d}A$,体积内的分子数为 $n_iv_{ix}\mathrm{d}t\mathrm{d}A$,所有这些分子产生的压力

$$\mathrm{d}f=\frac{2mv_{ix}}{\mathrm{d}t}n_iv_{ix}\mathrm{d}t\mathrm{d}A=2mn_iv_{ix}^2\mathrm{d}A$$

(3) 各种可能速度的分子 $\mathrm{d}t$ 时间内对面元 $\mathrm{d}A$ 的总压力

$$dF = \sum_{i(v_x>0)} 2mn_i v_{ix}^2 dA = \sum_i mn_i v_{ix}^2 dA = mn\,\overline{v_x^2}\,dA$$

$$\overline{v_x^2} = \frac{\sum_i n_i v_{ix}^2}{\sum_i n_i} \qquad n = \sum_i n_i$$

(4)
$$P = \frac{dF}{dA} = nm\,\overline{v_x^2} = nm\frac{1}{3}\overline{v^2} = \frac{2}{3}n\frac{1}{2}m\,\overline{v^2} = \frac{2}{3}n\bar{\varepsilon}$$

12. 解　(1) N 个互相独立的线性谐振子各自取值为

$$\varepsilon_1 = \left(n_1 + \frac{1}{2}\right)\hbar\omega, \varepsilon_2 = \left(n_2 + \frac{1}{2}\right)\hbar\omega, \cdots, \quad \varepsilon_N = \left(n_N + \frac{1}{2}\right)\hbar\omega$$

且
$$n_1 + n_2 + \cdots + n_N = M$$

当 N, M 确定时,满足上述条件的 $\{n_i\}$ 可能取值的方式数可以看作将 M 个球放入 N 个盒中的方式数,即

$$W = \binom{M+N-1}{M} = \frac{(M+N-1)!}{M!\,(N-1)!}$$

这就是此状态的热力学几率。

(2) $\dfrac{1}{T} = \dfrac{\partial S}{\partial E} = \dfrac{k\partial \ln W}{\partial E} = k\dfrac{\partial \ln W}{\partial M}\dfrac{\partial M}{\partial E}$

假设 $M \gg 1, N \gg 1$,利用斯特令公式

$$\begin{aligned}\ln W &= \ln(M+N-1)! - \ln M! - \ln(N-1)! \\ &= (M+N)[\ln(M+N)-1] - M(\ln M - 1) - (N-1)[\ln(N-1)-1] \\ &= (M+N)\ln(M+N) - M\ln M - (N-1)\ln(N-1)\end{aligned}$$

$$\frac{\partial \ln W}{\partial M} = \ln(M+N) + \frac{M+N}{M+N} - \ln M - \frac{M}{M} = \ln\frac{M+N}{M}$$

由　$E = \left(M + \dfrac{N}{2}\right)\hbar\omega$ 得,　$\dfrac{\partial M}{\partial E} = \dfrac{1}{\hbar\omega}$

所以,
$$\frac{1}{T} = k\ln\frac{M+N}{M}\frac{1}{\hbar\omega} = \frac{k}{\hbar\omega}\ln\frac{M+\frac{N}{2}+\frac{N}{2}}{M+\frac{N}{2}-\frac{N}{2}}$$

$$= \frac{k}{\hbar\omega}\ln\frac{\frac{E}{\hbar\omega}+\frac{N}{2}}{\frac{E}{\hbar\omega}-\frac{N}{2}} = \frac{k}{\hbar\omega}\ln\frac{\frac{N}{\hbar\omega}\left(\frac{E}{N}+\frac{\hbar\omega}{2}\right)}{\frac{N}{\hbar\omega}\left(\frac{E}{N}-\frac{\hbar\omega}{2}\right)}$$

$$= \frac{k}{\hbar\omega}\ln\frac{\frac{E}{N}+\frac{\hbar\omega}{2}}{\frac{E}{N}-\frac{\hbar\omega}{2}}$$

即
$$\frac{E}{N}+\frac{\hbar\omega}{2}=\left(\frac{E}{N}-\frac{\hbar\omega}{2}\right)e^{+\hbar\omega/kT}$$

$$\frac{E}{N}(e^{\hbar\omega/kT}-1)=\frac{\hbar\omega}{2}(e^{\hbar\omega/kT}+1)$$

所以，
$$E=N\frac{\hbar\omega}{2}\frac{e^{\hbar\omega/kT}+1}{e^{\hbar\omega/kT}-1}=N\left(\frac{\hbar\omega}{2}+\frac{\hbar\omega}{e^{\hbar\omega/kT}-1}\right)$$

上式给出了系统能量与温度的关系。

13. 解 (1) 电子自旋$\frac{1}{2}$,适用费米 - 狄拉克统计。

(2) 质子自旋$\frac{1}{2}$,适用费米 - 狄拉克统计。

(3) 电子、质子等是基本粒子,由多个基本粒子组成的粒子叫做复合粒子。复合粒子的自旋等于组成复合粒子的各个基本粒子自旋的矢量和。因此,若一个复合粒子包含奇数个费米子(自旋为半整数),则这个复合粒子的自旋为半整数,它的行为类似于费米子。若一个复合粒子包含偶数个费米子和任意个玻色子(自旋为整数),则这个复合粒子自旋为整数,它的行为类似于玻色子。氘核由两个费米子组成,自旋为整数,适用玻色 - 爱因斯坦统计。

(4) α 粒子由 4 个费米子组成,自旋为整数,适用玻色 - 爱因斯坦统计。

(5) 振子是定域粒子,适用玻尔兹曼统计。

(6) 原子的性质主要由电子确定。C^{12} 原子包含 12 个电子,自旋为整数,适用玻色 - 爱因斯坦统计。

(7) C^{12+} 离子比 C^{12} 原子缺少一个电子,自旋为半整数,适用费米 - 狄拉克统计。

(8) 电子偶素原子由正、负电子对组成,自旋为整数,适用玻色 - 爱因斯坦统计。

14. 证 根据式(6.3.25)

$$\frac{\partial\zeta_l}{\partial\alpha}=-\bar{n}_l$$

$$\frac{\partial^2\zeta_l}{\partial\alpha^2}=-\frac{\partial\,\bar{n}_l}{\partial\alpha}=-\frac{\partial}{\partial x}\frac{\sum n_1 g_l e^{-(\alpha+\beta\varepsilon_l)n_e}}{\sum g_l e^{-(\alpha+\beta\varepsilon_l)n_e}}=\overline{n_l^2}-\overline{n_l}^2=\overline{(n_l-\bar{n}_l)^2}$$

而
$$n_l=\frac{g_l}{e^{\alpha+\beta\varepsilon_l}\pm 1}$$

$$\frac{\partial \bar{n}_l}{\partial \alpha}=-g\frac{e^{\alpha+\beta\varepsilon_l}}{(e^{\alpha+\beta\varepsilon_l}\pm 1)}=-g_l\frac{e^{\alpha+\beta\varepsilon_l}\pm 1\mp 1}{(e^{\alpha+\beta\varepsilon_l}\pm 1)^2}$$

$$=-\frac{g_l}{e^{\alpha+\beta\varepsilon_l}\pm 1}\pm\frac{g_l}{(e^{\alpha+\beta\varepsilon_l}\pm 1)^2}=-\bar{n}_l\pm\frac{\bar{n}_l^2}{g_l}$$

所以，

$$\overline{(n_l-\bar{n}_l)^2}=\bar{n}_l\mp\frac{\bar{n}_l^2}{g_l}$$

(负号适用于费米 - 狄拉克分布,正号适用于玻色 - 爱因斯坦分布)

15. 证　令 $x=r-r_0$,由于分子在平衡距离附近做简谐振动,

$$|r-r_0|<\delta \quad (\delta\text{ 为一小量})$$

分子的平均线度

$$\bar{r}=\frac{\int r e^{-\beta\varepsilon}d\omega}{\int e^{-\beta\varepsilon}d\omega}=r_0+\frac{\int_{-\delta}^{\delta}x e^{-\beta\frac{1}{2}\mu\omega^2x^2}dx}{\int_{-\delta}^{\delta}e^{-\beta\frac{1}{2}\mu\omega^2x^2}dx}$$

上式右边第二项分子所示积分中的被积函数为奇函数,积分值为零。

因此

$$\bar{r}=r_0$$

这就表明,这样的分子不会发生"热膨胀"。

16. 解　引用公式

$$\bar{v}=\sqrt{\frac{8RT}{\pi\mu}}\qquad \overline{v^2}=\sqrt{\frac{3RT}{\mu}}\qquad v_P=\sqrt{\frac{2RT}{\mu}}$$

式中,$R=8.31451\mathrm{J\cdot mol^{-1}\cdot K^{-1}}$ $T=273.15\mathrm{K}$,便可以计算气体分子在0℃时上述三种速度的数值,计算结果见下表。

几种气体分子在0℃时的平均速度、方均根速率和最可几速率

气体	氢气	氦气	水蒸气	氖气	氮气	氧气	氩气
分子量	2.016	4.003	18.016	20.183	28.010	32.000	39.948
$\bar{v}$	1694	1202	567	535	454	425	380
$\overline{v^2}$	1838	1305	615	581	493	461	413
v_P	1501	1065	502	474	403	377	337

续表

气体	二氧化碳	氪气	氙气	汞蒸气	空气	电子气
分子量	44.010	83.80	131.30	200.59	28.97	5.486×10^{-4}
$\bar{v}$	363	263	209	170	447	1.0267×10^{5}
$\sqrt{\overline{v^2}}$	393	285	228	184	485	1.1144×10^{5}
v_P	321	233	186	150	396	0.9099×10^{5}

17. 解　时间 $\mathrm{d}t$ 内碰到器壁面元 $\mathrm{d}x\mathrm{d}y$ 上(设面元法线沿 Z 轴)速度间隔在 $(\boldsymbol{v},\boldsymbol{v}+\mathrm{d}\boldsymbol{v})$ 的分子位于一柱体内,其体积为 $v_z\mathrm{d}t\mathrm{d}x\mathrm{d}y$($v_z=v\cos\theta$ 为 $\boldsymbol{v}$ 沿 z 轴的分量)。由麦克斯韦分布知,此柱体内具有这一速度的分子数为

$$n\left(\frac{m}{2\pi kT}\right)^{\frac{3}{2}}\mathrm{e}^{-\frac{m}{2kT}v^2}\mathrm{d}\boldsymbol{v}v_z\mathrm{d}t\mathrm{d}x\mathrm{d}y$$

$$=n\left(\frac{m}{2\pi kT}\right)\frac{3}{2}\mathrm{e}^{-\frac{m}{2kT}v^2}v^3\mathrm{d}v\cos\theta\sin\theta\mathrm{d}\theta\mathrm{d}\varphi\mathrm{d}t\mathrm{d}x\mathrm{d}y$$

利用　$\displaystyle\int_0^{\frac{\pi}{2}}\cos\theta\sin\theta\mathrm{d}\theta=\frac{1}{2}$　　$\displaystyle\int_0^{2\pi}\mathrm{d}\varphi=2\pi$

完成对速度方位的积分,并除以 $\mathrm{d}t\mathrm{d}x\mathrm{d}y$,便得单位时间碰到单位面积器壁上速率介于 $(v,v+\mathrm{d}v)$ 间的分子数

$$\pi n\left(\frac{m}{2\pi kT}\right)^{\frac{3}{2}}\mathrm{e}^{-\frac{m}{2kT}v^2}v^3\mathrm{d}v$$

利用

$$\int_0^{\infty}x^n\mathrm{e}^{-ax}\mathrm{d}x=\frac{n!}{a^{n+1}}$$

完成对各种速率的积分给出碰壁总数

$$\pi n\left(\frac{m}{2\pi kT}\right)^{\frac{3}{2}}\int_0^{\infty}\mathrm{e}^{-\frac{m}{2kT}v^2}v^2\mathrm{d}v^2/2=n\sqrt{\frac{kT}{2\pi m}}=\frac{n}{4}\bar{v}$$

第 7 章　分析力学

1. 解　(1) 设细杆 AB 绕下端 A 的角加速度为 α。在题给瞬间,B 点具有与 A 点相同的沿水平方向向左的速度 v;又由于软绳的约束 B 点将绕点 D 做圆周运

动，因而具有切向和法向（向心）加速度 $a_{B\tau}$，a_{Bn}。于是，B 点的加速度

$$\boldsymbol{a}_B = \boldsymbol{a}_{B\tau} + \boldsymbol{a}_{Bn}$$

显然，这一加速度应与 B 绕 A 运动的线加速度一致，其大小

$$a_B = l\alpha$$

其方向与 AB 垂直。因为 AB 与水平面的倾角为 θ，所以

$$a_{Bn} = a_B\cos\theta = l\alpha\cos\theta$$

而 $a_{Bn} = \dfrac{v^2}{|Bd|} = \dfrac{v^2}{h}$，代入得

$$\alpha = \frac{v^2}{hl\cos\theta} = \frac{2.4^2}{1.2 \times 3 \times \cos 30^\circ} = 1.85(\mathrm{rad/s^2})$$

（2）作用在杆 AB 上共 5 个力：A 端的水平力 F 与支承力 N，B 端绳中张力 F'，质心上的重力 mg 以及惯性力 F_{Ie}。根据达朗贝尔原理，它们形成一个平衡力系。由于杆 AB 上各点的加速度不同，它们所产生的惯性力的合力应如下确定：

$$F_{Ie} = \int_0^l \alpha y \rho \mathrm{d}y = \alpha\rho l^2/2 = \frac{1}{2}m\alpha l$$

式中，ρ 是杆的线密度，$m = \rho l$。为了求出水平力 F，只需考虑平衡力系的水平分量，这时

$$0 = F - F_{Ie}\sin\theta = F - \frac{1}{2}m\alpha l\sin\theta$$

由此得

$$F = \frac{1}{2}m\alpha l\sin\theta = \frac{1}{2} \times 45 \times 1.85 \times 3 \times \sin 30^\circ = 62.4\mathrm{N}$$

（3）根据达朗贝尔原理，作用在杆 AB 上的 5 个力形成的平衡力系对 A 点的力矩之和为零。类似地，惯性力对 A 点的合力矩应如下确定：

$$M_{Ie} = \int_0^l \alpha y^2 \rho \mathrm{d}y = \frac{1}{3}\alpha\rho l^3 = \frac{1}{3}m\alpha l^2$$

因为 F 和 N 对 A 点的力矩为零，所以

$$0 = F'l\cos\theta - mg\frac{l}{2}\cos\theta - \frac{1}{3}m\alpha l^2$$

由此得

$$F' = m\left(\frac{g}{2} + \frac{\alpha l}{3\cos\theta}\right) = 45 \times \left(\frac{9.8}{2} + \frac{1.85 \times 3}{3\cos 30^\circ}\right) = 316.6\mathrm{N}$$

2. 解　设 x 轴沿 AC，固定点 A 为坐标原点。当 C 点坐标为 x 时，D 点坐标

$$x_D = \frac{l-a}{l}\frac{x}{2} = \frac{l-a}{2l}x$$

E 点坐标

$$x_E = x - \frac{l-a}{2l}x = \frac{l+a}{2l}x$$

此时弹簧内的拉力

$$T = k\frac{a}{l}(x-s)$$

根据虚功原理

$$\begin{aligned} 0 &= -T\delta x_E + T\delta x_D + F\delta x \\ &= T\left(\frac{l-a}{2l} - \frac{l+a}{2l}\right)\delta x + F\delta x \\ &= \left(-\frac{a}{l}T + F\right)\delta x = \left[-k\frac{a^2}{l^2}(x-s) + F\right]\delta x \end{aligned}$$

由此得

$$x = s + \frac{Fl^2}{ka^2}$$

3. 解 考虑三足架中一根支架，单根支架受两个力作用，一个来自三足架及其载重的重量，一个来自绳圈套张力，由于三足架的对称性，每根支架平均分摊重量$\frac{W}{3}$。而单根支架底端则受到两个夹角为60°的张力 T 作用，合力为 $2T\cos 30° = \sqrt{3}\,T$。取过单根支架的铅直面为 xz 平面，三足架三足所构成的等边三角形重心为坐标原点，原点与单支架顶端连线为 z 轴，原点与支架足连线为 x 轴。于是单根支架顶点与足的坐标分别是

$$x_1 = 0 \qquad y_1 = 0 \qquad z_1 = l\cos\varphi$$

$$x_2 = l\sin\varphi \qquad y_2 = 0 \qquad z_2 = 0$$

对单根支架运用虚功原理有

$$-\frac{W}{3}\delta z_1 - \sqrt{3}\,T\delta x_2 = 0$$

将上面坐标表示式代入后得

$$-\frac{W}{3}l\delta\cos\varphi - \sqrt{3}\,Tl\delta\sin\varphi = 0$$

即

$$\frac{W}{3}\sin\varphi\delta\varphi - \sqrt{3}\,T\cos\varphi\delta\varphi = 0$$

所以

$$T = \frac{W\tan\varphi}{3\sqrt{3}}$$

4. 解　取过细杆 AB 并与墙面正交的平面(铅垂平面)为 xz 平面,两平面交线为 z 轴,过 AB 中点(即杆的质心)C 所作 z 轴的垂线为 x 轴。根据虚功原理

$$P\delta z_c = 0 \qquad z_c = \text{常数}$$

式中,P 是杆的重量。可见质心的坐标总是

$$x_c = a\cos\theta \qquad z_c = 0$$

式中,θ 是 AB 与 x 轴正向交角,$2a$ 是细杆长。设 AB 静止在铅垂平面任意恰当位置时 B 端的坐标为(x,z),则

$$x = 2a\cos\theta \quad z = -a\sin\theta$$

即
$$\frac{x}{2a} = \cos\theta \qquad \frac{z}{a} = -\sin\theta$$

两式各自平方后相加得

$$\frac{x^2}{4a^2} + \frac{z^2}{a^2} = 1$$

所以曲线 DE 满足的方程为一椭圆。

5. 解　取柱坐标系,圆锥体中心轴线为 z 轴,顶点为原点,弹性圈受 3 个力作用:重力、弹力和圆锥体的支承力。平衡时

$$2\pi N\sin\alpha = W$$

$$N\cos\alpha = f = \lambda s\,\frac{2\pi h\tan\alpha - l}{l}$$

式中,N,f 分别是弹性圈上单位角度所受的支承力与弹力。由此得

$$h = \frac{l}{2\pi\tan\alpha}\left(\frac{W}{2\pi\lambda s\tan\alpha} + 1\right)$$

在约束力许可的情况下,只有重力和弹力可做虚功,因此根据虚功原理

$$2\pi f\cdot\delta r - W\delta z = 0$$

$$2\pi\lambda s\,\frac{2\pi h\tan\alpha - l}{l}\delta(h\tan\alpha) - W\delta h = 0$$

即
$$\left(2\pi\lambda s\tan\alpha\,\frac{2\pi h\tan\alpha - l}{l} - W\right)\delta h = 0$$

同样得到
$$h = \frac{l}{2\pi\tan\alpha}\left(\frac{W}{2\pi\lambda s\tan\alpha} + 1\right)$$

6. 解　设地面对前、后轮的支承力分别为 N_1,N_2。根据达朗贝尔原理,作用在汽车上的所有力组成一个平衡力系。若取前轮与地面接触点为基点,则这些力对此基点的合力矩为零,即

$$mgb + mah - N_2(b + \mathrm{d}) = 0$$

由此得
$$N_2 = \frac{gb + ah}{b + \mathrm{d}} m$$

同样,若取后轮与地面接触点为基点,则有
$$N_1(b + \mathrm{d}) + mah - mg\mathrm{d} = 0$$

由此得
$$N_1 = \frac{g\mathrm{d} - ah}{b + \mathrm{d}} m$$

N_1, N_2 的大小亦表示前后轮对地面正压力的大小。如果 $N_1 = N_2$,那么
$$\frac{g\mathrm{d} - ah}{b + \mathrm{d}} m = \frac{gb + ah}{b + \mathrm{d}} m$$
$$a = \frac{g(\mathrm{d} - b)}{2h}$$

可见只有当加速度 $a = g(\mathrm{d} - b)/2h$ 时,汽车前后轮对地面的压力才相等。

7. 解 取 AB 为 x 轴,AE 为 y 轴,A 点为坐标原点。在绳 EO' 被剪断瞬间,长方形板在 xy 平面内绕 A 点加速转动。板上每点的惯性力大小为 αr,α 是角加速度,$r = \sqrt{x^2 + y^2}$,是该点与 A 点的距离,方向与 α 相反。根据达朗贝尔原理,所有这些惯性力与绳 AO 拉力 T 及板的重力 mg 组成一个平衡力系。该平衡力系对 A 点合力矩为零,即
$$\iint \alpha(x^2 + y^2)\rho \mathrm{d}x\mathrm{d}y - mg\frac{\sqrt{b^2 + 4b^2}}{2}\cos\theta_0 = 0$$

式中,ρ 是长方形板面密度,且 $\rho b \cdot 2b = 2\rho b^2 = m$
$$\cos\theta_0 = \cos(\angle EAB) = \frac{2b}{\sqrt{b^2 + 4b^2}} = \frac{2}{\sqrt{5}}$$

另外
$$\iint \alpha(x^2 + y^2)\rho \mathrm{d}x\mathrm{d}y = \alpha\rho\int_0^b x^2\mathrm{d}x\int_0^{2b}\mathrm{d}y + \alpha\rho\int_0^b \mathrm{d}x\int_0^{2b} y^2\mathrm{d}y$$
$$= \alpha\rho\left(\frac{b^3}{3} \times 2b + b \times \frac{8}{3}b^3\right) = \alpha\rho\,\frac{10}{3}b^4 = \frac{5}{3}\alpha m b^2$$
$$mg\frac{\sqrt{b^2 + 4b^2}}{2}\cos\theta_0 = mgb$$

代入得
$$\frac{5}{3}\alpha m b^2 - mgb = 0 \qquad \alpha = \frac{3g}{5b}$$

所以长方形板质心的加速度
$$a = \frac{\sqrt{5}}{2}b\alpha = \frac{3\sqrt{5}}{10}g$$

要求绳 AO 的拉力 T,只需写出平衡力系在 x 方向上的投影便可推得。这时方程为

$$T + F_x - mg = 0$$

式中,F_x 是所有惯性力在 x 方向分量的代数和。为了计算 F_x,选取以 A 为原点的极坐标系。于是

$$\begin{aligned}
F_x &= \iint \alpha r\cos\theta\rho r\mathrm{d}r\mathrm{d}\theta \\
&= \rho\alpha\int_0^{\theta_0}\cos\theta\mathrm{d}\theta\int_0^{2b/\cos\theta} r^2\mathrm{d}r + \rho\alpha\int_{\theta_0}^{90^\circ}\cos\theta\mathrm{d}\theta\int_0^{b/\sin\theta} r^2\mathrm{d}r \\
&= \frac{8}{3}\rho\alpha b^3\int_0^{\theta_0}\frac{\mathrm{d}\theta}{\cos^2\theta} + \frac{1}{3}\rho\alpha b^3\int_{\theta_0}^{90^\circ}\frac{\cos\theta\mathrm{d}\theta}{\sin^3\theta} \\
&= \frac{8}{3}\rho\alpha b^3\tan\theta_0 - \frac{1}{6}\rho\alpha b^3\left(1 - \frac{1}{\sin^2\theta_0}\right) = \frac{8}{3}\rho\alpha b^3\ \frac{1}{2} - \frac{1}{6}\rho\alpha b^3(1-5) \\
&= 2\rho\alpha b^3 = m\alpha b
\end{aligned}$$

所以

$$T + m\alpha b - mg = 0$$

$$T = mg - m\alpha b = mg - m\frac{3g}{5b}b = \frac{2}{5}mg$$

较为简单的解法是:

根据平行轴定理(参见教材 8.8 节例题 2),长方形板绕 A 点的转动惯量

$$I_A = I_C + m\left(\frac{\sqrt{5}}{2}b\right)^2 = \frac{5}{12}mb^2 + \frac{5}{4}mb^2 = \frac{5}{3}mb^2$$

利用动量矩定理有

$$I_A\alpha = mg\frac{\sqrt{5}}{2}b\cos\theta_0 = mg\frac{\sqrt{5}}{2}b\frac{2}{\sqrt{5}} = mgb$$

所以

$$\alpha = \frac{mgb}{I_A} = \frac{3g}{5b}$$

$$a = \alpha\frac{\sqrt{5}}{2}b = \frac{3g}{2\sqrt{5}}$$

而长方形板上各点惯性力 x 分量的代数和可以看作集中作用在质心处的总惯性力 x 分量,即

$$F_x = m\alpha\frac{\sqrt{5}}{2}b\cos\theta_0 = m\frac{3g}{5b}\frac{\sqrt{5}}{2}b\frac{2}{\sqrt{5}} = \frac{3}{5}mg$$

于是

$$T = mg - F_x = \frac{2}{5}mg$$

8. 解 考虑人字梯的一侧，比如AC，它的受力情况如下：AC的重量$\frac{W}{2}$，位于AC中点处，方向铅直向下；地面支承力$N=\frac{W}{2}$，位于A点铅直向上；地面静摩擦力$f_s N$，位于A点处，方向朝人字梯内侧；BC的反作用力，它可分解成铅直向和水平向，分别记为f_1，f_2。AC静止时，合力与合力矩均为零，即

$$N + f_1 - \frac{W}{2} = 0 \qquad -f_s N + f_2 = 0$$

$$f_1 \frac{a}{2}\cos\varphi + f_2 \frac{a}{2}\sin\varphi + f_s N\sin\varphi - N\frac{a}{2}\cos\varphi = 0$$

式中，W是人字梯总重量，a是人字梯梯长。φ是AC与水平面夹角。由此得

$$f_1 = 0 \qquad f_2 = f_s N = \frac{1}{2}f_s W$$

$$\tan\varphi = \frac{1}{2f_s}$$

所以，AC与水平面所成夹角至少应为$\tan^{-1}\frac{1}{2f_s}$。

9. 解 设匀质杆长为l，线质量密度为ρ，杆与水平线夹角φ，那么杆对其端点转动惯量

$$I = \int_0^l x^2\rho\,\mathrm{d}x = \frac{1}{3}\rho l^3 = \frac{1}{3}Ml^2$$

杆的运动方程为

$$I\ddot{\varphi} = \frac{1}{2}lMg\cos\varphi$$

即
$$\dot{\varphi}\frac{\mathrm{d}\dot{\varphi}}{\mathrm{d}\varphi} = \frac{3g}{2l}\cos\varphi$$

积分得
$$\dot{\varphi}^2 = \frac{3g}{l}\sin\varphi$$

匀质杆受3个力作用：支点作用力f，重力Mg，离心力$-M\dot{\varphi}^2 l/2$。根据达朗贝尔原理，这三个力形成一个平衡力系。因此，当杆经过铅直位置时，成立

$$f - Mg - \frac{3}{2}Mg = 0 \qquad f = \frac{5}{2}Mg$$

所以支点上的反作用力为$\frac{5}{2}Mg$。

10. 解　飞机着陆后的加速度

$$a=\frac{v^2-v_0{}^2}{2s}=\frac{(50\times10^3/3600)^2-(200\times10^3/3600)^2}{2\times450}$$

$$=-\frac{5^5}{2^2\times3^5}=-3.215(\mathrm{m/s^2})$$

这时,飞机共受5个力作用:前、后轮正压力 F_B、F_A,重力 mg,制动力 F_d,惯性力 $-ma$。根据达朗贝尔原理,这5个力组成一平衡力系。若选取飞机前进方向为 y 轴正向,铅直向上方向为 z 轴正向,那么,它们在水平方向的合力

$$F_d-ma=0$$

它们对后轮触地点的合力矩

$$ma\times3+F_B\times15-F_d\times1.8-mg\times2.4=0$$

由此得

$$F_B=\frac{1}{15}(-ma\times3+F_d\times1.8+mg\times2.4)$$

$$=\frac{m}{15}(-3a+1.8a+2.4g)$$

$$=\frac{5^3\times10^3}{15}\left(\frac{5^5\times1.2}{2^2\times3^5}+9.8\times2.4\right)$$

$$=228150(\mathrm{N})$$

所以,前轮的正压力约为 $2.3\times10^5\mathrm{N}$。

11. 解　列车所受的作用力是重力、惯性离心力、两铁轨的反作用力,这些力组成一个平衡力系。根据达朗贝尔原理,这些力在垂直于铁轨方向的投影为

$$N_1+N_2-Mg\cos\theta-Ma\sin\theta=0$$

式中,N_1,N_2 分别是拐弯处外侧和内侧铁轨的支承力,$a=v^2/r$ 是列车的向心加速度。它们对车轮与内侧铁轨接触点的力矩之和是

$$N_1d+Mgh\sin\theta-\frac{1}{2}Mgd\cos\theta-\frac{1}{2}Mad\sin\theta-Mah\cos\theta=0$$

由上式得

$$N_1=\left(\frac{a}{2}-\frac{hg}{d}\right)M\sin\theta+\left(\frac{ha}{d}+\frac{g}{2}\right)M\cos\theta$$

代入第一式得

$$N_2=\left(\frac{a}{2}+\frac{hg}{d}\right)M\sin\theta+\left(\frac{g}{2}-\frac{ha}{d}\right)M\cos\theta$$

上面 N_1,N_2 的大小即表示外侧和内侧铁轨所受的压力。若两铁轨所受的压力相

等,即 $N_1 = N_2$,则

$$\frac{2hg}{d}M\sin\theta - \frac{2ha}{d}M\cos\theta = 0$$

即
$$a = g\tan\theta$$

所以这时列车的速度

$$v = \sqrt{ar} = \sqrt{gr\tan\theta}$$

12. 解 设 $t = 0$ 时,飞船所在位置为 A,到达月球表面时的着陆点为 B。由于飞船沿直线到达,因此 AB 为直线,方向与初速度 v_0 相同。以 B 点为原点,过 AB 与月球表面正交的平面为 xy 平面,x 轴沿月球表面,y 轴与表面垂直,$\overrightarrow{AB}$ 与 x 轴正向夹角即是 θ。按题意,飞船到达 B 点时速度为零,因此,飞船在不变推力下做匀减速直线运动。其加速度大小

$$a = \frac{v_0^2}{2h/\sin\theta} = \frac{v_0^2\sin\theta}{2h} = \frac{9.15^2 \times \sin 30°}{2 \times 15.5} = 1.35(\mathrm{m/s^2})$$

方向与 v_0 相反。设推力为 F,根据牛顿第二定律有

$$\boldsymbol{P} + \boldsymbol{F} = m\boldsymbol{a}$$

式中,$\boldsymbol{P}$ 表示月球对飞船的吸引力。将上式写成分量形式是

$$F_x = -ma\cos\theta$$

$$F_y - mg_m = ma\sin\theta$$

由此得
$$F_x = -1000 \times 1.35 \times \cos 30° = -1169(\mathrm{N})$$

$$F_y = 1000 \times 1.62 + 1000 \times 1.35 \times \sin 30° = 2295(\mathrm{N})$$

推力
$$\boldsymbol{F} = (F_x, F_y) = (-1169, 2295) \quad (单位:\mathrm{N})$$

x 轴正向选择为使初速度在其上投影为正,y 轴正向朝上。

13. 解 匀质圆柱形滚子的转动惯量

$$I = \int_2^r r^2\rho 2\pi r\mathrm{d}r = \frac{\pi}{2}\rho r^4 = \frac{1}{4}mr^2 \qquad (\rho\pi r^2 = 0.5m)$$

滚子的运动方程为

$$M = fr = I\ddot{\theta} = \frac{1}{4}mr^2\ddot{\theta} = \frac{1}{4}rma \qquad (a = r\ddot{\theta})$$

从而
$$f = \frac{1}{4}ma$$

平板的加速度满足如下方程

$$F - f = ma$$

由此得
$$a = \frac{2F}{3m}$$

14. 解　由

$$\dot{x} = a(\dot{\theta} - \cos\theta\dot{\theta}) \qquad \dot{y} = -a\sin\theta\dot{\theta}$$

推知

$$L = T - V = \frac{1}{2}m(\dot{x}^2 + \dot{y}^2) - mgy$$

$$= \frac{1}{2}m[a^2(1-\cos\theta)^2\dot{\theta}^2 + a^2\sin^2\theta\dot{\theta}^2] + mga(1-\cos\theta)$$

$$= ma^2\dot{\theta}^2(1-\cos\theta) + mga(1-\cos\theta)$$

$$\frac{\partial L}{\partial \dot{\theta}} = 2ma^2\dot{\theta}(1-\cos\theta)$$

$$\frac{\partial L}{\partial \theta} = (ma^2\dot{\theta}^2 + mga)\sin\theta$$

根据拉格朗日方程

$$\frac{\mathrm{d}}{\mathrm{d}t}\left(\frac{\partial L}{\partial \dot{\theta}}\right) - \frac{\partial L}{\partial \theta} = 0$$

得小环运动微分方程为

$$2ma^2\ddot{\theta}(1-\cos\theta) - (a\dot{\theta}^2 + g)ma\sin\theta = 0$$

15. 解　设 z 轴铅直向下，$t=0$ 时，弹簧处于未伸长状态，这时重物的铅直坐标 $z=0$，滑轮转动角度 $\theta=0$。于是，$z=r\theta$（r 是滑轮半径），而滑轮绕中心的转动惯量 $I=mr^2$。由此有

$$L = T - V = \frac{1}{2}M\dot{z}^2 + \frac{1}{2}I\dot{\theta}^2 + Mgz - \frac{1}{2}kz^2$$

$$= \frac{1}{2}M\dot{z}^2 + \frac{1}{2}m\dot{z}^2 + Mgz - \frac{1}{2}kz^2$$

根据拉格朗日方程

$$\frac{\mathrm{d}}{\mathrm{d}t}\left(\frac{\partial L}{\partial \dot{z}}\right) - \frac{\partial L}{\partial z} = (M+m)\ddot{z} - Mg + kz = 0$$

即

$$(M+m)\ddot{z} + kz - Mg = 0$$

其通解为

$$z = A\cos(\omega t + \alpha) + Mg/k \quad (\omega^2 = k/(M+m))$$

考虑到　　$t=0, z=\dot{z}=0$　　有

$$z = -\frac{Mg}{k}\cos\omega t + \frac{Mg}{k}$$

可见,重物的振动周期是

$$\frac{2\pi}{\omega} = 2\pi\sqrt{\frac{M+m}{k}}$$

16. 解　设质点m在摆动的某时刻t偏离平衡位置的角度为θ。由于线的另一端绕在圆柱体上,该端的位置将随t改变,其大小在圆周上为弧长$r\theta$,因此质点m在时刻t的速度

$$v = (l + r\theta)\dot{\theta}$$

相对质点平衡处($\theta = 0$)的位置升高的高度

$$h = (l + r\sin\theta) - (l + r\theta)\cos\theta$$

若取$\theta = 0$为势能零点,则质点m的动能和势能分别是

$$T = \frac{1}{2}mv^2 = \frac{1}{2}m(l + r\theta)^2\dot{\theta}^2$$

$$V = mg\left[(l + r\sin\theta) - (l + r\theta)\cos\theta\right]$$

而拉格朗日函数

$$L = T - V = \frac{1}{2}m(l + r\theta)^2\dot{\theta}^2 - mg\left[(l + r\sin\theta) - (l + r\theta)\cos\theta\right]$$

根据拉格朗日方程,有

$$\begin{aligned}0 &= \frac{\mathrm{d}}{\mathrm{d}t}\left(\frac{\partial L}{\partial\dot{\theta}}\right) - \frac{\partial L}{\partial\theta}\\&= \frac{\mathrm{d}}{\mathrm{d}t}[m(l + r\theta)^2\dot{\theta}] - m(l + r\theta)r\dot{\theta}^2 + mg[r\cos\theta - r\cos\theta + (l + r\theta)\sin\theta]\\&= m(l + r\theta)^2\ddot{\theta} + 2m(l + r\theta)r\dot{\theta}^2 - m(l + r\theta)r\dot{\theta}^2 + mg(l + r\theta)\sin\theta\\&= m(l + r\theta)^2\ddot{\theta} + m(l + r\theta)r\dot{\theta}^2 + mg(l + r\theta)\sin\theta\end{aligned}$$

由此得摆的运动微分方程

$$(l + r\theta)\ddot{\theta} + r\dot{\theta}^2 + g\sin\theta = 0$$

17. 解　两动轮O_2,O_3一方面随其质心绕O_1转动,另一方面又各自绕其质心转动。这两个转动合成的结果,对轮O_2,两角速度大小和方向均相同,合成后角速度为$2\omega = 2\dot{\theta}$(θ是曲柄O_1O_3转过的角度);对轮O_3,两角速度大小相同,方向相反,合成后角速度为零。因此,轮O_2的动能包括质心运动的动能$\frac{1}{2}mv_2^2$和转动动能$\frac{1}{2}I_2(2\omega)^2$;轮$O_3$的动能只有质心运动的动能$\frac{1}{2}mv_3^2$。于是,系统的总动

能

$$T=\frac{1}{2}mv_2^2+\frac{1}{2}I_2(2\omega)^2+\frac{1}{2}mv_3^2$$

$$=\frac{1}{2}m(2r\omega)^2+\frac{1}{2}\left(\frac{1}{2}mr^2\right)(2\omega)^2+\frac{1}{2}m(4r\omega)^2$$

$$=11mr^2\omega^2=11mr^2\dot{\theta}^2$$

利用拉格朗日方程(式(7.3.14)),

$$\frac{\mathrm{d}}{\mathrm{d}t}\left(\frac{\partial T}{\partial\dot{\theta}}\right)-\frac{\partial T}{\partial\theta}=M$$

得

$$22mr^2\ddot{\theta}=M$$

由此给出曲柄的角加速度

$$\alpha=\ddot{\theta}=\frac{M}{22mr^2}$$

18. 解　取圆环对称中心为坐标原点作球坐标系,令 $t=0$ 时圆环对称平面的位置相应 $\varphi=0$。于是,小球的坐标为

$$x=r\sin(\pi-\theta)\cos\varphi=r\sin\theta\cos\varphi$$

$$y=r\sin(\pi-\theta)\sin\varphi=r\sin\theta\sin\varphi$$

$$z=r\cos(\pi-\theta)=-r\cos\theta$$

由于 r 固定,系统只有两个自由度 θ 和 φ。根据力的性质和广义力定义(式(7.3.8))有

$$Q_\varphi=F_x\frac{\partial x}{\partial\varphi}+F_y\frac{\partial y}{\partial\varphi}=-F_xr\sin\theta\sin\varphi+F_yr\sin\theta\cos\varphi$$

$$=xF_y-yF_x=M_z=M$$

$$Q_\theta=-mg\frac{\partial z}{\partial\theta}=-mgr\sin\theta$$

系统的动能包括圆环的转动能$\frac{1}{2}I\omega^2$(I 为转动惯量,$\omega=\dot{\varphi}$)和小球的动能,而小球的动能又包括小球随圆环运动的动能$\frac{1}{2}m(r\sin\theta\cdot\omega)^2$和小球在圆环内运动的动能$\frac{1}{2}m(r\dot{\theta})^2$,即

$$T=\frac{1}{2}I\omega^2+\frac{1}{2}mr^2\omega^2\sin^2\theta+\frac{1}{2}m(r\dot{\theta})^2$$

$$= \frac{1}{2}(I + mr^2 \sin^2\theta)\dot{\varphi}^2 + \frac{1}{2}mr^2\dot{\theta}^2$$

利用拉格朗日方程(式(7.3.14))

$$\frac{\mathrm{d}}{\mathrm{d}t}\left(\frac{\partial T}{\partial \dot{\varphi}}\right) - \frac{\partial T}{\partial \varphi} = Q_\varphi$$

$$\frac{\mathrm{d}}{\mathrm{d}t}\left(\frac{\partial T}{\partial \dot{\theta}}\right) - \frac{\partial T}{\partial \theta} = Q_\theta$$

得

$$\frac{\mathrm{d}}{\mathrm{d}t}[(I + mr^2 \sin^2\theta)\dot{\varphi}] = (I + mr^2 \sin^2\theta)\ddot{\varphi} + mr^2\dot{\varphi}\sin 2\theta \cdot \dot{\theta} = M$$

$$\frac{\mathrm{d}}{\mathrm{d}t}(mr^2\dot{\theta}) - \frac{1}{2}mr^2\dot{\varphi}^2\sin 2\theta = mr^2\ddot{\theta} - \frac{1}{2}mr^2\dot{\varphi}^2\sin 2\theta = -mgr\sin\theta$$

注意到 $\omega = \dot{\varphi}$ 为常量，$\ddot{\varphi} = 0$，有

$$mr^2\omega\dot{\theta}\sin 2\theta = M$$

$$mr^2\ddot{\theta} - \frac{1}{2}mr^2\omega^2\sin 2\theta + mgr\sin\theta = 0$$

由上面第二式得小球相对圆环的运动方程

$$\ddot{\theta} - \frac{1}{2}\omega^2\sin 2\theta + \frac{g}{r}\sin\theta = 0$$

由上面第一式得力矩

$$M = mr^2\omega\dot{\theta}\sin 2\theta$$

19. 证　选取开始瞬间($t = 0$)球壳与水平面接触点为坐标原点，原点与细杆所在铅垂面为 xy 平面，水平线为 x 轴。球壳的位置可由其球心(质心)C 的横坐标 x_c 确定，细杆的位置可由其对水平面的倾角 θ 确定。因此，系统只有两个自由度。系统的动能包括球壳质心的平动能 $\frac{1}{2}Mv_C^2$、球壳的转动能 $\frac{1}{2}I_1\omega^2$、细杆质心的平动能 $\frac{1}{2}mv_D^2$ 和细杆的转动能 $\frac{1}{2}I_2\dot{\theta}^2$，即

$$T = \frac{1}{2}Mv_C^2 + \frac{1}{2}I_1\omega^2 + \frac{1}{2}mv_D^2 + \frac{1}{2}I_2\dot{\theta}^2$$

这里，$v_C = \dot{x}_C$ 是球心速度，$I_1 = \frac{2}{3}Mr^2$ 是球壳相对过球心且与平面垂直的轴的转动惯量，$\omega = \frac{\dot{x}_C}{r}$ 是转动角速度，$I_2 = \frac{1}{12}ml^2$ 是杆相对其中点且与自身垂直的轴的转动惯量，$l = 2r\sin\varphi$ 是杆长。v_D 是细杆质心运动速度，它是随球心运动的速度

v_C(方向沿 x 轴) 与绕球心转动的速度$(r\cos\varphi)\dot{\theta}$(方向沿杆) 的矢量和,这两者夹角为 θ。因此,v_D 的大小为

$$v_D^2 = v_C^2 + (r\cos\varphi)^2\dot{\theta}^2 + 2v_C(r\cos\varphi)\dot{\theta}\cos\theta$$

综上所述

$$T = \frac{1}{2}M\dot{x}_C^2 + \frac{1}{2}\left(\frac{2}{3}Mr^2\right)\left(\frac{\dot{x}_C}{r}\right)^2 + \frac{1}{2}\cdot\frac{1}{12}m(2r\sin\varphi)^2\dot{\theta}^2$$

$$+ \frac{1}{2}m(\dot{x}_C^2 + r^2\dot{\theta}^2\cos^2\varphi + 2\dot{x}_C r\dot{\theta}\cos\varphi\cos\theta)$$

$$= \left(\frac{5}{6}M + \frac{1}{2}m\right)\dot{x}_C^2 + \frac{1}{2}mr^2\left(\cos^2\varphi + \frac{1}{3}\sin^2\varphi\right)\dot{\theta}^2 + m\dot{x}_C\dot{\theta}r\cos\varphi\cos\theta$$

因为系统势能的改变只与细杆位置变化有关,所以若取 $y = y_C$ 为势能参考点(y_C 是球心纵坐标),则系统势能

$$V = -mg(r\cos\varphi)\cos\theta$$

进而拉格朗日函数 $L = T - V$,拉格朗日方程是

$$\frac{\mathrm{d}}{\mathrm{d}t}\left(\frac{\partial L}{\partial \dot{x}_C}\right) - \frac{\partial L}{\partial x_C} = 0$$

$$\frac{\mathrm{d}}{\mathrm{d}t}\left(\frac{\partial L}{\partial \dot{\theta}}\right) - \frac{\partial L}{\partial \theta} = 0$$

式中,

$$\frac{\partial L}{\partial \dot{x}_C} = \left(\frac{5}{6}M + \frac{1}{2}m\right)\dot{x}_C + m\dot{\theta}r\cos\varphi\cos\theta$$

$$\frac{\partial L}{\partial x_C} = 0$$

$$\frac{\partial L}{\partial \dot{\theta}} = mr^2\left(\cos^2\varphi + \frac{1}{3}\sin^2\varphi\right)\dot{\theta} + m\dot{x}_C r\cos\varphi\cos\theta$$

$$\frac{\partial L}{\partial \theta} = -m\dot{x}_C\dot{\theta}r\cos\varphi\sin\theta - mgr\cos\varphi\sin\theta$$

由第一个拉格朗日方程知

$$\left(\frac{5}{6}M + \frac{1}{2}m\right)\ddot{x}_C + mr\cos\varphi\,\frac{\mathrm{d}}{\mathrm{d}t}(\dot{\theta}\cos\theta) = 0$$

由第二个拉格朗日方程知

$$mr^2\left(\cos^2\varphi + \frac{1}{3}\sin^2\varphi\right)\ddot{\theta} + mr\cos\varphi(\ddot{x}_C\cos\theta - \dot{x}_C\dot{\theta}\sin\theta)$$

$$+ m\dot{x}_C\dot{\theta}r\cos\varphi\sin\theta + mgr\cos\varphi\sin\theta = 0$$

即

$$r\left(\cos^2\varphi+\frac{1}{3}\sin^2\varphi\right)\ddot{\theta}+\cos\varphi(\ddot{x}_C\cos\theta)+g\cos\varphi\sin\theta=0$$

将 $\ddot{x}_C$ 的表示式代入得

$$r\left(\cos^2\varphi+\frac{1}{3}\sin^2\varphi\right)\ddot{\theta}-\frac{mr}{m+5M/3}\cos^2\varphi\cos\theta\frac{\mathrm{d}}{\mathrm{d}t}(\dot{\theta}\cos\theta)+g\cos\varphi\sin\theta=0$$

两边同乘 $2\dot{\theta}$ 有

$$r\left(\cos^2\varphi+\frac{1}{3}\sin^2\varphi\right)\frac{\mathrm{d}}{\mathrm{d}t}(\dot{\theta}^2)-\frac{mr}{m+5M/3}\cos^2\varphi\frac{\mathrm{d}}{\mathrm{d}t}(\dot{\theta}\cos\theta)^2-2g\cos\varphi\frac{\mathrm{d}}{\mathrm{d}t}\cos\theta=0$$

将上式对 t 积分给出

$$r\left[\left(\cos^2\varphi+\frac{1}{3}\sin^2\varphi\right)-\frac{3m}{5M+3m}\cos^2\varphi\cos^2\theta\right]\dot{\theta}^2-2g\cos\varphi\cos\theta=C$$

式中，C 是常数。因为 $t=0$ 时，$\theta=\alpha,\dot{\theta}=0$，所以

$$C=-2g\cos\varphi\cos\alpha$$

从而

$$\frac{r}{3}[(5M+3m)(3\cos^2\varphi+\sin^2\varphi)-9m\cos^2\varphi\cos^2\theta]\dot{\theta}^2$$
$$-2g(5M+3m)\cos\varphi\cos\theta=-2g(5M+3m)\cos\varphi\cos\alpha$$

由此得

$$[(5M+3m)(2\cos^2\varphi+1)-9m\cos^2\varphi\cos^2\theta]r\dot{\theta}^2$$
$$=6g(5M+3m)\cos\varphi(\cos\theta-\cos\alpha)$$

20. 解　取过 O 的铅直线为 z 轴，OC 与 z 轴夹角为 θ，于是

$$L=T-V=\frac{1}{2}I\dot{\theta}^2-mg(r-a\cos\theta)$$

根据拉格朗日方程有

$$0=\frac{\mathrm{d}}{\mathrm{d}t}\left(\frac{\partial L}{\partial\dot{\theta}}\right)-\frac{\partial L}{\partial\theta}=I\ddot{\theta}+mga\sin\theta=m\rho^2\ddot{\theta}+mga\sin\theta$$

对微小摆动，

$$\sin\theta\approx\theta$$

$$\rho^2\ddot{\theta}+ga\theta=0$$

其周期

$$T=\frac{2\pi\rho}{\sqrt{ga}}$$

21. 证　设 $t=0$ 时，两匀质圆柱体质心（即对称中心 O_1,O_2）的连线沿铅垂方向，取为 y 轴，指向朝上，过 M 的质心 O_2 的水平线取为 x 轴，指向朝右。以下用

下标1和2分别表示质量为M和m圆柱体的物理量。质量为M圆柱体(圆柱体1)的位置可由转角φ(即铅垂线转过的角度)确定。质量为m圆柱体(圆柱体2)位置可由连线O_1O_2与铅垂线夹角θ确定。可见,系统具有两个自由度。设圆柱体1逆时针转动,则圆柱体2和连线O_1O_2顺时针转动。两圆柱体公切点为O。设时间t后,圆柱体1转角为φ。因公切点处无滑动,故它在两圆柱体上移动的弧长相等,$OA_2=OA_1$,即$r\theta'=R(\varphi+\theta)$。而圆柱体2在时间$t$内的转角(铅垂线转过的角度)

$$\psi=\theta+\theta'=\theta+\frac{R}{r}(\varphi+\theta)=\frac{r+R}{r}\theta+\frac{R}{r}\varphi$$

系统的动能包括圆柱体1质心平动动能$\frac{1}{2}Mv_1^2$,圆柱体1绕过质心且与xy平面垂直的轴转动的动能$\frac{1}{2}I_1\omega_1^2$,圆柱体2质心平动动能$\frac{1}{2}mv_2^2$和圆柱体2绕过质心且与xy平面垂直的轴转动的动能$\frac{1}{2}I_2\omega_2^2$,即

$$T=\frac{1}{2}Mv_1^2+\frac{1}{2}I_1\omega_1^2+\frac{1}{2}mv_2^2+\frac{1}{2}I_2\omega_2^2$$

式中,$v_1=R\dot{\varphi}$是圆柱体1质心速度,$I_1=\frac{1}{2}MR^2$是其转动惯量,$I_2=\frac{1}{2}mr^2$是圆柱体2相对过其质心与xy平面垂直的轴的转动惯量,v_2是其质心速度。显然,v_2是随圆柱体1一起运动的速度v_1(方向沿x轴反向)与连线O_1O_2绕O_1转动的速度v_{12}(方向与O_1O_2垂直向下)的矢量和。由于v_1与v_{12}间夹角是$\pi-\theta$,因此其大小为

$$\begin{aligned}v_2^2&=v_1^2+v_{12}^2-2v_1v_{12}\cos\theta\\&=(R\dot{\varphi})^2+(R+r)^2\dot{\theta}^2-2R\dot{\varphi}(R+r)\dot{\theta}\cos\theta\end{aligned}$$

综上所述

$$\begin{aligned}T&=\frac{1}{2}M(R\dot{\varphi})^2+\frac{1}{2}\left(\frac{1}{2}MR^2\right)\dot{\varphi}^2+\frac{1}{2}\left(\frac{1}{2}mr^2\right)\dot{\psi}^2\\&\quad+\frac{1}{2}m[(R\dot{\varphi})^2+(R+r)^2\dot{\theta}^2-2R(R+r)\dot{\varphi}\dot{\theta}\cos\theta]\\&=\frac{3}{4}MR^2\dot{\varphi}^2+\frac{1}{4}mr^2\left(\frac{R+r}{r}\dot{\theta}+\frac{R}{r}\dot{\varphi}\right)^2\\&\quad+\frac{1}{2}m[(R\dot{\varphi})^2+(R+r)^2\dot{\theta}^2-2R(R+r)\dot{\varphi}\dot{\theta}\cos\theta]\end{aligned}$$

$$= \frac{3}{4}(m+M)R^2\dot{\varphi}^2 + \frac{3}{4}m(r+R)^2\dot{\theta}^2 + \frac{1}{2}mR(r+R)\dot{\varphi}\dot{\theta}(1-2\cos\theta)$$

若设 $y=0$ 为势能参考点，则系统势能

$$V = mg(r+R)\cos\theta$$

系统的拉格朗日函数 $L=T-V$，拉格朗日方程是

$$\frac{\mathrm{d}}{\mathrm{d}t}\left(\frac{\partial L}{\partial \dot{\varphi}}\right) - \frac{\partial L}{\partial \varphi} = 0$$

$$\frac{\mathrm{d}}{\mathrm{d}t}\left(\frac{\partial L}{\partial \dot{\theta}}\right) - \frac{\partial L}{\partial \theta} = 0$$

这里 $\frac{\partial L}{\partial \varphi}=0$，$\varphi$ 是循环坐标，有循环积分

$$\frac{\partial L}{\partial \dot{\varphi}} = \frac{3}{2}(m+M)R^2\dot{\varphi} + \frac{1}{2}mR(r+R)\dot{\theta}(1-2\cos\theta) = C$$

（C 是常量）。由于 $t=0$ 时，$\dot{\varphi}=0$，$\dot{\theta}=0$，因此，$C=0$

$$\frac{3}{2}(m+M)R^2\dot{\varphi} + \frac{1}{2}mR(r+R)\dot{\theta}(1-2\cos\theta) = 0$$

将上式积分得

$$\frac{3}{2}(m+M)R^2\int_0^{\varphi}\mathrm{d}\varphi + \frac{1}{2}mR(r+R)\int_0^{\theta}(1-2\cos\theta)\,\mathrm{d}\theta = 0$$

$$\frac{3}{2}(m+M)R^2\varphi + \frac{1}{2}mR(r+R)(\theta - 2\sin\theta) = 0$$

即

$$\varphi = \frac{m}{3(m+M)}\frac{r+R}{R}(2\sin\theta - \theta)$$

所以，任意时刻 t，M 的质心坐标是

$$x_1 = -R\varphi = \frac{m}{3(m+M)}(r+R)(\theta - 2\sin\theta)$$

$$y_1 = 0$$

m 的质心坐标是

$$x = x_2 = x_1 + (r+R)\sin\theta = (r+R)\frac{m\theta + (m+3M)\sin\theta}{3(m+M)}$$

$$y = y_2 = y_1 + (r+R)\cos\theta = (r+R)\cos\theta$$

22. 解　设系统静止释放那刻 $t=0$。取过圆筒质心的铅直线为 y 轴，水平线为 x 轴。圆筒的位置由其质心 C 的横坐标 x_C 确定，摆的位置由摆线与铅直线夹

角 θ 确定。此系统是一个二自由度系统。系统的动能包括圆筒质心平动动能 $\frac{1}{2}Mv_C^2$，圆筒绕中心轴线的转动能 $\frac{1}{2}I\omega^2$ 和单摆的动能 $\frac{1}{2}mv^2$，即

$$T = \frac{1}{2}Mv_C^2 + \frac{1}{2}I\omega^2 + \frac{1}{2}mv^2$$

式中，$v_C = \dot{x}_C$ 是圆筒质心速度，$\omega = \dot{x}_C/R$ 是圆筒转动角速度，$I = MR^2$ 是圆筒对其中轴的转动惯量，v 是单摆锤运动速度。显然，v 是圆筒质心运动的速度 v_C（方向沿 x 轴）与摆锤绕圆筒质心转动速度 v_r（方向与摆线垂直）的矢量和。由于二者夹角为 $\pi - \theta$，因此

$$\begin{aligned} v^2 &= v_C^2 + v_r^2 - 2v_C v_r\cos\theta \\ &= v_C^2 + (l\dot{\theta})^2 - 2\dot{x}_C l\dot{\theta}\cos\theta \end{aligned}$$

从而

$$\begin{aligned} T &= \frac{1}{2}Mv_C^2 + \frac{1}{2}MR\left(\frac{\dot{x}_C}{R}\right)^2 + \frac{1}{2}m(C^2 + l^2\dot{\theta}^2 - 2l\dot{x}_C\dot{\theta}\cos\theta) \\ &= \left(\frac{m}{2} + M\right)v_C^2 + \frac{1}{2}ml^2\dot{\theta}^2 - ml\dot{x}_C\dot{\theta}\cos\theta \end{aligned}$$

系统的势能　　　　$V = -mgl\cos\theta$

拉格朗日函数

$$L = \left(\frac{m}{2} + M\right)v_C^2 + \frac{1}{2}ml^2\dot{\theta}^2 - ml\dot{x}_C\dot{\theta}\cos\theta + mgl\cos\theta$$

可见，x_C 是循环坐标（参见式(7.3.18)），有循环积分

$$\frac{\partial L}{\partial \dot{x}_C} = (m + 2M)\dot{x}_C\dot{x}_C - ml\dot{\theta}\cos\theta = C$$

（C 为常量）。因为 $t = 0$ 时，$\dot{x}_C = 0$，$\dot{\theta} = 0$，所以　$C = 0$

$$\dot{x}_C = \frac{ml\cos\theta}{m + 2M}\dot{\theta}$$

摆由一侧的最高位置摆到另一侧的最高位置时，圆筒质心获得最大位移 s，由此知

$$s = \int \mathrm{d}x_C = 2\int_0^{\theta_0}\frac{ml\cos\theta}{m + 2M}\mathrm{d}\theta = \frac{2ml\sin\theta_0}{m + 2M}$$

23. 解　取水平面为 xy 平面，点 O 为坐标原点。设 $t = 0$ 时，小环（记为 M）与圆圈中心 C 同在 x 轴上，t 时间后，$\overrightarrow{CM}$ 与 $\overrightarrow{OC}$ 夹角为 θ。这时，小环的合速度 v 是小环绕圆圈中心 C 转动的速度 $v_1 = r\dot{\theta}$（方向与 CM 垂直）和小环绕圆圈上某点 O

转动的速度 $v_2 = \omega 2r\cos\dfrac{\theta}{2}$ 的矢量和。由于 v_1 与 v_2 间夹角是$\dfrac{\theta}{2}$(设角速度沿 z 轴),因此

$$v^2 = v_1^2 + v_2^2 - 2v_1v_2\cos\left(\pi - \frac{\theta}{2}\right)$$

$$= r^2\dot{\theta}^2 + \left(2r\cos\frac{\theta}{2}\right)^2\omega^2 + 4r^2\dot{\theta}\omega\cos^2\frac{\theta}{2}$$

从而小环的动能

$$T = \frac{1}{2}mv^2 = \frac{1}{2}mr^2\dot{\theta}^2 + 2mr^2\omega^2\cos^2\frac{\theta}{2} + 2mr^2\omega\dot{\theta}\cos^2\frac{\theta}{2}$$

拉格朗日函数 $L = T - V = T$

由定义式(7.4.7)、式(7.4.8)和式(7.4.10)知

$$p_\theta = \frac{\partial L}{\partial\dot{\theta}} = mr^2\dot{\theta} + 2mr^2\omega\cos^2\frac{\theta}{2} \qquad \dot{\theta} = \frac{p_\theta}{mr^2} - 2\omega\cos^2\frac{\theta}{2}$$

哈密顿量

$$H = p_\theta\dot{\theta} - L = \frac{1}{2}mr^2\dot{\theta}^2 - 2mr^2\omega^2\cos^2\frac{\theta}{2}$$

$$= \frac{1}{2}mr^2\left(\frac{p_\theta}{mr^2} - 2\omega\cos^2\frac{\theta}{2}\right)^2 - 2mr^2\omega^2\cos^2\frac{\theta}{2}$$

哈密顿正则方程

$$\dot{\theta} = \frac{\partial H}{\partial p_\theta} = \frac{p_\theta}{mr^2} - 2\omega\cos^2\frac{\theta}{2}$$

$$\dot{p}_\theta = -\frac{\partial H}{\partial\theta} = -mr^2\left(\frac{p_\theta}{mr^2} - 2\omega\cos^2\frac{\theta}{2}\right)\omega\sin\theta - mr^2\omega^2\sin\theta$$

注意到

$$\dot{p}_\theta = mr^2\ddot{\theta} - mr^2\omega\dot{\theta}\sin\theta \quad \dot{\theta} = \frac{p_\theta}{mr^2} - 2\omega\cos^2\frac{\theta}{2}$$

由哈密顿正则方程的第二个式子得

$$mr^2\ddot{\theta} = -mr^2\omega^2\sin\theta \qquad \ddot{\theta} + \omega^2\sin\theta = 0$$

此即小环沿圆周切线运动的微分方程。

24. 解 选取 x 轴沿细管,坐标原点为固定端点。小球一方面沿细管运动,速度为 $\dot{x}$,另一方面随细管以匀角速度 ω 转动,速度为 $x\omega$(x 是 t 时刻小球的坐标)。由于这两个运动的速度方向互相垂直,因此,小球合速度 v_T 的平方

$$v_T^2 = \dot{x}^2 + (x\omega)^2$$

小球的动能　$T = \frac{1}{2}mv_T^2 = \frac{1}{2}m\dot{x}^2 + \frac{1}{2}m\omega^2x^2$

小球的势能　$V = mgx\sin\theta = mgx\sin\omega t$

(水平位置取为势能参考点，$\theta = \omega t$ 是 t 时刻细管与水平线的夹角。)

小球的拉格朗日函数

$$L = T - V = \frac{1}{2}m\dot{x}^2 + \frac{1}{2}m\omega^2x^2 - mgx\sin\omega t$$

而

$$p = \frac{\partial L}{\partial \dot{x}} = m\dot{x}$$

小球的哈密顿量

$$H = p\dot{x} - L = \frac{1}{2}m\dot{x}^2 - \frac{1}{2}m\omega^2x^2 + mgx\sin\omega t$$

哈密顿正则方程是

$$\dot{x} = \frac{\partial H}{\partial p} = \frac{p}{m}$$

$$\dot{p} = -\frac{\partial H}{\partial x} = m\omega^2 x - mg\sin\omega t$$

由此得小球运动方程

$$\ddot{x} - \omega^2 x = -g\sin\omega t$$

这是一个二阶常系数非齐次微分方程，其解为

$$x = c_1 e^{\omega t} + c_2 e^{-\omega t} + \frac{g}{2\omega^2}\sin\omega t$$

由题给条件 $t = 0$ 时，$x = a, \dot{x} = v$，有

$$c_1 = \frac{a\omega + v - g/2\omega}{2\omega} \qquad c_2 = \frac{a\omega - v + g/2\omega}{2\omega}$$

故小球相对细管的运动规律表现为

$$x = \left(\frac{a}{2} + \frac{v}{2\omega} - \frac{g}{4\omega^2}\right)e^{\omega t} + \left(\frac{a}{2} - \frac{v}{2\omega} + \frac{g}{4\omega^2}\right)e^{-\omega t} + \frac{g}{2\omega^2}\sin\omega t$$

25. 解　小环一方面绕金属圈转动，速度为 $r\dot{\theta}$；另一方面随金属圈绕铅垂轴转动，速度为 $r\omega\sin\theta$。由于这两个运动的速度方向互相垂直，因此小环合速度 v 的平方

$$v^2 = r^2\dot{\theta}^2 + r^2\omega^2\sin^2\theta$$

小环的动能

$$T = \frac{1}{2}mv^2 = \frac{1}{2}m(r^2\dot{\theta}^2 + r^2\omega^2\sin^2\theta)$$

小环的势能 $V = -mgr(1 - \cos\theta)$

(取金属圈顶点为势能零点)。

小环的拉格朗日函数

$$L = T - V = \frac{1}{2}mr^2\dot{\theta}^2 + \frac{1}{2}mr^2\omega^2\sin^2\theta + mgr(1 - \cos\theta)$$

而

$$p_\theta = \frac{\partial L}{\partial \dot{\theta}} = mr^2\dot{\theta}$$

小环的哈密顿量

$$H = p_\theta\dot{\theta} - L = \frac{1}{2}mr^2\dot{\theta}^2 - \frac{1}{2}mr^2\omega^2\sin^2\theta - mgr(1 - \cos\theta)$$

哈密顿正则方程是

$$\dot{\theta} = \frac{\partial H}{\partial p_\theta} = \frac{p_\theta}{mr^2}$$

$$\dot{p}_\theta = -\frac{\partial H}{\partial \theta} = mr^2\omega^2\sin\theta\cos\theta + mgr\sin\theta$$

由此得小环运动的微分方程

$$mr^2\ddot{\theta} = mr^2\omega^2\sin\theta\cos\theta + mgr\sin\theta$$

或

$$\ddot{\theta} - \omega^2\sin\theta\cos\theta - \frac{g}{r}\sin\theta = 0$$

26. 解 复摆是指一个在重力作用下能绕过其上一点的水平轴摆动的刚体(参见习题8.2)。设刚体质量为 m,质心距轴线长为 a,a 与铅直线的夹角为 θ,则刚体绕轴的转动惯量 $I = I_c + ma^2$,式中 I_c 是刚体对通过质心且与水平轴平行的轴的转动惯量(参见教材8.8节例题2)。刚体的拉格朗日函数

$$L = T - V = \frac{1}{2}I\dot{\theta}^2 - mga(1 - \cos\theta)$$

(取质心最低位置为势能零点)。根据哈密顿原理

$$\delta\int_{t_1}^{t_2} L\mathrm{d}t = \int_{t_1}^{t_2}\delta L\mathrm{d}t = 0$$

$$\delta L = \frac{\partial L}{\partial \dot{\theta}}\delta\dot{\theta} + \frac{\partial L}{\partial \theta}\delta\theta = I\dot{\theta}\delta\dot{\theta} - mga\sin\theta\delta\theta$$

$$= I\dot{\theta}\frac{\mathrm{d}}{\mathrm{d}t}\delta\theta - mga\sin\theta\delta\theta$$

$$= \frac{\mathrm{d}}{\mathrm{d}t}(I\dot{\theta}\delta\theta) - \left(\frac{\mathrm{d}}{\mathrm{d}t}I\dot{\theta}\right)\delta\theta - mga\sin\theta\delta\theta$$

$$\delta\int_{t_1}^{t_2} L\mathrm{d}t = I\dot{\theta}\delta\theta\Big|_{t_1}^{t_2} - \int_{t_1}^{t_2}\left[\frac{\mathrm{d}}{\mathrm{d}t}(I\dot{\theta}) + mga\sin\theta\right]\delta\theta$$

$$= -\int_{t_1}^{t_2}\left[\frac{\mathrm{d}}{\mathrm{d}t}(I\dot{\theta}) + mga\sin\theta\right]\delta\theta = 0$$

所以
$$\frac{\mathrm{d}}{\mathrm{d}t}(I\dot{\theta}) + mga\sin\theta = 0$$

对微量小摆动
$$\sin\theta \approx \theta$$

$$I\ddot{\theta} + mga\theta = 0$$

其解是
$$\theta = A\cos(\omega t + \theta_0) \quad (\omega^2 = mga/I)$$

故复摆做微小振动的周期

$$T = \frac{2\pi}{\omega} = 2\pi\sqrt{\frac{I}{mga}}$$

27. 解　设斜面与水平面夹角为 α，圆柱体质量为 m，半径为 r，圆柱体滚下时滚动的角度为 θ，在斜面移动的相应距离为 s，则 $s = r\theta$，圆柱体对中心轴线的转动惯量 $I = \frac{1}{2}mr^2$。若选取 $t = 0$ 时，$\theta = 0$，圆柱体的势能为零，那么圆柱体的拉格朗日函数

$$L = T - V = \frac{1}{2}mv_c{}^2 + \frac{1}{2}I\dot{\theta}^2 + mgs\sin\alpha$$

式中，$v_c = r\dot{\theta}$，是圆柱体中心轴线平移速度，根据哈密顿原理

$$\delta\int_{t_1}^{t_2} L\mathrm{d}t = 0$$

$$\delta L = \delta\left[\frac{1}{2}(mr^2 + I)\dot{\theta}^2 + mgr\theta\sin\alpha\right]$$

$$= (mr^2 + I)\dot{\theta}\delta\dot{\theta} + mgr\sin\alpha\delta\theta$$

$$= (mr^2 + I)\frac{\mathrm{d}}{\mathrm{d}t}(\dot{\theta}\delta\theta) - (mr^2 + I)\frac{\mathrm{d}\dot{\theta}}{\mathrm{d}t}\delta\theta + mgr\sin\alpha\delta\theta$$

代入后得

$$\int_{t_1}^{t_2}[-(mr^2 + I)\ddot{\theta} + mgr\sin\alpha]\delta\theta = 0$$

所以
$$-(mr^2 + I)\ddot{\theta} + mgr\sin\alpha = 0$$

$$\ddot{\theta} = \frac{mgr\sin\alpha}{mr^2 + I} = \frac{mgr\sin\alpha}{mr^2 + mr^2/2} = \frac{2}{3}\frac{g}{r}\sin\alpha$$

于是,圆柱体自斜面滚下时的加速度

$$\alpha = r\ddot{\theta} = \frac{2}{3}g\sin\alpha$$

28. 解 取 z 轴铅直向下,原点与定滑轮中心重合。设 z_1, z_2 分别是 m_1, m_2 在 z 轴的坐标,l 是轻绳长,r 是定滑轮的半径,θ 是定滑轮转过角度,$m_1 > m_2$,且 $t=0$ 时 $\theta = 0$,于是

$$z_1 + z_2 = l - \pi r \qquad \dot{z}_1 = -\dot{z}_2 = r\dot{\theta}$$

将后式两边积分得 $\qquad z_1 - z_{10} = r\theta \qquad -(z_2 - z_{20}) = r\theta$

z_{10}, z_{20} 分别是 $t=0$ 时,m_1, m_2 的 z 坐标。若取此位置分别是 m_1, m_2 的势能零点,则任意时刻 t,它们的势能分别是

$$V_1 = -m_1 gr\theta \qquad V_2 = m_2 gr\theta$$

由此得

$$T = \frac{1}{2}m_1\dot{z}_1^{\ 2} + \frac{1}{2}m_2\dot{z}_2^{\ 2} + \frac{1}{2}I\dot{\theta}^2 = \frac{m_1 + m_2}{2}r^2\dot{\theta}^2 + \frac{1}{2}I\dot{\theta}^2$$

$$V = -m_1 gr\theta + m_2 gr\theta$$

$$L = T - V = \frac{1}{2}(m_1 + m_2)r^2\dot{\theta}^2 + \frac{1}{2}I\dot{\theta}^2 + m_1 gr\theta - m_2 gr\theta$$

式中,$I = \frac{1}{2}mr^2$,是定滑轮对中心的转动惯量。根据哈密顿原理

$$0 = \delta\int_{t_1}^{t_2} L\mathrm{d}t = \int_{t_1}^{t_2}\{[(m_1 + m_2)r^2 + I]\dot{\theta}\delta\dot{\theta} + (m_1 - m_2)gr\delta\theta\}\mathrm{d}t$$

$$= \int_{t_1}^{t_2}\{-[(m_1 + m_2)r^2 + I]\ddot{\theta} + (m_1 - m_2)gr\}\delta\theta\mathrm{d}t$$

所以

$$-[(m_1 + m_2)r^2 + I]\ddot{\theta} + (m_1 - m_2)gr = 0$$

$$\ddot{\theta} = \frac{(m_1 - m_2)gr}{(m_1 + m_2)r^2 + I} = \frac{m_1 - m_2}{(m_1 + m_2) + m/2}\frac{g}{r}$$

由此得砝码运动的加速度大小

$$a = r\ddot{\theta} = \frac{m_1 - m_2}{(m_1 + m_2) + m/2}g$$

29. 解 系统的动能

$$T = \frac{1}{2}(m_1 + m_2)r^2\dot{\theta}^2 + \frac{1}{2}I\dot{\theta}^2$$

系统的势能 $\qquad V = -m_1 gr\theta + m_2 gr\theta$

由于 $T + V =$ 常量,$\Delta T + \Delta V = 0$。根据最小作用量原理有

$$0=\Delta\int_{t_1}^{t_2}2T\mathrm{d}t=\int_{t_1}^{t_2}[2(\Delta T)\,\mathrm{d}t+2T\Delta(\mathrm{d}t)]$$

$$=\int_{t_1}^{t_2}[\Delta T\mathrm{d}t+2T\Delta(\mathrm{d}t)+\Delta T\mathrm{d}t]$$

$$=\int_{t_1}^{t_2}\{[(m_1+m_2)r^2+I]\,\dot\theta\Delta\dot\theta\mathrm{d}t+[(m_1+m_2)r^2+I]\,\dot\theta^2\Delta(\mathrm{d}t)+\Delta T\mathrm{d}t\}$$

$$=\int_{t_1}^{t_2}\{[(m_1+m_2)r^2+I]\,\dot\theta[\mathrm{d}(\Delta\theta)-\dot\theta\mathrm{d}(\Delta t)]+[(m_1+m_2)r^2+I]\,\dot\theta^2\Delta(\mathrm{d}t)+\Delta T\mathrm{d}t\}$$

$$=\int_{t_1}^{t_2}\{[(m_1+m_2)r^2+I]\,\dot\theta\mathrm{d}(\Delta\theta)+\Delta T\mathrm{d}t\}$$

$$=\int_{t_1}^{t_2}\{[(m_1+m_2)r^2+I]\,[\mathrm{d}(\dot\theta\Delta\theta)-\ddot\theta\mathrm{d}t\Delta\theta]+\Delta T\mathrm{d}t\}$$

因为

$$\int_{t_1}^{t_2}[(m_1+m_2)r^2+I]\,\mathrm{d}(\dot\theta\Delta\theta)=0$$

$$\Delta T=-\Delta V$$

所以

$$\int_{t_1}^{t_2}\{-[(m_1+m_2)r^2+I]\,\ddot\theta\Delta\theta-\Delta V\}\,\mathrm{d}t$$

$$=\int_{t_1}^{t_2}\{-(m_1+m_2+m/2)r^2\,\ddot\theta\Delta\theta+(m_1-m_2)gr\Delta\theta\}\,\mathrm{d}t=0$$

即

$$-(m_1+m_2+m/2)\,r\,\ddot\theta+(m_1-m_2)g=0$$

$$a=r\,\ddot\theta=\frac{m_1-m_2}{(m_1+m_2+m/2)}g$$

30. 证　以 z 分量为例，

$$[\boldsymbol{v}\times(\nabla\times\boldsymbol{A})]_z=v_x(\nabla\times\boldsymbol{A})_y-v_y(\nabla\times\boldsymbol{A})_x$$

$$=v_x\left(\frac{\partial A_x}{\partial z}-\frac{\partial A_z}{\partial x}\right)-v_y\left(\frac{\partial A_z}{\partial y}-\frac{\partial A_y}{\partial z}\right)$$

$$=v_x\frac{\partial A_x}{\partial z}+v_y\frac{\partial A_y}{\partial z}-v_x\frac{\partial A_z}{\partial x}-v_y\frac{\partial A_z}{\partial y}+v_z\frac{\partial A_z}{\partial z}-v_z\frac{\partial A_z}{\partial z}$$

$$=\frac{\partial}{\partial z}(\boldsymbol{v}\cdot\boldsymbol{A})-\boldsymbol{v}\cdot\nabla A_z$$

类似地可推得其他两分量表示为

$$[\boldsymbol{v}\times(\nabla\times\boldsymbol{A})]_x=\frac{\partial}{\partial x}(\boldsymbol{v}\cdot\boldsymbol{A})-\boldsymbol{v}\cdot\nabla A_x$$

$$[\boldsymbol{v}\times(\nabla\times\boldsymbol{A})]_y=\frac{\partial}{\partial y}(\boldsymbol{v}\cdot\boldsymbol{A})-\boldsymbol{v}\cdot\nabla A_y$$

所以 $$\boldsymbol{v}\times(\nabla\times\boldsymbol{A})=\nabla(\boldsymbol{v}\cdot\boldsymbol{A})-\boldsymbol{v}\cdot\nabla\boldsymbol{A}$$

31. 解 由式(7.6.7)知

$$L=\sum_j\left[\frac{1}{2}mv_j^{\ 2}-q(\varphi-v_jA_j)\right]$$

$$\frac{\partial L}{\partial v_i}=mv_i+qA_i\qquad\frac{\partial L}{\partial x_i}=-q\frac{\partial\varphi}{\partial x_i}+q\frac{\partial}{\partial x_i}\sum_j v_jA_j$$

代入式(7.6.8)有

$$m\dot{v}_i+q\dot{A}_i+q\frac{\partial\varphi}{\partial x_i}-q\frac{\partial}{\partial x_i}\sum_i v_iA_i=0$$

注意到

$$\dot{A}_i=\frac{\mathrm{d}A_i}{\mathrm{d}t}=\frac{\partial A_i}{\partial t}+\sum_j\frac{\partial A_i}{\partial x_j}\frac{\mathrm{d}x_j}{\mathrm{d}t}=\frac{\partial A_i}{\partial t}+\sum_j v_j\frac{\partial A_i}{\partial x_j}$$

得

$$\frac{\mathrm{d}mv_i}{\mathrm{d}t}=q\left(-\frac{\partial\varphi}{\partial x_i}-\frac{\partial A_i}{\partial t}\right)+q\left(\frac{\partial}{\partial x_i}(\boldsymbol{v}\cdot\boldsymbol{A})-\boldsymbol{v}\cdot\nabla A_i\right)$$

写成矢量形式即为

$$\frac{\mathrm{d}\boldsymbol{p}}{\mathrm{d}t}=q\left(-\nabla\varphi-\frac{\partial\boldsymbol{A}}{\partial t}\right)+q(\nabla(\boldsymbol{v}\cdot\boldsymbol{A})-\boldsymbol{v}\cdot\nabla\boldsymbol{A})$$

$$=q\left(-\nabla\varphi-\frac{\partial\boldsymbol{A}}{\partial t}\right)+q\boldsymbol{v}\times\nabla\times\boldsymbol{A}=q(\boldsymbol{E}+\boldsymbol{v}\times\boldsymbol{B})$$

这便是式(7.6.1)。

32. 解

$$\tilde{L}=-\frac{1}{4\mu_0}F_{\mu\nu}F_{\mu\nu}+A_\mu J_\mu$$

$$=-\frac{1}{4\mu_0}(\partial_\mu A_\nu-\partial_\nu A_\mu)(\partial_\mu A_\nu-\partial_\nu A_\mu)+A_\mu J_\mu$$

$$=-\frac{1}{2\mu_0}(\partial_\nu A_\mu\partial_\nu A_\mu-\partial_\nu A_\mu\partial_\mu A_\nu)+A_\mu J_\mu$$

$$=\tilde{L}'+\frac{1}{2\mu_0}\partial_\nu A_\mu\partial_\mu A_\nu$$

$$=\tilde{L}'+\frac{1}{2\mu_0}[\partial_\nu(A_\mu\partial_\mu A_\nu)-A_\mu\partial_\nu\partial_\mu A_\nu]$$

$$= \tilde{L}' + \frac{1}{2\mu_0}[\partial_\nu(A_\mu\partial_\mu A_\nu) - A_\mu\partial_\mu\partial_\nu A_\nu]$$

$$= \tilde{L}' + \frac{1}{2\mu_0}\partial_\nu(A_\mu\partial_\mu A_\nu)$$

式中，$\tilde{L}'$ 即式(7.7.9) 给出的拉格朗日函数密度，最后一个等号的成立利用了洛仑兹条件 $\partial_\nu A_\nu = 0$。由此可见，二者只差一个四维散度。将 $\tilde{L}$ 代入电磁场的拉格朗日方程

$$\frac{\partial\tilde{L}}{\partial A_\mu} - \frac{\partial}{\partial x_\nu}\left(\frac{\partial\tilde{L}}{\partial(\partial_\nu A_\mu)}\right) = 0$$

有

$$J_\mu - \frac{2}{4\mu_0}\frac{\partial}{\partial x_\nu}(\partial_\mu A_\nu - \partial_\nu A_\mu) + \frac{2}{4\mu_0}\frac{\partial}{\partial x_\nu}(\partial_\nu A_\mu - \partial_\mu A_\nu)$$

$$= J_\mu + \frac{1}{\mu_0}\partial_\nu\partial_\nu A_\mu - \frac{1}{\mu_0}\partial_\mu\partial_\nu A_\nu = 0$$

采用洛仑兹规范：$\partial_\nu A_\nu = 0$　即得到电磁场方程式

$$\partial_\nu\partial_\nu A_\mu = -\mu_0 J_\mu \qquad \partial_\nu A_\nu = 0$$

33. 解　根据定义式(7.7.11)，对应于 A_μ 的广义动量

$$\pi_\mu = \frac{\partial\tilde{L}}{\partial\dot{A}_\mu} = -\frac{1}{\mu_0}F_{4\mu}\frac{1}{ic} = \frac{i}{\mu_0 c}F_{4\mu}$$

式

$$\tilde{L} = -\frac{1}{4\mu_0}F_{\mu\nu}F_{\mu\nu} + A_\mu J_\mu$$

$$= -\frac{1}{4\mu_0}F_{ij}F_{ij} - \frac{1}{2\mu_0}F_{4\mu}F_{4\mu} + A_\mu J_\mu$$

哈密顿函数密度

$$\tilde{H} = \pi_\mu\dot{A}_\mu - \tilde{L} = \frac{i}{\mu_0 c}F_{4\mu}\dot{A}_\mu + \frac{1}{4\mu_0}F_{\mu\nu}F_{\mu\nu} - A_\mu J_\mu$$

注意到(参见式(4.6.18) 和式(4.6.19))

$$\dot{A}_\mu = ic\partial_4 A_\mu \qquad F_{4\mu} = \partial_4 A_\mu - \partial_\mu A_4$$

$$F_{\mu\nu}F_{\mu\nu} = 2(\boldsymbol{B}^2 - \boldsymbol{E}^2/c^2) \qquad F_{4\mu}F_{4\mu} = -\boldsymbol{E}^2/c^2$$

$\tilde{H}$ 可写成

$$\begin{aligned}\tilde{H} &= -\frac{1}{\mu_0}F_{4\mu}(F_{4\mu} + \partial_\mu A_4) + \frac{1}{2\mu_0}\left(\boldsymbol{B}^2 - \frac{\boldsymbol{E}^2}{c^2}\right) - A_\mu J_\mu \\ &= \frac{1}{\mu_0}\frac{\boldsymbol{E}^2}{c^2} - \frac{1}{\mu_0}\frac{i}{c}\boldsymbol{E}\cdot\nabla\left(\frac{i}{c}\varphi\right) + \frac{1}{2\mu_0}\left(\boldsymbol{B}^2 - \frac{\boldsymbol{E}^2}{c^2}\right) - \frac{i}{c}\varphi ic\rho - \boldsymbol{A}\cdot\boldsymbol{J} \\ &= \frac{1}{2\mu_0}\left(\frac{\boldsymbol{E}^2}{c^2} + \boldsymbol{B}^2\right) - \frac{1}{\mu_0 c^2}\varphi\,\nabla\cdot\boldsymbol{E} + \frac{1}{\mu_0 c}\nabla\cdot(A_0\boldsymbol{E}) + \rho\varphi - \boldsymbol{A}\cdot\boldsymbol{J} \\ &= \frac{1}{2\mu_0}\left(\frac{\boldsymbol{E}^2}{c^2} + \boldsymbol{B}^2\right) + \frac{1}{\mu_0 c}\nabla\cdot(A_0\boldsymbol{E}) - \boldsymbol{A}\cdot\boldsymbol{J}\end{aligned}$$

包含源的电磁场哈密顿函数则为

$$H = \int \tilde{H}\,\mathrm{d}V = \frac{1}{2}\int\left(\varepsilon_0\boldsymbol{E}^2 + \frac{1}{\mu_0}\boldsymbol{B}^2\right)\mathrm{d}V - \int \boldsymbol{J}\cdot\boldsymbol{A}\mathrm{d}V$$

积分对电磁场所占有的整个空间 V 进行。

34. 解　利用上册附录 G 给出的换算关系：

$$A_g \leftrightarrow \left(\frac{4\pi}{\mu_0}\right)^{\frac{1}{2}} A_i \qquad J_g \leftrightarrow (4\pi\varepsilon_0)^{-\frac{1}{2}} J_i$$

并注意到 $c^2 = 1/\varepsilon_0\mu_0$，便可以将国际单位制给出的 $\tilde{L}$ 表示式写成高斯单位制中的 $\tilde{L}$ 表示式

$$\begin{aligned}\tilde{L} &= -\frac{1}{2\mu_0}\frac{\mu_0}{4\pi}\partial_\nu A_\mu \partial_\nu A_\mu + \left(\frac{\mu_0}{4\pi}\right)^{\frac{1}{2}} A_\mu (4\pi\varepsilon_0)^{\frac{1}{2}} J_\mu \\ &= -\frac{1}{8\pi}\partial_\nu A_\mu \partial_\nu A_\mu + \frac{1}{c}A_\mu J_\mu\end{aligned}$$

第 8 章　振动与转动

习题 8

1. 解　单摆的运动方程为

$$mg\sin\theta = -ml\,\ddot{\theta} \qquad\qquad l\,\ddot{\theta} + g\sin\theta = 0$$

当摆很小时，$\sin\theta \approx \theta, \ddot{\theta} + \omega^2\theta = 0 \quad (\omega^2 = g/l)$

其解为　$\theta = A\cos(\omega t + \alpha)$　这是一个简谐振动，周期为 $2\pi\sqrt{\dfrac{l}{g}}$

2. 解　复摆的运动方程是

$$mga\sin\theta = -I\,\ddot{\theta}$$

当摆角很小时，$\sin\theta \approx \theta$，

$$I\ddot{\theta} + mga\theta = 0$$

其解为

$$\theta = A\cos(\omega t + \alpha) \qquad \omega^2 = mga/I$$

这是一个简谐振动，其周期为 $2\pi\sqrt{\dfrac{I}{mga}}$。

3. 解　设恢复力矩 M 与扭转角 θ 的关系是 $M = \lambda\theta$，λ 为比例系数。扭摆的运动方程为

$$M = \lambda\theta = -I\ddot{\theta}$$

I 是刚性圆盘或刚性杆对金属丝下端的转动惯量。记 $\omega^2 = \lambda/I$，则

$$\ddot{\theta} + \omega\theta = 0$$

其解为

$$\theta = A\cos(\omega t + \alpha)$$

这是一个简谐振动，周期是 $2\pi\sqrt{\dfrac{I}{\lambda}}$。

4. 解　单摆和复摆的频率会变成原频率的 $\sqrt{2}$ 倍，但扭摆频率不变。

5. 解　设杆上作悬挂点的那点与匀质杆质心（即杆中心）间距离为 a，则复摆的周期

$$T = 2\pi\sqrt{\frac{I}{mga}}$$

式中，I 是匀质杆关于悬挂点的转动惯量

$$I = \frac{1}{12}ml^2 + ma^2$$

从而

$$T = 2\pi\sqrt{\frac{l^2 + 12a^2}{12ga}}$$

显然，$a = 0$，$T \to \infty$。这时悬挂点通过质心，杆不受力矩作用，无摆动。T 的极小值可由条件

$$\frac{\mathrm{d}T}{\mathrm{d}a} = 0$$

得到，式中

$$\frac{\mathrm{d}T}{\mathrm{d}a} = \frac{2\pi}{\sqrt{12g}}\frac{1}{2}\left(\frac{l^2 + 12a^2}{a}\right)^{-\frac{1}{2}}\frac{12\cdot 2a^2 - (l^2 + 12a^2)}{a^2}$$

由此知

$$12a^2 - l^2 = 0 \qquad a = \frac{l}{2\sqrt{3}}$$

所以 T 的极小值是

$$T = 2\pi\sqrt{\frac{l^2 + l^2}{12g\sqrt{3}l/6}} = \frac{2\pi}{3^{1/4}}\sqrt{\frac{l}{g}}$$

6. 解　做简谐振动的质点运动位置可表示成

$$x = A\cos(\omega t + \alpha)$$

于是
$$v = \dot{x} = -A\omega\sin(\omega t + \alpha)$$

当 $x = 0$ 时，　$\omega t + \alpha = n\pi + \pi/2$　（n 为整数）

$$u = -A\omega\sin(n\pi + \pi/2) = \pm A\omega$$

所以

$$v^2 + \omega^2 x^2 = \omega^2 A^2 \sin^2(\omega t + \alpha) + \omega^2 A^2 \cos^2(\omega t + \alpha) = A^2\omega^2 = u^2$$

7. 解　选取平衡时立方木块没入水中的平面为 xy 平面，过木块质心的铅直线为 z 轴，方向向上。由于 $z = 0$ 是木块的平衡位置，因此木块的运动方程是

$$-l^2 z\rho g = l^3\rho'\ddot{z}$$

根据阿基米德浮力定律

$$l^3\rho' g = l^2 a\rho g$$

知　$l^3\rho' = l^2 a\rho$，代入运动方程得

$$-l^2 z\rho g = l^2 a\rho\ddot{z}$$

即
$$a\ddot{z} + gz = 0$$

其解为
$$z = A\cos(\omega t + \alpha) \qquad (\omega^2 = g/a)$$

令放开木块瞬间为 $t = 0$，则

$$0 = \dot{z} = -\omega A\sin\alpha \quad \alpha = 0 \qquad A = a - b$$

所以
$$z = (a - b)\cos\omega t$$

由此知

振动周期
$$T = \frac{2\pi}{\omega} = 2\pi\sqrt{\frac{a}{g}}$$

振幅
$$|A| = b - a$$

8. 解　设固定点 O 为坐标原点，过 O 点的铅垂线为 y 轴，水平线为 x 轴，t 时刻，摆线与 y 轴的夹角为 φ。由 $x = OO' = a\sin\omega t$ 知，

$$\dot{x} = a\omega\cos\omega t$$

摆锤速度是上述振动速度 $\dot{x}$ 与摆动速度 $l\dot{\varphi}$ 的合成，即

$$v^2 = \dot{x}^2 + l^2\dot{\varphi}^2 + 2\dot{x}l\dot{\varphi}\cos\varphi$$
$$= a^2\omega^2\cos^2\omega t + l^2\dot{\varphi}^2 + 2a\omega l\dot{\varphi}\cos\omega t\cos\varphi$$

从而摆的动能

$$T = \frac{1}{2}mv^2 = \frac{m}{2}(a\omega^2\cos^2\omega t + l^2\dot{\varphi} + 2a\omega l\dot{\varphi}\cos\omega t\cos\varphi)$$

摆的势能

$$V = mgl(1 - \cos\varphi)$$

(选取摆线在铅垂位置时势能为零) 于是摆的拉格朗日函数 $L = T - V$ 满足如下拉格朗日方程

$$\frac{\mathrm{d}}{\mathrm{d}t}\left(\frac{\partial L}{\partial\dot{\varphi}}\right) - \frac{\partial L}{\partial\varphi} = 0$$

式中

$$\frac{\partial L}{\partial\dot{\varphi}} = ml^2\dot{\varphi} + ma\omega l\cos\omega t\cos\varphi$$
$$\frac{\partial L}{\partial\varphi} = - ma\omega l\dot{\varphi}\cos\omega t\sin\varphi - mgl\sin\varphi$$

代入后得

$$ml^2\ddot{\varphi} - ma\omega^2 l\sin\omega t\cos\varphi - ma\omega l\dot{\varphi}\cos\omega t\sin\varphi$$
$$+ ma\omega l\dot{\varphi}\cos\omega t\sin\varphi + mgl\sin\varphi = 0$$

即

$$l\ddot{\varphi} - a\omega^2\sin\omega t\cos\varphi + g\sin\varphi = 0$$

对微小振动,$\varphi \ll 1, \cos\varphi \sim 1, \sin\varphi \sim \varphi$。上式变成

$$\ddot{\varphi} + \omega_0^2\varphi = \frac{a\omega^2}{l}\sin\omega t \quad \left(\omega_0^2 = \frac{g}{l}\right)$$

这是一个二阶常系数非齐次微分方程,其解为

$$\varphi = A\sin(\omega_0 t + \theta) + \frac{a\omega^2}{l(\omega_0^2 - \omega^2)}\sin\omega t$$

考虑初始条件 $t = 0, \varphi = 0, \dot{\varphi} = 0$,即

$$A\sin\theta = 0 \quad A\omega_0\cos\theta + \frac{a\omega^3}{l(\omega_0^2 - \omega^2)} = 0$$

由此得

$$\theta = 0 \quad A = - \frac{a\omega^2}{l(\omega_0^2 - \omega^2)}\frac{\omega}{\omega_0}$$

所以微振动规律是

$$\varphi = \frac{a\omega^2}{l(\omega_0^2 - \omega^2)}\left(\sin\omega t - \frac{\omega}{\omega_0}\sin\omega_0 t\right) \quad \left(\omega_0^2 = \frac{g}{l}\right)$$

对微振动 $\varphi \ll 1$,从上式可见微振动的条件是

$$\frac{a}{l} \ll 1, \frac{\omega}{\omega_0} \ll 1$$

9. 解 设 t 时刻两个摆摆动的位置与铅垂线的夹角分别是 θ_1 和 θ_2。这时弹簧的伸长

$$\Delta s = h(\theta_2 - \theta_1)$$

若取两个摆都在铅直位置($\theta_1 = \theta_2 = 0$)为势能零点,则相应的弹性势能

$$V_3 = \frac{1}{2}kh^2(\theta_2 - \theta_1)^2$$

而两个摆的重力势能分别是

$$V_1 = mgl(1 - \cos\theta_1) \qquad V_2 = mgl(1 - \cos\theta_2)$$

所以系统在微小摆动时的总势能

$$\begin{aligned} V &= mgl(1 - \cos\theta_1) + mgl(1 - \cos\theta_2) + \frac{1}{2}kh^2(\theta_2 - \theta_1)^2 \\ &= \frac{1}{2}mgl\theta_1^2 + \frac{1}{2}mgl\theta_2^2 + \frac{1}{2}kh^2(\theta_2 - \theta_1)^2 \\ &= \frac{1}{2}(mgl + kh^2)\theta_1^2 - kh^2\theta_1\theta_2 + \frac{1}{2}(mgl + kh^2)\theta_2^2 \end{aligned}$$

(对 $\theta \ll 1, \cos\theta \sim 1 - \frac{1}{2}\theta^2$) 系统的动能

$$T = \frac{1}{2}ml^2(\dot{\theta}_1^2 + \dot{\theta}_2^2)$$

系统的拉格朗日函数

$$\begin{aligned} L &= T - V \\ &= \frac{1}{2}ml^2(\dot{\theta}_1^2 + \dot{\theta}_2^2) - \frac{1}{2}(mgl + kh^2)\theta_1^2 + kh^2\theta_1\theta_2 - \frac{1}{2}(mgl + kh^2)\theta_2^2 \end{aligned}$$

根据拉格朗日方程

$$\frac{\mathrm{d}}{\mathrm{d}t}\left(\frac{\partial L}{\partial \dot{\theta}_1}\right) - \frac{\partial L}{\partial \theta_1} = 0$$

$$\frac{\mathrm{d}}{\mathrm{d}t}\left(\frac{\partial L}{\partial \dot{\theta}_2}\right) - \frac{\partial L}{\partial \theta_2} = 0$$

有

$$ml^2\ddot{\theta}_1 + (mgl + kh^2)\theta_1 - kh^2\theta_2 = 0$$

$$ml^2\ddot{\theta}_2 + (mgl + kh^2)\theta_2 - kh^2\theta_1 = 0$$

这是一个常系数齐次微分方程组。我们可以令尝试解如

$$\theta_1 = A_1\sin(\omega t + \alpha) \qquad \theta_2 = A_2\sin(\omega t + \alpha)$$

代入得

$$(b - \omega^2)A_1 - cA_2 = 0$$
$$-cA_1 + (b - \omega^2)A_2 = 0$$

式中
$$b = \frac{g}{l} + c \qquad c = \frac{kh^2}{ml^2}$$

上面方程组要有非零解,其行列式应等于零,即

$$\begin{vmatrix} b - \omega^2 & -c \\ -c & b - \omega^2 \end{vmatrix} = 0$$

由此得

$$\omega^4 - 2b\omega^2 + (b^2 - c^2) = 0$$
$$\omega_1^2 = b - c \qquad \omega_2^2 = b + c$$

所以两个主振动的固有频率分别是

$$\omega_1 = \sqrt{\frac{g}{l}} \qquad \omega_2 = \sqrt{\frac{g}{l} + \frac{2kh^2}{ml^2}}$$

代入 A_1, A_2 所满足的方程组后给出振幅比分别是

当 $\omega = \omega_1$ 时,
$$\mu = \frac{A_2}{A_1} = \frac{b - \omega_1^2}{c} = 1$$

当 $\omega = \omega_2$ 时,
$$\mu' = \frac{A'_2}{A'_1} = \frac{b - \omega_2^2}{c} = -1$$

系统的自由微振动规律则是

$$\theta_1 = A_1\sin(\omega_1 t + \alpha_1) + A'_1\sin(\omega_2 + \alpha_2)$$
$$\theta_2 = A_1\sin(\omega_1 t + \alpha_1) - A'_1\sin(\omega_2 + \alpha_2)$$

式中,$A_1, A'_1, \alpha_1, \alpha_2$ 由初始条件确定。

10. 解　设 $t = 0$ 时,重球中心位于铅直位置。取此时的铅直线为 z 轴,z 轴与支承面交点为坐标原点 O,与 O 点重合的重球球面上的点为 O'。由于运动,t 时刻后,重球中心相对其原位置偏转了 θ 角,重球球面上 O' 点相对于重球中心旋转到 O'' 点,偏转了 φ 角。如果重球与圆柱体、圆柱体与支承面间均无滑动,那么

$$R\theta = r\varphi$$

而点 O' 相对固定坐标系的转角

$$\psi = \varphi - \theta = \frac{R - r}{r}\theta$$

重球相对其直径的转动惯量

$$I = \int \rho (r\sin\theta)^2 r^2 \sin\theta \mathrm{d}r\mathrm{d}\theta\mathrm{d}\varphi = \rho \int_0^r r^4 \mathrm{d}r \int_0^{\pi} \sin^3\theta \mathrm{d}\theta \int_0^{2\pi} \mathrm{d}\varphi$$

$$= \rho \frac{r^5}{5} \frac{4}{3} 2\pi = \frac{2}{5} mr^2$$

式中，$m = \frac{4}{3}\pi r^3 \rho$ 是重球的质量。于是

$$T = \frac{1}{2} m (R-r)^2 \dot{\theta}^2 + \frac{1}{2} I \dot{\psi}^2 = \frac{1}{2} m (R-r)^2 \dot{\theta}^2 + \frac{1}{5} mr^2 \frac{(R-r)^2}{r^2} \dot{\theta}^2$$

$$= \frac{7}{10} m (R-r)^2 \dot{\theta}^2$$

$$V = mg(R-r)(1-\cos\theta)$$

$$L = T - V = \frac{7}{10} m (R-r)^2 \dot{\theta}^2 - mg(R-r)(1-\cos\theta)$$

$$\frac{\partial L}{\partial \dot{\theta}} = \frac{7}{5} m (R-r)^2 \dot{\theta} \qquad \frac{\partial L}{\partial \theta} = -mg(R-r)\sin\theta$$

根据拉格朗日方程

$$\frac{\mathrm{d}}{\mathrm{d}t}\left(\frac{\partial L}{\partial \dot{\theta}}\right) - \frac{\partial L}{\partial \theta} = \frac{7}{5} m (R-r)^2 \ddot{\theta} + mg(R-r)\sin\theta = 0$$

知

$$\frac{7}{5}(R-r)\ddot{\theta} + g\sin\theta = 0$$

对微振动，$\sin\theta \approx \theta$

$$\frac{7}{5}(R-r)\ddot{\theta} + g\theta = 0$$

这便是重球微振动的运动方程，其周期 $T = 2\pi\sqrt{\frac{7(R-r)}{5g}}$。

11. 解 由式(8.6.45)得

$$\frac{\partial \alpha}{\partial \varphi_x} = -\cos\alpha\cot\beta \quad \frac{\partial \alpha}{\partial \varphi_y} = -\sin\alpha\cot\beta \quad \frac{\partial \alpha}{\partial \varphi_z} = 1$$

$$\frac{\partial \beta}{\partial \varphi_x} = -\sin\alpha \qquad \frac{\partial \beta}{\partial \varphi_y} = \cos\alpha \qquad \frac{\partial \beta}{\partial \varphi_z} = 0$$

$$\frac{\partial \gamma}{\partial \varphi_x} = \frac{\cos\alpha}{\sin\beta} \qquad \frac{\partial \gamma}{\partial \varphi_y} = \frac{\sin\alpha}{\sin\beta} \qquad \frac{\partial \gamma}{\partial \varphi_z} = 0$$

所以

$$\hat{L}_y = -i\hbar\frac{\partial}{\partial\varphi_y} = -i\hbar\left(\frac{\partial}{\partial\alpha}\frac{\partial\alpha}{\partial\varphi_y} + \frac{\partial}{\partial\beta}\frac{\partial\beta}{\partial\varphi_y} + \frac{\partial}{\partial\gamma}\frac{\partial\gamma}{\partial\varphi_y}\right)$$

$$= -i\hbar\left(-\sin\alpha\cot\beta\frac{\partial}{\partial\alpha} + \cos\alpha\frac{\partial}{\partial\beta} + \frac{\sin\alpha}{\sin\beta}\frac{\partial}{\partial\gamma}\right)$$

$$\hat{L}_z = -i\hbar\frac{\partial}{\partial\varphi_z} = -i\hbar\left(\frac{\partial}{\partial\alpha}\frac{\partial\alpha}{\partial\varphi_z} + \frac{\partial}{\partial\beta}\frac{\partial\beta}{\partial\varphi_z} + \frac{\partial}{\partial\gamma}\frac{\partial\gamma}{\partial\varphi_z}\right) = -i\hbar\frac{\partial}{\partial\alpha}$$

12. 解　取过重物重心的铅直线为 z 轴，吊索突然嵌入滑轮那一刻为 $t=0$，这时重心的位置为 $z=0$。由于重物之前做匀速直线运动，因此 $z=0$ 即重物的平衡位置。重物的运动方程为

$$T - mg = -kz = m\ddot{z}$$

式中，T 即吊索的拉力。方程的解是

$$z = A\cos(\omega t + \alpha) \qquad \omega^2 = k/m$$

考虑到 $t=0$ 时，$z=0$，　$\dot{z}=-v$，有

$$0 = A\cos\alpha \qquad \alpha = 2n\pi + \frac{\pi}{2}$$

$$-v = -\omega A\sin\alpha = -\omega A \qquad A = \frac{v}{\omega}$$

这里取 z 轴取向朝上。所以

$$z = -\frac{v}{\omega}\sin\omega t \qquad \ddot{z} = v\omega\sin\omega t$$

显然，当 $\omega t = \frac{\pi}{2} + 2n\pi$ 时，吊索的张力最大，这时

$$T = mg + mv\omega = mg + mv\sqrt{k/m}$$

$$= 200(9.8 + 5\sqrt{390\times10^3/200}) = 4.6\times10^4(\mathrm{N})$$

13. 解　设 x 轴指向绳拉长方向，绳未拉长时非固定端点为坐标原点。于是

$$-kx + \lambda mg = m\ddot{x}$$

式中，$m = 3\times10^{-2}\mathrm{kg}$，　$k = 24\mathrm{N/m}$，　$\lambda = 0.25$。

令　$$\omega^2 = \frac{k}{m} = \frac{24}{3\times10^{-2}} = 800(\mathrm{s}^{-2}),$$

从而

$$\ddot{x} + \omega^2 x - \lambda g = 0$$

其解为

$$x = A\cos(\omega t + \alpha) + \lambda g/\omega^2 = A\cos(\omega t + \alpha) + 0.003$$

若记将绳释放的那刻为 $t=0$，则有 $t=0$，$x=0.01$，$\dot{x}=0$，即

$$0.01 = A\cos\alpha + 0.003$$

$$0 = -\omega A\sin\alpha$$

解得 $$\alpha = 0,\quad A = 0.007$$

因此

$$x = 0.007\cos\omega t + 0.003$$

绳回到原长时 $$0 = x = 0.007\cos\omega t + 0.003$$

$$v = \dot{x} = -0.007\omega\sin\omega t$$

两式平方后相加得

$$v^2/\omega^2 + 9\times 10^{-6} = 49\times 10^{-6}$$

所以

$$v = \sqrt{800\times 40\times 10^{-6}} = 8\sqrt{5}\times 10^{-2} = 0.18(\text{m/s})$$

14. 解 质点从绳的固定点下落到最低点,质点的重力势能转变成弹性势能

$$mgh = \frac{1}{2}k(h-a)^2$$

式中,m 是质点质量,k 是绳的劲度系数,h 是固定点到最低点距离。质点在平衡位置成立

$$mg = kb \qquad k = mg/b$$

所以

$$2bh = (h-a)^2 \qquad h^2 - 2(a+b)h + a^2 = 0$$

由此求得合理解

$$h = (a+b) + \sqrt{b(2a+b)}$$

取过固定点的铅直线为 z 轴,方向向下,固定点为坐标原点。当质点的坐标 $z \leqslant a$ 时,质点做自由落体运动,所需时间

$$t_1 = \sqrt{2a/g}$$

当 $z > a$ 时,质点的运动方程为

$$-k(z-a) + mg = m\ddot{z}$$

即 $$\ddot{z} + \omega^2 z - \left(g + \frac{ka}{m}\right) = 0 \qquad \left(\omega^2 = \frac{k}{m}\right)$$

利用 $$\frac{k}{m} = \frac{g}{b} \qquad g + \frac{ka}{m} = g + \frac{a}{b}g$$

上式变成

$$\ddot{z} + \omega^2 z - (1 + a/b)g$$

其解为

$$z = A\sin(\omega t + \alpha) + g(1 + a/b)/\omega^2 = A\sin(\omega t + \alpha) + (a + b)$$

若质点经过位置 a 时开始计时,则有　$t = 0, z = a, v = \dot{z} = \sqrt{2ga}$,　即

$$\begin{cases} a = A\sin\alpha + a + b \\ \sqrt{2ga} = \omega A\cos\alpha \end{cases} \qquad \begin{cases} -b = A\sin\alpha \\ \sqrt{2ga} = A\cos\alpha \end{cases}$$

由此求得

$$A = \sqrt{b(2a + b)} \qquad \tan\alpha = -\frac{b}{\sqrt{2ab}}$$

所以

$$z = \sqrt{b(2a + b)}\sin(\omega t + \alpha) + (a + b)$$

显然质点在最低点($z = h$)时,$\omega t + \alpha = \frac{\pi}{2}$。由此推知,质点从位置 a 到最低点所需时间

$$t_2 = \frac{1}{\omega}\left(\frac{\pi}{2} - \alpha\right) = \sqrt{\frac{b}{g}}\left(\frac{\pi}{2} + \tan^{-1}\frac{b}{\sqrt{2ab}}\right)$$

而质点从绳的固定点下落到最低点所需时间则为

$$t_1 + t_2 = \sqrt{\frac{2a}{g}} + \sqrt{\frac{b}{g}}\left(\frac{\pi}{2} + \tan^{-1}\frac{b}{\sqrt{2ab}}\right)$$

15. 解　取物体下落的直线为 z 轴,方向向下,水平面为 xy 平面。物体被水平梁支承平衡时成立

$$k\delta = mg \qquad k = mg/\delta$$

物体运动遵循如下规律

$$-kz + mg = m\ddot{z}$$

即

$$\ddot{z} + \omega^2 z - g = 0$$

式中　　$\omega^2 = k/m = g/\delta$,其解为

$$z = A\sin(\omega t + \alpha) + g/\omega^2 = A\sin(\omega t + \alpha) + \delta$$

这是一个以 $z_0 = \delta$ 为平衡位置的简谐振动。若取物体初次过 δ 时为 $t = 0$,则 $t = 0, z = \delta, \dot{z} = v = \sqrt{2gh}$。于是

$$\delta = A\sin\alpha + \delta \qquad \sqrt{2gh} = \omega A\cos\alpha$$

由此知　$\alpha = 0$　　$A = \sqrt{2gh}/\omega = \sqrt{2\delta h} = \sqrt{2 \times 5 \times 10^{-3}} = 10^{-1}(\mathrm{m})$

所以

$$z = 0.1\sin\omega t + 0.005(\mathrm{m})$$

这便是物体在铅垂方向上的运动方程。

16. 解　取铅垂线为 z 轴，正向朝上。设 $t=0$ 时，电动机质心在原点处，物体 m 在 z 轴上。根据动量定理在 z 轴投影的分量形式，成立

$$\frac{\mathrm{d}}{\mathrm{d}t}[M\dot{z}+b\omega\sin\omega t]=-kz$$

即

$$(M+m)\ddot{z}=-kz-mb\omega^2\cos\omega t$$

这是一无阻尼受迫振动微分方程（对比式(8.1.18)）。共振频率

$$\nu_0=\frac{\omega_0}{2\pi}=\frac{1}{2\pi}\sqrt{\frac{k}{M+m}}$$

相应的临界转速

$$n_0=\frac{60\omega_0}{2\pi}=\frac{60}{2\pi}\sqrt{\frac{290000}{500+0.2}}=230(\mathrm{r/min})$$

当转速 $n=860\mathrm{r/min}$，即 $\omega=\dfrac{2\pi n}{60}=90\mathrm{rad/s}$ 时

受迫振动振幅（参见式(8.1.29)）

$$B=\frac{mb\omega^2/(M+m)}{|\omega_0^2-\omega^2|}=\frac{mb\omega^2/(M+m)}{|k/(M+m)-\omega^2|}$$

$$=\frac{mb\omega^2}{|k-(M+m)\omega^2|}=\frac{0.2\times1.2\times90^2}{|290000-(500+0.2)\times90^2|}$$

$$=5\times10^{-4}(\mathrm{cm})=5\times10^{-3}\mathrm{mm}$$

17. 解　根据式(8.1.10)及式(8.1.13)各量定义知

$$\frac{\alpha}{2m}=\gamma=\sqrt{{\omega_1}^2-{\omega_2}^2}=2\pi\sqrt{\frac{1}{{T_1}^2}-\frac{1}{{T_2}^2}}$$

所以液体的黏滞阻力系数

$$\alpha=4\pi m\sqrt{\frac{1}{{T_1}^2}-\frac{1}{{T_2}^2}}$$

18. 解　车厢的固有频率

$$\nu_0=\frac{\omega_0}{2\pi}=\frac{1}{2\pi}\sqrt{\frac{k}{m}}$$

式中，m 是车厢质量，k 是弹簧劲度系数。由于 $k\delta=mg$，因此 $k=mg/\delta$，

$$\nu_0=\frac{1}{2\pi}\sqrt{\frac{g}{\delta}}$$

车厢受迫振动的频率

$$\nu = \frac{V}{l}$$

式中，V为火车速度。当$\nu = \nu_0$时，车厢受到冲击而产生激烈颠簸，这时，临界速度

$$V_0 = \frac{l}{2\pi}\sqrt{\frac{g}{\delta}} = \frac{12}{2\pi}\sqrt{\frac{9.8}{0.05}} = 26.7(\mathrm{m/s})$$

19. 解　匀质杆做平面运动，有两个自由度：θ 和 φ，这里 θ 是绳与铅垂线的夹角，φ 是杆与铅垂线的夹角。取绳与杆相连的端点 A 为基点，则杆的质心 c 的速度

$$\boldsymbol{v}_c = \boldsymbol{v}_A + \boldsymbol{v}_{cA}$$

式中，$v_A = a\dot{\theta}$ 是 A 点运动速率，$v_{cA} = a\dot{\varphi}$ 是质心相对 A 点运动速率。由于二者的夹角是 $\varphi - \theta$，因此

$$\begin{aligned} v_c^2 &= v_A^2 + v_{cA}^2 + 2v_A v_{cA}\cos(\varphi - \theta) \\ &= a^2\dot{\theta}^2 + a^2\dot{\varphi}^2 + 2a^2\dot{\theta}\dot{\varphi}\cos(\varphi - \theta) \end{aligned}$$

于是，系统的动能

$$T = \frac{1}{2}I\dot{\varphi}^2 + \frac{1}{2}mv_c^2$$

式中，$I = \frac{1}{3}ma^2$，是杆相对质心的转动惯量。对微振动，$\cos(\varphi - \theta) \sim 1$，所以

$$\begin{aligned} T &= \frac{1}{6}ma^2\dot{\varphi}^2 + \frac{1}{2}m(a^2\dot{\theta}^2 + a^2\dot{\varphi}^2 + 2a^2\dot{\theta}\dot{\varphi}) \\ &= \frac{1}{2}ma^2\left(\dot{\theta}^2 + \frac{4}{3}\dot{\varphi}^2 + 2\dot{\theta}\dot{\varphi}\right) \end{aligned}$$

若取系统处在铅垂线位置时势能为零，则

$$\begin{aligned} V &= mg(2a - a\cos\theta - a\cos\varphi) = mga(2 - \cos\theta - \cos\varphi) \\ &\doteq \frac{1}{2}mga(\theta^2 + \varphi^2) \end{aligned}$$

由拉格朗日方程知

$$\begin{cases} a\ddot{\theta} + a\ddot{\varphi} + g\theta = 0 \\ \dfrac{4}{3}a\ddot{\varphi} + a\ddot{\theta} + g\varphi = 0 \end{cases}$$

令 $\theta = A\sin(\omega t + \alpha)$，$\varphi = B\sin(\omega t + \alpha)$，代入得(参见式(38.2.2))

$$\begin{cases}(a\omega^2 - g)A + a\omega^2 B = 0 \\ a\omega^2 A + \left(\frac{4}{3}a\omega^2 - g\right)B = 0\end{cases}$$

上述方程组有非零解的条件是

$$\begin{vmatrix} a\omega^2 - g & a\omega^2 \\ a\omega^2 & \frac{4}{3}a\omega^2 - g \end{vmatrix} = 0$$

化简得 $a^2\omega^4 - 7ga\omega^2 + 3g^2 = 0$　其解为　$a\omega^2 = \frac{7 \pm \sqrt{37}}{2}g$

固有频率满足下式

$$\omega_1^2 = \frac{7 - \sqrt{37}}{2}\frac{g}{a} \qquad \omega_2^2 = \frac{7 + \sqrt{37}}{2}\frac{g}{a}$$

相应的振幅比

$$\frac{A_1}{B_1} = -\frac{a\omega_1^2}{a\omega_1^2 - g} = -\frac{(7 - \sqrt{37})/2}{(7 - \sqrt{37})/2 - 1} = \frac{7 - \sqrt{37}}{\sqrt{37} - 5} = \frac{\sqrt{37} - 1}{6}$$

$$\frac{A_2}{B_2} = -\frac{a\omega_2^2}{a\omega_2^2 - g} = -\frac{(7 + \sqrt{37})/2}{-1 + (7 + \sqrt{37})/2} = -\frac{7 + \sqrt{37}}{5 + \sqrt{37}} = -\frac{\sqrt{37} + 1}{6}$$

20. 解　设匀质杆质量同为 m，匀质杆处在铅垂线位置时势能为零。于是，系统的动能

$$T = \frac{1}{2}I_1\dot{\alpha}^2 + \frac{1}{2}I_2\dot{\beta}^2 + \frac{1}{2}mv_2^2$$

式中，$I_1 = \frac{1}{12}ml^2 + m\left(\frac{l}{2}\right)^2 = \frac{1}{3}ml^2$，是匀质杆1（处在上面者）相对悬挂点的转动惯量，$I_2 = \frac{1}{12}ml^2$ 是匀质杆2（处在下面者）相对其质心的转动惯量，v_2 是匀质杆2的质心速度，

$$v_2^2 \doteq l^2\dot{\alpha}^2 + \frac{1}{4}l^2\dot{\beta}^2 + l^2\dot{\alpha}\dot{\beta}\cos(\beta - \alpha) \doteq l^2\dot{\alpha}^2 + \frac{1}{4}l^2\dot{\beta}^2 + l^2\dot{\alpha}\dot{\beta}$$

从而

$$T = \frac{1}{2}ml^2\left(\frac{4}{3}\dot{\alpha}^2 + \frac{1}{3}\dot{\beta}^2 + \dot{\alpha}\dot{\beta}\right)$$

系统的势能

$$V = mg\frac{l}{2}(1 - \cos\alpha) + mg\left[l(1 - \cos\alpha) + \frac{l}{2}(1 - \cos\beta)\right]$$

$$\doteq mg\frac{l}{2}\frac{\alpha^2}{2}+mg\left(l\frac{\alpha^2}{2}+\frac{l}{2}\frac{\beta^2}{2}\right)$$

$$=mgl\frac{3\alpha^2+\beta^2}{4}$$

系统拉格朗日函数 $L=T-V$,与上题类似可得到系统运动的方程组如下:

$$\begin{cases}\frac{4}{3}l\ddot{\alpha}+\frac{1}{2}l\ddot{\beta}+\frac{3}{2}g\alpha=0\\ \frac{1}{2}l\ddot{\alpha}+\frac{1}{3}l\ddot{\beta}+\frac{1}{2}g\beta=0\end{cases}$$

令 $\alpha=A\sin(\omega t+\theta)$，　$\beta=B\sin(\omega t+\theta)$，　代入有

$$\begin{cases}\left(\frac{4}{3}l\omega^2-\frac{3}{2}g\right)A+\frac{1}{2}l\omega^2B=0\\ \frac{1}{2}l\omega^2A+\left(\frac{1}{3}l\omega^2-\frac{1}{2}g\right)B=0\end{cases}$$

方程有非零解的条件是

$$\begin{vmatrix}\frac{4}{3}l\omega^2-\frac{3}{2}g & \frac{1}{2}l\omega^2\\ \frac{1}{2}l\omega^2 & \frac{1}{3}l\omega^2-\frac{1}{2}g\end{vmatrix}=0$$

化简得

$$7l^2\omega^4-42gl\omega^2+27g^2=0$$

其解是

$$l\omega^2=\frac{42\pm\sqrt{42^2-28\times27}}{14}g=\frac{21\pm2\sqrt{63}}{7}g$$

由此知,固有频率

$$\omega_1=\sqrt{\frac{21-2\sqrt{63}}{7}}\sqrt{\frac{g}{l}}=0.86\sqrt{\frac{g}{l}}$$

$$\omega_2=\sqrt{\frac{21+2\sqrt{63}}{7}}\sqrt{\frac{g}{l}}=2.3\sqrt{\frac{g}{l}}$$

振幅比

$$\frac{A_1}{B_1}=-\frac{\frac{1}{2}l\omega_1^2}{\frac{4}{3}l\omega_1^2-\frac{3}{2}g}=-\frac{3l\omega_1^2}{8l\omega_1^2-9g}=0.69$$

$$\frac{A_2}{B_2} = -\frac{3l\omega_2^2}{8l\omega_2^2 - 9g} = -0.47$$

21. 解 设皮带轮半径为 r，角速度为 ω，于是

$$\omega r = 50$$

$$\omega(r - 20) = 10$$

由此解得，$r = 25\text{cm}, \omega = 2\text{s}^{-1}$

22. 解 位于啮合处的大齿轮上的点的合速度

$$v = \omega R + \omega_2 r$$

而 $v = \omega_1 R$，所以

$$\omega_1 = \omega + \omega_2 r/R$$

23. 解 车轮无滑动地滚动时，其角速度 $\omega = v/R$。

(1) 轮缘上任一点一方面随车轮做匀速直线运动而具有前进速度 v；另一方面绕轮心做匀速圆周运动而具有速度 $\omega R = v$，方向与滚动方向一致。因此，轮缘上任一点的速度是这两个速度的矢量和，而加速度则为向心加速度 $\omega^2 R = v^2/R$。显然，合速度的大小

$$V = \sqrt{v^2 + v^2 - 2v^2\cos\theta} = v\sqrt{2(1 - \cos\theta)}$$

式中，θ 是轮心至该点的矢径与铅直线的夹角。

(2) 对轮上距轨道最高点，$\theta = \pi, V = 2v$；对最低点，$\theta = 0, V = 0$。

(3) 由(2)知，转动瞬心位置位于轮上距轨道最低点处。

24. 解 取极坐标系，P 为坐标原点。刚性杆 AB 与 OP 的夹角为 θ(O 为半圆周所在圆的圆心)。于是，$AP = 2r\cos\theta$。设杆上任意一点 M 离 A 点距离 $AM = b$，那么

$$MP = \rho = 2r\cos\theta - b = a\cos\theta - b$$

这便是该点的轨迹。由于 A 点的速度矢量垂直 OA，P 点的速度矢量垂直 AB，根据速度瞬心确定的作图法，过 P 点作 AB 的垂线，与 OA 延长线的交点 C 便是杆的速度瞬心。显然

$$PC = AP\tan\theta = 2r\cos\theta\tan\theta = 2r\sin\theta$$

所以速度瞬心的轨迹是

$$PC = \rho = a\sin\theta$$

25. 解 锥齿轮在支座齿轮上滚动的角速度

$$\Omega = 2\pi \times \frac{5}{60} = \frac{\pi}{6}$$

由于 $R = 2r$，因此锥齿轮绕本身对称轴转一周相应锥齿轮在支座齿轮上滚

动半周,即

$$\omega' = 2\Omega = \frac{\pi}{3}$$

又由于 ω' 沿直线 OC,Ω 沿过 O 点的铅直线,两者的夹角 $\theta = 90° + 30° = 120°$,

所以

$$\omega = \sqrt{\Omega^2 + \omega'^2 - 2\Omega\omega'\cos(\pi - \theta)} = \sqrt{\Omega^2 + \omega'^2 - \Omega\omega'} = \frac{\sqrt{3}}{6}\pi$$

26. 解　取极坐标系坐标原点为圆锥体底面圆中心,z 轴为圆锥体中心对称轴。设圆锥体顶角为 2α,那么 $\tan\alpha = r/h$。于是,圆锥体相对中心对称轴的转动惯量

$$\begin{aligned} I_1 &= \iiint \rho^2 \sigma \rho \mathrm{d}\rho \theta \mathrm{d}z = \sigma \int_0^h \mathrm{d}z \int_0^{(h-z)\tan\alpha} \rho^3 \mathrm{d}\rho \int_0^{2\pi} \mathrm{d}\theta \\ &= 2\pi\sigma \int_0^h \mathrm{d}z \frac{1}{4}(h-z)^4 \tan^4\alpha = \frac{\pi}{2}\sigma \tan^4\alpha \left[\frac{-1}{5}(h-z)^5\right]_0^h \\ &= \frac{\pi}{2}\sigma \frac{r^4}{h^4}\frac{h^5}{5} = \frac{\pi}{10}\sigma r^4 h = \frac{3}{10}Mr^2 \end{aligned}$$

式中,$M = \dfrac{\sigma}{3}\pi r^2 h$,是圆锥体质量,$\sigma$ 是它的密度。

由于圆锥体的对称性,可以取底面任一直径为 x 轴,从而圆锥体对它的转动惯量

$$\begin{aligned} I_2 &= \iiint \sigma [z^2 + (\rho\sin\theta)^2] \rho \mathrm{d}\rho \mathrm{d}\theta \mathrm{d}z \\ &= 2\pi\sigma \int_0^h z^2 \mathrm{d}z \int_0^{(h-z)\tan\alpha} \rho \mathrm{d}\rho + \sigma \int_0^h \mathrm{d}z \int_0^{(h-z)\tan\alpha} \rho^3 \mathrm{d}\rho \int_0^{2\pi} \sin^2\theta \mathrm{d}\theta \\ &= 2\pi\sigma \int_0^h z^2 \frac{1}{2}(h-z)^2 \tan^2\alpha \mathrm{d}z + \sigma \int_0^h \mathrm{d}z \frac{1}{4}(h-z)^4 \tan^4\alpha \left[\frac{1}{2}\theta - \frac{1}{4}\sin 2\theta\right]_0^{2\pi} \\ &= \pi\sigma \tan^2\alpha \left[\frac{1}{3}h^2 z^3 - \frac{3}{4}hz^4 + \frac{1}{5}z^5\right]_0^h + \frac{\pi}{4}\sigma \tan^4\alpha \left[\frac{-1}{5}(h-z)^5\right]_0^h \\ &= \pi\sigma \frac{r^2}{h^2}\frac{h^5}{30} + \frac{\pi}{4}\sigma \frac{r^4}{h^4}\frac{h^5}{5} = \pi\sigma\left(\frac{1}{30}r^2 h^3 + \frac{1}{20}r^4 h\right) = \frac{1}{20}M(2h^2 + 3r^2) \end{aligned}$$

27. 解　我们先证明如果一个均匀刚体有对称轴,那么该对称轴便是惯量主轴。比如,若 x 轴是均匀刚体的对称轴,则刚体中每一质点 $M(x_i, y_i, z_i)$ 均存在对应点 $M'(x_i, -y_i, -z_i)$,因而

$$G = \sum_i m_i z_i x_i = 0 \qquad H = \sum_i m_i x_i y_i = 0$$

故 x 轴是 O 点(坐标原点) 的惯量主轴,转动惯量为

$$A = \sum_i m_i(y_i^2 + z_i^2)$$

过立方体中心 O 点作前后、左右、上下面的垂线,将之取为 x,y,z 轴,则这三个坐标轴都是对称轴,因而也都是惯量主轴。由于正方体的对称性,这时

$$A = B = C \qquad F = G = H = 0$$

可见,正方体对通过 O 点的任意轴线的转动惯量构成的二次曲面(惯量椭球) 是一个球形。这就是说,所有通过 O 点的轴都是主轴,且其转动惯量相同。特别地,立方体对过 O 点的对角线的转动惯量,等于它对 z 轴的转动惯量,即

$$I = \iiint \rho(x^2 + y^2)\,\mathrm{d}x\mathrm{d}y\mathrm{d}z = 8 \cdot 2\rho \int_0^{\frac{a}{2}} \mathrm{d}z \int_0^{\frac{a}{2}} y^2 \mathrm{d}y \int_0^{\frac{a}{2}} \mathrm{d}x$$

$$= \frac{1}{6}Ma^2 = \frac{1}{18}Md^2$$

式中,$M = \rho a^3$,是立方体的质量,ρ 是它的体密度,a 是边长,$d = \sqrt{3}a$ 是对角线长。其回转半径

$$k = \sqrt{\frac{I}{M}} = \frac{d}{3\sqrt{2}}$$

28. 解 设棒与铅垂线夹角为 θ,匀质棒对其端点的转动惯量

$$I = \int_0^l x^2 \rho \mathrm{d}x = \frac{1}{3}l^3\rho = \frac{1}{3}ml^2$$

式中,ρ 是线密度,$m = \rho l$。设棒对铅直线的偏角为 θ。

(1) 棒通过平衡位置时,$v = \omega l/2 = \dot{\theta} l/2$,这时的转动动能是

$$\frac{1}{2}I\dot{\theta} = \frac{1}{2} \times \frac{1}{3}ml^2 \times \left(\frac{2v}{l}\right)^2 = \frac{2}{3}mv^2$$

(2) 棒摆到最大偏角处时,棒在平衡位置时的转动动能转变成势能,因此

$$mg\frac{l}{2}(1 - \cos\theta) = \frac{2}{3}mv^2$$

由此得最大偏角

$$\theta = \cos^{-1}\left(1 - \frac{4}{3}\frac{v^2}{gl}\right)$$

(3) 棒的运动方程为

$$mg\frac{l}{2}\sin\theta = I\ddot{\theta} = \frac{1}{3}ml^2\ddot{\theta}$$

所以任意位置的角加速度

$$\ddot{\theta} = \frac{3g}{2l}\sin\theta$$

29. 解　取过梯子质心 C 的铅垂面为 xy 平面，它与墙面的交线为 y 轴，与地面的交线为 x 轴，C 点的坐标为 (x, y)。设梯子质量为 m，长为 $2a$，墙对梯子的作用力（垂直于墙面）为 N_1，地面的支承力（垂直于地面）为 N_2。于是

$$N_1 = m\ddot{x}$$

$$N_2 - mg = m\ddot{y}$$

$$I\ddot{\varphi} = N_1 a\sin\varphi - N_2 a\cos\varphi$$

式中，φ 是梯子与地面夹角，$I = \frac{1}{3}ma^2$ 是梯子对其质心的转动惯量，由于 $x = a\cos\varphi$，$y = a\sin\varphi$，因此

$$\ddot{x} = -a\cos\varphi\dot{\varphi}^2 - a\sin\varphi\ddot{\varphi}$$

$$\ddot{y} = -a\sin\varphi\dot{\varphi}^2 + a\cos\varphi\ddot{\varphi}$$

从而

$$N_1 = -ma\cos\varphi\dot{\varphi}^2 - ma\sin\varphi\ddot{\varphi}$$

$$N_2 = -ma\sin\varphi\dot{\varphi}^2 + ma\cos\varphi\ddot{\varphi} + mg$$

$$\frac{1}{3}ma^2\ddot{\varphi} = I\ddot{\varphi} = -ma^2\sin\varphi\cos\varphi\dot{\varphi}^2 - ma^2\sin^2\varphi\ddot{\varphi}$$

$$+ ma^2\sin\varphi\cos\varphi\dot{\varphi}^2 - ma^2\cos^2\varphi\ddot{\varphi} - mga\cos\varphi$$

由此得

$$\ddot{\varphi} = -\frac{3g}{4a}\cos\varphi$$

又
$$\ddot{\varphi} = \frac{\mathrm{d}\dot{\varphi}}{\mathrm{d}\varphi}\frac{\mathrm{d}\varphi}{\mathrm{d}t} = \frac{1}{2}\frac{\mathrm{d}\dot{\varphi}^2}{\mathrm{d}\varphi} \qquad \frac{\mathrm{d}\dot{\varphi}^2}{\mathrm{d}\varphi} = -\frac{3g}{2a}\cos\varphi$$

两边积分得

$$\dot{\varphi}^2 = \frac{3g}{2a}(\sin\theta - \sin\varphi)$$

当梯子与墙刚要分离时，$N_1 = 0$，即

$$0 = \dot{\varphi}^2\cos\varphi + \ddot{\varphi}\sin\varphi = \frac{3g}{2a}\cos\varphi(\sin\theta - \sin\varphi) - \frac{3g}{4a}\cos\varphi\sin\varphi$$

$$= \frac{3g}{2a}\cos\varphi\sin\theta - \frac{9g}{4a}\cos\varphi\sin\varphi$$

所以

$$\sin\varphi = \frac{2}{3}\sin\theta$$

这时，梯子与地面夹角为

$$\varphi = \sin^{-1}\left(\frac{2}{3}\sin\theta\right)$$

30. 解　圆盘对中心的转动惯量

$$I = \int r^2 \rho r \mathrm{d}r \mathrm{d}\theta = 2\pi\rho \int_0^r r^3 \mathrm{d}r = \frac{1}{2} m_1 r^2$$

式中，$m_1 = \pi r^2 \rho$，是圆盘的质量。圆盘与站在其上的人组成的系统在没有外力矩作用时，动量矩守恒。设人在圆盘边缘时圆盘的转速是 n_1，人走到中心时圆盘的转速是 n_2，则有

$$(I_1 + I_2)\omega_1 = I_1 \omega_2, \qquad \omega_1 = 2\pi n_1, \qquad \omega_2 = 2\pi n_2$$

从而

$$\left(\frac{1}{2} m_1 r^2 + m_2 r^2\right) n_1 = \frac{1}{2} m_1 r^2 n_2$$

$$n_2 = \left(1 + \frac{2m_2}{m_1}\right) n_1 = \left(1 + \frac{2 \times 60}{120}\right) n_1 = 2n_1 = 20(\mathrm{r/min})$$

31. 解　圆盘的下落运动由圆盘中心的平动与圆盘绕中心的转动组成。因此，圆盘的动能是圆盘中心的平动能$\frac{1}{2}mv^2$ 和圆盘绕中心的转动能$\frac{1}{2}I\dot{\theta}^2$ 之和。当圆盘落下的高度为 h 时，它的势能减少转变成相应的动能增加，即

$$mgh = \frac{1}{2}mv^2 + \frac{1}{2}I\dot{\theta}^2$$

注意到 $I = \frac{1}{2}mr^2$，$v = r\dot{\theta}$，我们有

$$mgh = \frac{1}{2}mv^2 + \frac{1}{4}mr^2\dot{\theta}^2 = \frac{3}{4}mv^2$$

所以

$$v = 2\sqrt{gh/3}$$

圆盘中心平动的方程为

$$mg - T = ma$$

圆盘绕中心转动的方程为

$$Tr = I\ddot{\theta} = \frac{1}{2}mr^2\ddot{\theta}$$

而在无滑动地滚动的情况下，线加速度 a 与角加速度$\ddot{\theta}$ 的关系是 $a = r\ddot{\theta}$。

从而

$$mg - T = ma$$

$$T = \frac{1}{2}ma$$

由此解得

圆盘中心加速度 $a=\frac{2}{3}g$，绳的张力 $T=\frac{1}{3}mg$

32. 解　(1) 闸瓦对飞轮的摩擦力为 $400\times0.5=200(\mathrm{N})$，

相应的力矩是 $200\times0.25=50(\mathrm{N\cdot m})$

(2) 由飞轮制动时的动力学方程

$$I\ddot{\theta}=-\mu Nr \qquad 20\times\frac{0-2\pi\times1000/60}{t}=-50$$

得飞轮从开始制动到停止所需的时间

$$t=\frac{20\times2\pi\times1000}{50\times60}=\frac{40\pi}{3}=42(\mathrm{s})=0.7\mathrm{min}$$

相应转数

$$n=\left(\dot{\theta}_0t+\frac{1}{2}\ddot{\theta}t^2\right)/2\pi=\frac{1}{2\pi}\left(\frac{2\pi\times1000}{60}\times\frac{40\pi}{3}-\frac{1}{2}\times\frac{2\pi\times1000}{60}\times\frac{40\pi}{3}\right)$$

$$=\frac{1000}{9}\pi=350$$

(3) 摩擦力矩所做的功等于飞轮从开始制动到停止时所损失的转动动能

$$W=\frac{1}{2}I\omega^2=\frac{1}{2}\times20\times\left(\frac{2\pi\times1000}{60}\right)^2=\frac{\pi^2}{9}\times10^5=1.1\times10^5(\mathrm{J})$$

33. 解　汽轮机转子的转动惯量

$$I=m\rho^2=2500\times0.9^2=2025$$

汽轮机转子绕转子转动的自转角速度

$$\omega=2\pi n=2\pi\times\frac{1200}{60}=40\pi$$

汽轮机转子随船体摆动的进动角速度

$$\Omega=\dot{\beta}=\beta_0\frac{2\pi}{T}\cos\frac{2\pi t}{T}=\frac{2\pi\times6}{360}\times\frac{2\pi}{6}\cos\frac{2\pi t}{T}=\frac{\pi^2}{90}\cos\frac{2\pi t}{T}$$

由于 Ω 与 ω 垂直，根据式(8.6.39) 推得最大陀螺力矩

$$M_{\max}=I\omega\Omega_{\max}=2025\times40\pi\times\frac{\pi^2}{90}=900\pi^3\approx27905.6(\mathrm{N\cdot m})=27.9\mathrm{kN\cdot m}$$

最大动压力则为

$$N=\frac{M_{\max}}{(l/2)\,m}=11.7\mathrm{N}$$

34. 解　车轮对于轴的转动惯量

$$I=m\rho^2=1400\times0.55\times0.75^2=420$$

车轮自转角速度

$$\omega = \frac{v}{r} = \frac{72 \times 10^3}{3600} \times \frac{1}{0.75} = \frac{80}{3}$$

车轮进度角速度

$$\Omega = \frac{72 \times 10^3}{3600} \times \frac{1}{200} = \frac{1}{10}$$

陀螺力矩 $M = I\Omega\omega = 420 \times \frac{80}{3} \times \frac{1}{10} = 1120(\text{N} \cdot \text{m})$

$$\text{压力} = 1400 \times 9.8 + \frac{1120}{1.5} = 1.4 \times 10^4(\text{N})$$

35. 解 以 x,y 分量为例

$$[\hat{L}_x,\hat{L}_y] = -\hbar^2 \Big[\Big(-\cos\alpha\cot\beta \frac{\partial}{\partial\alpha} - \sin\alpha \frac{\partial}{\partial\beta} + \frac{\cos\alpha}{\sin\beta}\frac{\partial}{\partial\gamma}\Big)$$

$$\Big(-\sin\alpha\cot\beta \frac{\partial}{\partial\alpha} + \cos\alpha \frac{\partial}{\partial\beta} + \frac{\sin\alpha}{\sin\beta}\frac{\partial}{\partial\gamma}\Big) - \Big(-\sin\alpha\cot\beta \frac{\partial}{\partial\alpha} + \cos\alpha \frac{\partial}{\partial\beta} + \frac{\sin\alpha}{\sin\beta}\frac{\partial}{\partial\gamma}\Big)$$

$$-\cos\alpha\cot\beta \frac{\partial}{\partial\alpha} - \sin\alpha \frac{\partial}{\partial\beta} + \frac{\cos\alpha}{\sin\beta}\frac{\partial}{\partial\gamma}\Big)\Big]$$

$$= -\hbar^2 [\cos\alpha\cot^2\beta\Big(\cos\alpha\frac{\partial}{\partial\alpha} + \sin\alpha\frac{\partial^2}{\partial\alpha^2}\Big) - \cos\alpha\cot\beta\Big(-\sin\alpha\frac{\partial}{\partial\beta} + \cos\alpha\frac{\partial^2}{\partial\alpha\partial\beta}\Big)$$

$$-\frac{\cos\alpha\cot\beta}{\sin\beta}\Big(\cos\alpha\frac{\partial}{\partial\gamma} + \sin\alpha\frac{\partial^2}{\partial\alpha\partial\gamma}\Big) + \sin^2\alpha\Big(\csc^2\beta\frac{\partial}{\partial\alpha} + \cot\beta\frac{\partial^2}{\partial\alpha\partial\beta}\Big)$$

$$-\sin\alpha\cos\alpha\frac{\partial^2}{\partial\beta^2} - \sin^2\alpha\Big(-\frac{\cos\beta}{\sin^2\beta}\frac{\partial}{\partial\gamma} + \frac{1}{\sin\beta}\frac{\partial^2}{\partial\beta\partial\gamma}\Big) - \frac{\sin\alpha\cos\alpha\cot\beta}{\sin\beta}\frac{\partial^2}{\partial\alpha\partial\gamma}$$

$$+\frac{\cos^2\alpha}{\sin\beta}\frac{\partial^2}{\partial\beta\partial\gamma} + \frac{\sin\alpha\cos\alpha}{\sin^2\beta}\frac{\partial^2}{\partial\gamma^2} - \sin\alpha\cot^2\beta\Big(-\sin\alpha\frac{\partial}{\partial\alpha} + \cos\alpha\frac{\partial^2}{\partial\alpha^2}\Big)$$

$$-\sin\alpha\cot\beta\Big(\cos\alpha\frac{\partial}{\partial\beta} + \sin\alpha\frac{\partial^2}{\partial\alpha\partial\beta}\Big) + \frac{\sin\alpha\cot\beta}{\sin\beta}\Big(-\sin\alpha\frac{\partial}{\partial\gamma} + \cos\alpha\frac{\partial^2}{\partial\alpha\partial\gamma}\Big)$$

$$+\cos^2\alpha\Big(\csc^2\beta\frac{\partial}{\partial\alpha} + \cot\beta\frac{\partial^2}{\partial\alpha\partial\beta}\Big) + \sin\alpha\cos\alpha\frac{\partial^2}{\partial\beta^2} - \cos^2\alpha\Big(\frac{-\cos\beta}{\sin^2\beta}\frac{\partial}{\partial\gamma} + \frac{1}{\sin\beta}\frac{\partial^2}{\partial\gamma^2}\Big)$$

$$+\frac{\sin\alpha\cos\alpha\cot\beta}{\sin\beta}\frac{\partial^2}{\partial\alpha\partial\gamma} + \frac{\sin^2\alpha}{\sin\beta}\frac{\partial^2}{\partial\beta\partial\gamma} - \frac{\sin\alpha\cos\alpha}{\sin^2\beta}\frac{\partial^2}{\partial\gamma^2}\Big]$$

$$= -\hbar^2\Big[\cot^2\beta\frac{\partial}{\partial\alpha} - \cot\beta\frac{\partial^2}{\partial\alpha\partial\beta} - \frac{\cot\beta}{\sin\beta}\frac{\partial}{\partial\gamma} + \cot\beta\frac{\partial^2}{\partial\alpha\partial\beta} - \csc^2\alpha\frac{\partial}{\partial\alpha} + \frac{\cos\beta}{\sin^2\beta}\frac{\partial}{\partial\gamma}$$

$$-\frac{\sin^2\alpha}{\sin\beta}\frac{\partial^2}{\partial\beta\partial\gamma} + \frac{\sin^2\alpha}{\sin\beta}\frac{\partial^2}{\partial\beta\partial\gamma}\Big] = \hbar^2\frac{\partial}{\partial\alpha} = i\hbar\hat{L}_z$$

类似地,可得到

$$[\hat{L}_y,\hat{L}_z]=\mathrm{i}\hbar\hat{L}_x \qquad [\hat{L}_z,\hat{L}_x]=\mathrm{i}\hbar\hat{L}_y$$

36. 解　以 x',y' 分量为例

$$[\hat{L}_{x'},\hat{L}_{y'}]=-\hbar^2\Big[\left(-\frac{\cos\gamma}{\sin\beta}\frac{\partial}{\partial\alpha}+\sin\gamma\frac{\partial}{\partial\beta}+\cot\beta\cos\gamma\frac{\partial}{\partial\gamma}\right)$$

$$\left(\frac{\sin\gamma}{\sin\beta}\frac{\partial}{\partial\alpha}+\cos\gamma\frac{\partial}{\partial\beta}-\cot\beta\sin\gamma\frac{\partial}{\partial\gamma}\right)-\left(\frac{\sin\gamma}{\sin\beta}\frac{\partial}{\partial\alpha}+\cos\gamma\frac{\partial}{\partial\beta}-\cot\beta\sin\gamma\frac{\partial}{\partial\gamma}\right)$$

$$\left(-\frac{\cos\gamma}{\sin\beta}\frac{\partial}{\partial\alpha}+\sin\gamma\frac{\partial}{\partial\beta}+\cot\beta\cos\gamma\frac{\partial}{\partial\gamma}\right)\Big]$$

$$=-\hbar^2\Big[-\frac{\sin\gamma\cos\gamma}{\sin^2\beta}\frac{\partial^2}{\partial\alpha^2}-\frac{\cos^2\gamma}{\sin\beta}\frac{\partial^2}{\partial\alpha\partial\beta}+\frac{\sin\gamma\cos\gamma\cot\beta}{\sin\beta}\frac{\partial^2}{\partial\alpha\partial\gamma}$$

$$+\sin^2\gamma\left(\frac{-\cos\beta}{\sin^2\beta}\frac{\partial}{\partial\alpha}+\frac{1}{\sin\beta}\frac{\partial^2}{\partial\alpha\partial\beta}\right)+\sin\gamma\cos\gamma\frac{\partial^2}{\partial\beta^2}$$

$$-\sin^2\gamma\left(-\csc^2\beta\frac{\partial}{\partial\gamma}+\cot\beta\frac{\partial^2}{\partial\beta\partial\gamma}\right)+\frac{\cot\beta\cos\gamma}{\sin\beta}\left(\cos\gamma\frac{\partial}{\partial\alpha}+\sin\gamma\frac{\partial^2}{\partial\alpha\partial\gamma}\right)$$

$$+\cot\beta\cos\gamma\left(-\sin\gamma\frac{\partial}{\partial\beta}+\cos\gamma\frac{\partial^2}{\partial\beta\partial\gamma}\right)-\cot^2\beta\cos\gamma\left(\cos\gamma\frac{\partial}{\partial\gamma}+\sin\gamma\frac{\partial^2}{\partial\gamma^2}\right)$$

$$+\frac{\sin\gamma\cos\gamma}{\sin^2\beta}\frac{\partial^2}{\partial\alpha^2}-\frac{\sin^2\gamma}{\sin\beta}\frac{\partial^2}{\partial\alpha\partial\beta}-\frac{\cot\beta\sin\gamma\cos\gamma}{\sin\beta}\frac{\partial^2}{\partial\alpha\partial\gamma}$$

$$+\cos^2\gamma\left(\frac{-\cos\beta}{\sin^2\beta}\frac{\partial}{\partial\alpha}+\frac{1}{\sin\beta}\frac{\partial^2}{\partial\alpha\partial\beta}\right)-\sin\gamma\cos\gamma\frac{\partial^2}{\partial\beta^2}$$

$$-\cos^2\gamma\left(-\csc^2\beta\frac{\partial}{\partial\gamma}+\cot\beta\frac{\partial^2}{\partial\beta\partial\gamma}\right)-\frac{\cot\beta\sin\gamma}{\sin\beta}\left(-\sin\gamma\frac{\partial}{\partial\alpha}+\cos\gamma\frac{\partial^2}{\partial\alpha\partial\gamma}\right)$$

$$+\cot\beta\sin\gamma\left(\cos\gamma\frac{\partial}{\partial\beta}+\sin\gamma\frac{\partial^2}{\partial\beta\partial\gamma}\right)+\cot^2\beta\sin\gamma\left(-\sin\gamma\frac{\partial}{\partial\gamma}+\cos\gamma\frac{\partial^2}{\partial\gamma^2}\right)\Big]$$

$$=-\hbar^2\frac{\partial^2}{\partial\gamma^2}=-i\hbar\hat{L}_{z'}$$

类似地可得到其他两个不等式。

37. 证　(1) 利用 $\boldsymbol{\sigma}\times\boldsymbol{\sigma}=i2\boldsymbol{\sigma}$ 和　$\sigma_i{}^2=1$　$(i=x,y,z)$　有

$$\sigma_\alpha\sigma_\beta-\sigma_\beta\sigma_\alpha=i2\sigma_\gamma$$

两边左乘 σ_α，右乘 σ_α，

$$\sigma_\alpha(\sigma_\alpha\sigma_\beta-\sigma_\beta\sigma_\alpha)\sigma_\alpha=i2\sigma_\alpha\sigma_\gamma\sigma_\alpha$$

$$\sigma_\beta\sigma_\alpha-\sigma_\alpha\sigma_\beta=i2\sigma_\alpha\sigma_\gamma\sigma_\alpha$$

两式相加给出

$$i2\sigma_\gamma+i2\sigma_\alpha\sigma_\gamma\sigma_\alpha=0$$

即 $$\sigma_\gamma\sigma_\alpha+\sigma_\alpha\sigma_z=0 \qquad \sigma_\gamma\sigma_\alpha=-\sigma_\alpha\sigma_\gamma$$

类似地 $$\sigma_\alpha\sigma_\beta=-\sigma_\beta\sigma_\alpha,\quad \sigma_\gamma\sigma_\alpha=-\sigma_\alpha\sigma_\gamma$$

由于 $\sigma_\alpha\sigma_\beta=-\sigma_\beta\sigma_\alpha,\quad \sigma_\alpha\sigma_\beta-\sigma_\beta\sigma_\alpha=i2\sigma_\gamma$，因此

$$\sigma_\alpha\sigma_\beta=-\sigma_\beta\sigma_\alpha=i\sigma_\gamma$$

(2) $\sigma_\alpha\sigma_\beta\sigma_\gamma=\sigma_\alpha\sigma_\beta(-i\sigma_\alpha\sigma_\beta)=-i\sigma_\alpha(-\sigma_\alpha\sigma_\beta)\sigma_\beta=i\sigma_\alpha{}^2\sigma_\beta{}^2=i$

38. (1) **证** $(\boldsymbol{\sigma}_1\cdot\boldsymbol{\sigma}_2)^2=(\sigma_{1x}\sigma_{2x}+\sigma_{1y}\sigma_{2y}+\sigma_{1z}\sigma_{2z})^2$

$$=\sigma_{1x}\sigma_{2x}\sigma_{1x}\sigma_{2x}+\sigma_{1y}\sigma_{2y}\sigma_{1y}\sigma_{2y}+\sigma_{1z}\sigma_{2z}\sigma_{1z}\sigma_{2z}$$

$$+(\sigma_{1x}\sigma_{2x}\sigma_{1y}\sigma_{2y}+\sigma_{1y}\sigma_{2y}\sigma_{1x}\sigma_{2x})+(\sigma_{1y}\sigma_{2y}\sigma_{1z}\sigma_{2z}+\sigma_{1z}\sigma_{2z}\sigma_{1y}\sigma_{2y})$$

$$+(\sigma_{1z}\sigma_{2z}\sigma_{1x}\sigma_{2x}+\sigma_{1x}\sigma_{2x}\sigma_{1z}\sigma_{2z})$$

其中括号中的项可利用题37的结果，得

$$\sigma_{1x}\sigma_{2x}\sigma_{1y}\sigma_{2y}+\sigma_{1y}\sigma_{2y}\sigma_{1x}\sigma_{2x}=\sigma_{1x}\sigma_{1y}\sigma_{2x}\sigma_{2y}+\sigma_{1y}\sigma_{1x}\sigma_{2y}\sigma_{2x}$$

$$=i\sigma_{1z}i\sigma_{2z}+(-i\sigma_{1z})(-i\sigma_{2z})=-2\sigma_{1z}\sigma_{2z}$$

同样 $$\sigma_{1y}\sigma_{2y}\sigma_{1z}\sigma_{2z}+\sigma_{1z}\sigma_{2z}\sigma_{1y}\sigma_{2y}=-2\sigma_{1x}\sigma_{2x}$$

$$\sigma_{1z}\sigma_{2z}\sigma_{1x}\sigma_{2x}+\sigma_{1x}\sigma_{2x}\sigma_{1z}\sigma_{2z}=-2\sigma_{1y}\sigma_{2y}$$

而 $\sigma_{1x}\sigma_{2x}\sigma_{1x}\sigma_{2x}=\sigma^2{}_{1x}\sigma^2{}_{2x}=1 \qquad \sigma_{1y}\sigma_{2y}\sigma_{1y}\sigma_{2y}=1 \qquad \sigma_{1z}\sigma_{2z}\sigma_{1z}\sigma_{2z}=1$

所以 $$(\boldsymbol{\sigma}_1\cdot\boldsymbol{\sigma}_2)^2=3-2(\boldsymbol{\sigma}_1\cdot\boldsymbol{\sigma}_2)$$

(2) **解** 设 λ 是 $\boldsymbol{\sigma}_1\cdot\boldsymbol{\sigma}_2$ 的某一本征值，本征函数是 ψ，将(1)中等式作用在 ψ 上得

$$\lambda^2=3-2\lambda \qquad \lambda^2+2\lambda-3=0$$

由此知 $\boldsymbol{\sigma}_1\cdot\boldsymbol{\sigma}_2$ 的本征值是 $-3,1$。

(3) **解**

$$\hat{S}^2=(\hat{S}_1+\hat{S}_2)^2=\hat{S}_1^2+\hat{S}_2^2+2\hat{S}_1\cdot\hat{S}_2$$

$$=\left(\frac{\hbar}{2}\boldsymbol{\sigma}_1\right)^2+\left(\frac{\hbar}{2}\boldsymbol{\sigma}_2\right)^2+2\left(\frac{\hbar}{2}\boldsymbol{\sigma}_1\right)\cdot\left(\frac{\hbar}{2}\boldsymbol{\sigma}_2\right)$$

$$=\frac{\hbar}{4}\times3+\frac{\hbar}{4}\times3+\frac{\hbar^2}{2}(\boldsymbol{\sigma}_1\cdot\boldsymbol{\sigma}_2)=\frac{\hbar^2}{2}(3+\boldsymbol{\sigma}_1\cdot\boldsymbol{\sigma}_2)$$

当 $\boldsymbol{\sigma}_1\cdot\boldsymbol{\sigma}_2$ 的本征值是 -3 时，$\hat{S}^2$ 的本征值是

$$\frac{\hbar^2}{2}(3-3)=0 \qquad (S=0)$$

当 $\boldsymbol{\sigma}_1\cdot\boldsymbol{\sigma}_2$ 的本征值是1时，$\hat{S}^2$ 的本征值是

$$\frac{\hbar^2}{2}(3+1)=2\hbar^2 \qquad (S=1)$$

39. 解　已知

$$\boldsymbol{\sigma}_x=\begin{pmatrix}0&1\\1&0\end{pmatrix}\qquad \boldsymbol{\sigma}_y=\begin{pmatrix}0&-\mathrm{i}\\\mathrm{i}&0\end{pmatrix}\qquad \boldsymbol{\sigma}_z=\begin{pmatrix}1&0\\0&-1\end{pmatrix}$$

于是

$$\boldsymbol{\sigma}_+=\boldsymbol{\sigma}_x+\mathrm{i}\boldsymbol{\sigma}_y=\begin{pmatrix}0&2\\0&0\end{pmatrix}\qquad \boldsymbol{\sigma}_-=\boldsymbol{\sigma}_x-\mathrm{i}\boldsymbol{\sigma}_y=\begin{pmatrix}0&0\\2&0\end{pmatrix}$$

若$\boldsymbol{\sigma}_+\psi=\lambda\psi$，则$(\boldsymbol{\sigma}_+-\lambda I)\psi=0$，$I$为单位矩阵，即

$$\begin{pmatrix}-\lambda&2\\0&-\lambda\end{pmatrix}\psi=0$$

上式有非零解的条件是

$$\begin{vmatrix}-\lambda&2\\0&-\lambda\end{vmatrix}=\lambda^2-2=0$$

所以

$$\lambda=\pm2$$

即$\boldsymbol{\sigma}_+$的取值为±2。同理$\boldsymbol{\sigma}_-$的取值为±2。因为

$$\boldsymbol{\sigma}_\pm^2=\begin{pmatrix}0&0\\0&0\end{pmatrix}$$

所以，$\boldsymbol{\sigma}_\pm^2$是零矩阵，两者取值只能是零。

40. 解　电子磁矩在总角动量$\boldsymbol{J}=\boldsymbol{L}+\boldsymbol{S}$方向上的投影为

$$\boldsymbol{\mu}\cdot\boldsymbol{J}/|\boldsymbol{J}|=-\frac{e}{2mc}(\boldsymbol{L}\cdot\boldsymbol{J}+2\boldsymbol{S}\cdot\boldsymbol{J})/|\boldsymbol{J}|$$

利用$\boldsymbol{S}=\boldsymbol{J}-\boldsymbol{L}$，$\boldsymbol{L}=\boldsymbol{J}-\boldsymbol{S}$有

$$\boldsymbol{L}\cdot\boldsymbol{J}=\frac{1}{2}(\boldsymbol{J}^2+\boldsymbol{L}^2-\boldsymbol{S}^2)\qquad \boldsymbol{S}\cdot\boldsymbol{J}=\frac{1}{2}(\boldsymbol{J}^2+\boldsymbol{S}^2-\boldsymbol{L}^2)$$

$$\begin{aligned}\boldsymbol{\mu}\cdot\boldsymbol{J}/|\boldsymbol{J}|&=-\frac{e}{2mc}\frac{1}{2|\boldsymbol{J}|}(3\boldsymbol{J}^2-\boldsymbol{L}^2+\boldsymbol{S}^2)\\&=-\frac{e}{2mc}\frac{1}{2\boldsymbol{J}^2}(3\boldsymbol{J}^2-\boldsymbol{L}^2+\boldsymbol{S}^2)\boldsymbol{J}\\&=-\frac{e}{2mc}\left[1+\frac{\boldsymbol{J}^2-\boldsymbol{L}^2-\boldsymbol{S}^2}{2\boldsymbol{J}^2}\right]\boldsymbol{J}\end{aligned}$$

这一投影即μ_z的平均值。在态$\langle L,\frac{1}{2},j,j\rangle$中各角动量$\boldsymbol{J}^2$，$\boldsymbol{L}^2$，$\boldsymbol{S}^2$及分量$J_z$取值分别是$j(j+1)\hbar^2$，$l(l+1)\hbar^2$，$\frac{1}{2}\left(\frac{1}{2}+1\right)\hbar^2$和$j\hbar$，代入后得

$$\mu_z=-\frac{e\hbar j}{2mc}\left[1+\frac{j(j+1)-l(l+1)-3/4}{2j(j+1)}\right]$$

(参见11.3.11)

41. 证 下面以式(8.7.57)第一个等式为例说明其成立的理由。第一个等号可由两侧施以替换

$$m_1 \leftrightarrow -m_1,\quad m_2 \leftrightarrow -m_2,\quad m_3 \leftrightarrow -m_3$$

得到。由矢耦系数表示式(8.7.56)可见,在上述替换下,因子$[\cdots]^{1/2}$是不变的,而因子$\sum_v \frac{(-1)^v}{v!}[\cdots]^{-1}$的变化可如下确定,即令

$$j_1+j_2-j-v=v' \quad v=j_1+j_2-j-v'$$

于是,右边的该因子

$$\begin{aligned}
&\sum_v (-1)^v [v!\,(j_1+j_2-j-v)!\,(j_1+m_1-v)!\,(j_2-m_2-v)!\times \\
&(j-j_2-m_1+v)!\,(j-j_1+m_2+v)!\,]^{-1} \\
&= \sum_{v'} (-1)^{j_1+j_2-j-v'} [(j_1+j_2-j-v')!\,v'!\,(j-j_2+v'+m_1)!\times \\
&\quad (j-j_1+v'-m_2)!\,(j_1-m_1-v')!\,(j_2+m_2-v')!\,]^{-1} \\
&= (-1)^{j_1+j_2-j} \sum_{v'} \frac{(-1)^{v'}}{v'!} [(j_1+j_2-j-v')!\,(j_1-m_1-v')!\,(j_2+m_2-v')!\times \\
&\quad (j_1-j_2+m_1+v')!\,(j-j_1-m_2+v')!\,]^{-1}
\end{aligned}$$

比左边多一个因子$(-1)^{j_1+j_2-j}$。这便证明了第一个等式的成立。类似地,可证其他等式成立。

42. 证 以第一个等式为例,由矢耦系数表示式(8.7.56)知

$$\begin{aligned}
&\langle j-mj_2m_2 \mid j_1-m_1\rangle = \delta_{-m_1,-m+m_2}\times \\
&\left[(2j_1+1)\frac{(j+j_2-j_1)!\,(j_2+j_1-j)!\,(j_1+j-j_2)!}{(j_1+j_2+j+1)!}\times\right. \\
&\left.(j-m)!\,(j+m)!\,(j_2+m_2)!\,(j_2-m_2)!\,(j_1-m_1)!\,(j_1+m_1)!\,\right]^{1/2}\times \\
&\sum_v \frac{(-1)^v}{v!}[(j+j_2-j_1-v)!\,(j+m-v)!\,(j_2+m_2-v)!\times \\
&(j_1-j_2-m+v)!\,(j-j-m_2=v)!\,]^{-1}
\end{aligned}$$

显然

$$\delta_{-m_1,-m+m_2}=\delta_{m,m_1+m_2}$$

而开方部分

$$[\cdots]^{1/2}=\sqrt{\frac{2j_1+1}{2j+1}}\left[(2j+1)\frac{(j_1+j_2-j)!\,(j_2+j-j_1)!\,(j+j_1-j_2)!}{(j_1+j_2+j+1)!}\right]^{1/2}$$

它与等式左边的C.G.系数的开方部分只多一个因子$\sqrt{\frac{2j_1+1}{2j+1}}$,对倒数部分,可

令 $j_2+m_2-v=v'$，即 $v=j_2+m_2-v'$，于是

$$\sum_v \frac{(-1)^v}{v!}[\cdots]^{-1}=\sum_{v'}(-1)^{j_2+m_2-v'}[(j_2+m_2-v')!\,(j-j_1-m_2+v')!\times$$

$$(j-j_2+m-m_2+v')!\,v'!\,(j_1-m+m_2-v')!\,(j_1+j_2-j-v')!\,]^{-1}$$

$$=(-1)^{j_2+m_2}\sum_{v'}\frac{(-1)^{v'}}{v'!}[(j_1+j_2-j-v')!\,(j_1-m_1-v')!\,(j_2+m_2-v')!\times$$

$$(j-j_2+m_1+v')!\,(j-j_1-m_2+v')!\,]^{-1}$$

它与等式左边 C. G. 系数的倒数部分只多一个因子 $(-1)^{j_2+m_2}$。所以

$$\langle j-mj_2m_2\mid j_1-m_1\rangle=\sqrt{\frac{2j_1+1}{2j+1}}(-1)^{j_2+m_2}\langle j_1m_1j_2m_2\mid jm\rangle$$

$$\langle j_1m_1j_2m_2\mid jm\rangle=(-1)^{j_2+m_2}\sqrt{\frac{2j+1}{2j_1+1}}\langle j-mj_2m_2\mid j_1-m_1\rangle$$

类似地，可证其余等式。

第 9 章　碰撞与散射

1. 解　锤击前锤子的动能

$$T=\frac{1}{2}mv^2=\frac{1}{2}\times0.8\times6^2=14.4(\mathrm{J})$$

（1）由弹簧支撑时，锤击后系统的速度

$$v'=\frac{m}{m+M}v=\frac{0.8}{0.8+5}\times6=0.83(\mathrm{m/s})$$

系统的动能

$$T'=\frac{1}{2}(m+M)v'^2=\frac{m^2v^2}{2(m+M)}=\frac{(0.8\times6)^2}{2\times(0.8+5)}=1.99(\mathrm{J})$$

故每锤击一次吸收的能量

$$\Delta T=T-T'=12.41\mathrm{J}$$

（2）由地面支撑时，锤击后系统速度 $v'=0$，故每锤击一次吸收的能量

$$\Delta T=T=14.4\mathrm{J}$$

2. 解　打桩锤落到桩上的速度 $v=\sqrt{2gh}$，由于 $e=0$，锤击后，锤与桩具有相同速度，设为 u。根据动量守恒定律

$$Mv=(m+M)u\qquad u=\frac{M}{m+M}v$$

进入地面后受阻力作用具有的加速度的大小为

$$a=\frac{F}{m+M}$$

所以

$$s=\frac{u^2}{2a}=\frac{m+M}{2F}\frac{M^2}{(m+M)^2}v^2=\frac{1}{2F}\frac{M^2}{m+M}2gh=\frac{M^2gh}{(m+M)F}$$

$$=\frac{10^6\times 9.8}{1150\times 200\times 10^3}=0.043(\mathrm{m})=4.3\mathrm{cm}$$

3. 解 圆柱 A 落到 B 上时的速度 $v=\sqrt{2gh}$。由于 $e=0$，撞击后 A,B 具有相同速度 u。根据动量守恒定律

$$m_1v=(m_1+m_2)u$$

式中，m_1,m_2 分别是 A,B 的质量。由此得碰撞时的动能损失

$$\Delta E=\frac{1}{2}m_1v^2-\frac{1}{2}(m_1+m_2)u^2=\frac{1}{2}m_1v^2-\frac{1}{2}(m_1+m_2)\frac{m_1{}^2v^2}{(m_1+m_2)^2}$$

$$=\frac{m_2}{m_1+m_2}\frac{1}{2}m_1v^2=\frac{3}{3+1}\frac{1}{2}\times 2\times 9.8\times 2=14.7\mathrm{J}$$

弹簧的最大变形量

$$\Delta z=\sqrt{\frac{1}{2}(m_1+m_2)u^2/\frac{1}{2}k}=\sqrt{\frac{m_1+m_2}{k}\frac{m_1{}^2v^2}{(m_1+m_2)^2}}=\frac{m_1v}{\sqrt{k(m_1+m_2)}}$$

$$=m_1\sqrt{\frac{2gh}{k(m_1+m_2)}}=\sqrt{\frac{2\times 9.8\times 2}{3\times 10^3\times 4}}=0.057(\mathrm{m})=5.7\mathrm{cm}$$

4. 解 摆锤自水平位置落至铅垂位置时的速度 $v_1=\sqrt{2gl}$，这时物块速度 $v_2=0$。相撞后的速度可由式(9.1.14)确定，即

$$v_1{}'=\frac{m-eM}{m+M}v_1=\frac{0.5-1.5\times 0.58}{0.5+1.5}v_1=-0.185v_1$$

$$v_2{}'=\frac{(1+e)m}{m+M}v_1=\frac{(1+0.58)\times 0.5}{0.5+1.5}v_1=0.395v_1$$

碰撞后物块在水平面做匀减速直线运动，加速度

$$a=-\frac{fMg}{M}=-fg$$

由此推得

$$s=\frac{v_2{}'^2}{2|a|}=\frac{0.395^2v_1{}^2}{2fg}=\frac{0.395^2\times 2gl}{2fg}=\frac{0.395^2\times 1.2}{0.17}=2.8(\mathrm{m})$$

而对摆锤利用机械能守恒定律则可确定夹角 θ。由于

$$mgl(1-\cos\theta)=\frac{1}{2}mv_1{}'^2$$

所以

$$\cos\theta=1-\frac{v_1{}'^2}{2gl}=1-\frac{0.185^2\times 2gl}{2gl}=1-0.185^2=0.966,\quad \theta=15°$$

5. 解　参见教材 9.8 节例题 3。

6. 解　设乒乓球回弹后的速度是 v'，角速度是 ω'。由接触点水平速度为零的条件知 $v'\sin\beta=\omega' r$。

已知恢复因数为 e，即

$$e=\frac{v'\cos\beta}{v\cos\theta}\qquad v'=\frac{ev\cos\theta}{\cos\beta}$$

利用冲量和冲量矩定理有

$$mv'\sin\beta-mv\sin\theta=I_x$$

$$-J\omega'-J\omega=I_x r$$

式中，I_x 是冲量的水平分量，$J=\frac{2}{5}mr^2$ 是乒乓球相对球心的转动惯量。由上面两式知

$$mv'\sin\beta-mv\sin\theta=I_x=-\frac{J(\omega'+\omega)}{r}=-\frac{2}{5}mr(\omega'+\omega)$$

即

$$m\omega' r-mv\sin\theta=-\frac{2}{5}mr(\omega'+\omega)$$

$$\frac{7}{5}mr\omega'=mv\sin\theta-\frac{2}{5}mr\omega$$

$$\omega'=\frac{5}{7}\frac{v\sin\theta}{r}-\frac{2}{7}\omega$$

因为

$$\omega'=\frac{v'\sin\beta}{r}=\frac{ev\cos\theta}{\cos\beta}\frac{\sin\beta}{r}=\frac{ev\cos\theta}{r}\tan\beta$$

所以

$$\frac{ev\cos\theta}{r}\tan\beta=\frac{5}{7}\frac{v\sin\theta}{r}-\frac{2}{7}\omega$$

回弹角 β 满足

$$\tan\beta=\frac{1}{7e}\left(5\tan\theta-\frac{2\omega r}{v\cos\theta}\right)$$

7. 解 由于棱A不跳起，又不滑动，因此碰撞结束时木箱不动。以A与地面接触点为坐标原点作直角坐标，向右为x轴正向，向上为y轴正向。设地面对棱A的作用力沿坐标轴的分量是N_{Ax}，N_{Ay}，地面对棱B的作用力沿坐标轴的分量是N_{Bx}，N_{By}。若木箱倒下时绕接触点的角速度为ω，则木箱质心（两对角线交点）的速度

$$v = \omega \times \frac{1}{2}\sqrt{a^2 + b^2}$$

方向与一对角线垂直，指向向下。由此知，碰撞对木箱质心的冲量方程

$$0 - (-)Mv\cos\alpha = N_{Ay} + N_{By}$$

对接触点的冲量矩方程是

$$0 - (-I_A\omega) = N_{By}a$$

式中，M是木箱质量，α是对角线与底边夹角，且

$$\cos\alpha = \frac{\alpha}{\sqrt{a^2 + b^2}}$$

I_A是木箱绕接触点的转动惯量，利用平行轴定理，有

$$I_A = \frac{M}{12}(a^2 + b^2) + M\left(\frac{\sqrt{a^2 + b^2}}{2}\right)^2 = \frac{M}{3}(a^2 + b^2)$$

从而 $Mv\cos\alpha = N_{Ay} + I_A\omega/a$

$$M\frac{\omega}{2}\sqrt{a^2 + b^2}\,\frac{a}{\sqrt{a^2 + b^2}} = N_{Ay} + \frac{M}{3}(a^2 + b^2)\frac{\omega}{a}$$

由此知
$$N_{Ay} = \frac{M\omega a}{2} - \frac{M\omega(a^2 + b^2)}{3a} = \frac{M\omega(a^2 - 2b^2)}{6}$$

要使棱A不致跳起，则$N_{Ay} \geqslant 0$，$a^2 - 2b^2 \geqslant 0$，即

$$\frac{b^2}{a^2} \leqslant \frac{1}{2}$$

可见最大比值 $b/a = 1/\sqrt{2}$。

8. 解 金属杆在倒下和弹回中，杆的势能与转动能互相转化，而杆对其端点的转动惯量$I = \frac{1}{3}ml^2$，m是杆的质量，l是杆长。若记AD与水平面夹角为θ，则

$$mg\frac{l}{2}(1 + \sin\theta) = \frac{1}{2}I\omega^2 = \frac{1}{6}ml^2\omega^2$$

$$mg\frac{l}{2}\sin\theta = \frac{1}{2}I\omega'^2 = \frac{1}{6}ml^2\omega'^2$$

由此得

$$\omega = \sqrt{\frac{3g(1+\sin\theta)}{l}} \qquad \omega' = -\sqrt{\frac{3g\sin\theta}{l}}$$

式中,ω,ω' 分别表示点 P 击中钉子 D 前后杆的转动角速度,负号的出现是因为两者的方向相反。相应地,点 P 的线速度为

$$v = \omega a \qquad v' = \omega' a$$

式中,a 是 AD 的长度,所以碰撞时的恢复因数

$$e = \frac{0 - v'}{v - 0} = -\frac{v'}{v} = \frac{\omega'}{\omega} = \frac{1}{\sqrt{1+\csc\theta}}$$

由于式中不出现 a,可见上述结果与钉子到轴承的距离 a 无关。

9. 解　因碰撞后,整个杆向上弹起,杆的下端 A 不受力的作用。设碰撞后杆的向上水平速度为 v',碰撞前杆绕 A 转动的角速度为 ω,则碰撞前杆的质心速度 $v_c = \omega l/2$,杆上与桌面边缘相撞的那点(D) 速度 $v_D = \omega a$,且 $v' = ev_D$。碰撞时杆质心的冲量定理及对质心的冲量矩定理的表示式分别是

$$mv' - (-mv_c) = N_D$$

$$0 - I_c\omega = -N_D\left(a - \frac{l}{2}\right)$$

式中,N_D 是 D 点所受的向上支撑力,$I_c = \frac{1}{12}ml^2$ 是杆对其质心的转动惯量,两式消去 N_D 后有

$$6a^2 + 3la - 4l^2 = 0$$

选取合理解得

$$a = \frac{-3+\sqrt{105}}{12}l = 0.604l$$

10. 证　设小球是光滑的。于是,根据动量和能量守恒定律分别有

$$v'_{2t} = v_{2t} = 0 \qquad v'_{1t} = v_{1t} = v_1\sin\theta_2$$

$$m_1v'_{1n} + m_2v'_{2n} = m_1v_{1n} = m_1v_1\cos\theta_2$$

$$\frac{1}{2}m_1(v'^2_{1t} + v'^2_{1n}) + \frac{1}{2}m_2(v'^2_{2t} + v'^2_{2n}) = \frac{1}{2}m_1v_1^2$$

由上面第三式求出

$$v'_{2n} = \frac{m_1v_1\cos\theta_2 - m_1v'_{1n}}{m_2}$$

连同前两式一并代入第四式得

$$\frac{1}{2}m_1(v_1^2\sin^2\theta_2 + v'^2_{1n}) + \frac{m_1^2}{2m_2}(v_1\cos\theta_2 - v'_{1n})^2 = \frac{1}{2}m_1v_1^2$$

即 $$(m_1+m_2)v_{1n}'^2-2v_{1n}'m_1v_1\cos\theta_2+(m_1-m_2)v_1^2\cos^2\theta_2=0$$

其解为

$$v_{1n}'=\frac{m_1-m_2}{m_1+m_2}v_1\cos\theta_2$$

继而

$$v_{2n}'=\frac{2m_1}{m_1+m_2}v_1\cos\theta_2$$

因为

$$\frac{v_{1t}'}{v_{1n}'}=\tan(\theta_1+\theta_2)=\frac{\tan\theta_1+\tan\theta_2}{1-\tan\theta_1\tan\theta_2}$$

所以

$$\tan\theta_1=\frac{\dfrac{v_{1t}'}{v_{1n}'}-\tan\theta_2}{1+\dfrac{v_{1t}'}{v_{1n}'}\tan\theta_2}=\frac{v_{1t}'-v_{1n}'\tan\theta_2}{v_{1n}'+v_{1t}'\tan\theta_2}$$

$$=\frac{v_{1t}'\cos\theta_2-v_{1n}'\sin\theta_2}{v_{1n}'\cos\theta_2+v_{1t}'\sin\theta_2}=\frac{(m_1+m_2)v_1\sin\theta_2\cos\theta_2-(m_1-m_2)v_1\sin\theta_2\cos\theta_2}{(m_1-m_2)v_1\cos^2\theta_2+(m_1+m_2)v_1\sin^2\theta_2}$$

$$=\frac{m_2\sin2\theta_2}{m_1-m_2\cos2\theta_2}=\frac{\sin2\theta_2}{\dfrac{m_1}{m_2}-\cos2\theta_2}$$

11. 解 (1) 由于小球是光滑的,因此

$$v_{1t}'=v_{1t}=v\sin\alpha\qquad v_{2t}'=v_{2t}=0$$

以下标 1 表示撞前运动小球的运动量,以下标 2 表示撞前静止小球的物理量。记碰前速度为 v。根据式(9.1.14)又有

$$v_{1n}'=\frac{1-e}{2}v_{1n}=\frac{1-e}{2}v\cos\alpha\qquad v_{2n}'=\frac{1+e}{2}v\cos\alpha$$

而 $$\tan(\alpha+\beta)=\frac{v_{1t}'}{v_{1n}'}$$

由此得

$$\tan\beta=\frac{v_{1t}'-v_{1n}'\tan\alpha}{v_{1n}'+v_{1t}'\tan\alpha}=\frac{2v\sin\alpha-(1-e)v\cos\alpha\tan\alpha}{(1-e)v\cos\alpha+2v\sin\alpha\tan\alpha}$$

$$=\frac{(1+e)\sin\alpha\cos\alpha}{1+\sin^2\alpha-e\cos^2\alpha}$$

上式即确定了偏角β的大小。

(2) 两边同时对α微商得

$$\sec^2\beta\frac{d\beta}{d\alpha}=\frac{1+e}{(1+\sin^2\alpha-e\cos^2\alpha)^2}\Big\{(1+\sin^2\alpha-e\cos^2\alpha)(\cos^2\alpha-\sin^2\alpha)$$

$$-\sin\alpha\cos\alpha[(1+e)2\sin\alpha\cos\alpha]\Big\}$$

$$=\frac{1+e}{(1+\sin^2\alpha-e\cos^2\alpha)^2}(\cos^2\alpha-e\cos^4\alpha-\sin^2\alpha-\sin^4\alpha$$

$$-\sin^2\alpha\cos^2\alpha-e\sin^2\alpha\cos^2\alpha)=\frac{(1+e)[(1-e)+(e-3)\sin^2\alpha]}{(1+\sin^2\alpha-e\cos^2\alpha)^2}$$

在α的各种取值中β达到最大值时成立

$$\frac{d\beta}{d\alpha}=0$$

这要求

$$(1-e)+(e-3)\sin^2\alpha=0$$

即

$$\sin\alpha=\sqrt{\frac{1-e}{3-e}}\qquad\cos\alpha=\sqrt{\frac{2}{3-e}}$$

这时

$$\tan\beta=(1+e)\sqrt{\frac{1-e}{3-e}}\sqrt{\frac{2}{3-e}}\left(1+\frac{1-e}{3-e}-\frac{2e}{3-e}\right)^{-1}$$

$$=\frac{(1+e)\sqrt{2(1-e)}}{3-e}\times\frac{3-e}{4(1-e)}=\frac{1+e}{2\sqrt{2(1-e)}}$$

$$\sin\beta=\frac{\tan\beta}{\sqrt{1+\tan^2\beta}}=\frac{1+e}{2\sqrt{2(1-e)}}\Big/\frac{\sqrt{8(1-e)+(1+e)^2}}{2\sqrt{2(1-e)}}=\frac{1+e}{3-e}$$

所以

$$\beta_{\max}=\sin^{-1}\left(\frac{1+e}{3-e}\right)$$

12. 解　对弹性碰撞，$e=1$。碰撞前，$m_1=M, m_2=M/2, v_1=V=1\text{m/s}, v_2=0$。根据式(9.1.14)知碰撞后车厢和卡车的绝对速度分别是

$$v_1'=\frac{M-M/2}{M+M/2}v_1=\frac{1}{3}v_1=\frac{1}{3}\text{m/s}$$

$$v_2'=\frac{(1+1)M}{M+M/2}v_1=\frac{4}{3}v_1=\frac{4}{3}\text{m/s}$$

从而卡车相对车厢的速度为

$$v_r=v_2'-v_1'=1\text{m/s}$$

13. 证　设碰撞前，质量为 m_1 的小球速度大小为 v，方向与两球公法线夹角为 α，质量为 m_2 的小球静止。由于小球是光滑的，因此 $v'_{2t}=v_{2t}=0, v'_2=v'_{2n}$。碰后两球运动方向垂直，$v'_1\perp v'_2, v'_1=v'_{1t}=v\sin\alpha$。碰撞是完全弹性碰撞，根据动量守恒和能量守恒定律，得

$$m_2v'_2=m_2v'_{2n}=m_1v_{1n}=m_1v\cos\alpha$$

$$\frac{1}{2}m_1v^2\sin^2\alpha+\frac{1}{2}m_2v'_2=\frac{1}{2}m_1v^2$$

由第 1 式知，$v'_2=\dfrac{m_1}{m_2}v\cos\alpha$，代入第 2 式有

$$\frac{1}{2}m_1v^2\sin^2\alpha+\frac{1}{2}\frac{m_1{}^2}{m_2}v^2\cos^2\alpha=\frac{1}{2}m_1v^2$$

即
$$m_2\sin^2\alpha+m_1\cos^2\alpha=m_2$$

因此
$$m_1\cos^2\alpha=m_2\cos^2\alpha\qquad m_1=m_2$$

故两球质量必定相等。

14. 解　参见 9.4.2。

15. 解　令 $k=\dfrac{\sqrt{2\mu E}}{\hbar}, k_0=\dfrac{\sqrt{2\mu V_0}}{\hbar}, R_0(r)=\dfrac{u_0(r)}{kr}$

若只考虑 s 分波，则式(9.4.5) 可化简成

$$u''_0+(k^2+k_0{}^2)u_0=0\qquad (r<a)$$

$$u''_0+k^2u_0=0\qquad (r>a)$$

由此解得

$r<a$，　$u_0(r)\approx\sin Kr$，　特别地，当 $k\to0, u_0\to\sin k_0r$

$r>a$，　$u_0(r)\approx\sin(kr+\delta_0)$，特别地，当 $k\to0, u_0\to c_1r+c_2$

根据波函数的对数微商 $\dfrac{\mathrm{d}\ln u_0(r)}{\mathrm{d}\ln r}$ 在 $r=a$ 处的连续性，知

$$Ka\cot Ka=ka\cot(ka+\delta_0)$$

式中，$K^2=k^2+k_0^2$，进而

$$\frac{Ka\cot Ka}{ka}=\cot(ka+\delta_0)=\frac{\cot\delta_0-\tan ka}{1+\cot\delta_0\tan ka}$$

记 $x=ka, x_0=k_0, a, X=Ka, L=X/\tan x$，于是

$$\cot\delta_0=\frac{x\tan x+L}{x-L\tan x}$$

则相移 δ_0 满足

$$\tan\delta_0 = \frac{x - L\tan x}{L + x\tan x}$$

散射长度为

$$a_0 = -\lim_{k\to 0}\frac{\tan\delta_0}{k} = -a\lim_{x\to 0}\frac{\tan\delta_0}{x} = -a\lim_{x\to 0}\frac{1 - L\tan x/x}{L + x\tan x}$$

$$= -a\frac{1-L}{L}\Big|_{x=0} = a\left(1 - \frac{\tan k_0 a}{k_0 a}\right)$$

据此即可得到散射截面。

16. 解　只考虑 s 分波的径向方程是

$$\left[\frac{1}{r^2}\frac{\mathrm{d}}{\mathrm{d}r}\left(r^2\frac{\mathrm{d}}{\mathrm{d}r}\right) - \frac{\lambda^2}{r^4} + k^2\right]R(r) = 0$$

式中，$\lambda^2 = \frac{2\mu a}{\hbar^2}$，$k^2 = \frac{2\mu E}{\hbar^2}$。依据粒子动能、势能大小比较而分，可以将散射场近似划为三部分：$r < a$，$a < r < \frac{1}{k}$，$r > \frac{1}{k}$，相应地，径向方程为

$$\left[\frac{1}{r^2}\frac{\mathrm{d}}{\mathrm{d}r}\left(r^2\frac{\mathrm{d}}{\mathrm{d}r}\right) - \frac{\lambda^2}{r^4}\right]R(r) = 0 \qquad r < a$$

$$\frac{1}{r^2}\frac{\mathrm{d}}{\mathrm{d}r}\left(r^2\frac{\mathrm{d}R}{\mathrm{d}r}\right) = 0 \qquad a < r < \frac{1}{k}$$

$$\left[\frac{1}{r^2}\frac{\mathrm{d}}{\mathrm{d}r}\left(r^2\frac{\mathrm{d}}{\mathrm{d}r}\right) + k^2\right]R(r) = 0 \qquad a > \frac{1}{k}$$

对第一个方程，令 $R = \frac{\chi(x)}{\sqrt{\lambda/x}}$，　$x = \frac{\lambda}{r}$，方程变成

$$\frac{\mathrm{d}^2\chi(x)}{\mathrm{d}x^2} + \frac{1}{x}\frac{\mathrm{d}\chi(x)}{\mathrm{d}x} + \left[1 + \frac{(1/2)^2}{x^2}\right]\chi(x) = 0$$

这是一虚宗量的贝塞尔方程，它在 $r = 0$ （即 $x = \infty$）处有意义的解为

$$\chi(x) = H_{1/2}^{(1)}\left(i\frac{\lambda}{r}\right)$$

右边是一虚宗量汗克尔函数，从而

$$R_1(r) = \frac{\chi}{\sqrt{r}} = \frac{1}{\sqrt{r}}H_{1/2}^{(1)}\left(i\frac{\lambda}{r}\right)$$

第二个方程的解显然可表示成

$$R_2(r) = C_1 + C_2\frac{1}{r}$$

式中，C_1，C_2 是两个常数。

第三个方程的解则是

$$R_3(r)=\cos\delta_0 j_0(kr)-\sin\delta_0 n_0(kr)$$

式中，j_0 和 n_0 分别是零阶球贝塞尔函数和诺埃曼函数。

利用上述三个解的衔接条件与渐近行为便可确定相移 δ_0。

首先

$$R_1(r)=\frac{1}{\sqrt{r}}H_{1/2}^{(1)}\left(i\frac{\lambda}{r}\right)=\frac{1}{\sqrt{r}}\frac{i}{\sin\pi/2}\left[\mathrm{e}^{-i\pi/2}J_{i/2}-J_{-1/2}\left(i\frac{\lambda}{r}\right)\right]$$

$$=-\frac{i}{\sqrt{r}}\left[iJ_{1/2}\left(i\frac{\lambda}{r}\right)+J_{-1/2}\left(i\frac{\lambda}{r}\right)\right]$$

$$=-\frac{i}{r^{1/2}}\left[-\frac{1}{\Gamma(3/2)}\sqrt{\frac{\lambda}{2}}\frac{1}{r}+\frac{1}{\Gamma(1/2)}\sqrt{\frac{2}{\lambda}}\right]$$

比较

$$R_2(r)=\left(C_2\frac{1}{r}+C_1\right)$$

知

$$\frac{C_2}{C_1}=-\frac{\sqrt{\lambda/2}}{\Gamma(3/2)}\Bigg/\frac{\sqrt{2/\lambda}}{\Gamma\sqrt{(1/2)}}=-\frac{\Gamma(1/2)}{\Gamma(3/2)}\frac{\lambda}{2}$$

其次

$$R_3(r)=\cos\delta_0 j_0(kr)-\sin\delta_0 n_0(kr)$$

$$=\cos\delta_0\frac{\sin kr}{kr}+\sin\delta_0\frac{\cos kr}{kr}\to\cos\delta_0+\sin\delta_0\frac{1}{kr}$$

比较

$$R_2(r)=C_1+C_2\frac{1}{r}$$

又知

$$\frac{\tan\delta_0}{k}=\frac{C_2}{C_1}=-\frac{\Gamma(1/2)}{\Gamma(3/2)}\frac{\lambda}{2}$$

从而

$$\frac{\delta_0}{k}\sim-\frac{\Gamma(1/2)}{\Gamma(3/2)}\frac{\lambda}{2}$$

故

$$f(\theta)=\frac{1}{k}\mathrm{e}^{i\delta_0}\sin\delta_0\to\frac{\delta_0}{k}\sim-\frac{\Gamma(1/2)}{\Gamma(3/2)}\frac{\lambda}{2}$$

微分散射截面

$$\sigma(\theta)=\left|\frac{\Gamma(1/2)}{\Gamma(3/2)}\frac{\lambda}{2}\right|^2=\lambda^2=\frac{2\mu a}{\hbar}$$

17. 解　在只考虑 $l=0,1$ 两个分波的情况下,此时式(9.4.15)可化简成

$$f(\theta)=\frac{1}{k}e^{i\delta_0}\sin\delta_0 P_0(\cos\theta)+\frac{3}{k}e^{i\delta_1}\sin\delta_1 P_1(\cos\theta)$$

$$=\frac{1}{k}e^{i\delta_0}\sin\delta_0+\frac{3}{k}e^{i\delta_1}\sin\delta_1\cos\theta$$

由式(9.4.16)知,此时

$$\sigma(\theta)=\left(\frac{1}{k}e^{i\delta_0}\sin\delta_0+\frac{3}{k}e^{i\delta_1}\sin\delta_1\cos\theta\right)\left(\frac{1}{k}e^{-i\delta_0}\sin\delta_0+\frac{3}{k}e^{-i\delta_1}\sin\delta_1\cos\theta\right)$$

$$=\frac{1}{k^2}\sin^2\delta_0+\frac{9}{k^2}\sin^2\delta_1\cos^2\theta+\frac{3}{k}e^{i(\delta_0-\delta_1)}\sin\delta_0\sin\delta_1\cos\theta+\frac{3}{k}e^{-i(\delta_0-\delta_1)}\sin\delta_0\sin\delta_1\cos\theta$$

$$=\frac{1}{k^2}[\sin^2\delta_0+9\sin^2\delta_1\cos^2\theta+6\sin\delta_0\sin\delta_1\cos(\delta_0-\delta_1)\cos\theta]$$

若 $\delta_0=\frac{\pi}{9},\delta_1=\frac{\pi}{36}$,则

$$\sigma(\theta)=\frac{1}{k^2}\left[\sin^2\frac{\pi}{9}+9\sin^2\frac{\pi}{36}\cos^2\theta+6\sin\frac{\pi}{9}\sin\frac{\pi}{36}\cos\left(\frac{\pi}{9}-\frac{\pi}{36}\right)\cos\theta\right]$$

$$=\frac{1}{k^2}(0.1170+0.0684\cos^2\theta+0.1728\cos\theta)$$

由此得

$$\sigma(\pi)=\frac{1}{k^2}(0.1170+0.0684-0.1728)=\frac{0.0126}{k^2}$$

$$\sigma(0)=\frac{1}{k^2}(0.1170+0.0684+0.1728)=\frac{0.3582}{k^2}$$

$$\sigma\left(\frac{\pi}{2}\right)=\frac{0.1170}{k^2}$$

所以

$$\frac{\sigma(\pi)}{\sigma(0)}=0.0352\qquad\frac{\sigma(\pi)}{\sigma(\pi/2)}=0.1077\qquad\frac{\sigma(\pi/2)}{\sigma(0)}=0.3266$$

18. 解　根据式(9.5.18)

$$f(\theta)=-\frac{\mu}{2\pi\hbar^2}\int e^{-i\boldsymbol{q}\cdot\boldsymbol{r}}V(\boldsymbol{r})d\boldsymbol{r}$$

将 $V(\boldsymbol{r})=B\delta(\boldsymbol{r})$ 代入并注意到 δ 函数的性质即有

$$f(\theta)=-\frac{\mu}{2\pi\hbar^2}B$$

从而微分散射截面

$$\sigma(\theta)=|f(\theta)|^2=\frac{\mu^2B^2}{4\pi^2\hbar^4}$$

19. 解 由式(9.5.19)知

$$\begin{aligned}f(\theta)&=-\frac{2\mu}{\hbar^2q}\int_0^\infty r(-V_0)\mathrm{e}^{-r/a}\sin qr\mathrm{d}r\\&=\frac{2\mu V_0}{\hbar^2q}\int_0^\infty r\mathrm{e}^{-r/a}\frac{\mathrm{e}^{\mathrm{i}qr}-\mathrm{e}^{-\mathrm{i}qr}}{2i}\mathrm{d}r\\&=\frac{2\mu V_0}{\hbar^2q}\frac{1}{2i}\int_0^\infty\left[r\mathrm{e}^{-\left(\frac{1}{a}-iq\right)r}-r\mathrm{e}^{-\left(\frac{1}{a}+iq\right)r}\right]\mathrm{d}r\\&=\frac{2\mu V_0}{\hbar^2q}\frac{1}{2i}\left[\frac{1}{\left(\frac{1}{a}-iq\right)^2}-\frac{1}{\left(\frac{1}{a}+iq\right)^2}\right]\\&=\frac{4\mu V_0}{\hbar^2a}\frac{1}{(q^2+1/a)^2}\end{aligned}$$

所以散射截面

$$\sigma(\theta)=\frac{16\mu^2V_0^2}{\hbar^4a^2}\frac{1}{(q^2+1/a^2)^4}$$

波恩近似适用的条件(9.5.23)是

$$\frac{\mu}{k\hbar^2}\left|\int_0^\infty(\mathrm{e}^{\mathrm{i}2kr}-1)V(r)\mathrm{d}r\right|\ll 1$$

将 $V(r)=-V_0\mathrm{e}^{-r/a}$ 代入后,左边为

$$\begin{aligned}&\frac{\mu}{k\hbar^2}\left|\left|\int_0^\infty(-V_0)\mathrm{e}^{-r/a}(\mathrm{e}^{\mathrm{i}2kr}-1)\mathrm{d}r\right|\right.\\&=\frac{\mu V_0}{\hbar^2k}\left|\left|\int_0^\infty[\mathrm{e}^{-(-\mathrm{i}2k+1/a)r}-\mathrm{e}^{-r/a}]\mathrm{d}r\right|\right.\\&=\frac{\mu V_0}{\hbar^2k}\left|\frac{1}{(-i2k+1/a)}-a\right|=\frac{\mu V_0a}{\hbar^2k}\left|\frac{1}{1-i2ka}-1\right|\\&=\frac{\mu V_0a}{\hbar^2k}2ka\left|\frac{1+i2ka}{1+4k^2a^2}\right|=\frac{2\mu V_0a^2}{\hbar^2}\frac{1}{\sqrt{1+4k^2a^2}}\end{aligned}$$

波恩近似适用条件为

$$\frac{2\mu V_0a}{\hbar^2}\frac{1}{\sqrt{1+4k^2a^2}}\ll 1$$

20. 解 根据公式(9.5.18)

$$
\begin{aligned}
f(\theta) &= -\frac{\mu}{2\pi\hbar^2}\int \mathrm{e}^{-i\boldsymbol{q}\cdot\boldsymbol{r}}\,\frac{A}{r}\mathrm{e}^{-r/r_0}\mathrm{d}\boldsymbol{r} \\
&= -\frac{A\mu}{2\pi\hbar^2}\int \frac{1}{r}\mathrm{e}^{-r/r_0}\mathrm{e}^{-iqr\cos\theta}r^2\sin\theta\mathrm{d}r\mathrm{d}\theta\mathrm{d}\varphi \\
&= -\frac{A\mu}{\hbar^2}\int_0^\infty r\mathrm{e}^{-r/r_0}\int_0^\pi \mathrm{e}^{-iqr\cos\theta}\sin\theta\mathrm{d}\theta \\
&= -\frac{A\mu}{\hbar^2}\int_0^\infty r\mathrm{e}^{-r/r_0}\frac{\mathrm{e}^{iqr}-\mathrm{e}^{-iqr}}{iqr}\mathrm{d}r \\
&= -\frac{A\mu}{iq\hbar^2}\left[\frac{\mathrm{e}^{(iq-1/r_0)r}}{(iq-1/r_0)}-\frac{\mathrm{e}^{-(iq+1/r_0)r}}{-(iq+1/r_0)}\right]_0^\infty \\
&= -\frac{A\mu}{iq\hbar^2}\left(\frac{1}{\frac{1}{r_0}-iq}-\frac{1}{\frac{1}{r_0}+iq}\right) = -\frac{2A\mu}{\hbar^2(q^2+1/r_0^2)}
\end{aligned}
$$

散射截面

$$
\sigma(\theta) = |f(\theta)|^2 = \frac{4\mu^2A^2}{\hbar^4\,(q^2+1/r_0^2)^2}
$$

波恩近似适用的条件是

$$
|\psi^{(1)}|(\boldsymbol{r}) \ll 1
$$

(见式(9.5.22))。由式(9.5.23) 知

$$
\begin{aligned}
|\psi^{(1)}(0)| &= \frac{\mu}{k\hbar^2}\left|\int_0^\infty (\mathrm{e}^{i2kr}-1)\,\frac{A}{r}\mathrm{e}^{-r/r_0}\mathrm{d}r\right| \\
&= \frac{\mu}{k\hbar^2}\left|\int_0^\infty \frac{A}{r}\mathrm{e}^{-r/r_0}2\mathrm{e}^{ikr}\sin kr\mathrm{d}r\right| \\
&= \frac{2A\mu}{\hbar^2}\left|\int_0^\infty \mathrm{e}^{-r/r_0}\mathrm{e}^{ikr}\frac{\sin kr}{kr}\mathrm{d}r\right|
\end{aligned}
$$

对低能散射,$k \ll 1$,$\mathrm{e}^{ikr}\dfrac{\sin kr}{kr} \sim 1$

$$
\int_0^\infty \mathrm{e}^{-r/r_0}\mathrm{e}^{ikr}\frac{\sin kr}{kr}\mathrm{d}r \approx \int_0^\infty \mathrm{e}^{-r/r_0}\mathrm{d}r = r_0
$$

所以波恩近似适用的条件为

$$
|\psi^{(1)}(0)| = \frac{2A\mu r_0}{\hbar^2} \ll 1
$$

对高能散射,只要粒子速度(或动能) 足够大,波恩近似一般适用。

21. 解　根据式(9.5.18)

$$f(\theta)=-\frac{\mu a}{2\pi\hbar^2}\int e^{-i\boldsymbol{q}\cdot\boldsymbol{r}}\frac{a}{r}d\boldsymbol{r}$$

$$=-\frac{\mu a}{2\pi\hbar^2}\int\frac{e^{-iqr\cos\theta}}{r}r^2\sin\theta drd\theta d\varphi$$

$$=-\frac{\mu a}{\hbar^2}\int_0^\infty rdr\int_0^\pi e^{-iqr\cos\theta}\sin\theta d\theta$$

$$=-\frac{\mu a}{\hbar^2}\int_0^\infty r\frac{1}{iqr}(e^{iqr}-e^{-iqr})dr$$

$$=-\frac{2\mu a}{\hbar^2 q}\int_0^\infty \sin qrdr$$

右边的积分值可如下确定

$$\int_0^\infty \sin qrdr=\lim_{\delta\to0}\int_0^\infty e^{-\delta r}\sin qrdr$$

$$=\lim_{\delta\to0}\frac{q}{q^2+\delta^2}=\frac{1}{q}$$

从而

$$f(\theta)=-\frac{2\mu a}{\hbar^2q^2}$$

所以

$$\sigma(\theta)=|f(\theta)|^2=\frac{4\mu^2a^2}{\hbar^4q^4}$$

$$=\frac{4\mu^2a^2}{\hbar^4}\frac{1}{(2k\sin\theta/2)^4}=\frac{4\mu^2a^2}{16\hbar^4k^4\sin^4\theta/2}=\frac{a^2}{4\mu^2v^2\sin^4\theta/2}$$

22. 解 以散射前静止的靶粒子为坐标原点 O,射线$\overrightarrow{OV}$表示入射粒子速度$\boldsymbol{v}$,射线$\overrightarrow{OC}=\frac{m_1}{m_1+m_2}\overrightarrow{OV}$表示质心的速度$v_c$。于是,$\overrightarrow{CV}=\boldsymbol{u}_1$,$\overrightarrow{CV_1}=\boldsymbol{u}_1'$分别表示质心系中粒子散射前后的速度,$\overrightarrow{CO}=\boldsymbol{u}_2$,$\overrightarrow{CV_2}=\boldsymbol{u}_2'$分别表示质心系中靶粒子散射前后的速度。$\theta,\theta_1$ 分别是粒子在质心坐标系和实验室坐标系中的散射角。这样绘制的图形叫速度图。根据式(9.7.5)

$$\frac{\sin\theta_1}{\cos\theta_1}=\tan\theta_1=\frac{\sin\theta}{\cos\theta+m_1/m_2}$$

$$\sin\theta\sin\theta_1+\frac{m_1}{m_2}\sin\theta_1=\sin\theta\cos\theta_1$$

$$\sin\theta\cos\theta_1-\cos\theta\sin\theta_1=\sin(\theta-\theta_1)=\frac{m_1}{m_2}\sin\theta_1$$

所以

$$\theta = \theta_1 + \sin^{-1}\left(\frac{m_1}{m_2}\sin\theta_1\right)$$

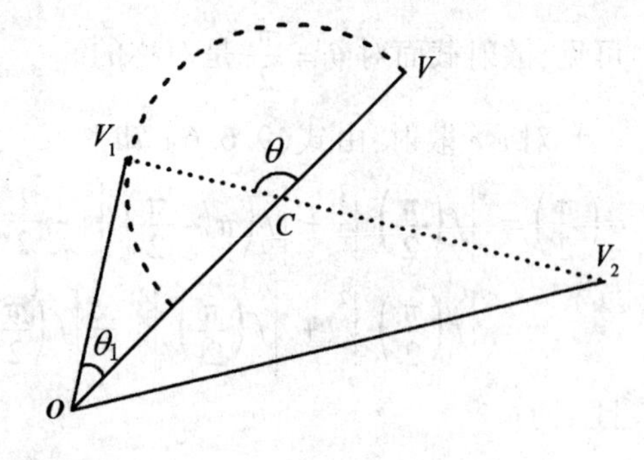

对弹性散射

$$\boldsymbol{u}_1' = \boldsymbol{u}_1 \qquad \boldsymbol{u}_2' = \boldsymbol{u}_2$$

即

$$\overrightarrow{CV_1} = \overrightarrow{CV} \qquad \overrightarrow{CV_2} = \overrightarrow{CO}$$

在氘核被质子散射时,

$$\frac{m_1}{m_2} = 2, \quad v_c = \frac{2}{3}v$$

作出相应的速度图。可见,粒子散射后相对质心的速度在以 C 为圆心,$\frac{1}{3}v$ 为半径的半圆上。显然,当粒子散射后速度沿从 O 点向此半圆作切线方向时,散射角度最大。即实验室中最大散射角

$$\sin\theta_1 = \frac{v/3}{2v/3} = \frac{1}{2} \qquad \theta_1 = 30°$$

这时质心系中的散射角

$$\theta = \theta_1 + \sin^{-1}\left(\frac{m_1}{m_2}\sin\theta_1\right) = 30° + \sin^{-1}\left(2 \times \frac{1}{2}\right) = 120°$$

同理,在质子被氘核散射时,$\frac{m_1}{m_2} = \frac{1}{2}$

最大散射角

$$\theta_1 = 180°$$

$$\theta = \theta_1 + \sin^{-1}\left(\frac{m_1}{m_2}\sin\theta_1\right) = 180°$$

23. 解　对 α-α 散射,由式(9.6.5)知

$$\sigma\left(\frac{\pi}{2}\right) = \left|f\left(\frac{\pi}{2}\right)\right|^2 + \left|f\left(\pi - \frac{\pi}{2}\right)\right|^2 + 2\mathrm{Re}\left[f^*\left(\frac{\pi}{2}\right)f\left(\pi - \frac{\pi}{2}\right)\right]$$

$$= 4\left|f\left(\frac{\pi}{2}\right)\right|^2$$

且由式(9.6.2)有,对任一角度 γ

$$\sigma\left(\frac{\pi}{2} - \gamma\right) = \left|f\left(\frac{\pi}{2} - \gamma\right) + f\left(\pi - \frac{\pi}{2} + \gamma\right)\right|^2$$

$$= \left|f\left(\frac{\pi}{2} - \gamma\right) + f\left(\frac{\pi}{2} + \gamma\right)\right|^2 = \sigma\left(\frac{\pi}{2} + \gamma\right)$$

可见,散射截面对 $\theta=\frac{\pi}{2}$ 是对称的。

对 e-e 散射,由式(9.6.6) 知

$$\sigma\left(\frac{\pi}{2}\right)=\left|f\left(\frac{\pi}{2}\right)\right|^2+\left|f\left(\pi-\frac{\pi}{2}\right)\right|^2-\frac{1}{2}\left[f*\left(\frac{\pi}{2}\right)f\left(\pi-\frac{\pi}{2}\right)+f\left(\frac{\pi}{2}\right)f*\left(\pi-\frac{\pi}{2}\right)\right]$$

$$=\left|f\left(\frac{\pi}{2}\right)\right|^2+\left|f\left(\frac{\pi}{2}\right)\right|^2-\left|f\left(\frac{\pi}{2}\right)\right|^2=\left|f\left(\frac{\pi}{2}\right)\right|^2$$

且

$$\sigma\left(\frac{\pi}{2}-\gamma\right)=\left|f\left(\frac{\pi}{2}-\gamma\right)\right|^2+\left|f\left(\pi-\frac{\pi}{2}+\gamma\right)\right|^2$$

$$-\frac{1}{2}\left[f^*\left(\frac{\pi}{2}-\gamma\right)f\left(\pi-\frac{\pi}{2}+\gamma\right)+f\left(\frac{\pi}{2}-\gamma\right)f^*\left(\pi-\frac{\pi}{2}+\gamma\right)\right]$$

$$=\left|f\left(\frac{\pi}{2}+\gamma\right)\right|^2+\left|f\left(\frac{\pi}{2}-\gamma\right)\right|^2$$

$$-\frac{1}{2}\left[f^*\left(\frac{\pi}{2}+\gamma\right)f\left(\frac{\pi}{2}-\gamma\right)+f\left(\frac{\pi}{2}+\gamma\right)f^*\left(\frac{\pi}{2}-\gamma\right)\right]$$

$$=\sigma\left(\frac{\pi}{2}+\gamma\right)$$

可见,散射截面对 $\theta=\frac{\pi}{2}$ 也是对称的。

24. 解 (1) 采用库仑单位,质心坐标系中 e-e 被库仑场散射的散射振幅

$$f(\theta)=-\frac{1}{2k^2\sin^2\theta/2}e^{-i(2/k)\ln\sin\theta/2}\frac{\Gamma(1+i/k)}{\Gamma(1-i/k)}$$

(见朗道、栗弗席茨著《量子力学》(下册)P321)

由式(9.6.6) 知

$$\sigma(\theta)=|f(\theta)|^2+|f(\pi-\theta)|^2-\frac{1}{2}[f^*(\theta)f(\pi-\theta)+f(\theta)f^*(\pi-\theta)]$$

$$=\frac{1}{4k^4\sin^4\theta/2}+\frac{1}{4k^4\cos^4\theta/2}$$

$$-\frac{1}{2}\left[\frac{1}{2k^2\sin^2\theta/2}e^{i(2/k)\ln\sin\theta/2}\frac{\Gamma(1-i/k)}{\Gamma(1+i/k)}\frac{1}{2k^2\cos^2\theta/2}e^{-i(2/k)\ln\cos\theta/2}\frac{\Gamma(1+i/k)}{\Gamma(1-i/k)}\right.$$

$$\left.+\frac{1}{2k^2\sin^2\theta/2}e^{-i(2/k)\ln\sin\theta/2}\frac{\Gamma(1+i/k)}{\Gamma(1-i/k)}\frac{1}{2k^2\cos^2\theta/2}e^{i(2/k)\ln\cos\theta/2}\frac{\Gamma(1-i/k)}{\Gamma(1+i/k)}\right]$$

$$=\frac{1}{4k^4\sin^4\theta/2}+\frac{1}{4k^4\cos^4\theta/2}-\frac{1}{8k^4(\sin^2\theta/2)(\cos^2\theta/2)}[e^{i(2/k)\ln\tan\theta/2}+e^{-i(2/k)\ln\tan\theta/2}]$$

$$= \frac{1}{4k^4}\left\{\frac{1}{\sin^4\theta/2} + \frac{1}{\cos^4\theta/2} - \frac{\cos[(2\ln\tan\theta/2)/k]}{(\sin^2\theta/2)(\cos^2\theta/2)}\right\}$$

变换到通常单位即是

$$\sigma(\theta) = \frac{m^2e^4}{4\hbar^4k^4}\left\{\frac{1}{\sin^4\theta/2} + \frac{1}{\cos^4\theta/2} - \frac{\cos[(2\ln\tan\theta/2)me^2/\hbar^2k]}{(\sin^2\theta/2)(\cos^2\theta/2)}\right\}$$

(2) 注意到 $\gamma = \frac{m_1}{m_2} = 1$，由式(9.7.5)

$$\tan\theta_1 = \frac{\sin\theta}{1+\cos\theta} = \frac{2(\sin\theta/2)(\cos\theta/2)}{2\cos^2\theta/2} = \tan\theta/2$$

知，$\theta = 2\theta_1$。利用式(9.7.9)即得实验室坐标系的微分散射截面

$$\sigma(\theta_1) = \frac{(1+2\cos\theta+1)^{3/2}}{|1+\cos\theta|} \qquad \sigma(\theta) = 4\cos\theta_1\sigma(\theta)$$

第10章　经典与量子理想气体

1. 解　分子的平动能级可以看作是连续的，经典统计方法仍可应用。平动部分配分函数

$$Z_\mu^t = \frac{e}{N}\frac{1}{h^3}\iiint e^{-\frac{\beta}{2m}(p_x^2+p_y^2+p_z^2)}dp_xdp_ydp_z\iiint dxdydz$$

$$= \frac{e}{N}\frac{V}{h^3}\left(\frac{2\pi m}{\beta}\right)^{3/2}$$

对应的熵

$$S^t = N_0k(\ln Z_u^t - \beta\frac{\partial}{\partial\beta}\ln Z_\mu^t)$$

$$= R\left[\ln\frac{(2\pi M/N_0)^{3/2}(kT)^{5/2}}{ph^3} + \frac{5}{2}\right]$$

$$= 8.314\left[\ln\frac{(2\pi\times 64.04\times 10^{-3}/6.022\times 10^{23})^{3/2}\times(1.38\times 10^{-23}\times 298)^{5/2}}{1.01325\times 10^5\times(6.626\times 10^{-34})^3} + \frac{5}{2}\right]$$

$$= 8.314(16.816+2.5) = 160.6$$

气体分子的转动，其特征温度一般都较小，可以经典处理。SO_2 是非直线型分子，它的转动配分函数

$$Z_\mu^r = \frac{1}{\gamma}\frac{1}{h^3}\int\cdots\int e^{-\beta\frac{1}{2}(A\omega_x^2+B\omega_y^2+C\omega_z^2)}dp_\sigma dp_\psi dp_\varphi d\theta d\psi d\varphi$$

$$= \frac{1}{\gamma}\frac{1}{h^3}\int\cdots\int e^{-\beta\frac{1}{2}(A\omega_x^2+B\omega_y^2+C\omega_z^2)}ABC\sin\theta d\omega_xd\omega_yd\omega_zd\theta d\psi d\varphi$$

$$= \frac{1}{\gamma}\frac{ABC}{h^3}\iiint e^{-\beta\frac{1}{2}(A\omega_x^2+B\omega_y^2+C\omega_z^2)}d\omega_x d\omega_y d\omega_z \iiint \sin\theta d\theta d\psi d\varphi$$

$$= \frac{1}{\gamma}\frac{ABC}{h^3}\sqrt{\frac{2\pi}{\beta A}}\sqrt{\frac{2\pi}{\beta B}}\sqrt{\frac{2\pi}{\beta C}}\times 2\times 4\pi^2 = \frac{1}{\gamma}\left[\pi ABC\left(\frac{8\pi^2 kT}{h^2}\right)^3\right]^{1/2}$$

对应的熵

$$S^r = N_0 k\left(\ln Z_\mu^r - \beta\frac{\partial}{\partial\beta}\ln Z_\mu^r\right)$$

$$= R\left\{\frac{3}{2} + \frac{1}{2}\ln\left[\pi ABC\left(\frac{8\pi^2 kT}{h^2}\right)^3\right] - \ln\gamma\right\}$$

$$= 8.314\left\{1.5 + \frac{1}{2}\ln\left[\pi\times 9.819\times 10^{-123}\left(\frac{8\pi^2\times 1.38\times 10^{-23}\times 298}{6.626^2\times 10^{-68}}\right)^3\right] - \ln 2\right\}$$

$$= 8.314\times(1.5 + 25.439 - \ln 2) = 218.2$$

式中,γ 是考虑到分子对称性而引入的因子,对 SO_2,$\gamma = 2$,分子的振动可以看作谐振子运动,它的配分函数(式(10.1.23))

$$Z_\mu^v = \prod_i \frac{e^{-\beta h\nu_i/2}}{1 - e^{-\beta h\nu_i}}$$

对应的熵

$$S^v = N_0 k\left(\ln Z_\mu^v - \beta\frac{\partial}{\partial\beta}\ln Z_\mu^v\right)$$

$$= N_0 k\left\{\sum_i\left[-\frac{1}{2}\beta h\nu_i - \ln(1 - e^{-\beta h\nu_i})\right] - \beta\sum_i\left[-\frac{1}{2}h\nu_i - \frac{-e^{-\beta h\nu_i}(-h\nu_i)}{1 - e^{-\beta h\nu_i}}\right]\right\}$$

$$= R\sum_i\left[-\ln(1 - e^{-h\nu_i/kT}) + \frac{h\nu_i/kT}{e^{h\nu_i/kT} - 1}\right]$$

SO_2 有三个振动频率,令 $x_i = \dfrac{h\nu_i}{kT}$,计算结果如下:

ν_i	x_i	$-\ln(1 - e^{-x_i}) + \dfrac{x_i}{e^{x_i - 1}}$
1575×10^{10}	2.537	0.300
3456×10^{10}	5.566	0.025
4083×10^{10}	6.579	0.011

所以 $S^v = 8.314\times(0.300 + 0.025 + 0.011) = 2.79$

$S = S^t + S^r + S^v = 3.816\text{J}\cdot\text{K}^{-1}\cdot\text{mol}^{-1}$

2. 解 分子平动部分有三个自由度,由于平动能级总是可以看作连续的,能量均分定理依然适用,因此来自分子平动自由度的热容具有经典值(式(10.

1.17))

$$C_V^t = \frac{3}{2}Nk$$

二氧化碳分子是直线型分子,具有两个转动自由度,其转动自由度对热容的贡献与双原子分子相同(式(10.1.29))

$$C_V^r = Nk$$

二氧化碳分子有四个振动模式,分子的振动自由度对热容的贡献度按式(10.1.24)计算

$$C_V^v = \sum_i Nk\left(\frac{\hbar\omega_i}{kT}\right)^2 \frac{e^{\hbar\omega_i/kT}}{(e^{\hbar\omega_i/kT})^2} = \sum_i Nk\left(\frac{h\nu_i}{kT}\right)^2 \frac{e^{h\nu_i/kT}}{(e^{h\nu_i/kT}-1)^2}$$

其中,求和对四个模式进行。若忽略电子运动对热容的贡献,我们得到由 N 个 CO_2 分子组成的气体的定容热容为

$$C_V = C_V^t + C_V^r + C_V^v = \frac{5}{2}Nk + \sum_i Nk\left(\frac{h\nu_i}{kT}\right)^2 \frac{e^{h\nu_i/kT}}{(e^{h\nu_i/kT}-1)^2}$$

从而它的定压热容

$$C_p = C_V + Nk = \frac{7}{2}Nk + \sum_i Nk\left(\frac{h\nu_i}{kT}\right)^2 \frac{e^{h\nu_i/kT}}{(e^{h\nu_i/kT}-1)^2}$$

将四个振动频率及给定温度值代入上式即求得相应 C_p。下表给出了不同温度下 C_p 的理论计算值,同时也给出了相应的实验测量值。由表中可见,理论与实验值符合得比较好。

CO_2 气体在 1atm 不同温度(K)下 C_p/Nk 的理论与实验值

温度	293	308	331	493	832	969	1054
理论值	4.44	4.54	4.65	5.93	6.25	6.48	6.59
实验值	4.44	4.52	4.70	5.81	6.16	6.33	6.50

3. 解　平动部分分子的配分函数

$$Z_\mu^t = \frac{e}{N}\frac{V}{h^3}\left(\frac{2\pi m}{\beta}\right)^{3/2}$$

1mol CO_2 气体平动部分的熵

$$S^t = R\left[\ln\frac{(2\pi M/N_0)^{3/2}(kT)^{5/2}}{ph^3} + \frac{5}{2}\right]$$

已知　$M = 44 \times 10^{-3}\mathrm{kg}$　$T = 273 + 25 = 298\mathrm{K}$　$p = 1.01325 \times 10^5\mathrm{Pa}$

解得　$S^t = 8.314 \times (15.1 + 2.5) = 146.3$

CO_2 分子是直线型分子,它的转动配分函数与双原子分子的形式相同(参见习题五第 15 题)

$$Z_\mu^t = \frac{8\pi^2 I}{h^2\beta}$$

1mol CO_2 气体转动部分的熵

$$S^r = R\left(\ln Z_\mu^r - \beta\frac{\partial}{\partial\beta}\ln Z_\mu^r\right) = R\left(\ln\frac{8\pi^2 IkT}{h^2} + 1\right)$$

$$= 8.314 \times \left[\ln\frac{8\pi^2 \times 71 \times 10^{-47} \times 1.38 \times 10^{-23} \times 298}{(6.626 \times 10^{-34})^2} + 1\right] = 87.2$$

振动部分的熵

$$S^\nu = R\sum_i\left[-\ln(1 - \mathrm{e}^{-h\nu_i/kT}) + \frac{h\nu_i/kT}{\mathrm{e}^{h\nu_i/kT} - 1}\right]$$

CO_2 有 4 个振动频率:$\nu_1 = \nu_2 = 2010 \times 10^{10}\mathrm{Hz}$,$\nu_3 = 3900 \times 10^{10}\mathrm{Hz}$,$\nu_4 = 7050 \times 10^{10}\mathrm{Hz}$,代入上式得

$$S^\nu = 8.314 \times (0.172 \times 2 + 0.013 \times 0.00014) = 1.54$$

所以　$S = S^t + S^r + S^\nu = 235(\mathrm{J \cdot K^{-1} \cdot mol^{-1}})$

4. 解　He 原子是单原子分子,只有平动。1mol 氦气的熵为

$$S' = R\left[\ln\frac{V}{N_0 h^3}(2\pi mkT)^{3/2} + \frac{5}{2}\right]$$

$$= 8.314 \times \left[\ln\frac{22.4 \times 10^{-3} \times (2\pi \times 6.65 \times 10^{-27} \times 1.38 \times 10^{-23} \times 273)^{3/2}}{6.022 \times 10^{23} \times (6.626 \times 10^{-34})^3} + \frac{5}{2}\right]$$

$$= 124(\mathrm{J \cdot K^{-1} \cdot mol^{-1}})$$

5. 解　固体中的弹性振动可以发射或吸收声子,声子数目不固定,$\alpha = 0$。函数 ζ 的表达式为

$$\zeta = -\sum_l g_l \ln(1 - \mathrm{e}^{-\beta\varepsilon_l})$$

根据对应定律有

$$\zeta = -\int\frac{\mathrm{d}\boldsymbol{p}\mathrm{d}\boldsymbol{r}}{h^3}g\ln(1 - \mathrm{e}^{-\beta\varepsilon}) = -\int\frac{4\pi Vg}{h^3}p^2\ln(1 - \mathrm{e}^{-\beta\varepsilon})\mathrm{d}p$$

利用声子的色数关系 $\varepsilon = cp$,可以将上式变换成对 ε 的积分

$$\zeta = -\frac{4\pi V}{h^3}\int\frac{g}{c^3}\varepsilon^2\ln(1 - \mathrm{e}^{-\beta\varepsilon})\mathrm{d}\varepsilon$$

由于固体中的弹性波有横波和纵波,横波有两个振动方向,纵波只有一个振动方向,其传播速度也不同,因此,相应的声子也有两类。相应横波的声子,传播速度为 c_t,简并度 $g_t = 2$;相应纵波的声子,速度为 $c_l, g_l = 1$。这就是说积分中的 $\frac{g}{c^3}$ 应以 $\frac{2}{c_t^3} + \frac{1}{c_l^3}$ 代替。于是

$$\zeta = -\frac{4\pi V}{h^3}\int\left(\frac{2}{c_t^3} + \frac{1}{c_l^3}\right)\varepsilon^2 \ln(1 - \mathrm{e}^{-\beta\varepsilon})\mathrm{d}\varepsilon$$

$$\begin{aligned}\bar{E} &= -\frac{\partial\zeta}{\partial\beta} = \frac{4\pi V}{h^3}\int\left(\frac{2}{c_t^3} + \frac{1}{c_l^3}\right)\varepsilon^2\ \frac{-\mathrm{e}^{-\beta\varepsilon}(-\varepsilon)}{1 - \mathrm{e}^{-\beta\varepsilon}}\mathrm{d}\varepsilon \\ &= \frac{4\pi V}{h^3}\int\left(\frac{2}{c_t^3} + \frac{1}{c_l^3}\right)\frac{\varepsilon^3}{\mathrm{e}^{\beta\varepsilon} - 1}\mathrm{d}\varepsilon \\ &= \frac{4\pi V}{h^3}\int_0^{\nu_0}\left(\frac{2}{c_t^3} + \frac{1}{c_l^3}\right)\frac{h^3\nu^3}{\mathrm{e}^{h\nu/kT} - 1}h\mathrm{d}\nu = \int_0^{\nu_0}\bar{\varepsilon}\, g(\nu)\,\mathrm{d}\nu\end{aligned}$$

式中利用了声子能量与频率关系 $\varepsilon = h\nu$。而根据玻色-爱因斯坦分布,温度为 T 时,处在能量为 $h\nu$ 的状态上的平均声子数为 $\frac{1}{\mathrm{e}^{h\nu/kT} - 1}$,这样的声子平均能量

$$\bar{\varepsilon} = \frac{h\nu}{\mathrm{e}^{h\nu/kT} - 1}$$

相应的量子态数

$$g(\nu) = \frac{4\pi V}{h^3}\left(\frac{2}{c_t^3} + \frac{1}{c_l^3}\right)\nu^2$$

最大频率 ν_0 可由下式确定

$$3N = \int_0^{\nu_0} g(\nu)\,\mathrm{d}\nu = \frac{4\pi V}{h^3}\left(\frac{2}{c_t^3} + \frac{1}{c_l^3}\right)\frac{\nu_0^3}{3}$$

即

$$\nu_0^3 = \frac{9N}{4\pi V\left(\frac{2}{c_t^3} + \frac{1}{c_l^3}\right)/h^3}$$

将上式代入 $\bar{E}$ 的表达式中,可将其改写为①

$$\bar{E} = \frac{9N}{\nu_0^3}\int_0^{\nu_0}\frac{h\nu^3}{\mathrm{e}^{h\nu/kT} - 1}\mathrm{d}\nu$$

继而得到固体的热容为

---

① 参见第十章式(10.2.25),这里声子相应格波的激发,因此不出现零点能。

$$C_V = \left(\frac{\partial \bar{E}}{\partial T}\right)_V = \frac{9Nk}{\nu_0^3}\int_0^{\nu_0}\left(\frac{h}{kT}\right)^2 \frac{e^{h\nu/kT}\nu^4}{(e^{h\nu/kT}-1)^2}d\nu = \frac{9Nk}{x^3}\int_0^x \frac{y^4 e^y}{(e^y-1)^2}dy$$

式中，$y = \frac{h\nu}{kT}, x = \frac{h\nu_0}{kT}$。利用分部积分，上式化成

$$C_V = 3Nk\left[4D(x) - \frac{3x}{e^x - 1}\right], \qquad D(x) = \frac{3}{x^3}\int_0^x \frac{y^3 dy}{e^y - 1}$$

这便是德拜的固体热容公式，$D(x)$ 为德拜函数。

6. 解　(1) 经典力学中，振幅为$\frac{a}{10}$的振子具有的能量

$$E = \frac{1}{2}M\omega^2\left(\frac{a}{10}\right)^2 = \frac{1}{2}M(2\pi\nu)^2\left(\frac{a}{10}\right)^2$$

而在统计力学中，根据能量均分定理，这时振子的能量为 kT_m，由此推知

$$\nu \propto \frac{1}{a}\sqrt{\frac{T_m}{M}}$$

于是

$$\frac{\nu_{Al}}{\nu_{Pb}} = \frac{a_{Pb}}{a_{Al}}\left(\frac{T_{mAl}}{T_{mPb}}\frac{M_{Pb}}{M_{Al}}\right)^{1/2}$$

已知

$$a_{Al} = 2.5\text{Å}, T_{mAl} = 933\text{K}, M_{Al} = 26.98$$
$$a_{Pb} = 3.1\text{Å}, T_{mPb} = 600\text{K}, M_{Pb} = 207.2$$

求得

$$\frac{\nu_{Al}}{\nu_{Pb}} = 4.3$$

(2) 根据爱因斯坦(特征)温度的定义 $\Theta_E = \frac{h\nu}{k}$，有

$$\frac{\nu_{Al}}{\nu_{Pb}} = \frac{\Theta_{EAl}}{\Theta_{EPb}} = \frac{240}{67} = 3.6$$

可见，由(1)、(2)两式计算的结果大体符合。

7. 证　$(N+n)$ 个格点中有 N 个原子和 n 个空位的可能方式数目

$$W = \frac{(N+n)!}{n!\,N!}$$

从而

$$S = k\ln W = k\ln\frac{(N+n)!}{N!\,n!}$$

$$F = U - TS = nw - kT\ln\frac{(N+n)!}{N!\,n!}$$
$$= nw - kT[(N+n)\ln(N+n) - n\ln n - N\ln N]$$

$$\delta F = \left[w - kT\ln\frac{N+n}{n}\right]\delta n$$

达到平衡时，$\delta F = 0$，即

$$w - kT\ln\frac{N+n}{n} = 0$$

所以

$$n = \frac{N}{e^{w/kT} - 1} \sim Ne^{-w/kT}$$

8. 解　(1) 二维波动方程可以利用分离变量法求解。令 $u = X(x)Y(y)$，方程化为两个常微分方程

$$\frac{d^2X}{dx^2} + k_1^2X = 0 \qquad \frac{d^2Y}{dy^2} + k_2^2Y = 0 \qquad k^2 = k_1^2 + k_2^2$$

其解为

$$X = B_1\sin(k_1x + \alpha) \qquad Y = B_2\sin(k_2y + \beta)$$

对驻波解有

$$x = 0, L;\quad X = 0; y = 0, L;\quad Y = 0$$

由此得

$$k_1 = \frac{n_1\pi}{L}, k_2 = \frac{n_2\pi}{L}, \alpha = \beta = 0$$

式中，n_1, n_2 为自然数，从而

$$\left(\frac{n_1\pi}{L}\right)^2 + \left(\frac{n_2\pi}{L}\right)^2 = k^2$$

即

$$n_1^2 + n_2^2 = \left(\frac{\sqrt{A}}{\pi}k\right)^2$$

此式表示一个圆。满足上式的任意一组自然数(n_1, n_2)都在此圆上，代表一个波矢为k的简正振动。所有对应波矢$\leqslant k$的这样的数对，都位于半径为$\frac{\sqrt{A}}{\pi}k$的圆周在第一象限内包围的单位正方形顶点，其数目

$$N(k) = \frac{1}{4}\pi\left(\frac{\sqrt{A}}{\pi}k\right)^2 = \frac{1}{4}\frac{Ak^2}{\pi}$$

于是，波矢值位于$(k, k + dk)$内表面波模式的个数

$$dN = f(k)dk = \frac{A}{4\pi}2kdk = \frac{Ak}{2\pi}dk$$

(2) 利用关系式

$$\nu^2 = \gamma\frac{2\pi\sigma}{\rho\lambda^3} = \gamma\frac{\sigma k^3}{4\pi^2\rho}$$

可得

$$2\nu d\nu = \gamma\frac{3\sigma k^2}{4\pi^2\rho}dk = \gamma\frac{3\sigma}{4\pi^2\rho}\left(\frac{4\pi^2\rho\nu^2}{\gamma\sigma}\right)^{1/3}kdk$$

$$kdk = \frac{8\pi^2\rho}{\gamma3\sigma}\left(\frac{\gamma\sigma}{4\pi^2\rho}\right)^{1/3}\nu^{1/3}d\nu = \frac{4\pi}{3}\left(\frac{2\pi\rho^2}{\gamma^2\sigma^2}\right)^{1/3}\nu^{1/3}d\nu$$

$$\mathrm{d}N = \frac{Ak}{2\pi}\mathrm{d}k = \frac{4\pi}{3}A\left(\frac{p}{\gamma 2\pi\sigma}\right)^{2/3}\nu^{1/3}\mathrm{d}\nu$$

每个振子的能量

$$\bar{\varepsilon} = \frac{h\nu}{\mathrm{e}^{h\nu/k_B} - 1} + \frac{1}{2}h\nu$$

所以系统的总能量

$$\begin{aligned}\bar{E} &= \int_0^{\nu_0}\bar{\varepsilon}\,\frac{4\pi}{3}A\left(\frac{\rho}{\gamma 2\pi\sigma}\right)^{2/3}\nu^{1/3}\mathrm{d}\nu = \frac{4\pi A}{3}\left(\frac{\rho}{\gamma 2\pi\sigma}\right)^{2/3}\int_0^{\nu_0}\frac{h\nu^{4/3}}{\mathrm{e}^{h\nu/k_BT} - 1}\mathrm{d}\nu + E_0 \\ &= \frac{4\pi A}{3}\left(\frac{\rho}{\gamma 2\pi\sigma}\right)^{2/3}\frac{k_BT}{h}\frac{(k_BT)^{4/3}}{h^{1/3}}\int_0^{\nu_0}\frac{(h\nu/k_BT)^{4/3}}{\mathrm{e}^{h\nu/k_BT} - 1}\mathrm{d}\,\frac{h\nu}{k_BT} + E_0 \\ &= \frac{4\pi A}{3}\left(\frac{\rho}{\gamma 2\pi\sigma}\right)^{2/3}Ah\left(\frac{k_BT}{h}\right)^{7/3}\int_0^{\nu_0}\frac{(h\nu/k_BT)^{4/3}}{\mathrm{e}^{h\nu/k_BT} - 1}\mathrm{d}\,\frac{h\nu}{k_BT} + E_0\end{aligned}$$

式中

$$E_0 = \frac{2\pi}{7}\left(\frac{\rho}{\gamma 2\pi\sigma}\right)^{2/3}Ah\nu_0^{\ 7/3}$$

令 $x = \dfrac{h\nu}{k_BT}$，$\bar{E}$ 表示式中的积分可写成

$$I = \int_0^{x_0}\frac{x^{4/3}\mathrm{d}x}{\mathrm{e}^x - 1}$$

由此得

$$E(T) = E_0 + \frac{4\pi}{3}\left(\frac{\rho}{\gamma 2\pi\sigma}\right)^{2/3}Ah\left(\frac{k_BT}{h\nu}\right)^{7/3}I$$

(3) 若液氦表面每个原子只有一个自由度，那么截止频率 ν_0 可由下式求出：

$$N = \int_0^{\nu_0}\frac{4\pi}{3}A\left(\frac{\rho}{\gamma 2\pi\sigma}\right)^{2/3}\nu^{1/3}\mathrm{d}\nu = \pi A\left(\frac{\rho}{\gamma 2\pi\sigma}\right)^{2/3}\nu_0^{\ 4/3}$$

(N 为表面原子数)，即

$$\nu_0^{\ 4/3} = \frac{1}{\pi}\frac{N}{A}\left(\frac{\gamma 2\pi\sigma}{\rho}\right)^{2/3}$$

将 $n = \dfrac{N}{A} = 7.8\times 10^{14}\mathrm{cm}^{-2}$，$\gamma = 1\mathrm{cm}^2$，$\sigma = 3.52\times 10^{-4}\mathrm{N\cdot m^{-1}} = 0.352\mathrm{dyn\cdot cm^{-1}}$

$$\rho = 1.45\times 10^{-2}\mathrm{kg\cdot m^{-1}} = 0.145\mathrm{g\cdot cm^{-1}}$$

代入上式得

$$\nu_0 = 2.433\times 10^{11}\qquad \theta_0 = \frac{h\nu_0}{k} = 11.7\mathrm{K}$$

9. 解 (1) 自旋为$\dfrac{1}{2}$的原子磁矩与外磁场方向或者相同，或者相反，两者

出现的几率为

$$P_{\pm}=\frac{e^{\pm\beta\mu_B B}}{Z_\mu}=\frac{e^{\pm\beta\mu_B B}}{e^{\beta\mu_B B}+e^{-\beta\mu_B B}}$$

式中,Z_μ 为单个磁矩的配分函数,"+"号表示取向相同,"-"号表示取向相反。达到平衡时,若要60%以上原子磁矩与磁场取向相同,则需

$$0.6\leqslant\frac{e^{\beta\mu_B B}}{e^{\beta\mu_B B}+e^{-\beta\mu_B B}}=\frac{1}{1+e^{-2\mu_B B/kT}}$$

由此得

$$T\leqslant-\frac{2\mu_B B}{k}\frac{1}{\ln\left(\frac{1}{0.6}-1\right)}=9.94(\mathrm{K})$$

(2) 物质不显磁性,要求 $P_+=P_-=\frac{1}{2}$。这时或者无外磁场,或者温度无限高。

(3) $Z_\mu=\frac{1}{e^{\beta\mu_B B+}e^{-\beta\mu_B B}}=2\mathrm{ch}(\beta\mu_B B)\qquad S=Nk\left(\ln Z_\mu-\beta\frac{\partial}{\partial\beta}\ln Z_\mu\right)$

$$=Nk\left(\ln2+\ln\mathrm{ch}\frac{\mu_B B}{kT}-\frac{\mu_B B}{kT}\mathrm{th}\frac{\mu_B B}{kT}\right)$$

对高温弱磁场,$x=\frac{\mu_B B}{kT}\ll1$

$$\mathrm{th}\frac{\mu_B B}{kT}\sim x,\quad \mathrm{ch}\frac{\mu_B B}{kT}\sim1+\frac{x^2}{2},\quad \ln\mathrm{ch}\frac{\mu_B B}{kT}\sim\frac{x^2}{2}$$

所以,
$$S\sim Nk(\ln2+\frac{x^2}{2}-x^2)\sim Nk\ln2=k\ln2^N$$

这时,系统状态包含所有 2^N 个微观态,它们都是等概率的,每个原子磁矩取向是随机的。对低温强磁场,$x=\frac{\mu_B B}{kT}\gg1$

$$\mathrm{th}\frac{\mu_B B}{kT}\sim1,\quad \mathrm{ch}\frac{\mu_B B}{kT}\sim\frac{1}{2}e^x,\quad \ln\mathrm{ch}\frac{\mu_B B}{kT}\sim x-\ln2$$

所以,
$$S\sim Nk(\ln2+x-\ln2-x)=0$$

这时系统状态只包含一个微观态,即所有原子磁矩取向与外磁场相同。

10. 解　根据维恩位移定律:$\lambda_m T=2.898\times10^{-3}\mathrm{m\cdot K}$

当 $\lambda_m=4800\text{Å}=4.8\times10^{-7}\mathrm{m}$ 时,　$T=6037.5\mathrm{K}$

太阳表面温度约6000K。

11. 解　根据斯特藩-玻尔兹曼定律

$$J=\sigma T^4$$

因此,太阳表面辐射的总能量

$$P=4\pi R^2 J=4\pi\sigma R^2 T^4$$

将太阳半径 $R=7\times10^8$m、表面温度 $T=5800$K 代入得

$$P=3.95\times10^{26}\text{J}\cdot\text{S}^{-1}$$

达到地球大气层顶层单位面积上的辐射功率则为

$$\frac{P}{S}=\frac{3.95\times10^{26}}{4\pi\times(1.5\times10^{11})^2}=1.4\times10^3(\text{J}\cdot\text{S}^{-1}\cdot\text{m}^{-2})=1.4\text{kW}\cdot\text{m}^{-2}$$

12. 解 温度为 T,体积为 V 的光子气体,其能量处在 $(\varepsilon,\varepsilon+\mathrm{d}\varepsilon)$ 范围内的数目(参见式(10.4.8))

$$\mathrm{d}n=\frac{8\pi V}{h^3c^3}\frac{\varepsilon^2\mathrm{d}\varepsilon}{\mathrm{e}^{\beta\varepsilon}-1}$$

完成对光子各种能量求积分即给出它的平均光子数

$$\bar{N}=\frac{8\pi V}{h^3c^3}\int_0^\infty\frac{\varepsilon^2\mathrm{d}\varepsilon}{\mathrm{e}^{\beta\varepsilon}-1}$$

令 $x=\beta\varepsilon$,则 $\int_0^\infty\frac{\varepsilon^2\mathrm{d}\varepsilon}{\mathrm{e}^{\beta\varepsilon}-1}=\frac{1}{\beta^3}\int_0^\infty\frac{x^2\mathrm{d}x}{\mathrm{e}^x-1}=\frac{1}{\beta^3}\Gamma(3)\zeta(3)=2.404k^3T^3$

所以

$$\bar{N}=\frac{2.404\text{k}^3}{\pi^2\hbar^3c^3}T^3V$$

13. 解 在低频高温情况下,$U=kT=\frac{1}{\beta}\quad\frac{\mathrm{d}U}{\mathrm{d}\beta}=-\frac{1}{\beta^2}=-U^2$

在高频低温情况下,$\frac{\mathrm{d}U}{\mathrm{d}\beta}=-(\hbar\omega)^2\mathrm{e}^{-\beta\hbar\omega}=-\hbar\omega U$

一般情况下,则有

$$\left(\frac{\mathrm{d}\beta}{\mathrm{d}U}\right)^{-1}=-U^2-\hbar\omega U\qquad\frac{\mathrm{d}\beta}{\mathrm{d}U}=\frac{-1}{U^2+\hbar\omega U}$$

即

$$\mathrm{d}\beta=\frac{-\mathrm{d}U}{U^2+\hbar\omega U}$$

两边积分得

$$\beta=-\int\frac{\mathrm{d}U}{U^2+\hbar\omega U}+C$$

式中,C 为积分常数,$\int\frac{\mathrm{d}U}{U^2+\hbar\omega U}=\int\left(\frac{1}{U}-\frac{1}{U+\hbar\omega}\right)\frac{\mathrm{d}U}{\hbar\omega}=\frac{-1}{\hbar\omega}\ln\frac{U+\hbar\omega}{U}$

代入得

$$\frac{1}{kT}=\beta=\frac{1}{\hbar\omega}\ln\frac{U+\hbar\omega}{U}+C$$

考虑到 $T\to\infty$,$U\to\infty$,有 $C=0$

所以
$$\frac{1}{kT}=\frac{1}{\hbar\omega}\ln\frac{U+\hbar\omega}{U}\qquad U=\frac{\hbar\omega}{e^{\hbar\omega/kT-1}}=\frac{h\nu}{e^{h\nu/kT}-1}$$

而
$$\frac{\omega^2 d\omega}{\pi^2 C^3}=\frac{8\pi\nu d\nu}{C^3}$$

于是
$$u(\nu,T)d\nu=\frac{8\pi}{C^3}\frac{h\nu^3 d\nu}{e^{h\nu/kT}-1}$$

这便是普朗克黑体辐射公式。

14. 解　描写低温铁磁体中自旋波的准粒子遵守玻色－爱因斯坦分布

$$n_l=\frac{g_l}{e^{\alpha+\beta\varepsilon_l}-1}=\frac{1}{e^{\alpha+\beta\varepsilon_l}-1}$$

在低温情况下,可以认为 $\alpha\sim 0$。利用对应定律得到自旋波能量为

$$\bar{E}=\int\frac{d\boldsymbol{p}d\boldsymbol{r}}{h^3}\frac{\varepsilon}{e^{\beta\varepsilon}-1}=\frac{4\pi V}{h^3}\int\frac{\varepsilon p^2 dp}{e^{\beta\varepsilon}-1}$$

由 $\varepsilon=Ap^2, p=\sqrt{\varepsilon/A}, dp=\frac{1}{2\sqrt{A\varepsilon}}d\varepsilon$ 知

$$\bar{E}=\frac{2\pi V}{h^3A^{3/2}}\int_0^\infty\frac{\varepsilon^{3/2}d\varepsilon}{e^{\beta\varepsilon}-1}$$

令
$$x=\beta\varepsilon,\int_0^\infty\frac{\varepsilon^{3/2}d\varepsilon}{e^{\beta\varepsilon}-1}=\frac{1}{\beta^{5/2}}\int_0^\infty\frac{x^{3/2}dx}{e^x-1}=\frac{1}{\beta^{5/2}}\Gamma\left(\frac{5}{2}\right)\zeta\left(\frac{5}{2}\right)$$

所以
$$\bar{E}=\frac{2\pi V}{h^3A^{3/2}}\frac{1}{\beta^{5/2}}\Gamma\left(\frac{5}{2}\right)\zeta\left(\frac{5}{2}\right)=\frac{2\pi Vk^{5/2}}{h^3A^{3/2}}\Gamma\left(\frac{5}{2}\right)\zeta\left(\frac{5}{2}\right)T^{5/2}$$

$$C_V=\left(\frac{\partial\bar{E}}{\partial T}\right)_V=\frac{5\pi Vk^{5/2}}{h^3A^{3/2}}\Gamma\left(\frac{5}{2}\right)\zeta\left(\frac{5}{2}\right)T^{3/2}\propto T^{3/2}$$

15. 解　利用公式(10.5.16)和(10.5.12)

$$T_C=\frac{h^2}{2\pi mk}\left(\frac{N}{2.612gV}\right)^{2/3}\qquad \alpha=-\frac{\mu}{kT}\approx\ln\left(1+\frac{g}{N}\right)\approx\frac{g}{N}$$

及已知条件 $g=1, N=6.022\times10^{23}, V=22.4\times10^{-3}m^3, m=6.65\times10^{-27}kg, T=10^{-4}K$,求得凝结温度　$T_C=0.036K, \mu=-2.29\times10^{51}J$。

16. 证　对二维理想玻色气体,式(10.5.6)应改写成

$$\zeta=-\int\frac{d\boldsymbol{p}d\boldsymbol{r}}{h^2}\ln(1-e^{-\alpha-\beta\varepsilon})=-\frac{2\pi A}{h^2}\int\ln(1-e^{-\alpha-\varepsilon})pdp$$

式中,A 是二维玻色气体的面积。利用 $p=\sqrt{2m\varepsilon}, dp=\sqrt{2m}/2\sqrt{\varepsilon}$ 得

$$\zeta=-\frac{2\pi mA}{h^2}\int_0^\infty\ln(1-e^{-\alpha-\beta\varepsilon})d\varepsilon=-\frac{2\pi mA}{h^2}\int_0^\infty\ln(1-e^{(\varepsilon-\mu)/kT})d\varepsilon$$

由此可见,被积函数中不出现 ε 的幂次因子,也就没有像三维情形那样忽略了粒子处在基态的贡献。而且由

$$N=-\frac{\partial\zeta}{\partial\alpha}=\frac{2\pi mA}{h^2}\int_0^{\infty}\frac{\mathrm{d}\varepsilon}{\mathrm{e}^{(\varepsilon-\mu)/kT}-1}$$

知,对任意能量 ε,处在间隙$(\varepsilon,\varepsilon+\mathrm{d}\varepsilon)$的粒子数都是小量,不会出现玻色-爱因斯坦凝结现象。

17. 证 由式(10.5.6)

$$\zeta=-\frac{2\pi gV}{h^3}(2m)^{3/2}\int_0^{\infty}\sqrt{\varepsilon}\ln(1-\mathrm{e}^{-\alpha-\beta\varepsilon})\mathrm{d}\varepsilon$$

对玻色气体,$\mathrm{e}^{-\alpha-\beta\varepsilon}<1$(式 10.5.2),利用展开式

$$\ln(1-x)=-\sum_{j=1}^{\infty}\frac{x^j}{j}\qquad(x<1)$$

有 $$\int_0^{\infty}\sqrt{\varepsilon}\ln(1-\mathrm{e}^{-\alpha-\beta\varepsilon})\mathrm{d}\varepsilon=-\sum_{j=1}^{\infty}\frac{1}{j}\int_0^{\infty}\varepsilon^{1/2}\mathrm{e}^{-(\alpha+\beta\varepsilon)j}\mathrm{d}\varepsilon$$

$$=-\sum_{j=1}^{\infty}\frac{\mathrm{e}^{-j\alpha}}{j(\beta j)^{3/2}}\int_0^{\infty}x^{\frac{1}{2}}\mathrm{e}^{-x}\mathrm{d}x=-\frac{1}{\beta^{3/2}}\sum_{j=1}^{\infty}\frac{\mathrm{e}^{-j\alpha}}{j^{5/2}}\Gamma\left(\frac{3}{2}\right)$$

$$=-\frac{\sqrt{\pi}}{2\beta^{3/2}}\sum_{j=1}^{\infty}\frac{\mathrm{e}^{-j\alpha}}{j^{5/2}}\qquad\left(x=\beta j\alpha,\quad\int_0^{\infty}x^{1/2}\mathrm{e}^{-x}\mathrm{d}x=\Gamma\left(\frac{3}{2}\right)\right)$$

从而 $$\zeta=\frac{gV}{h^3}(2\pi mkT)^{3/2}\sum_{j=1}^{\infty}\frac{\mathrm{e}^{-j\alpha}}{j^{5/2}}$$

$$N=-\frac{\partial\zeta}{\partial\alpha}=\frac{gV}{h^3}(2\pi mkT)^{3/2}\sum_{j=1}^{\infty}\frac{\mathrm{e}^{-j\alpha}}{j^{3/2}}$$

令 $y=\frac{Nh^3}{gV}(2\pi mkT)^{-3/2}=\frac{nh^3}{g(2\pi mkT)^{3/2}}$,则由上式得

$$y=\sum_{j=1}^{\infty}\frac{\mathrm{e}^{-j\alpha}}{j^{3/2}}$$

通常情况下,y 很小,可以将 $\mathrm{e}^{-\alpha}$ 按 y 的幂级数展开:

$$\mathrm{e}^{-\alpha}=\sum_{l=1}^{\infty}b_l y^l$$

于是 $$y=\sum_{j=1}^{\infty}\frac{\mathrm{e}^{-j\alpha}}{j^{3/2}}=\mathrm{e}^{-\alpha}+\frac{\mathrm{e}^{-2\alpha}}{2^{3/2}}+\frac{\mathrm{e}^{-3\alpha}}{3^{3/2}}+\frac{\mathrm{e}^{-4\alpha}}{4^{3/2}}+\cdots$$

$$=\sum b_l y^l+\frac{1}{2^{3/2}}\left(\sum b_l y^l\right)^2+\frac{1}{3^{3/2}}\left(\sum b_l y^l\right)^3+\frac{1}{4^{3/2}}\left(\sum b_l y^l\right)^4+\cdots$$

$$=b_1 y+\left(b_2+\frac{b_1^2}{2^{3/2}}\right)y^2+\left(b_3+\frac{2b_1b_2}{2_{3/2}}+\frac{b_1^3}{3^{3/2}}\right)y^3+\cdots$$

比较两边系数得

$$b_1 = 1 \quad b_2 + \frac{b_1^2}{2^{3/2}} = 0 \quad b_3 + \frac{2b_1b_2}{2^{3/2}} + \frac{b_1^3}{3^{3/2}} = 0\cdots$$

所以
$$e^{-\alpha} = y - \frac{1}{2^{3/2}}y^2 + \left(\frac{1}{4} - \frac{1}{3^{3/2}}\right)y^3 + \cdots$$

代入　$\zeta = \frac{N}{y}\sum_{j=1}^{\infty}\frac{e^{-j\alpha}}{j^{5/2}}$ 得

$$\frac{\zeta}{N} = \frac{1}{y}\left\{\left[y - \frac{1}{2^{3/2}}y^2 + \left(\frac{1}{4} - \frac{1}{3^{3/2}}\right)y^3 + \cdots\right] + \frac{1}{2^{5/2}}\left[y^2 - \frac{2}{2^{3/2}}y^3 + \cdots\right]\right.$$
$$\left. + \frac{1}{3^{5/2}}\left[y^3 + \cdots\right]\right\}$$
$$= 1 - \frac{1}{2^{5/2}}y - \left(\frac{2}{3^{5/2}} - \frac{1}{8}\right)y^2 - \cdots$$

注意到 $pV = kT\zeta$（式(10.5.7)），即有

$$\frac{pV}{NkT} = 1 - \frac{1}{2^{5/2}}y - \left(\frac{2}{3^{5/2}} - \frac{1}{8}\right)y^2 - \cdots$$

18. 解　根据式(10.6.5)，　$N = \frac{4\pi gV}{h^3}\frac{p_f^3}{3}$

对超相对论性电子，$\varepsilon = cp$，$g = 2$，

$$p_f = \frac{h}{2}\left(\frac{3N}{\pi V}\right)^{1/3}, \quad \varepsilon_f = cp_f = \frac{hc}{2}\left(\frac{3N}{\pi V}\right)^{1/3}$$

此时，电子气体总能量

$$\bar{E} = \frac{8\pi V}{h^3}\int_0^{p_f} cp^3 \mathrm{d}p = \frac{8\pi V}{h^3}c\frac{p_f^4}{4} = \frac{3Nch}{8}\left(\frac{3N}{\pi V}\right)^{1/3} = \frac{3}{4}Nc\hbar\left(\frac{3\pi^2 N}{V}\right)^{1/3}$$

$$\bar{\varepsilon} = \frac{\bar{E}}{N} = \frac{8\pi V}{h^3}\frac{cp_f^4}{h^3}\frac{3h^3}{8\pi V p_f^3} = \frac{3}{4}cp_f = \frac{3}{4}\varepsilon_f$$

19. 证　对费米气体

$$\zeta = \sum_l g_l \ln(1 + e^{-\alpha-\beta\varepsilon l})$$

利用对应定律可得

$$\zeta = \frac{g}{h^3}\int \ln(1 + e^{-\alpha-\beta\varepsilon})\mathrm{d}\boldsymbol{r}\mathrm{d}\boldsymbol{p} = \frac{4\pi gV}{h^3}\int p^2\ln(1 + e^{-\alpha-\beta\varepsilon})\mathrm{d}p$$

（g 为费米子简并度，对电子 $g = 2$）

若费米子为非相对论性的，$\varepsilon = \frac{p^2}{2m}$，则

$$\zeta = \frac{2\pi gV}{h^3}(2m)^{3/2}\int_0^\infty \sqrt{\varepsilon}\ln(1+e^{-\alpha-\beta\varepsilon})d\varepsilon = \frac{4\pi g}{3h^3}(2m)^{3/2}V\beta^{-\frac{3}{2}}I_1$$

式中，
$$I_1 = \int_0^\infty \frac{x^{3/2}dx}{e^{\alpha+x}+1}$$

从而
$$E = -\left(\frac{\partial\zeta}{\partial\beta}\right)_{V,\alpha} = \frac{3}{2}\frac{4\pi g}{3h^3}(2m)^{3/2}V\beta^{-\frac{5}{2}}I_1$$

$$P = \frac{1}{\beta}\left(\frac{\partial\zeta}{\partial V}\right)_{\alpha,\beta} = \frac{4\pi g}{3h^3}(2m)^{3/2}\beta^{-\frac{5}{2}}I_1 = \frac{2}{3}\frac{E}{V}$$

若费米子为超相对论性的，$\varepsilon = cp$，则

$$\zeta = \frac{4\pi gV}{h^3c^3}\int_0^\infty \varepsilon^2\ln(1+e^{-\alpha-\beta\varepsilon})d\varepsilon = \frac{4\pi g}{3h^3c^3}V\beta^{-3}I_2$$

式中，
$$I_2 = \int_0^\infty \frac{x^3dx}{e^{\alpha+x}+1}$$

从而
$$E = -\left(\frac{\partial\zeta}{\partial\beta}\right)_{V,\alpha} = 3\frac{4\pi g}{3h^3c^3}V\beta^{-4}I_2$$

$$P = \frac{1}{\beta}\left(\frac{\partial\zeta}{\partial V}\right)_{\alpha,\beta} = \frac{4\pi g}{3h_3c_3}\beta^{-4}I_2 = \frac{1}{3}\frac{E}{V}$$

可见，由非相对论性费米子组成的理想气体，其物态方程与一般玻色气体相似，而由超相对论性费米子组成的理想气体，其物态方程与光子气体相似。

20. 解 由式(10.6.7)和第19题知，

$$\varepsilon_f = \frac{h^2}{2m}\left(\frac{3N}{8\pi V}\right)^{2/3} = \frac{(6.626\times10^{-34})^2}{2\times9.11\times10^{-31}}\left(\frac{3\times6\times10^{28}}{8\pi}\right)^{2/3} = 8.96\times10^{-19}(\text{J})$$

$$p = \frac{2}{3}\frac{E}{V} = \frac{h^2}{5m}\left(\frac{3}{8\pi}\right)^{2/3}\left(\frac{N}{V}\right)^{5/3} = \frac{(6.626\times10^{-34})^2}{5\times9.11\times10^{-31}}\left(\frac{3}{8\pi}\right)^{2/3}(6\times10^{28})^{5/3}$$

$$= 2.15\times10^{10}(\text{Pa}) = 2.12\times10^5\,\text{atm}$$

21. 证 (1) 电子的平均速率(参见式(10.6.2)，(10.6.4)和(10.6.5)，$g=2$)

$$\bar{v} = \frac{1}{N}\int v dN = \frac{1}{N}\int v\frac{8\pi V}{h^3}p^2dp = \frac{V}{N}\frac{8\pi}{h^3m}\int_0^{p_f}p^3dp = \frac{V}{N}\frac{8\pi}{m}\frac{p_f^4}{h^34}$$

而
$$N = \frac{8\pi V}{3}\frac{p_f^3}{h^3}$$

所以
$$\bar{v} = \frac{3p_f}{4m}$$

(2) 电子数密度按动量分布为 $g\frac{d\boldsymbol{p}}{h^3} = \frac{2}{h^3}p^2\sin\theta dpd\theta d\varphi$，设单位面积器壁的外

法线为 Z 轴,则单位时间能与此面积相碰、速度为 $\boldsymbol{v}$ 的电子都处在以该面积为底,$v_z = v\cos\theta$ 为高(θ 是电子速度与 Z 轴夹角)的柱体内,且满足 $0 \leqslant \theta \leqslant \frac{\pi}{2}$,$0 \leqslant \varphi \leqslant 2\pi$。

所以 $$\Gamma = \int v_z \frac{2}{h^3} p^2 \sin\theta \mathrm{d}p \mathrm{d}\theta \mathrm{d}\varphi = \frac{2}{h^3}\int v\cos\theta p^2 \sin\theta \mathrm{d}p \mathrm{d}\theta \mathrm{d}\varphi$$

$$= \frac{2}{h^3}\frac{1}{m}\int_0^{p_f} p^3 \mathrm{d}p \int_0^{\frac{\theta}{2}} \sin\theta\cos\theta \mathrm{d}\theta \int_0^{2\pi} \mathrm{d}\varphi = \frac{2}{mh^3}\frac{p_f^4}{4}\frac{1}{2}2\pi$$

$$= \frac{\pi p_f^4}{2mh^3} = \frac{2\pi}{3h^3} p_f^3 \bar{v} = \frac{1}{4} n \bar{v}$$

$$\left(p_f = \left(\frac{3}{8\pi}\right)^{1/3} n^{1/3} h\right)$$

22. 解　对超相对论性电子气体,$\varepsilon = cp$,　$\zeta = \sum g_l \ln(1 + \mathrm{e}^{-\alpha - \beta\varepsilon_l})$

利用对应定律得

$$\zeta = \int \frac{2\mathrm{d}\boldsymbol{p}\mathrm{d}\boldsymbol{r}}{h^3} \ln(1 + \mathrm{e}^{-\alpha-\beta\varepsilon})\mathrm{d}p = \frac{8\pi V}{h^3}\int p^2 \ln(1 + \mathrm{e}^{-\alpha-\beta\varepsilon})\mathrm{d}p$$

$$= \frac{8\pi V}{h^3 c^3}\int \varepsilon^2 \ln(1 + \mathrm{e}^{-\alpha-\beta\varepsilon})\mathrm{d}\varepsilon$$

利用分部积分,上式化成

$$\zeta = \frac{8\pi V\beta}{3h^3c^3}\int_0^\infty \frac{\varepsilon^3 \mathrm{d}\varepsilon}{\mathrm{e}^{\alpha+\beta\varepsilon} + 1} = \frac{8\pi V\beta}{3h^3c^3}\int_0^\infty \frac{\varepsilon^3 \mathrm{d}\varepsilon}{\mathrm{e}^{(\varepsilon-\mu)/kT} + 1}$$

记 $$I = \int_0^\infty \frac{\varepsilon^3 \mathrm{d}\varepsilon}{\mathrm{e}^{(\varepsilon-\mu)/kT} + 1}$$

在低温情况下,I 可以写成级数形式(参见式(10.6.13))

$$I = \frac{\mu^4}{4} + \frac{\pi^2}{6}(kT)^2 3\mu^2 + \cdots = \frac{1}{4}\left(\frac{\alpha}{\beta}\right)^4 + \frac{\pi^2}{\alpha}\left(\frac{\alpha}{\beta}\right)^2 \frac{1}{\beta^2}$$

从而 $$\zeta = \frac{2\pi V}{3h^3c^3}\frac{\alpha^4}{\beta^3} + \frac{4\pi^3 V}{3h^3c^3}\frac{\alpha^2}{\beta^3}$$

$$S = k\left(\zeta - \alpha\frac{\partial\zeta}{\partial\alpha} - \beta\frac{\partial\zeta}{\partial\beta}\right) = k\frac{8\pi^3 V}{3h^3c^3}\frac{\alpha^2}{\beta^3} = \frac{(k\mu)^2}{3\hbar^3c^3}VT$$

根据第 18 题,$\mu \approx \varepsilon_f = \hbar c\left(\frac{3\pi^2 N}{V}\right)^{1/3}$

上式可写成 $$S = \frac{k^2}{3\hbar^3c^3}\hbar c^2\left(\frac{3\pi^2 N}{V}\right)^{2/3} VT = N\frac{(3\pi^2)^{2/3}k^2}{3\hbar c}\left(\frac{V}{N}\right)^{1/3} T$$

于是 $$C_V = T\left(\frac{\partial S}{\partial T}\right)_{V,N} = N\frac{(3\pi^2)^{2/3}k^2}{3\hbar c}\left(\frac{V}{N}\right)^{1/3}T$$

23. 解 对完全简并性电子气体，$T=0$。这时，分布函数

$$f=\begin{cases}1 & \varepsilon<\mu_0\\ 0 & \varepsilon<\mu_0\end{cases}$$

相应的界限动量(费米动量)$p_f = \frac{h}{2}\left(\frac{3N}{\pi V}\right)^{1/3}$

对相对论性电子，$\varepsilon^2 = c^2p^2 + m_0^2c^4$，因此，电子气体的总能量

$$\bar{E} = \int \varepsilon \frac{2}{h^3}\mathrm{d}\boldsymbol{p}\mathrm{d}\boldsymbol{r} = \frac{8\pi V}{h^3}\int_0^{p_f}\varepsilon p^2\mathrm{d}p = \frac{8\pi Vc}{h^3}\int_0^{p_f}p^2\sqrt{p^2+m_0^2c^2}\,\mathrm{d}p$$

利用积分公式

$$\int x^2\sqrt{x^2+a^2}\,\mathrm{d}x = \frac{x}{4}\sqrt{(x^2+a^2)^3} - \frac{a}{8}x\sqrt{x^2+a^2} - \frac{a^2}{8}\left[\mathrm{sh}^{-1}\frac{x}{a}+\ln a\right]$$

得 $$\bar{E} = \frac{\pi Vc}{h^3}\left[p_f(2p_f^2+m_0^2c^2)\sqrt{p_f^2+m_0^2c^2} - (m_0c)^4\mathrm{sh}^{-1}\frac{p_f}{m_0c}\right]$$

根据热力学基本方程 $$T\mathrm{d}U = \mathrm{d}U + p\mathrm{d}V$$

若 $\mathrm{d}S=0$，则 $p = -\left(\frac{\partial U}{\partial V}\right)_s = -\left(\frac{\partial \bar{E}}{\partial V}\right)_s$

注意到 $p_f = \frac{h}{2}\left(\frac{3N}{\pi V}\right)^{1/3}$，$\frac{\mathrm{d}p_f}{\mathrm{d}V} = \frac{h}{2}\left(\frac{3N}{\pi}\right)^{1/3}\frac{-1}{3}V^{-4/3} = -\frac{p_f}{3V}$

有① $$\left(\frac{\partial \bar{E}}{\partial V}\right)_s = \frac{\pi c}{h^3}\left[p_f(2p_f^2+m_0^2c^2)\sqrt{p_f^2+m_0^2c^2} - (m_0c)^4\mathrm{sh}^{-1}\frac{p_f}{m_0c}\right]$$

$$+\frac{\pi Vc}{h^3}\left[\frac{-1}{3V}p_f(2p_f^2+m_0^2c^2)\sqrt{p_f^2+m_0^2c^2} + p_f\cdot 4p_f\frac{-p_f}{3V}\sqrt{p_f^2+m_0^2c^2}\right.$$

$$\left.+p_f(2p_f^2+m_0^2c^2)\frac{2p_f\frac{-p_f}{3V}}{2\sqrt{p_f^2+m_0^2c^2}} - (m_0c)^4\frac{\frac{1}{m_0c}\frac{-p_f}{3V}}{\sqrt{(p_f/m_0c)^2+1}}\right]$$

$$= \frac{\pi c}{h^3}\left\{\frac{2}{3}p_f(2p_f^2+m_0^2c^2)\sqrt{p_f^2+m_0^2c^2} - (m_0c)^4\mathrm{sh}^{-1}\frac{p_f}{m_0c} - \frac{p_f}{\sqrt{p_f^2+m_0^2c^2}}\right.$$

---

① 根据能斯脱定理，$\lim\limits_{T\to 0}(\Delta s)T = 0$，因此，$T=0$ 时，$\bar{E}$ 随 V 的变化可看作是一个等熵过程。

$$\left[\frac{4}{3}p_f^2(p_f^2+m_0^2c^2)+\frac{1}{3}p_f^2(2p_f^2+m_0^2c^2)-\frac{1}{3}(m_0c)^4\right]$$

$$=\frac{\pi c}{h^3}\left[p_f\left(-\frac{2}{3}p_f^2+m_0^2c^2\right)\sqrt{p_f^2+m_0^2c^2}-(m_0c)^4\mathrm{sh}^{-1}\frac{p_f}{m_0c}\right]$$

所以，物态方程为①

$$P=\frac{\pi c}{h^3}\left[\left(p_f\frac{2}{3}p_f^2-m_0^2c^2\right)\sqrt{p_f^2+m_0^2c^2}+(m_0c)^4\mathrm{sh}^{-1}\frac{p_f}{m_0c}\right]$$

24. 解　(1) 存在磁场时，传导电子的能量为 $\varepsilon_{\pm}=\dfrac{p^2}{2m}\mp\mu_BB$

(下标“+”号表示磁矩与磁场平行，“-”号表示磁矩与磁场反平行。)

(2) 磁矩平行或反平行于磁场的传导电子数目

$$N_{\pm}=\int\frac{1}{\mathrm{e}^{\alpha+\beta\varepsilon_{\pm}+1}}\frac{4\pi Vp^2}{h^3}\mathrm{d}p=\frac{4\pi V}{h^3}\int_0^{\infty}\frac{p^2\mathrm{d}p}{\mathrm{e}^{\beta(p^2/2m\mp\mu_BB-\mu)+1}}$$

(达到平衡时，两个分布中的化学势即费米能相等。)

(3) $T=0\mathrm{K}$ 时，费米分布为 $f(\varepsilon)=\begin{cases}1 & \varepsilon<\varepsilon_f=\mu\\ 0 & \varepsilon>\varepsilon_f=\mu\end{cases}$

所以，$N_{\pm}=\dfrac{4\pi V}{h^3}\displaystyle\int_0^{p_{f\pm}}p^2\mathrm{d}p=\dfrac{4\pi Vp_{f\pm}}{3h^3}=\dfrac{4\pi V}{3h^3}(2m)^{3/2}(\mu\pm\mu_BB)^{3/2}$

$$=\frac{4\pi V}{3h^3}(2m\mu)^{3/2}\left(1\pm\frac{3}{2}\frac{\mu_BB}{\mu}\right)$$

式中，$\mu=\dfrac{p_{f\pm}^2}{2m}\mp\mu_BB$，　$\left(1\pm\dfrac{\mu_BB}{\mu}\right)^{3/2}\sim1\pm\dfrac{3}{2}\dfrac{\mu_BB}{\mu}$　$(\mu_BB\ll\mu)$

根据磁化强度的定义

$$MV=\mu_BN_+-\mu_BN_-=\frac{4\pi V}{3h^3}(2m\mu)^{3/2}\left[\mu_B\left(1+\frac{3}{2}\frac{\mu_BB}{\mu}\right)-\mu_B\left(1-\frac{3}{2}\frac{\mu_BB}{\mu}\right)\right]$$

$$=\frac{N}{2}\frac{3\mu_B^2B}{\mu}$$

式中利用了　$N=N_++N_-=2\times\dfrac{4\pi V}{3h^3}(2m\mu)^{3/2}$

所以

$$M=\frac{3}{2}\frac{N}{V}\frac{\mu_B^2B}{\mu}$$

25. 证　$\overline{\dfrac{\mathrm{d}}{\mathrm{d}E}\ln\Omega'(E)}=\displaystyle\int\frac{\mathrm{d}}{\mathrm{d}E}\ln\Omega'\mathrm{e}^{-\Psi-\beta E}\mathrm{d}\Omega$

---

① 此题中 P 表压强，p 表动量。

$$=\int \frac{1}{\Omega'}\frac{\mathrm{d}\Omega'}{\mathrm{d}E}\mathrm{e}^{-\Psi-\beta E}\Omega'\mathrm{d}E=\mathrm{e}^{-\Psi}\int \mathrm{e}^{-\beta E}\frac{\mathrm{d}\Omega'}{\mathrm{d}E}\mathrm{d}E$$

$$=\mathrm{e}^{-\Psi}\left[\mathrm{e}^{-\beta E}\Omega'(E)\Big|_0^{\infty}+\beta\int \mathrm{e}^{-\beta E}\Omega'\mathrm{d}E\right]$$

$$=\beta\int \mathrm{e}^{-\Psi-\beta E}\mathrm{d}\Omega=\beta$$

26. 证 $\overline{\dfrac{\Omega(E)}{\Omega'(E)}}=\int \dfrac{\Omega}{\Omega'}\mathrm{e}^{-\Psi-\beta E}\mathrm{d}\Omega=\int \Omega\mathrm{e}^{-\Psi-\beta E}\mathrm{d}E$

$$=\mathrm{e}^{-\Psi}\left[\Omega(E)\mathrm{e}^{-\beta E}/(-\beta)\Big|_0^{\infty}+\frac{1}{\beta}\int \mathrm{e}^{-\beta E}\mathrm{d}\Omega\right]$$

$$=\frac{1}{\beta}\int \mathrm{e}^{-\Psi-\beta E}\mathrm{d}\Omega=\frac{1}{\beta}$$

27. 证 $\overline{(\Delta E)^2}=\overline{E^2}-\overline{E}^2=-\dfrac{\partial \overline{E}}{\partial\beta}=-\dfrac{\partial\overline{E}}{\partial T}\dfrac{\partial T}{\partial\beta}=kT^2C_V$

因为 $\overline{(\Delta E)^2}>0$， 所以，$C_V>0$。

28. 证

(1) $\overline{(\Delta E)^3}=\overline{(E-\overline{E})^3}=\overline{E^3-3E^2\overline{E}+3E\,\overline{E}^2-\overline{E}^3}=\overline{E^3}-3\,\overline{E^2}\,\overline{E}+2\,\overline{E}^3$

而 $\overline{E^3}=\sum\limits_i E_i^3\mathrm{e}^{-\Psi-\beta E_i}=\mathrm{e}^{-\Psi}\dfrac{-\partial^3}{\partial\beta^3}\sum\limits_i\mathrm{e}^{-\beta E_i}=-\dfrac{1}{Z}\dfrac{\partial^3 Z}{\partial\beta^3}$

$$\overline{E^2}=\frac{1}{Z}\frac{\partial^2 Z}{\partial\beta^2}\qquad \overline{E}=-\frac{1}{Z}\frac{\partial Z}{\partial\beta}$$

代入得

$$\overline{(\Delta E)^3}=-\frac{1}{Z}\frac{\partial^3 Z}{\partial\beta^3}+\frac{1}{Z^2}\frac{\partial Z}{\partial\beta}\frac{\partial^2 Z}{\partial\beta^2}+2\frac{1}{Z^2}\frac{\partial Z}{\partial\beta}\frac{\partial^2 Z}{\partial\beta^2}-2\frac{1}{Z^3}\left(\frac{\partial Z}{\partial\beta}\right)^3$$

$$=-\frac{\partial}{\partial\beta}\left(\frac{1}{Z}\frac{\partial^2 Z}{\partial\beta^2}\right)+\frac{\partial}{\partial\beta}\left[\frac{1}{Z^2}\left(\frac{\partial Z}{\partial\beta}\right)^2\right]$$

$$=-\frac{\partial}{\partial\beta}\frac{\partial}{\partial\beta}\left(\frac{1}{Z}\frac{\partial Z}{\partial\beta}\right)=-\frac{\partial^3}{\partial\beta^3}\ln Z$$

进而

$$\overline{(\Delta E)^3}=\frac{\partial^2\overline{E}}{\partial\beta^2}=\frac{\partial}{\partial\beta}\left(\frac{\partial\overline{E}}{\partial T}\frac{\partial T}{\partial\beta}\right)=\frac{\partial}{\partial\beta}\left(\frac{\partial\overline{E}}{\partial T}\frac{-1}{k\beta^2}\right)$$

$$=\frac{\partial^2\overline{E}}{\partial T^2}\frac{\partial T}{\partial\beta}\frac{-1}{k\beta^2}-\frac{\partial\overline{E}}{\partial T}\frac{-2}{k\beta^3}=\frac{\partial^2 E}{\partial T^2}\frac{1}{k^2\beta^4}+2\frac{\partial\overline{E}}{\partial T}\frac{1}{k\beta^3}$$

$$= k^2T^4\frac{\partial C_V}{\partial T} + 2k^2T^3C_V$$

（2）对 N 个单原子分子组成的理想气体

$$\bar{E} = \frac{3}{2}NkT \quad C_V = \frac{3}{2}Nk \qquad \frac{\partial C_V}{\partial T} = 0$$

$$\overline{(\Delta E)^2} = kT^2C_V \qquad \overline{(\Delta E)^3} = 2k^2T^3C_V$$

所以，

$$\frac{\overline{(E-\bar{E})^2}}{\bar{E}^2} = \frac{kT^2\frac{3}{2}Nk}{\left(\frac{3}{2}NkT\right)^2} = \frac{2}{3N}$$

$$\frac{\overline{(E-\bar{E})^3}}{\bar{E}^3} = \frac{2k^2T^3\frac{3}{2}Nk}{\left(\frac{3}{2}NkT\right)^3} = \frac{8}{9N^2}$$

29. 证　设 ξ 是某一个广义坐标(q_i)或广义动量(p_j)，并以平方形式出现在系统能量表示式中，即

$$E = \lambda\xi^2 + E'$$

式中，λ 和 E' 均与 ξ 无关，那么

$$\overline{\lambda\xi^2} = \frac{1}{N!\ h^s}\int\lambda\xi^2\mathrm{e}^{-\psi-\beta E}\mathrm{d}\Omega = \frac{1}{N!\ h^s}\mathrm{e}^{-\psi}\int\mathrm{e}^{-\beta E'}\mathrm{d}\Omega'\int\lambda\xi^2\mathrm{e}^{-\beta\lambda\xi^2}\mathrm{d}\xi$$

这里，$\mathrm{d}\Omega'$ 是包含除 ξ 外所有坐标、动量的积分元素。对后一个积分应用分部积分得

$$\int_{-\infty}^{\infty}\lambda\xi^2\mathrm{e}^{-\beta\lambda\xi^2}\mathrm{d}\xi = \frac{-\xi}{2\beta}\mathrm{e}^{-\beta\lambda\xi^2}\bigg|_{-\infty}^{\infty} + \frac{1}{2\beta}\int\mathrm{e}^{-\beta\lambda\xi^2}\mathrm{d}\xi = \frac{1}{2\beta}\int\mathrm{e}^{-\beta\lambda\xi^2}\mathrm{d}\xi$$

代入后得

$$\overline{\lambda\xi^2} = \frac{1}{N!\ h^s}\mathrm{e}^{-\psi}\int\mathrm{e}^{-\beta E'}\mathrm{d}\Omega'\frac{1}{2\beta}\int\mathrm{e}^{-\beta\lambda\xi^2}\mathrm{d}\xi = \frac{1}{2\beta}\frac{1}{N!\ h^s}\int\mathrm{e}^{-\psi-\beta E}\mathrm{d}\Omega = \frac{1}{2}kT$$

这就证明了能量均分定理。

30. 证

$$\overline{p_i\frac{\partial E}{\partial p_i}} = \frac{1}{N!\ h^s}\int p_i\frac{\partial E}{\partial p_i}\mathrm{e}^{-\Psi-\beta E}\mathrm{d}\Omega = \frac{1}{N!\ h^s}\int\mathrm{e}^{-\Psi}\frac{\mathrm{d}\Omega}{\mathrm{d}p_i}\int p_i\frac{\partial E}{\partial p_i}\mathrm{e}^{-\beta E}\mathrm{d}p_i$$

$\frac{\mathrm{d}\Omega}{\mathrm{d}p_i}$ 表示除变量 p_i 外所有积分变量。对第二个积分利用分部积分有

$$\int p_i\frac{\partial E}{\partial p_i}\mathrm{e}^{-\beta E}\mathrm{d}p_i = \int_{-\infty}^{\infty}p_i\frac{-1}{\beta}\frac{\partial}{\partial p_i}\mathrm{e}^{-\beta E}\mathrm{d}p_i$$

$$= \frac{-1}{\beta}\left\{p_i e^{-\beta E}\Bigg|_{p_i=-\infty}^{p_i=\infty} - \int e^{-\beta E} dp_i\right\} = \frac{1}{\beta}\int e^{-\beta E} dp_i$$

上式最后一个等号的成立是因为{…}中第一项由于 $p_i \to \pm\infty$ 时 $E \to \infty$ 而等于零。于是

$$\overline{p_i \frac{\partial E}{\partial p_i}} = \frac{1}{\beta}\frac{1}{Nh^s}\int e^{-\Psi}\frac{d\Omega}{dp_i}\int e^{-\beta E} dp_i = \frac{1}{\beta}\frac{1}{N!\ h^s}\int e^{-\Psi-\beta E} d\Omega = \frac{1}{\beta} = kT$$

同理可证：

$$\overline{q_i \frac{\partial E}{\partial q_i}} = kT$$

31. 证 对相对论性粒子

$$\varepsilon = \sqrt{p^2c^2 + m^2c^4} = c\sqrt{p_x^2 + p_y^2 + p_z^2 + m^2c^2}$$

$$p_i \frac{\partial \varepsilon}{\partial p_i} = p_i \frac{c \cdot 2p_i}{2\sqrt{p_x^2 + p_y^2 + p_z^2 + m^2c^2}} = \frac{cp_i^2}{\sqrt{p_x^2 + p_y^2 + p_z^2 + m^2c^2}} = \frac{c^2p_i^2}{\varepsilon}$$

$(i = x, y, z)$，利用广义能量均分定理即有

$$\overline{\frac{c^2p_i^2}{\varepsilon}} = \overline{p_i \frac{\partial \varepsilon}{\partial p_i}} = kT \quad (i = x, y, z)$$

32. 解 (1) $Z = e^{\alpha} = \frac{1}{h}\int e^{-\beta\varepsilon} dp_x dx = \frac{1}{h}\int_{-\infty}^{\infty} e^{-\frac{\beta}{2m}p_x^2} dp_x \int_{-\infty}^{\infty} e^{-\frac{\beta}{2}m\omega^2 x^4} dx$

$$= \frac{1}{h}\sqrt{\frac{2\pi m}{\beta}}\frac{2\Gamma(1/4)}{4(\beta m\omega^2/2)^{1/4}} = \frac{1}{h}\left(\frac{\pi^2 m}{2\beta^3\omega^2}\right)^{1/4}\Gamma\left(\frac{1}{4}\right)$$

式中利用了

$$\int_0^{\infty} e^{-\lambda x^n} dx = \frac{\Gamma(1/n)}{n\lambda^{1/n}}$$

所以，

$$\bar{\varepsilon} = -\frac{\partial}{\partial\beta}\ln Z = \frac{1}{2\beta} + \frac{1}{4\beta} = \frac{3}{4}kT$$

(2) 由 $p_x \frac{\partial \varepsilon}{\partial p_x} = \frac{p_x^2}{m}$，$x\frac{\partial \varepsilon}{\partial x} = 2m\omega^2 x^4$ 知

$$\varepsilon = \frac{1}{2m}p_x^2 + \frac{1}{2}m\omega^2 x^4 = \frac{1}{2}p_x\frac{\partial \varepsilon}{\partial p_x} + \frac{1}{4}x\frac{\partial \varepsilon}{\partial x}$$

利用广义能量均分定理即得

$$\bar{\varepsilon} = \frac{1}{2}\overline{p_x\frac{\partial \varepsilon}{\partial p_x}} + \frac{1}{4}\overline{x\frac{\partial \varepsilon}{\partial x}} = \frac{1}{2}kT + \frac{1}{4}kT = \frac{3}{4}kT$$

33. 证 如果以 p 和 S 为自变量，那么

$$\Delta V = \left(\frac{\partial V}{\partial p}\right)_S \Delta p + \left(\frac{\partial V}{\partial S}\right)_p \Delta S = \left(\frac{\partial V}{\partial p}\right)_S \Delta p + \left(\frac{\partial T}{\partial p}\right)_S \Delta S$$

$$\Delta T = \left(\frac{\partial T}{\partial p}\right)_S \Delta p + \left(\frac{\partial T}{\partial S}\right)_p \Delta S = \left(\frac{\partial T}{\partial p}\right)_S \Delta p + \frac{T}{C_p}\Delta S$$

代入

$$w \propto e^{\frac{\Delta p \Delta V - \Delta S \Delta T}{2kT}}$$

有

$$w \propto e^{\frac{1}{2kT}\left(\frac{\partial V}{\partial p}\right)_S (\Delta p)^2 - \frac{1}{2kC_p}(\Delta S)^2}$$

由此求得

$$\overline{(\Delta S)^2} = \frac{\int (\Delta S)^2 e^{-\frac{1}{2kC_p}(\Delta S)^2 + \frac{1}{2kT}\left(\frac{\partial V}{\partial p}\right)_S (\Delta p)^2} d(\Delta S) d(\Delta p)}{\int e^{-\frac{1}{2kC_p}(\Delta S)^2 + \frac{1}{2kT}\left(\frac{\partial V}{\partial p}\right)_S (\Delta p)^2} d(\Delta S) d(\Delta p)} = kC_p$$

类似地

$$\overline{\Delta S \Delta p} = 0, \quad \overline{(\Delta p)^2} = -kT\left(\frac{\partial p}{\partial V}\right)_S$$

34. 解　在稳流情况下，大量布朗粒子的扩散满足连续性方程

$$\frac{\partial n}{\partial t} + \nabla \cdot \boldsymbol{J} = 0$$

式中，n 为粒子数密度，$\boldsymbol{J}$ 为粒子流密度（单位时间通过单位面积的粒子数）。而根据斐克定律

$$\boldsymbol{J} = -D\nabla n$$

D 为扩散系数。由上面两式有

$$\frac{\partial n}{\partial t} - D\nabla^2 n = 0$$

在一维情况下，上式化成

$$\frac{\partial n}{\partial t} = D\frac{\partial^2 n}{\partial x^2}$$

且 $t = 0$ 时，

$$n(x,0) = N\delta(x)$$

从微分方程理论知，上述偏微分方程在此初始条件下的解为

$$n(x,t) = \frac{N}{2\sqrt{\pi d t}} e^{-\frac{x^2}{4Dt}}$$

这是一高斯分布。继而可求得布朗粒子位移平方的平均值

$$\overline{x^2} = \frac{1}{N}\int_{-\infty}^{\infty} x^2 n(x,t)\,dx = 2Dt$$

对比得

$$D=\frac{kT}{\alpha}$$

记$\chi=\frac{1}{\alpha}$,则

$$D=\chi kT$$

此即爱因斯坦关系。

35. 解 $\alpha=6\pi r\eta=6\pi\times0.4\times10^{-6}\times2.8\times10^{-3}=2.1\times10^{-8}$

$$k=\frac{\alpha\overline{x^2}}{2Tt}=\frac{2.1\times10^{-8}\times3.3\times10^{-12}}{2\times10\times291}=1.19\times10^{-23}(\mathrm{J\cdot K^{-1}})$$

36. 证 对运动方程两边取平均有

$$m\frac{\mathrm{d}\bar{v}}{\mathrm{d}t}=-\alpha\bar{v}+q\xi \qquad (\bar{F}(t)=0)$$

此微分方程的解为

$$\bar{v}=\lambda\mathrm{e}^{-\frac{\alpha}{m}t}+\frac{q\xi}{\alpha}$$

式中,λ 为一积分常数,右边第一项依指数形式迅速衰减,经充分长时间后便可忽略,因此

$$\bar{v}=\frac{q\xi}{\alpha}$$

已知

$$D=\frac{kT}{\alpha}$$

而

$$\mu=\bar{v}/\xi=\frac{q}{\alpha}$$

比较得

$$D=\frac{\mu}{q}kT$$

37. 解 (1) 离子在电场作用下所具有的能量 $\varepsilon=-q\xi x$

达到平衡时,离子遵守玻尔兹曼分布,从而

$$n(x)=\lambda\mathrm{e}^{-\beta\varepsilon}=\lambda\mathrm{e}^{\beta q\xi x}$$

(2) $J_D=-D\frac{\mathrm{d}n}{\mathrm{d}x}=-D\lambda\beta q\xi\mathrm{e}^{\beta q\xi x}=-D\beta q\xi n$

(3) $J_\mu=n\bar{v}=\lambda\mathrm{e}^{\beta q\xi x}\mu\xi$

(4) $J_D+J_\mu=-D\beta q\xi n+n\bar{v}=(-D\beta q\xi+\bar{v})n=0$

由此得 $$-D\beta q\xi + \bar{v} = -D\beta q\xi + \mu\xi = 0$$

所以
$$D = \frac{\mu}{q}kT$$

第 11 章　原子与原子核

1. 解　由公式(11.1.3)(11.1.4)知

$$a = \frac{Z_1 Z_2 e^2}{4\pi\varepsilon_0 E} = \frac{2 \times 79 \times 1.6^2 \times 10^{-38}}{4\pi \times 8.854 \times 10^{-12} \times 7.5 \times 1.6 \times 10^{-19} \times 10^6} = 3 \times 10^{-12}$$

$$b = \frac{a}{2}\cot\frac{\theta}{2} = \frac{3}{2} \times 10^{-12}\cot\frac{150^\circ}{2} = \frac{3}{2} \times 10^{-12} \times 0.27 = 4 \times 10^{-11}$$

2. 解　由式(11.1.3)知,$\theta > 90^\circ$ 的散射都发生在半径 $b = \frac{a}{2}\cot\frac{90^\circ}{2} = a/2$ 的圆截面内,这个散射靶中所含核粒子数为

$$nt\pi b^2 = \frac{\rho}{M}N_A t\pi b^2$$

这里,$n = N_A\rho/M$ 是粒子数密度,$N_A = 6.023 \times 10^{23}$ 是阿伏伽德罗常数,$\rho = 1.9 \times 10^4 \mathrm{kg \cdot m^{-3}}$,$M = 0.197\mathrm{kg \cdot mol^{-1}}$,$t = 10^{-7}\mathrm{m}$。于是 $\theta > 90^\circ$ 的 α 粒子数 N' 与全部入射 α 粒子数 N 之比

$$\frac{N'}{N} = \frac{\rho}{M}N_A t\pi b^2 = \frac{1.9 \times 10^4 \times 6.023 \times 10^{23} \times 10^{-7}}{0.197} \times \pi b^2 = 1.825 \times 10^{22} b^2$$

若入射 α 粒子能量为 $E = 7.5\mathrm{MeV}$,则

$$b = \frac{a}{2} = \frac{1}{2}\frac{z_1 z_2 e^2}{4\pi\varepsilon_0 E} = \frac{1}{2} \times 3 \times 10^{-14} = 1.5 \times 10^{-14}$$

所以

$$\frac{N'}{N} = 1.825 \times 10^{22} \times 1.5^2 \times 10^{-28} = 4.1 \times 10^{-6}$$

3. 解　在粒子正碰靶核的情况下,当粒子与靶核的距离最小时,入射粒子的动能完全转换为电势能,即

$$\frac{Z_1 Z_2 e^2}{4\pi\varepsilon_0 r} = \frac{1}{2}mv^2 = E$$

由此知

$$r_{\min} = a = \frac{Z_1 Z_2 e^2}{4\pi\varepsilon_0 E} = \frac{1.6^2 \times 10^{-38} Z_1 Z_2}{4\pi\varepsilon_0 E} = 1.44\frac{Z_1 Z_2}{E}(\mathrm{fm})$$

式中,E 的单位是 MeV,$1\text{fm} = 10^{-15}\text{m}$。

当质子正碰金核时,已知 $Z_1 = 1, Z_2 = 79, r_{\min} = a = 7.0\text{fm}$,所以

$$E = \frac{1.44 \times 1 \times 79}{7.0} = 16.25(\text{MeV})$$

不过,当粒子质量与靶核质量可以相比时,靶核的运动不再能忽略,能量守恒表示式中还应加上靶核动能一项,此时可考虑质心坐标系。在质心坐标系中,两个粒子的碰撞可看作一个质量为约化质量的粒子被势场散射。这样,上式仍可运用,只是应将 E 理解为质心系的能量 E_c:

$$E_C = \frac{1}{2}m_\mu v^2 = \frac{1}{2}\frac{mm'}{m + m'}v^2 = \frac{m'}{m + m'}\frac{1}{2}mv^2 = \frac{1}{1 + m/m'}E$$

式中,E 即入射粒子能量。质子正碰铝核正是这种情形。这时,$Z_1 = 1, Z_2 = 13$,$a = 4.0\text{fm}$。

$$E = \frac{1.44Z_1Z_2}{a}\left(1 + \frac{m}{m'}\right) = \frac{1.44 \times 1 \times 13}{4.0}\left(1 + \frac{1}{27}\right) = 4.85(\text{MeV})$$

4. 解 由题 3 知,粒子碰撞的最小距离

$$r_{\min} = a = \frac{Z_1Z_2e^2}{4\pi\varepsilon_0 E} = \frac{1.44Z_1Z_2}{E}$$

对质子(或氘核)正碰金箔,$Z_1 = 1, Z_2 = 79, E = 1\text{MeV}$

$$r_{\min} = \frac{1.44 \times 1 \times 79}{1} = 114(\text{fm})$$

5. 解 与习题 2 类似,但不同点是这里入射粒子被两种不同的靶核粒子散射。若设 N_1', N_2'分别是被金核银核散射到 $\theta > 30°$ 内的质子数,则

$$\frac{N_1'}{N} = \frac{\sigma_1}{M_1}N_A\pi b_1^2 \qquad \frac{N_2'}{N} = \frac{\sigma_2}{M_2}N_A\pi b_2^2$$

这里 $\sigma = \rho t = 1.5\text{mg}\cdot\text{cm}^{-2} = 1.5 \times 10^{-2}\text{kg}\cdot\text{m}^{-2}$ 是面质量密度,

$\sigma_1 = 0.7\sigma, \quad \sigma_2 = 0.3\sigma$

$M_1 = M = 0.197\text{kg}\cdot\text{mol}^{-1} \qquad M_2 = M' = 0.108\text{kg}\cdot\text{mol}^{-1}$

$$b_1 = \frac{1}{2}\frac{Z_1Z_2e^2}{4\pi\varepsilon_0 E}\cot 15° = \frac{1}{2}\frac{79e^2}{4\pi\varepsilon_0 E}\cot 15°$$

$$b_2 = \frac{1}{2}\frac{Z_1Z_2'e^2}{4\pi\varepsilon_0 E}\cot 15° = \frac{1}{2}\frac{47e^2}{4\pi\varepsilon_0 E}\cot 15°$$

将这些数据代入得被散射到 $\theta > 30°$ 内的质子数与入射质子数之比

$$\frac{N_1'+N_2'}{N}=\sigma N_A\left(\frac{0.7\times 79^2}{0.197}+\frac{0.3\times 47^2}{0.108}\right)\times\frac{\pi}{4}\left(\frac{e^2\cot 15°}{4\pi\varepsilon_0 E}\right)$$

$$=1.5\times 10^{-2}\times 6.023\times 10^{23}\times 28312\times\frac{\pi}{4}\left(\frac{1.062\times 10^{-19}\cot 15°}{4\pi\times 8.8542\times 10^{-12}\times 10^6}\right)^2$$

$$=5.8\times 10^{-3}$$

6. 证　设质量为 m_1 的粒子入射速度 v 沿 x 轴正向，碰撞后速度为 v_1，与 x 轴成 θ_1 的角度，m_2 的粒子速度为 v_2，与 x 轴成 θ_2 的角度。由动量守恒和能量守恒定律知

$$m_1v=m_1v_1\cos\theta_1+m_2v_2\cos\theta_2$$

$$0=m_1v_1\sin\theta_1-m_2v_2\sin\theta_2$$

$$\frac{1}{2}m_1v^2=\frac{1}{2}m_1v_1{}^2+\frac{1}{2}m_2v_2^2$$

将第一式乘以 $\sin\theta_1$ 减去第二式乘以 $\cos\theta_1$ 得

$$m_1v\sin\theta_1=m_2v_2\sin(\theta_1+\theta_2)$$

将第一式乘以 $\sin\theta_2$ 加上第二式乘以 $\cos\theta_2$ 得

$$m_1v\sin\theta_2=m_1v_1\sin(\theta_1+\theta_2)$$

然后代入第三式得

$$m_1v^2=m_1\left[\frac{v\sin\theta_2}{\sin(\theta_1+\theta_2)}\right]^2+\frac{m_1{}^2}{m_2}\left[\frac{v\sin\theta_1}{\sin(\theta_1+\theta_2)}\right]^2$$

即
$$\sin^2(\theta_1+\theta_2)=\sin^2\theta_2+\frac{m_1}{m_2}\sin^2\theta_1$$

将上式两边对 θ_2 求导得

$$2\sin(\theta_1+\theta_2)\cos(\theta_1+\theta_2)\left(\frac{d\theta_1}{d\theta_2}+1\right)=2\sin\theta_2\cos\theta_2+\frac{m_1}{m_2}2\sin\theta_1\cos\theta_1\frac{d\theta_1}{d\theta_2}$$

即
$$\sin 2(\theta_1+\theta_2)-\sin 2\theta_2=\left[\frac{m_1}{m_2}\sin 2\theta_1-\sin 2(\theta_1+\theta_2)\right]\frac{d\theta_1}{d\theta_2}$$

在 θ_2 的各种可能值中，θ_1 取极值时有

$$\frac{d\theta_1}{d\theta_2}=0$$

因此
$$\sin 2(\theta_1+\theta_2)-\sin 2\theta_2=2\cos(\theta_1+2\theta_2)\sin\theta_1=0$$

这或者是，$\sin\theta_1=0$，　$\theta_1=0$，此时 θ_1 取极小值。

或者是 $\cos(\theta_1+2\theta_2)=0$，$\theta_1+2\theta_2=\frac{\pi}{2}$，此时 θ_1 取极大值。在这种情况下

$$\sin^2\left(\frac{\pi}{2}-2\theta_2+\theta_2\right)=\sin^2\theta_2{}^2+\frac{m_1}{m_2}\sin^2\left(\frac{\pi}{2}-2\theta_2\right)$$

即
$$\cos 2\theta_2=\frac{m_1}{m_2}\cos^2 2\theta_2$$

于是
$$\cos 2\theta_2=\frac{m_2}{m_1}\qquad \sin\theta_1=\cos\left(\frac{\pi}{2}-\theta_1\right)=\frac{m_2}{m_1}$$

此题得证。

7. 解　根据爱因斯坦光电效应公式

$$\frac{1}{2}mv_e{}^2=h\nu-W$$

式中，v_e 为出射电子(光电子)速度，ν 为入射光频率，W 为逸出功。电子出射动能为零时，所需入射光频率最小，这时的频率即其阈值。已知铯的逸出功是1.9eV，因此它发生光电效应的入射光频率阈值

$$\nu_0=\frac{W}{h}=\frac{1.9\times1.6\times10^{-19}}{6.626\times10^{-34}}=4.6\times10^{14}(\mathrm{Hz})$$

相应的波长阈值

$$\lambda_0=\frac{c}{\nu_0}=\frac{3.0\times10^8}{4.6\times10^{14}}=6.5\times10^{-7}(\mathrm{m})=6500\text{Å}$$

若光电子能量 $E=2\mathrm{eV}\neq0$，则入射光频率

$$\nu=\frac{E+W}{h}=\frac{2+1.9}{4.136\times10^{-15}}=9.4\times10^{14}(\mathrm{Hz})$$

8. 解　(1) 根据玻尔理论，氢和类氢离子中电子运动的轨道半径(见式(11.2.5))

$$r_n=a_0\frac{n^2}{Z}$$

式中，a_0 是玻尔半径，Z 是原子序数，n 是轨道顺序。从而对氢原子，$Z=1$，第一玻尔轨道半径　$r_1=a_0=0.53\times10^{-10}\mathrm{m}=0.053\mathrm{nm}$

第二玻尔轨道半径 $r_2=a_0 2^2=4a_0=0.212(\mathrm{nm})$

对氦离子，$Z=2$，

第一玻尔轨道半径 $r_1=\dfrac{a_0}{2}=0.0265(\mathrm{nm})$

第二玻尔轨道半径 $r_2=\dfrac{a_0}{2}\times2^2=2a_0=0.106(\mathrm{nm})$

双锂离子，$Z=3$，

第一玻尔轨道半径 $r_1 = \frac{a_0}{3} = 0.018(\text{nm})$

第二玻尔轨道半径 $r_2 = \frac{a_0}{3} \times 2^2 = \frac{4}{3}a_0 = 0.071(\text{nm})$

电子在这些轨道上的速度可以根据玻尔理论中的角动量量子化条件确定（见式(11.2.17)）

$$mvr = n\hbar \qquad v_n = \frac{n\hbar}{mr_n}$$

对氢原子，

第一玻尔轨道半径上的速度 $v_1 = \frac{\hbar}{ma_0} = \frac{e^2}{4\pi\varepsilon_0\hbar} = \alpha c = \frac{c}{137} = 2.19 \times 10^6(\text{m/s})$

第二玻尔轨道半径上的速度 $v_2 = \frac{2\hbar}{m \cdot 4a_0} = \frac{1}{2}\frac{\hbar}{ma_0} = \frac{v_1}{2} = 1.095 \times 10^6(\text{m/s})$

对氦离子，

第一玻尔轨道半径上的速度 $v_1 = \frac{\hbar}{ma_0/2} = 2\frac{\hbar}{ma_0} = 4.38 \times 10^6(\text{m/s})$

第二玻尔轨道半径上的速度 $v_2 = \frac{2\hbar}{m \times 2a_0} = \frac{\hbar}{ma_0} = 2.19 \times 10^6(\text{m/s})$

对锂原子，

第一玻尔轨道半径上的速度 $v_1 = \frac{\hbar}{ma_0/3} = 3\frac{\hbar}{ma_0} = 6.57 \times 10^6(\text{m/s})$

第二玻尔轨道半径上的速度 $v_2 = \frac{2\hbar}{m \times 4a_0/3} = \frac{3}{2}\frac{\hbar}{ma_0} = 3.29 \times 10^6(\text{m/s})$

(2) 电子在原子内处在某一状态的电离能等于将电子从该状态移到原子外所需的最小能量。电子在原子外的最小能量 $E_\infty = 0$，因此，电子从某状态电离的能量

$$E = E_\infty - E_n = -E_n$$

式中，

$$E_n = -\frac{1}{2}m(\alpha c)^2\frac{Z^2}{n^2} = \frac{Z^2}{n^2}E_0$$

$$E_0 = -\frac{1}{2}m(\alpha c)^2 = -\frac{1}{2} \times 9.1 \times 10^{-31} \times \left(\frac{3 \times 10^8}{137}\right)^2$$

$$= -22 \times 10^{-19}(\text{J}) = -13.6(\text{eV})$$

对氢原子，

基态电离能 $= -E_0 = 13.6(\text{eV})$

第一激发态电离能 $=-\frac{1}{2^2}E_0=3.4(\text{eV})$

对氦离子，

基态电离能 $=-2^2E_0=54.4(\text{eV})$

第一激发态电离能 $=-\frac{2^2}{2^2}E_0=-E_0=13.6(\text{eV})$

对锂离子，

基态电离能 $=-3^2E_0=122.4(\text{eV})$

第一激发态电离能 $=-\frac{3^2}{2^2}E_0=30.6(\text{eV})$

(3) 赖曼系第一谱线是指电子在第一激发态与基态间跃迁所产生的电磁波，因此其波长

$$\lambda=\frac{c}{\nu}=\frac{ch}{E_2-E_1}=\frac{ch}{-E_0Z^2(1-1/4)}=\frac{4ch}{-E_0\times 3Z^2}$$

对氢原子，

$$\lambda=\frac{4ch}{3(-E_0)}=\frac{4\times 3\times 10^8\times 4.136\times 10^{-15}}{3\times 13.6}=1.22\times 10^{-7}(\text{m})=122\text{nm}$$

对氦离子，

$$\lambda=\frac{4ch}{-E_0\times 3\times 2^2}=30.5(\text{nm})$$

对锂离子

$$\lambda=\frac{4ch}{-E_0\times 3\times 3^2}=13.4(\text{nm})$$

9. 解 从题8知，锂离子 Li^{++} 从第一激发态向基态跃迁所发射的光子能量

$$E=E_2-E_1=-30.6-(-122.4)=91.8(\text{eV})$$

大于氦离子基态电离能54.4eV，所以能发生电离。

10. 解 从题8知，氦离子 He^+ 从第一激发态跃迁至基态时所辐射光子的能量

$$E=E_2-E_1=54.4-13.6=40.8(\text{eV})$$

大于氢原子基态电离能13.6eV，会发生电离。电离后电子的速度由下式确定

$$\frac{1}{2}mv^2=40.8-13.6=27.2(\text{eV})$$

所以

$$v=\sqrt{\frac{2\times 27.2\times 1.6\times 10^{-19}}{9.1\times 10^{-31}}}=3.1\times 10^6(\text{m}\cdot\text{s}^{-1})$$

11. 解　巴尔末系第一条光谱线的方程是(参见式(11.1.7))

$$\frac{1}{\lambda}=R\left(\frac{1}{2^2}-\frac{1}{3^2}\right)$$

对氢和氘分别是

$$\frac{1}{\lambda_{\mathrm{H}}}=R_{\mathrm{H}}\left(\frac{1}{2^2}-\frac{1}{3^2}\right),\qquad \frac{1}{\lambda_{\mathrm{D}}}=R_{\mathrm{D}}\left(\frac{1}{2^2}-\frac{1}{3^2}\right)$$

由此得

$$\lambda_H=\frac{36}{5}\frac{1}{R_{\mathrm{H}}},\quad \lambda_{\mathrm{D}}=\frac{36}{5}\frac{1}{R_{\mathrm{D}}}$$

于是,它们的波长差

$$\Delta\lambda=\lambda_{\mathrm{H}}-\lambda_{\mathrm{D}}=\frac{36}{5}\left(\frac{1}{R_{\mathrm{H}}}-\frac{1}{R_{\mathrm{D}}}\right)$$

$$=\frac{36}{5}\left(\frac{1}{1.0967785}-\frac{1}{1.0970742}\right)\times 10^{-7}(\mathrm{m})=1.79\text{Å}$$

12. 解　根据玻尔兹曼分布(式(6.3.30))

$$n_l=g_l\mathrm{e}^{-\alpha-\beta\varepsilon_l}$$

考虑到自旋,氢原子基态的简并度 $g_1=2$,第一激发态的简并度 $g_l=8$(参见式(5.5.72))。因此,

$$n_1=2\mathrm{e}^{-\alpha-\beta\varepsilon_1},\quad n_2=8\mathrm{e}^{-\alpha-\beta\varepsilon_2}$$

$$\frac{n_2}{n_1}=4\mathrm{e}^{-\beta(\varepsilon_2-\varepsilon_1)}$$

式中,$\varepsilon_1=-13.6\mathrm{eV}$ 是氢原子基态能量,$\varepsilon_2=-\frac{1}{4}\times 13.6=-3.4\mathrm{eV}$ 是氢原子第一激发态能量。可见若有一个氢原子处在第一激发态($n_2=1$),那么在温度 $T=293.15\mathrm{K}$ 和压强 $p=1\mathrm{atm}$ 达到热平衡时,处在基态的氢原子数目至少为

$$n_1=\frac{1}{4}\mathrm{e}^{\beta(\varepsilon_2-\varepsilon_1)}=\frac{1}{4}\mathrm{e}^{(-3.4+13.6)\times 1.602\times 10^{-14}/1.38\times 10^{-23}\times 293.15}$$

$$=6.56\times 10^{174}$$

根据理想气体状态方程 $pV=nkT$,这么多原子所占的体积

$$V\doteq\frac{nkT}{p}=\frac{6.56\times 10^{174}\times 1.38\times 10^{-23}\times 293.15}{101325}=2.6\times 10^{149}(\mathrm{m}^3)$$

13. 解　由式(11.2.18)知

$$R_{\mathrm{H}}=\frac{R}{1+m_e/M_H},\quad R_{\mathrm{D}}=\frac{R}{1+m_e/M_{\mathrm{D}}}$$

式中,$M_{\mathrm{H}}=m_p$ 是氢核质量,$M_{\mathrm{D}}=2m_p$ 是氘核质量,m_e 是电子质量,m_p 是质子质

量。因此

$$\frac{R_{\mathrm{H}}}{R_{\mathrm{D}}}=\frac{1+m_e/M_{\mathrm{D}}}{1+m_e/M_{\mathrm{H}}}=\frac{1+m_e/2m_p}{1+m_e/m_p}$$

$$\left(1+\frac{m_e}{m_p}\right)\frac{R_{\mathrm{H}}}{R_{\mathrm{D}}}=1+\frac{1}{2}\frac{m_e}{m_p}$$

于是

$$\frac{m_e}{m_p}=\frac{1-R_{\mathrm{H}}/R_{\mathrm{D}}}{R_{\mathrm{H}}/R_{\mathrm{D}}-0.5}=\frac{1-0.999728}{0.999728-0.5}=0.0005443$$

质子质量与电子质量之比 $m_p/m_e=1837$。

14. 解 通常温度下,氢原子均处于基态,吸收光谱是从 $n=1$ 的能级向高能级跃迁的结果。根据式(11.1.17),吸收谱线波长

$$\lambda=\frac{1}{R_{\mathrm{H}}(1-1/n^2)}$$

式中,$R_{\mathrm{H}}=1.0967758\times10^7(\mathrm{m}^{-1})$,正整数 $n\geqslant2$。由于 $n=2$

$$\lambda=\frac{1}{R_{\mathrm{H}}(1-1/4)}=1.216\times10^{-7}(\mathrm{m})=1216\text{Å}$$

$$n=\infty$$

$$\lambda=\frac{1}{R_{\mathrm{H}}}=0.912\times10^{-7}(\mathrm{m})=912\text{Å}$$

可见,吸收光谱中,任意可能的谱线,其波长均满足 $900\text{Å}<\lambda<1500\text{Å}$。

15. 解 电子偶素可以看作类氢原子。不同的是,氢原子中电子的质量比质子的质量小得多,而电子偶素中的正负电子质量相当。这时,描写它们的相对运动等效于一个质量为它们的约化质量的粒子在势场中的运动。因此,在有关氢原子的公式中,用约化质量代替电子的质量,它们仍可适用。注意到,电子偶素中正负电子约化质量

$$m_\mu=\frac{m_+m_-}{m_++m_-}=\frac{m}{2}$$

式中 m_+ 和 m_- 分别是正负电子质量,且 $m_+=m_-=m$。将 m_μ 代替式(11.2.15)中的 m 得正负电子在基态时的距离

$$r=\frac{4\pi\varepsilon_0\hbar^2}{m_\mu e^2}=2\frac{4\pi\varepsilon_0\hbar^2}{me^2}=2a_0=0.106(\mathrm{nm})$$

得电子偶素的能级

$$E_n=-\frac{1}{2}m_\mu(\alpha c)^2\frac{1}{n^2}=\frac{1}{2n^2}\left[-\frac{1}{2}m(\alpha c)^2\right]=\frac{1}{2n^2}E_0$$

a_0 是氢原子玻尔半径，E_0 是氢原子基态能量。因此，电子偶素的基态能量

$$E_1 = \frac{1}{2} \times (-13.6) = -6.8(\text{eV})$$

第一激发态能量

$$E_2 = \frac{1}{2} \times \frac{1}{4} \times (-13.6) = -1.7(\text{eV})$$

两态间跃迁时发射光波的波长

$$\lambda = \frac{c}{\nu} = \frac{hc}{E_2 - E_1} = \frac{4.136 \times 10^{-15} \times 3 \times 10^{18}}{6.8 - 1.7} = 2.43 \times 10^{-7}(\text{m}) = 2430\text{Å}$$

16. 解　(1) 利用全同粒子的性质和泡利不相容原理，3 个同科 p 电子可能的自旋和轨道角动量如下表所示：

σ_1	σ_2	σ_3	m_1	m_2	m_3	σ	m
$\frac{1}{2}$	$\frac{1}{2}$	$\frac{1}{2}$	1	0	-1	$\frac{3}{2}$	0
$\frac{1}{2}$	$\frac{1}{2}$	$-\frac{1}{2}$	1	0	1	$\frac{1}{2}$	2
$\frac{1}{2}$	$\frac{1}{2}$	$-\frac{1}{2}$	1	0	0	$\frac{1}{2}$	1
$\frac{1}{2}$	$\frac{1}{2}$	$-\frac{1}{2}$	1	0	-1	$\frac{1}{2}$	0
$\frac{1}{2}$	$\frac{1}{2}$	$-\frac{1}{2}$	1	-1	1	$\frac{1}{2}$	1
$\frac{1}{2}$	$\frac{1}{2}$	$-\frac{1}{2}$	1	-1	0	$\frac{1}{2}$	0
$\frac{1}{2}$	$\frac{1}{2}$	$-\frac{1}{2}$	1	-1	-1	$\frac{1}{2}$	-1
$\frac{1}{2}$	$\frac{1}{2}$	$-\frac{1}{2}$	0	-1	1	$\frac{1}{2}$	0
$\frac{1}{2}$	$\frac{1}{2}$	$-\frac{1}{2}$	0	-1	0	$\frac{1}{2}$	-1
$\frac{1}{2}$	$\frac{1}{2}$	$-\frac{1}{2}$	0	-1	-1	$\frac{1}{2}$	-2
$\frac{1}{2}$	$-\frac{1}{2}$	$-\frac{1}{2}$	1	1	0	$-\frac{1}{2}$	2
$\frac{1}{2}$	$-\frac{1}{2}$	$-\frac{1}{2}$	0	1	0	$-\frac{1}{2}$	1
$\frac{1}{2}$	$-\frac{1}{2}$	$-\frac{1}{2}$	-1	1	0	$-\frac{1}{2}$	0
$\frac{1}{2}$	$-\frac{1}{2}$	$-\frac{1}{2}$	1	1	-1	$-\frac{1}{2}$	1
$\frac{1}{2}$	$-\frac{1}{2}$	$-\frac{1}{2}$	0	1	-1	$-\frac{1}{2}$	0

续表

σ_1	σ_2	σ_3	m_1	m_2	m_3	σ	m
$\frac{1}{2}$	$-\frac{1}{2}$	$-\frac{1}{2}$	-1	1	-1	$-\frac{1}{2}$	-1
$\frac{1}{2}$	$-\frac{1}{2}$	$-\frac{1}{2}$	1	0	-1	$-\frac{1}{2}$	0
$\frac{1}{2}$	$-\frac{1}{2}$	$-\frac{1}{2}$	0	0	-1	$-\frac{1}{2}$	-1
$\frac{1}{2}$	$-\frac{1}{2}$	$-\frac{1}{2}$	-1	0	-1	$-\frac{1}{2}$	-2
$-\frac{1}{2}$	$-\frac{1}{2}$	$-\frac{1}{2}$	1	0	-1	$-\frac{3}{2}$	0

它们有 20 种可能,其中 4 种属 $S=\frac{3}{2},l=0$;10 种属 $S=\frac{1}{2},l=2$;6 种属 $S=\frac{1}{2}$, $l=1$。原子态的谱项符号是 $^4S,{}^2D,{}^2P$。根据洪特定则,这些谱项中能量最低的应是,S 取最大,即 $S=\frac{1}{2}+\frac{1}{2}+\frac{1}{2}=\frac{3}{2}$;在此条件下 l 取最大,即 $l=1+0-1=0$,所以基态为 ^4S 。

(2) 两个同科 d 电子形成的组合也可用列表的方法得到,但表格较长,请读者自行完成。下面介绍一种更为简洁的置换群作图方法。它们用图形表示为

$$\square \times \square = \square\square + \begin{matrix}\square\\\square\end{matrix}$$

$$\begin{matrix} 5 & 5 & 15 & 10 \\ 2 & 2 & 3 & 1 \end{matrix}$$

对于 d 电子,$l=2,m=0,\ \pm1,\ \pm2$,一个方格□表示一个 5 维子空间。两个 d 电子耦合,l_1+l_2,磁量子 m_1+m_2 有 $5\times5=25$ 种可能。上面示意图左边是两个 5 维空间的直积,这个积空间维数是 $5\times5=25$。右边表示这个积空间能分解成两个不可约子空间。

对两个 d 电子,右边的第一个图形表示对称态。显然,由有 5 个单电子态的两个电子组成的对称态,其维数是 15,第二个图形表示反对称态,它的维数是 10。第一个图形填入的最大数字之和是 $2+2=4$,表明含角动量 $l=4$,张成 $2\times4+1=9$ 维空间。剩下的 $15-9=6$ 便对应角动量 $l=2$(维数 5) 和 $l=0$(维数 1) 的子空间。根据角动量耦合理论,若 $\boldsymbol{l}=\boldsymbol{l}_1+\boldsymbol{l}_2$,则 l 的取值为 $l_1+l_2,l_1+l_2-1,\cdots|l_1-l_2|$。可见两个 d 电子的耦合角动量取值是 4,3,2,1,0。而第二个图形所含角动量是 $l=3$(7 维),$l=1$(3 维)。

总结上述结果有:对两个 d 电子轨道角动量的耦合,对称态包含角动量 $l=$

4,2,0,反对称态包含角动量$l=3,1$。类似的分析也可应用于自旋。电子的自旋$\frac{1}{2}$,构成一个2维空间,两个2维空间的直积(4维)约化成一个3维不可约空间(自旋三重态)和一个1维不可约空间(自旋单态)。由于两个同科d电子是$S=\frac{1}{2}$的全同粒子,描写它们的状态只能是反对称的。当轨道角动量取值为$l=4,2,0$时,自旋$S=0$;当轨道角动量取值$l=3,1$时,自旋$S=1$。所以电子组态nd^2形成的原子态是^1G,$^1\mathrm{D}$,^1S,^3F,^3P。根据洪特定则,S的最大值是$\frac{1}{2}+\frac{1}{2}=1$,在此条件下,$L$的最大值$2+1=3$,即基态是$^3F$。

(3)ndn'd电子组态由于两个电子主量子数不同,可以把它们当作能分辨的。利用(2)的结果知,它们的轨道角动量可以取$l=4,3,2,1,0$,自旋可取$S=1,0$。因此它们的原子态是^3G,^1G,^3F,^1F,$^3\mathrm{D}$,$^1\mathrm{D}$,^3P,^1P,^3S,^1S。

17. 解　这两个电子的轨道角动量耦合后的$l=1+0=1$,自旋耦合后$S=\frac{1}{2}+\frac{1}{2}=1$,$S=\frac{1}{2}-\frac{1}{2}=0$。总角动量$j=l+s,\cdots|l-s|$,即$j=2,1,0$。因此原子态为$^3P_{2,1,0}$,$^1P_1$,而基态为$^1S_0$。根据选择定则,跃迁只发生在$^1P_1$与$^1S_0$之间。

18. 解　根据原子的壳层结构,氟原子电子组态是$1s^22s^22p^5$(见附录B),其中未填满支壳层包含5个p电子,它们的轨道角动量与自旋的可能取值如下表所示:

σ_1	σ_2	σ_3	σ_4	σ_5	m_1	m_2	m_3	m_4	m_5	σ	m
$\frac{1}{2}$	$\frac{1}{2}$	$\frac{1}{2}$	$-\frac{1}{2}$	$-\frac{1}{2}$	1	0	-1	1	0	$\frac{1}{2}$	1
$\frac{1}{2}$	$\frac{1}{2}$	$\frac{1}{2}$	$-\frac{1}{2}$	$-\frac{1}{2}$	1	0	-1	1	-1	$\frac{1}{2}$	0
$\frac{1}{2}$	$\frac{1}{2}$	$\frac{1}{2}$	$-\frac{1}{2}$	$-\frac{1}{2}$	1	0	-1	0	-1	$\frac{1}{2}$	-1
$\frac{1}{2}$	$\frac{1}{2}$	$-\frac{1}{2}$	$-\frac{1}{2}$	$-\frac{1}{2}$	1	0	1	0	-1	$-\frac{1}{2}$	1
$\frac{1}{2}$	$\frac{1}{2}$	$-\frac{1}{2}$	$-\frac{1}{2}$	$-\frac{1}{2}$	1	-1	1	0	-1	$-\frac{1}{2}$	0
$\frac{1}{2}$	$\frac{1}{2}$	$-\frac{1}{2}$	$-\frac{1}{2}$	$-\frac{1}{2}$	0	-1	1	0	-1	$-\frac{1}{2}$	-1

另一种较为简单的方法是:添加1个p电子后,5p电子组合形成满支壳层。这时$L=l_1+l_2=0$,$S=s_1+s_2=0$,式中l_1,s_1是$2p^5$电子组合耦合后的轨道角动

量和自旋,l_2, s_2 是添加的1个 p 电子的轨道角动量和自旋。可见 $2p^5$ 电子耦合后与单个 p 电子具有相同的轨道角动量和自旋,因此,其原子态是 $^2P_{3/2}$, $^2P_{1/2}$。由于能级排列是反常序,故基态是 $^2P_{3/2}$。

19. 解 对 $5p$ 电子,$l_1 = 1, S_1 = \frac{1}{2}, j_1 = l_1 + S_1, \cdots |l_1 - S_1| = \frac{3}{2}, \frac{1}{2}$

对 $6S$ 电子,$l_2 = 0, S_2 = \frac{1}{2}, j_2 = \frac{1}{2}$

所以,耦合成 $J = j_1 + j_2 = \frac{3}{2} + \frac{1}{2}, \frac{3}{2} - \frac{1}{2} = 2, 1$ 和 $J = j_1 + j_2 = \frac{1}{2} + \frac{1}{2}, \frac{1}{2} - \frac{1}{2} = 1, 0$ 的原子态 $| J, J_Z, j_1, j_2\rangle$ 是

$$\left|2,2,\frac{3}{2},\frac{1}{2}\right\rangle, \left|2,1,\frac{3}{2},\frac{1}{2}\right\rangle, \left|2,0,\frac{3}{2},\frac{1}{2}\right\rangle, \left|2,-1,\frac{3}{2},\frac{1}{2}\right\rangle, \left|2,-2,\frac{3}{2},\frac{1}{2}\right\rangle$$

$$\left|1,1,\frac{3}{2},\frac{1}{2}\right\rangle, \left|1,0,\frac{3}{2},\frac{1}{2}\right\rangle, \left|1,-1,\frac{3}{2},\frac{1}{2}\right\rangle$$

$$\left|1,1,\frac{1}{2},\frac{1}{2}\right\rangle, \left|1,0,\frac{1}{2},\frac{1}{2}\right\rangle, \left|1,-1,\frac{1}{2},\frac{1}{2}\right\rangle$$

$$\left|0,0,\frac{1}{2},\frac{1}{2}\right\rangle$$

或写成 $\left(\frac{3}{2},\frac{1}{2}\right)_{2,1}, \left(\frac{1}{2},\frac{1}{2}\right)_{1,0}$(参见教材11.10节例题1)。

20. 解 由 $\boldsymbol{J} = \boldsymbol{L} + \boldsymbol{S}$ 得

$$J^2 = L^2 + S^2 + 2\boldsymbol{L}\cdot\boldsymbol{S} \qquad \boldsymbol{L}\cdot\boldsymbol{S} = \frac{J^2 - L^2 - S^2}{2}$$

对 $^3F_2, L = 3, S = 1, J = 2$

$$\boldsymbol{L}\cdot\boldsymbol{S} = \frac{2^2 - 3^2 - 1^2}{2} = -3$$

对 $^5\mathrm{D}_4, L = 2, S = 2, J = 4$

$$\boldsymbol{L}\cdot\boldsymbol{S} = \frac{4^2 - 2^2 - 2^2}{2} = 4$$

21. 解 银原子运动由两部分合成。垂直磁场方向的运动是匀速的,速率 $v = 5 \times 10^2 \mathrm{m/s}$。平行磁场方向,在 L_1 范围内,由于受到磁场作用力,运动是匀加速的,加速度

$$a = \frac{f}{m} = \frac{\mu_z}{m}\frac{\partial B}{\partial z}$$

通过 L_1 后所走过的路程

$$S_1 = \frac{1}{2}at_1^{\ 2} = \frac{1}{2}\frac{\mu_z}{m}\frac{\partial B}{\partial z}\left(\frac{L_1}{v}\right)^2$$

在 L_2 范围内,运动是匀速的,速率

$$v_2 = at_1 = \frac{\mu_z}{m}\frac{\partial B}{\partial z}\frac{L_1}{v}$$

通过 L_2 后所走过的路程

$$S_2 = v_2t_2 = \frac{\mu_z}{m}\frac{\partial B}{\partial z}\frac{L_1}{v}\frac{L_2}{v}$$

故屏上两束银原子分开的距离

$$d = 2(S_1 + S_2) = \frac{\mu_z}{m}\frac{\partial B}{\partial z}\frac{L_1(L_1 + 2L_2)}{v^2}$$

由此得

$$\mu_z = \frac{dmv^2}{L_1(L_1 + 2L_2)}\left(\frac{\partial B}{\partial z}\right)^{-1} = \frac{0.002 \times 107.87 \times 1.66 \times 10^{-27} \times (5 \times 10^2)^2}{0.04 \times (0.04 + 2 \times 0.1) \times 10^3}$$

$$= 9.3 \times 10^{-24}\mathrm{J \cdot T^{-1}} = 1\mu_B$$

可见,银原子磁矩在磁场方向投影的大小为 1 个玻尔磁子。

特别地,当 $L_1 \ll L_2$ 时,可以用下式近似计算两束原子分开的距离

$$d \approx 2S_2 = 2\frac{\mu_z}{m}\frac{\partial B}{\partial z}\frac{L_1L_2}{v^2} = \mu_z\frac{\partial B}{\partial z}\frac{L_1L_2}{2E}$$

式中,$E = \frac{1}{2}mv^2$ 是原子中原子的动能。

22. 解　铁原子基态 $^5\mathrm{D}_4$ 的轨道角动量 L,自旋 S 和总角动量 J 分别是 $L = 2$, $S = 2$, $J = 4$, $J_z = 0, \pm 1, \pm 2, \pm 3, \pm 4$。相应的朗德因子(式(11.3.12))

$$g = \frac{3}{2} + \frac{S(S + 1) - L(L + 1)}{2J(J + 1)} = \frac{3}{2} + \frac{2(2 + 1) - 2(2 + 1)}{2 \times 4(4 + 1)} = \frac{3}{2}$$

因此,铁原子磁矩

$$\boldsymbol{\mu} = -g\mu_B\boldsymbol{J} = -\frac{3}{2}\mu_B\boldsymbol{J}$$

大小

$$\mu = -\frac{3}{2}\mu_B\sqrt{4(4 + 1)} = -6.7\mu_B$$

负号表示与 $\boldsymbol{J}$ 方向相反。磁矩投影为

$$\mu_z = \left(0, \pm\frac{3}{2}, \pm 3, \pm\frac{9}{2}, \pm 6\right)\mu_B$$

23. 解 钒(V) 原子未满支壳层电子组态是 $3d^3$。这三个同科 d 电子当自旋投影全同时，比如皆向上$\left(\frac{1}{2}\right)$或皆向下$\left(-\frac{1}{2}\right)$，总自旋投影为 $\pm\frac{3}{2}$，轨道角动量可能取值如下：

m_1	2	2	2	2	2	2	1	1	1	0
m_2	1	1	1	0	0	-1	0	0	-1	-1
m_3	0	-1	-2	-1	-2	-2	-1	-2	-2	-2
m	3	2	1	1	0	-1	0	-1	-2	-3

当自旋投影两个向上$\left(\frac{1}{2}\right)$一个向下$\left(-\frac{1}{2}\right)$，或两个向下$\left(-\frac{1}{2}\right)$一个向上$\left(\frac{1}{2}\right)$时，总自旋投影为 $\pm\frac{1}{2}$，轨道角动量的可能取值如下：

m_1	2	2	2	2	2	2	2	2	2	2
m_2	1	1	1	1	1	0	0	0	0	0
m_3	2	1	0	-1	-2	2	1	0	-1	-2
m	5	4	3	2	1	4	3	2	1	0

m_1	2	2	2	2	2	2	2	2	2	2
m_2	-1	-1	-1	-1	-1	-2	-2	-2	-2	-2
m_3	2	1	0	-1	-2	2	1	0	-1	-2
m	3	2	1	0	-1	2	1	0	-1	-2

m_1	1	1	1	1	1	1	1	1	1	1
m_2	0	0	0	0	0	-1	-1	-1	-1	-1
m_3	2	1	0	-1	-2	2	1	0	-1	-2
m	3	2	1	0	-1	2	1	0	-1	-2

m_1	1	1	1	1	1	0	0	0	0	0
m_2	−2	−2	−2	−2	−2	−1	−1	−1	−1	−1
m_3	2	1	0	−1	−2	2	1	0	−1	−2
m	1	0	−1	−2	−3	1	0	−1	−2	−3

m_1	0	0	0	0	0	−1	−1	−1	−1	−1
m_2	−2	−2	−2	−2	−2	−2	−2	−2	−2	−2
m_3	2	1	0	−1	−2	2	1	0	−1	−2
m	0	−1	−2	−3	−4	−1	−2	−3	−4	−5

由此可见,$3d^3$ 电子组态形成的原子态有$^2H_{11/2,9/2}$,$^2G_{9/2,7/2}$,$^2F_{7/2,5/2}$,$^2D_{5/2,3/2}$,$^2P_{3/2,1/2}$,$^4F_{9/2,7/2,5/2,3/2}$,$^4P_{5/2,3/2,1/2}$。根据洪特定则,S 最大值是 $S=3/2$,在此条件下,L 最大值是 $L=3$,因此低能级态是$^4F_{9/2,7/2,5/2,3/2}$。又由于能级排列是正常序,所以基态是$^4F_{3/2}$。

24. 解　钒原子基态为 $F_{3/2}$,这时它的磁矩

$$\boldsymbol{\mu}=-g\mu_B\boldsymbol{J}$$

$$g=1+\frac{(1+3/2)3/2-3(1+3)+(1+3/2)3/2}{2(1+3/2)3/2}=\frac{2}{5}$$

(参见式(11.3.11)和题23)磁矩在磁场方向的投影

$$\mu_z=\pm\frac{3}{5}\mu_B,\ \pm\frac{1}{5}\mu_B$$

显然,投影为 $\mu_z=\frac{3}{5}\mu_B$ 的原子给出束线在屏上最远的分隔

$$d=\mu_z\frac{\partial B}{\partial z}\frac{d_1(d_1+2d_2)}{mv^2}=\frac{3}{5}\mu_{\mathrm{B}}\frac{\partial B}{\partial z}\frac{d_1(d_1+2d_2)}{2E}$$

$$=\frac{3}{5}\times 9.274\times 10^{-24}\times 500\times\frac{0.1(0.1+2\times 0.3)}{2\times 80\times 10^{-3}\times 1.6\times 10^{-19}}$$

$$=0.76\times 10^{-2}(\mathrm{m})$$

25. 解　类氢离子赖曼系主线对应 $n=2\to m=1$ 的跃迁。电子处在主量子数 $m=1$ 的态时,角量子数 $l=0$;主量子数 $n=2$ 时,角量子数 $l=0,1$。

由于选择定则 $\Delta l=\pm 1$ 的限制,故跃迁发生在 $2P_{1/2}\to 1S$ 和 $2P_{3/2}\to 1S$ 间。这两种跃迁产生的双线结构的波数差

$$\Delta\tilde{\nu}=\frac{mc^2\,(\alpha Z)^4}{2hcn^3l(l+1)}=\frac{9.1\times10^{-31}\times3\times10^8}{2\times6.626\times10^{-34}\times137^4}\frac{Z^4}{n^3l(l+1)}=\frac{584Z^4}{n^3l(l+1)}(\mathrm{m}^{-1})$$

(参见式(11.4.7))已知 $\Delta\tilde{\nu}=29.6\mathrm{cm}^{-1}$, $n=2$, $l=1$,从而

$$29.6=\frac{5.84Z^4}{2^3\times2}$$

由此得　$Z=3$

所以此类氢离子是 Li^{++} 离子。

27. 解　对态 $3^2\mathrm{D}_{3/2}$,

$l=2$, $s=\frac{1}{2}$, $j=\frac{3}{2}$, $m=\pm\frac{3}{2}$, $\pm\frac{1}{2}$ 在磁场中分裂成 4 个能级,

$$g=\frac{3}{2}+\frac{-6+3/4}{15/2}=\frac{4}{5}$$

对态 $2^2P_{1/2}$,

$l=1$, $s=\frac{1}{2}$, $j=\frac{1}{2}$, $m=\pm\frac{1}{2}$,在磁场中分裂成 2 个能级,

$$g=\frac{3}{2}+\frac{-2+3/4}{3/2}=\frac{2}{3}$$

利用选择定则, $\Delta m=0$, ±1,可把上述数据排成下表(参见教材 11.10 节例题 2,3)

$3^2D_{3/2}\to2^2P_{1/2}$

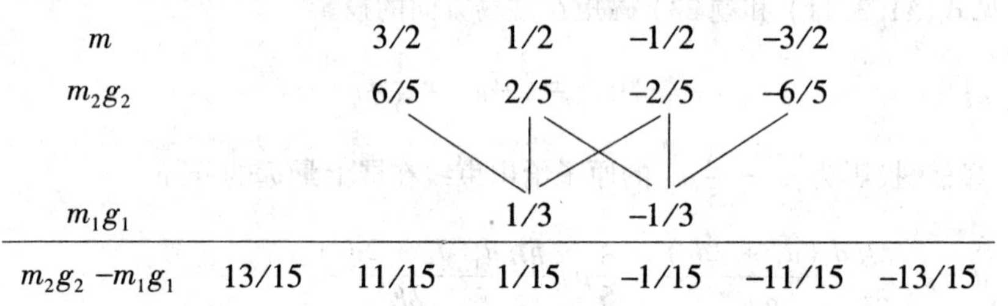

m		3/2	1/2	−1/2	−3/2	
m_2g_2		6/5	2/5	−2/5	−6/5	
m_1g_1			1/3	−1/3		
$m_2g_2-m_1g_1$	13/15	11/15	1/15	−1/15	−11/15	−13/15

$$\Delta\left(\frac{1}{\lambda}\right)=\left(-\frac{13}{15},-\frac{11}{15},-\frac{1}{15},\frac{1}{15},\frac{11}{15},\frac{13}{15}\right)$$

可见,原来的一条光谱线在磁场中将分裂成 6 条。

29. 解　对 $^1D_2$,

$L=2$, $S=0$, $J=2$, $M_2=0$, ±1, ±2, $g_2=1$,在磁场中分裂成 5 个能级。

对 $^1P_1$, $L=1$, $S=0$, $J=2$, $M_2=0$, $g_1=1$,在磁场中分裂成 3 个能级。

由此得:

$^1D_2 \to {}^1P_1$

M			2	1	0	−1	−2		
M_2g_2			2	1	0	−1	−2		
M_1g_1				1	0	−1			
$M_2g_2-M_1g_1$	−1	−1	−1	0	0	0	1	1	1

可见，此镉谱线在磁场中将有9种跃迁，但只有3种能量差，

$$\Delta\left(\frac{1}{\lambda}\right)=(-1,0,+1)L$$

式中，$L=\dfrac{Be}{4\pi mc}$为洛伦兹单位，所以只出现3条分支谱线。

30. 解　参见11.10例题3。

31. 解　钾原子是碱金属元素原子，$s=\dfrac{1}{2}$

对$4S$，$l=0$，$s=\dfrac{1}{2}$，$j=\dfrac{1}{2}$，$m=\pm\dfrac{1}{2}$，$g=2$

在磁场中分裂成2个能级，能级间距

$$\Delta E_0'=\left[\frac{1}{2}-\left(-\frac{1}{2}\right)\right]g_1\mu_BB=2\mu_BB$$

而$4P$存在两个能级：$4^2P_{3/2}$和$4^2P_{1/2}$，它们向$4S$的跃迁产生两条精细结构的谱线。其中，

对$4^2P_{3/2}$，$l=1$，$s=\dfrac{1}{2}$，$j=\dfrac{3}{2}$，$m=\pm\dfrac{3}{2}\ \pm\dfrac{1}{2}$，$g=\dfrac{4}{3}$

在磁场中分裂成4个能级，能级间距

$$\Delta E_2'=\left(\frac{3}{2}-\frac{1}{2}\right)\times\frac{4}{3}\mu_BB=\frac{4}{3}\mu_BB$$

对$4^2P_{1/2}$，$l=1$，$s=\dfrac{1}{2}$，$j=\dfrac{1}{2}$，$m=\pm\dfrac{1}{2}$，$g=\dfrac{2}{3}$

在磁场中分裂成2个能级，能级间距

$$\Delta E_1'=\left[\frac{1}{2}-\left(-\frac{1}{2}\right)\right]\times\frac{2}{3}\mu_BB=\frac{2}{3}\mu_BB$$

显然，分裂后的最高能级对应$m=\dfrac{3}{2}$，$m_2g_2=\dfrac{3}{2}\times\dfrac{4}{3}=2$，而最低能级对应$m=-\dfrac{1}{2}$，$m_1g_1=-\dfrac{1}{2}\times\dfrac{2}{3}=-\dfrac{1}{3}$。根据式(11.4.15)，它们的能级差

$$\Delta E_2 = (E_2 - E_1) + (m_2 g_2 - m_1 g_1)\mu_B B = \Delta E_1 + \left(2 + \frac{1}{3}\right)\mu_B B = \Delta E_1 + \frac{7}{3}\mu_B B$$

已知，$\Delta E_1 = 7.4 \times 10^{-3}\text{eV}$，$\Delta E_2 = 1.5\Delta E_1$，由此得

$$B = \frac{0.5\Delta E_1}{7\mu_B/3} = \frac{1.5 \times 7.4 \times 10^{-3} \times 1.6 \times 10^{-19}}{7 \times 9.274 \times 10^{-24}} = 27.3\text{T}$$

32. 解 根据莫塞莱经验公式

$$\frac{1}{\lambda} = \tilde{\nu} = R(Z-1)^2\left(\frac{1}{1^2} - \frac{1}{2^2}\right) = \frac{3R}{4}(Z-1)^2$$

所以 $$Z = 1 + \sqrt{\frac{4}{3R\lambda}} = 1 + \sqrt{\frac{4}{3 \times 1.097 \times 10^7 \times 0.685 \times 10^{-10}}} = 43$$

33. 解 元素标识谱中 L 线系指 $n'(>2)$ 的态与 $n=2$ 态间的跃迁（见上题）。对线系限，$n' = \infty$。这给出了 $n = 2$（L 层）的能量

$$E_2 = -h\nu_\infty = -\frac{hc}{\lambda_\infty} = -\frac{6.626 \times 10^{-34} \times 3 \times 10^8}{1.9 \times 10^{-10}}$$

$$= -10.46 \times 10^{-16}(\text{J}) = -6.54\text{keV}$$

K 线系指 $n'(>1)$ 的态与 $n=1$ 的态间跃迁。而 K_α 线则是 $n'=2$ 与 $n=1$ 间，即 L 层与 K 层间的跃迁。根据莫塞莱经验公式知

$$E_2 - E_1 = h\nu_{K_\alpha} = hc\,\tilde{\nu}_{K_\alpha} = hcR(Z-1)^2\left(\frac{1}{1^2} - \frac{1}{2^2}\right)$$

$$= \frac{3}{4}Rhc(Z-1)^2 = \frac{3}{4} \times 13.6 \times (60-1)^2 = 35.5(\text{keV})$$

式中，$Rhc = 13.6\text{eV}$ 是氢原子基态能量绝对值，$Z = 60$ 是钕原子序数。进而

$$E_1 = -35.5 + E_2 = -42.04\text{keV}$$

所以从钕原子中电离一个 K 电子所需的功为 42.04keV。

34. 解 根据布喇格公式（见教材 11.10 例题 4）

$$n\lambda = 2d\sin\theta$$

对一级衍射极大，$n = 1$，所以

$$d = \frac{\lambda}{2\sin\theta} = \frac{1.542}{2\sin 31°40'/2} = 2.83(\text{Å})$$

35. 证 轨道角动量为 l 的两支壳层共 $2(2l+1)$ 个态，由 $2(2l+1)$ 个电子填充，其中一半的态 $(2l+1)$ 个自旋向上 $\left(\frac{1}{2}\right)$，另一半 $(2l+1)$ 个态自旋向下 $\left(-\frac{1}{2}\right)$，总自旋 $S=0$。在 $(2l+1)$ 个自旋向上的态中，由于泡利不相容原理的限制，电子的磁量子数只能取 $l, l-1, \cdots l, -l, \cdots -l+1, -l$。同样，$(2l+1)$ 个自

旋向下的态中,电子的磁量子数也只能取$l,\cdots l,0,-l,\cdots -l$。总轨道角动量$L=0$,进而总角动量$J=L+S=0$,这就证明了这些电子形成的原子态必是${}^1S_0$。

36. 解　质子的康普顿波长(见教材11.10例题5)

$$\lambda=\frac{h}{m_pc}=\frac{6.626\times10^{-34}}{1.67\times10^{-27}\times3\times10^8}=1.32\times10^{-15}(\text{m})=1.32\times10^{-5}\text{Å}$$

由例题5公式

$$mc^2=h\nu-h\nu'+m_0c^2$$

$$\frac{c}{\nu'}-\frac{c}{\nu}=\frac{h}{m_pc}(1-\cos\theta)$$

知在入射光子能量($h\nu$)一定的条件下,要使散射光子频率ν'从而散射光子能量$h\nu'$最小,必须$\cos\theta=-1$。这时$\Delta E=mc^2-m_0c^2=6\text{MeV}$是电子所获得的最大能量。从而

$$\frac{c}{\nu'}-\frac{c}{\nu}=\frac{2h}{m_pc}=2\lambda$$

$$\nu'=\frac{c}{2\lambda+c/\nu}$$

$$\Delta E=mc^2-m_0c^2=h\nu-h\nu'=h\nu-\frac{hc}{2\lambda+c/\nu}$$

$$\Delta E=h\left(\nu-\frac{\nu c}{2\lambda\nu+c}\right)=\frac{2\lambda\nu^2h}{2\lambda\nu+c}$$

即　　$$2\lambda\,(h\nu)^2-2\lambda\Delta E(h\nu)-hc\Delta E=0$$

舍去负根后的解为

$$h\nu=\frac{2\lambda\Delta E+\sqrt{4\lambda^2\Delta E^2+8\lambda hc\Delta E}}{4\lambda}=\frac{1}{2}\left(\Delta E+\sqrt{\Delta E^2+2\Delta Ehc/\lambda}\right)$$

将$\lambda=1.32\times10^{-15}\text{m}$,$\Delta E=6\text{MeV}$,$hc=1.24\times10^{-12}(\text{m}\cdot\text{MeV})$代入,得光子至少应具有的能量

$$h\nu=\frac{1}{2}\left(6+\sqrt{6^2+2\times6\times1.24\times10^3/1.32}\right)$$

$$=\frac{1}{2}\left(6+\sqrt{36+12\times939}\right)=56(\text{MeV})$$

37. 解　由教材11.10例题5知

$$\Delta\lambda=\lambda'-\lambda=\frac{h}{m_0c}(1-\cos\theta)$$

散射光子能量最小时,$\cos\theta=-1$

$$\lambda' - \lambda = \frac{2h}{m_0 c} = 2\lambda_e$$

式中，$\lambda_e = 2.4262 \times 10^{-12}$m 是电子的康普顿波长。又由于入射光子的能量等于电子的静止能，$h\nu = m_0 c^2$，因此

$$\lambda = \frac{c}{\nu} = \frac{hc}{h\nu} = \frac{hc}{m_0 c^2} = \frac{h}{m_0 c} = \lambda_e$$

$$\lambda' = \lambda + 2\lambda_e = 3\lambda_e$$

从而散射光子的最小能量

$$h\nu' = \frac{hc}{\lambda'} = \frac{hc}{3\lambda_e} = \frac{1.24 \times 10^{-12}\,\text{m} \cdot \text{MeV}}{3 \times 2.426 \times 10^{-12}\,\text{m}} = 0.17\text{MeV}$$

因为 $\cos\theta = -1, \theta = 180°$，电子与光子的散射发生在一条直线上，根据动量守恒定律，得电子的最大动量

$$p_e = p - p' = \frac{h}{\lambda} + \frac{h}{\lambda'} = \frac{h}{\lambda_e} + \frac{h}{3\lambda_e} = \frac{4h}{3\lambda_e} = \frac{4 \times 6.626 \times 10^{-34}}{3 \times 2.426 \times 10^{-12}}$$

$$= 3.64 \times 10^{-22}(\text{kg} \cdot \text{m/s})$$

38. 证 设电子的初始能量为 E_1，动量为 p_1，光电子能量为 E_2，动量为 p_2。根据相对论能量动量关系有

$$p_1 = \frac{1}{c}\sqrt{E_1{}^2 - E_0{}^2} \qquad p_2 = \frac{1}{c}\sqrt{E_1{}^2 - E_0{}^2}$$

式中，$E_0 = m_0 c^2$ 是电子的静止能量。光子的能量 $E = h\nu$，动量 $p = \dfrac{E}{c}$。将能量动量守恒定律应用到光电效应得

$$E_2 = E_1 + E \qquad \boldsymbol{p}_2 = \boldsymbol{p}_1 + \boldsymbol{p}$$

后式可写成

$$p_2{}^2 = p_1{}^2 + p^2 - 2p_1 p\cos(\pi - \theta) = p_1{}^2 + p^2 + 2p_1 p\cos\theta$$

即

$$\frac{E_2^2 - E_0^2}{c^2} = \frac{E_1^2 - E_0^2}{c^2} + \frac{E^2}{c^2} + 2\frac{\sqrt{E_1^2 - E_0^2}}{c}\frac{E}{c}\cos\theta$$

$$E_2^2 - E_0^2 = E_1^2 - E_0^2 + E^2 + 2E\sqrt{E_1^2 - E_0^2}\cos\theta$$

式中，θ 是光子动量与电子初始动量的夹角。由能量守恒定律知

$$E_2^2 = (E_1 + E)^2 = E_1^2 + E^2 + 2E_1 E$$

代入后得

$$2E_1 E = 2E\sqrt{E_1^2 - E_0^2}\cos\theta$$

$$\cos\theta = \frac{E_1}{\sqrt{E_1^2 - E_0^2}} > 1$$

这与 $\cos\theta$ 的定义域矛盾,故自由电子不可能发生光电效应。

39. 解　由教材 11.6.4 节知,质子和中子结合成原子核时质量的减少

$$\Delta m = ZM_H + (A - Z)m_n - M$$

结合能则为

$$\Delta E = \Delta m \cdot c^2$$

式中,$M_H = 1.007825$ 是氢原子质量,$m_n = 1.008665$ 是中子质量,M 是原子核质量,单位为原子质量单位(u),而 1 个原子质量单位相当于 931.5MeV。

对 $^9\mathrm{Be}$, $Z = 4$, $A = 9$, $M_{\mathrm{Be}} = 9.012186\mathrm{u}$,所以

$\Delta m = 4 \times 1.007825 + 5 \times 1.008665 - 9.012186 = 0.062439\mathrm{u}$

$E = 58\mathrm{MeV}$

对 $^{40}\mathrm{Ca}$, $Z = 20$, $A = 40$, $M_{\mathrm{Ca}} = 39.96259$

$\Delta m = 20 \times 1.007825 + 20 \times 1.008665 - 39.96259 = 0.36721\mathrm{u}$

$E = 342.1\mathrm{MeV}$

对 $^{56}\mathrm{Fe}$, $Z = 26$, $A = 30$, $M_{\mathrm{Fe}} = 55.9349$

$\Delta m = 26 \times 1.007825 + 30 \times 1.008665 - 55.9349 = 0.5285\mathrm{u}$

$E = 492.3\mathrm{MeV}$

40. 证　设古生物年代 $^{14}\mathrm{C}$ 的含量是 N_0,现今 $^{14}\mathrm{C}$ 的含量 $N = N_0 e^{-\lambda t}$,$^{12}\mathrm{C}$ 的含量为 N',于是

$$b = \frac{N_0}{N'} \qquad b_0 = \frac{N}{N'} = \frac{N_0}{N'}e^{-\lambda t}$$

所以

$$\frac{b_0}{b} = e^{-\lambda t} \qquad t = -\frac{1}{\lambda}\ln\frac{b_0}{b}$$

41. 解　空气中 100g 碳中 $^{14}\mathrm{C}$ 原子核数目

$$N_0 = \frac{100}{12} \times 6.023 \times 10^{23} \times 1.3 \times 10^{-12} = 6.525 \times 10^{12}$$

这近似相当于活的有机体内 100g 碳中 $^{14}\mathrm{C}$ 的核数,因此活的有机体 100g 碳中 $^{14}\mathrm{C}$ 的放射性活度(见式(11.6.14))

$$A_0 = \lambda N_0 = \frac{\ln 2}{T}N_0 = \frac{6.525 \times 10^{12}\ln 2}{5730 \times 365 \times 24 \times 3600} = 25(\mathrm{Bq})$$

式中,$T = 5730$ 年,是 $^{14}\mathrm{C}$ 的半衰期(见附录 D)。古生物遗骸中的 $^{14}\mathrm{C}$ 由于 β 衰变,其放射性的活度 A 不断减弱,A 与 A_0 的关系为

$$A = A_0 e^{-\lambda t}$$

而由题设条件知

$$A = \frac{300}{60} = 5(\text{Bq})$$

所以

$$t = \frac{1}{\lambda}\ln\frac{A_0}{A} = \frac{T}{\ln 2}\ln\frac{A_0}{A} = \frac{5730}{0.693}\ln\frac{25}{5} = 1.33 \times 10^4$$

这表明此古生物遗骸距今约 1.33×10^4 年。

42. 解 由于 $1\text{g}\,^{238}\text{U}$ 这一放射源每秒钟衰变次数为

$$\frac{740 \times 10^3}{60} = \frac{74}{6} \times 10^3$$

根据定义,其放射性强度

$$A = \frac{74}{6} \times 10^3\,\text{Bq} = \frac{74 \times 10^3}{6 \times 3.7 \times 10^{10}}\text{Ci} = \frac{1}{3} \times 10^{-6}\text{Ci} = 0.33\mu\text{Ci}$$

由于 $1\text{g}\,^{238}\text{U}$ 所含粒子数是

$$N = \frac{1}{238}\text{mol} \times 6.023 \times 10^{23}\text{mol}^{-1}$$

所以

$$\lambda = \frac{A}{N} = \frac{74 \times 10^3}{6} \times \frac{238}{6.023 \times 10^{23}} = 4.87 \times 10^{-18}(\text{s}^{-1})$$

43. 解 为了方便利用 11.7.2 中公式,我们将反应写成

$${}_1^3\text{H} + \text{p} \rightarrow {}_2^3\text{He} + \text{n}$$

这时,$M_1 = 3.01605$,$M_2 = 1.007825$,$M_3 = 3.016029$,$n = 1.008665$(参见附录 D)。由式(11.7.19)知反应热

$$\begin{aligned} Q &= (3.01605 + 1.007825 - 3.016029 - 1.008665)c^2 \\ &= -0.000819c^2 = -0.76(\text{MeV}) \end{aligned}$$

根据式(11.7.27)得阈能

$$E_m = -Q\frac{M_1 + M_2}{M_1} = 0.76 \times \frac{3+1}{3} = 1.01(\text{MeV})$$

若入射质子能量 $E_2 = 3.1\text{MeV}$,发射中子与入射质子运动方向夹角 $\theta = 90°$,则利用式(11.7.26)便可计算出发射中子动能 E_4。这时

$$-0.76 = E_4\left(1 + \frac{1}{3}\right) - 3.1\left(1 - \frac{1}{3}\right)$$

$$E_4 = (3.1 \times 2 - 0.76 \times 3)/4 = 0.98(\text{MeV})$$

进而 ^3He 的动能

$$E_3 = E_2 - E_4 + Q = 3.1 - 0.98 - 0.76 = 1.36(\mathrm{MeV})$$

44. 解　反应式亦可写成

$${}_3^7\mathrm{Li} + \mathrm{p} \rightarrow {}_2^4\mathrm{He} + {}_2^4\mathrm{He}$$

将 $M_1 = 7.016004, M_2 = 1.007825, M_3 = M_4 = 4.002603$ 代入式(11.7.19)得反应能

$$Q = (7.016004 + 1.007825 - 2 \times 4.002603)c^2 = 0.018623c^2 = 16.8(\mathrm{MeV})$$

45. 解　1 克 $^{235}\mathrm{U}$ 裂变时释放的能量

$$E = \frac{1}{235} \times 6.023 \times 10^{23} \times 200 = 5.126(\mathrm{MeV}) = 8.2 \times 10^{10}(\mathrm{J})$$

相当于用煤作燃料时,所需煤的数量

$$\frac{8.2 \times 10^{10}}{3.3 \times 10^7} = 2.5 \times 10^3(\mathrm{kg}) = 2.5(\mathrm{t})$$

46. 解　已知平均每单位质量一个氘核释放 3.6MeV 的能量(见 P. 240),故 1g 氘释放的能量为

$$6.023 \times 10^{23} \times 3.6 = 2.168(\mathrm{MeV}) = 3.4736 \times 10^{11}(\mathrm{J})$$

相当于用煤作燃料时,所需煤的数量

$$\frac{3.4736 \times 10^{11}}{3.3 \times 10^7} = 10.5 \times 10^3(\mathrm{kg}) = 10.5(\mathrm{t})$$

47. 解　核反应 $\mathrm{D} + \mathrm{T} \rightarrow \alpha + \mathrm{n}$ 过程中有一个氘核和一个氚核参与反应,释放 17.58MeV 能量。一个功率为 5×10^6kW 的核聚变发电站一年产生的能量

$$W = 5 \times 10^6 \times 10^3 \times 365 \times 24 \times 3600 = 1.58 \times 10^{17}(\mathrm{J})$$

所需氘核(或氚核) 数目

$$\frac{1.58 \times 10^{17}}{17.58 \times 10^6 \times 1.6 \times 10^{-19}} = 5.6 \times 10^{28}$$

一个氘核的质量是 2.014102u,5.6×10^{28} 个氘核质量

$$m_{\mathrm{d}} = 5.6 \times 10^{28} \times 2.014102 \times 1.66 \times 10^{-27}(\mathrm{kg}) = 186(\mathrm{kg})$$

一个氚核的质量是 3.01605u,5.6×10^{28} 个氚核质量

$$m_{\mathrm{T}} = 5.6 \times 10^{28} \times 3.01605 \times 1.66 \times 10^{-27}(\mathrm{kg}) = 279(\mathrm{kg})$$

因煤的燃烧值是 3.3×10^7J/kg,若改用煤做燃料,则一年耗煤

$$\frac{1.58 \times 10^{17}}{3.3 \times 10^7} = 4.8 \times 10^9(\mathrm{kg}) = 4.8 \times 10^6(\mathrm{t})$$

48. 解　若光子能转化成正负电子对,则

$$E = E_1 + E_2 \qquad p = E/c$$

$$p_1 = \frac{1}{c}\sqrt{E_1^2 - E_0^2} \qquad p_2 = \frac{1}{c}\sqrt{E_2^2 - E_0^2}$$

式中，E 是光子能量，p 是光子动量，E_1，E_2 分别是正、负电子能量，p_1，p_2 是正、负电子动量，E_0 是它们的静止能量。根据动量守恒定律

$$\boldsymbol{p} = \boldsymbol{p}_1 + \boldsymbol{p}_2$$

$$p_2^2 = p^2 + p_1^2 - 2pp_1\cos\theta$$

上式中，θ 是光子与正电子动量间夹角。于是，

$$E_2^2 - E_0^2 = E^2 + E_1^2 - E_0^2 + 2E\sqrt{E_1^2 - E_0^2}\cos\theta$$

注意到 $E_2 = E - E_1$ 有

$$E^2 + E_1^2 - 2EE_1 - E_0^2 = E^2 + E_1^2 - E_0^2 + 2E\sqrt{E_1^2 - E_0^2}\cos\theta$$

由此得

$$\cos\theta = -\frac{E_1}{\sqrt{E_1^2 - E_0^2}} < -1$$

与 $\cos\theta$ 定义域矛盾。所以光子不能在自由状态下转化成正负电子时。

49. 解　此湮没过程可表示为

$$e^+ + e^- \to 2\gamma$$

由能量守恒定律

$$2m_0c^2 = 2h\nu$$

知光子的频率

$$\nu = \frac{m_0c^2}{h} = \frac{9.1 \times 10^{-31} \times 9 \times 10^{16}}{6.626 \times 10^{-34}} = 1.236 \times 10^{20}(\text{Hz})$$

50. 解　每月一次衰变的放射性活度

$$A = \frac{1}{30 \times 24 \times 3600}$$

由式(11.6.13)和式(11.6.14)知

$$A = \frac{N}{\tau} = \frac{N}{1.2 \times 10^{32} \times 12 \times 30 \times 24 \times 3600}$$

从而质子的数目

$$N = A\tau = 1.2 \times 10^{32} \times 12(\text{个})$$

一个水分子(H_2O)含10个质子，1mol 水含质子数 $10 \times 6.02 \times 10^{23}$ 个，上述 N 需用水的摩尔数是

$$\frac{1.2 \times 10^{32} \times 12}{6.02 \times 10^{24}}(\text{mol})$$

而1mol 水的质量是 18×10^{-3}kg，因此相应水的质量是

$$\frac{1.2 \times 10^{32} \times 12}{6.02 \times 10^{24}} \times 18 \times 10^{-3}(\text{kg}) = 4.3 \times 10^6\text{kg} = 4.3 \times 10^3(\text{t})$$

第 12 章　万有引力与天体

1. 解　(1) 由教材 12.5 例题 3 知

$$m\frac{\mathrm{d}v}{\mathrm{d}t}=F+F_r$$

式中，$F_r=-\frac{\mathrm{d}m}{\mathrm{d}t}v_r$，考虑重力时，$F=-mg$。火箭发射时为加速运动，这时 v_r 与 mg 均与 v 方向相反，故取负号。从而

$$m\frac{\mathrm{d}v}{\mathrm{d}t}=-mg-v_r\frac{\mathrm{d}m}{\mathrm{d}t}$$

$$\frac{\mathrm{d}v}{\mathrm{d}t}=-g-\frac{v_r}{m}\frac{\mathrm{d}m}{\mathrm{d}t}=-g-v_r\frac{\mathrm{d}\ln m}{\mathrm{d}t}$$

这就是火箭在地面发射架发射后的运动方程。

(2) 设 v_r 为常数，火箭开始发射时刻为 $t=0$，这时 $v_0=0$，$s_0=0$。将运动方程两边对 $\mathrm{d}t$ 积分得

$$\int_0^t \mathrm{d}v=-\int_0^t g\mathrm{d}t-v_r\int_0^t \mathrm{d}\ln m$$

$$v=-gt-v_r\ln f\qquad (f=m/m_0)$$

再将上式对 $\mathrm{d}t$ 积分得

$$s=\int_0^t v\mathrm{d}t=-\frac{1}{2}gt^2-v_r\int_0^t \mathrm{d}t\ln f$$

(3) 若 $f=m/m_0=1-\alpha t$，$t=\frac{1}{\alpha}\left(1-\frac{m}{m_0}\right)=\frac{1}{\alpha}(1-f)$，则

$$v=-\frac{g}{\alpha}(1-f)-v_r\ln f$$

$$s=-\frac{1}{2}gt^2-v_r\int_0^t \mathrm{d}t\ln(1-\alpha t)$$

$$=-\frac{1}{2}gt^2-v_r\frac{-1}{\alpha}\Big[(1-\alpha t)\ln(1-\alpha t)-(1-\alpha t)\Big]_0^t$$

$$=-\frac{1}{2}gt^2+\frac{v_r}{\alpha}\Big[(1-\alpha t)\ln(1-\alpha t)+\alpha t\Big]$$

$$=-\frac{g}{2\alpha^2}(1-f)^2+\frac{v_r}{\alpha}(1-f)+\frac{v_r}{\alpha}f\ln f$$

若 $f=\mathrm{e}^{-\alpha t}$，$t=-\frac{1}{\alpha}\ln f$，则

$$v = \frac{g}{\alpha}\ln f - v_r \ln f$$

$$s = -\frac{1}{2}gt^2 - v_r\int_0^t(-\alpha t)\,\mathrm{d}t = -\frac{1}{2}gt^2 + \frac{1}{2}\alpha v_r t^2$$

$$= \frac{\alpha v_r - g}{2\alpha^2}\ln^2 f$$

2. 解 雨滴下落的过程为自由落体，所受的外力只有重力，且 $t=0$ 时，$v=0$，$h=0$（h 是雨滴落下的高度）。设 t 时刻雨滴质量为 M，则 $M=m+\mu t$。雨滴的运动方程是

$$\frac{\mathrm{d}v}{\mathrm{d}t} = g + v_r\frac{\mathrm{d}\ln M}{\mathrm{d}t}$$

积分两次后给出雨滴落下的距离

$$h = \frac{1}{2}gt^2 + v_r\int_0^t \mathrm{d}t\ln(1+\alpha t) \qquad (\alpha = \mu/m)$$

$$= \frac{1}{2}gt^2 + \frac{v_r}{\alpha}\Big[(1+\alpha t)\ln(1+\alpha t) - (1+\alpha t)\Big]_0^t$$

$$= \frac{1}{2}gt^2 + \frac{v_r}{\alpha}[(1+\alpha t)\ln(1+\alpha t) - \alpha t]$$

$$= \frac{1}{2}gt^2 + \frac{v_r m}{\mu}\left[\left(1+\frac{\mu}{m}t\right)\ln\left(1+\frac{\mu}{m}t\right) - \frac{\mu}{m}t\right]$$

3. 证 由 $\frac{\mathrm{d}m}{\mathrm{d}t} \propto (r_0+at)^2$ 知

$$m = \frac{(r_0+at)^3}{r_0^3}m_0$$

式中，m_0 是 $t=0$ 时雨滴质量。雨滴下落可看作变质量运动。这时 $F=mg$，$u=0$，因此

$$\frac{\mathrm{d}}{\mathrm{d}t}(mv) = mg$$

（参见教材 12.5 例题 3），即

$$\mathrm{d}(mv) = \frac{m_0 g}{r_0^3}(r_0+at)^3\mathrm{d}t$$

两边积分得

$$mv = \frac{m_0 g}{4ar_0^3}\left[(r_0+at)^4 - r_0^4\right]$$

注意到 $m = \frac{(r_0 + at)^3}{r_0^3} m_0$，则有

$$v = \frac{g}{4a}\left[(r_0 + at) - \frac{r_0^4}{(r_0 + at)^3}\right]$$

4. 解　$r = a\sqrt{\cos 2\theta}$　　$u = \frac{1}{r} = \frac{1}{a\sqrt{\cos 2\theta}}$

$$\frac{\mathrm{d}u}{\mathrm{d}\theta} = \frac{1}{a}\frac{-1}{2}\cos^{-3/2}2\theta(-\sin 2\theta)2 = \frac{\sin 2\theta}{a\cos^{3/2}2\theta}$$

$$\frac{\mathrm{d}^2u}{\mathrm{d}\theta^2} = \frac{1}{a}\frac{2\cos 2\theta\cos^{3/2}2\theta - \sin 2\theta\frac{3}{2}\cos^{1/2}2\theta(-\sin 2\theta)2}{\cos^3 2\theta}$$

$$= \frac{2\cos^2 2\theta + 3\sin^2 2\theta}{a\cos^{5/2}2\theta}$$

将以上各式结果代入比尼公式(12.1.6)得

$$-\frac{F}{m} = \frac{h^2}{a^2\cos 2\theta}\left(\frac{2\cos^2 2\theta + 3\sin^2 2\theta}{a\cos^{5/2}2\theta} + \frac{1}{a\cos^{1/2}2\theta}\right)$$

$$= \frac{3h^2}{a^3\cos^{7/2}2\theta} = \frac{3a^4h^2}{r^7}$$

$$F = -\frac{3mh^2a^4}{r^7}$$

5. 解　人造卫星的轨道方程是(参见教材 12.5 例题 2)

$$r = \frac{p}{1 + e\cos\theta}\qquad e < 1$$

从而

$$\dot{r} = \frac{pe\sin\theta}{(1 + e\cos\theta)^2}\dot{\theta}$$

人造卫星的速率是

$$v = \sqrt{\dot{r}^2 + (r\dot{\theta})^2} = \frac{p\dot{\theta}}{(1 + e\cos\theta)^2}\sqrt{e^2\sin^2\theta + (1 + e\cos\theta)^2}$$

注意到 $\dot{\theta} = h/r^2$(参见式(12.1.3))有

$$v = \frac{r^2\dot{\theta}}{p}\sqrt{1 + e^2 + 2e\cos\theta} = \frac{h}{p}\sqrt{1 + e^2 + 2e\cos\theta}$$

对近地点，$\theta_1 = 0, v_1 = h(1 + e)/p$

对远地点，$\theta_2 = \pi, v_2 = h(1 - e)/p$

所以

$$\frac{v_1}{v_2}=\frac{1+e}{1-e}$$

6. 证 由教材 12.5 例题 2 及上题知,

$$E=\frac{1}{2}mv^2+V$$

$$v^2=\dot{r}^2+r^2\dot{\theta}^2=\frac{h^2}{p^2}(1+e^2+2e\cos\theta)$$

$$V=-\frac{mk^2}{r}\qquad p=\frac{h^2}{k^2}\qquad r=\frac{p}{1+e\cos\theta}$$

将各式代入 E 的表示式得

$$\begin{aligned}E&=\frac{m}{2}\frac{h^2}{p^2}(1+e^2+2e\cos\theta)-\frac{mk^2}{p}(1+e\cos\theta)\\&=\frac{m}{2}\frac{h^2}{h^4/k^4}(1+e^2+2e\cos\theta)-\frac{mk^2}{h^2/k^2}(1+e\cos\theta)\\&=\frac{mk^4}{2h^2}(e^2-1)\end{aligned}$$

所以

$$e=\sqrt{1+\frac{2E}{m}\left(\frac{h}{k^2}\right)^2}$$

7. 解 彗星抛物线轨道在极坐标中可表示成(参见教材 12.5 例题 2)

$$r=\frac{p}{1+\cos\theta}$$

在近地点,$\theta=0, r=\frac{p}{2}=\frac{a}{n}$, $p=\frac{2a}{n}$

式中,a 是地球轨道半径。由 $r^2\dot{\theta}=h=k\sqrt{p}$ 知

$$\frac{p^2}{(1+\cos\theta)^2}\frac{\mathrm{d}\theta}{\mathrm{d}t}=k\sqrt{p}$$

即

$$\frac{k}{p^{3/2}}\mathrm{d}t=\frac{\mathrm{d}\theta}{(1+\cos\theta)^2}=\frac{\mathrm{d}\theta}{4\cos^4\theta/2}$$

两边积分给出彗星在地球轨道内逗留时间

$$\frac{k}{p^{3/2}}t=2\int_0^{\theta}\frac{\mathrm{d}\theta}{4\cos^4\theta/2}=\tan\frac{\theta}{2}+\frac{1}{3}\tan^3\frac{\theta}{2}$$

式中,θ 是彗星飞出地球轨道那一时刻其矢径的极角。这时

$$a = r = \frac{p}{1+\cos\theta} = \frac{2a/n}{1+\cos\theta}$$

由此得

$$\cos^2\frac{\theta}{2} = \frac{1+\cos\theta}{2} = \frac{1}{n}$$

$$\tan\frac{\theta}{2} = \frac{\sin\theta/2}{\cos\theta/2} = \frac{\sqrt{1-1/n}}{1/\sqrt{n}} = \sqrt{n-1}$$

所以

$$t = \frac{p^{3/2}}{k}\left(\tan\frac{\theta}{2} + \frac{1}{3}\tan^3\frac{\theta}{2}\right) = \frac{(2a/n)^{3/2}}{3k}\sqrt{n-1}(3+n-1)$$

$$= \frac{2a(n+2)}{3kn}\sqrt{2a\left(1-\frac{1}{n}\right)}$$

若 T 表示地球公转一周的时间(1 年),则

$$T = \frac{2\pi}{\dot{\theta}} = \frac{2\pi}{h/a^2} = \frac{2\pi a^2}{h} = \frac{2\pi a^{3/2}}{k}$$

于是

$$t:T = \frac{2}{3\pi}\frac{n+2}{n}\sqrt{\frac{n-1}{2n}}$$

8. 解　设人造行星在其轨道上某处停止运动的时刻为 $t=0$。根据牛顿第二定律,它的运动方程是

$$m\ddot{r} = -\frac{mk^2}{r^2}$$

即

$$\ddot{r} = \frac{\mathrm{d}\dot{r}}{\mathrm{d}t} = \frac{\mathrm{d}\dot{r}}{\mathrm{d}r}\frac{\mathrm{d}r}{\mathrm{d}t} = \frac{1}{2}\frac{\mathrm{d}\dot{r}^2}{\mathrm{d}r} = -\frac{k^2}{r^2}$$

注意到 $t=0, \dot{r}=0, r=a$(a 是人造行星绕日运行的轨道半径),两边对 $\mathrm{d}r$ 积分给出

$$\frac{1}{2}\dot{r}^2 = \frac{k^2}{r} - \frac{k^2}{a} = \frac{k^2(a-r)}{ar}$$

$$\dot{r} = \frac{\mathrm{d}r}{\mathrm{d}t} = -\sqrt{\frac{2k^2}{a}}\sqrt{\frac{a-r}{r}}$$

由此得

$$\sqrt{\frac{2k^2}{a}}\mathrm{d}t = -\frac{\sqrt{r}}{\sqrt{a-r}}\mathrm{d}r$$

$$\int_0^t\sqrt{\frac{2k^2}{a}}\mathrm{d}t = -\int_a^0\frac{\sqrt{r}}{\sqrt{a-r}}\mathrm{d}r = -a\left[\sin^{-1}\sqrt{\frac{r}{a}} - \frac{2}{a}\sqrt{r(a-r)}\right]_a^0 = \frac{\pi a}{2}$$

故人造行星被吸至太阳表面的时间

$$t = \frac{\pi a}{2}\sqrt{\frac{a}{2k^2}}$$

而人造行星原先绕日周期

$$T = \frac{2\pi}{\dot{\theta}} = \frac{2\pi}{h/a^2} = \frac{2\pi a^2}{h}$$

所以

$$\frac{t}{T} = \frac{\pi a^{3/2}}{2^{3/2}k}\frac{h}{2\pi a^2} = \frac{1}{2^{5/2}}\frac{h}{k\sqrt{a}} = \frac{\sqrt{2}}{8} \qquad (a = h^2/k^2)$$

9. 证　根据式(12.3.4) 即有

$$1\text{pc} = \frac{206265}{1}\text{AU} = 206265\text{AU}$$

10. 解　根据斯特藩 - 玻尔兹曼定律(参见教材 2.5.11 节)

$$J = \sigma T^4$$

因此太阳表面辐射的总能量

$$P = 4\pi R^2 J = 4\pi\sigma R^2 T^4$$

而达到地球大气层顶层单位面积上的辐射功率为

$$\frac{P}{S} = 1.4\text{kW}\cdot\text{m}^{-2} = 1.4\times10^3\text{J}\cdot\text{s}^{-1}\cdot\text{m}^{-2}$$

式中,S 是以太阳为中心,地球所在处球面的面积

$$S = 4\pi\times(1.5\times10^{11})^2 = 9\times10^{22}\pi(\text{m}^2)$$

从而

$$P = 1.4\times10^3\times9\times10^{22}\pi = 12.6\times10^{25}\pi(\text{J}\cdot\text{s}^{-1})$$

$$\begin{aligned}12.6\times10^{25}\pi &= P = 4\pi\sigma R^2 T^4\\ &= 4\pi\times5.67\times10^{-8}\times(7\times10^8)2T^4 = 1.111\times10^{11}\pi T^4\end{aligned}$$

由此得到太阳表面温度 $T = 5800\text{K}$。

11. 解　物体的重量来自万有引力:$mg = G\dfrac{mM}{R^2}$,因此

$$g = \frac{GM}{R^2}$$

对太阳表面:$R = 6.96\times10^8\text{m}, M = 1.99\times10^{30}\text{kg}$,其重力加速度

$$g = \frac{6.67\times10^{-11}\times1.99\times10^{30}}{6.96^2\times10^{16}} = 274(\text{m}\cdot\text{s}^{-2})$$

对月亮表面 $R = 1.74 \times 10^6 \mathrm{m}$，$M = 7.36 \times 10^{22} \mathrm{kg}$，其重力加速度

$$g = \frac{6.67 \times 10^{-11} \times 7.36 \times 10^{22}}{1.74^2 \times 10^{12}} = 1.6(\mathrm{m \cdot s^{-2}})$$

12. 解　根据式(12.3.4)和式(12.3.5)，对织女星，$\pi = 0.12''$，离地球距离

$$r = \frac{1}{0.12}\mathrm{pc} = 8.3\mathrm{pc}$$

$$= \frac{206265}{0.12}\mathrm{AU} = 1.72 \times 10^6 \mathrm{AU}$$

$$= \frac{206265}{0.12} \times 1.496 \times 10^8 \mathrm{km} = 2.57 \times 10^{14} \mathrm{km}$$

对天鹅座61星，$\pi = 0.29''$，离地球距离

$$r = 3.45\mathrm{pc} = 7.1 \times 10^5 \mathrm{AU} = 1.064 \times 10^{14} \mathrm{km}$$

13. 解　根据公式(12.3.8)

$$m - M = 5\lg r - 5$$

对牛郎星，$m = 0.76$，$r = 5.14\mathrm{pc}$，

所以　$M = 2.2$

即牛郎星的绝对星等是2.2。

14. 解　由 $m = -0.01$，$M = 4.35$，$5\lg r = m - M + 5 = 0.64$

知半人马座 α 到地球的距离　$r = 1.34\mathrm{pc}$

15. 解　(1) 中子与质子质量近似相等 $m_n = m_p = 1.67 \times 10^{-27} \mathrm{kg}$

所以，
$$N = \frac{2.09 \times 10^{30}}{1.67 \times 10^{-27}} = 1.25 \times 10^{57}$$

氦原子包含4个核子(两个质子，两个中子)和两个电子

所以，
$$x = \frac{1}{2}, N_e = xN = 6.26 \times 10^{56}$$

(2) 若将白矮星视为球体，那么半径为 r、厚度为 $\mathrm{d}r$ 壳层所受的引力为 $-G\frac{m\mathrm{d}m}{r^2}$($m = \frac{4}{3}\pi r^3 \rho$ 是球的质量，$\mathrm{d}m = \rho 4\pi r^2 \mathrm{d}r$ 是该壳层质量)，乘上距离积分后给出其引力势能

$$E_{\mathrm{grav}} = -G\int_0^R r\frac{m\mathrm{d}m}{r^2} = -G\int_0^R \frac{16}{3}\pi^2 \rho^2 r^4 \mathrm{d}r$$

$$= -\frac{G}{5}\frac{16}{3}\pi^2 R^5 \rho^2 = -\frac{3}{5}G\left(\frac{4}{3}\pi R^3 \rho\right)^2 / R$$

$$= -\frac{3G}{5}\frac{M}{R} = -\frac{3G}{5}\frac{(Nm_p)^2}{R}$$

式中，$M=\frac{4}{3}\pi R^3\rho$ 是星球质量。根据习题10第18题，超相对论性电子气体的能量

$$E_{\text{elec}}=\frac{3}{4}N_e cp_f=\frac{3}{4}N_e c\hbar\left(\frac{3\pi^2 Ne}{V}\right)^{1/3}=\frac{3}{4}N_e c\hbar\left(\frac{9\pi Ne}{4}\right)\frac{1}{R}\quad\left(V=\frac{4}{3}\pi R^3\right)$$

(3) 利用 $U=E_{\text{grav}}+E_{\text{elec}}=0$ 的条件有

$$\frac{3G}{5}\frac{(Nm_p)^2}{R}=\frac{3}{4}xNc\hbar\left(\frac{G\pi xN}{4}\right)^{1/3}\frac{1}{R}\qquad(N_e=xN)$$

由此得到临界核子数

$$N_c=\left[\frac{5}{4}\frac{xc\hbar}{Gm_p^2}\left(\frac{9\pi x}{4}\right)^{1/3}\right]^{3/2}$$

$$=\left(\frac{5\times0.05\times3\times10^8\times1.055\times10^{-34}}{4\times6.67\times10^{-11}\times1.67^2\times10^{-54}}\right)^{3/2}\left(\frac{9\pi\times0.5}{4}\right)^{1/2}$$

$$=2.06\times10^{57}$$

从而临界质量

$$M_c=N_c m_p=3.4\times10^{30}(\text{kg})$$

16. 解　对中子量 $x=1$，根据第15题(3)中公式得

$$N_c=\left(\frac{5}{4}\frac{c\hbar}{Gm_p^2}\right)^{3/2}\left(\frac{9\pi}{4}\right)^{1/2}=8.25\times10^{57}\qquad M_c=N_c m_n=1.38\times10^{31}(\text{kg})$$

17. 解　根据式(12.3.17)，质量与太阳相当时，$M=1.989\times10^{30}$kg(见附录A)，引力半径

$$r_g=\frac{2GM}{c^2}=\frac{2\times6.67\times10^{-11}\times1.989\times10^{30}}{9\times10^{16}}=2.95\times10^3(\text{m})\approx3\text{km}$$

质量与武仙座球状星团相当时，$M=10^5M_\odot$(参见P.288)

$$r_g=3\times10^5(\text{km})$$

质量与银河系相当时，$M=1.4\times10^{11}M_\odot$(参见表12.5)

$$r_g=4.2\times10^{11}(\text{km})$$

18. 解　设视星等 m 到最亮的星都位于太阳周围半径为 r 的天球内，其数目即 $N(m)$；视星等 $m+1$ 到最亮的星都位于太阳周围半径为 R 的天球内，其数目即 $N(m+1)$。若恒星分布是均匀的，于是

$$\frac{N(m+1)}{N(m)}=\frac{R^3}{r^3}$$

而恒星的亮度与其距离的平方成反比，故

$$\frac{I_m}{I_{m+1}} = \frac{R^2}{r^2} = 100^{1/5} = 2.512$$

由此得

$$\frac{N(m+1)}{N(m)} = \frac{R^3}{r^3} = \sqrt{2.512^3} = 3.98$$

19. 解　(1) 设 V、r、I 和 n 分别表示原恒星的体积、半径、亮度和视星等，V'、r'、I' 和 n' 分别表示分裂后小恒星的体积、半径、亮度和视星等。根据已知条件，应有

$$\frac{V'}{V} = \left(\frac{R'}{R}\right)^3 = \frac{1}{2}$$

由此知

$$\frac{R'}{R} = 0.79 \qquad \left(\frac{R'}{R}\right)^2 = 0.63$$

由于恒星的亮度与其表面积成正比，因此

$$\frac{I'}{I} = \left(\frac{R'}{R}\right)^2 = 0.63$$

又星等增加 1 等，亮度变暗 100 = 2.512 倍，故

$$\frac{I'}{I} = 2.512^{n-n'}$$

$$n' - n = -\frac{1}{\lg 2.512}\lg\frac{I'}{I} = -2.5\lg\frac{I'}{I} = -2.5\lg 0.63 = 0.5$$

可见小恒星比原恒星暗了 0.5 等。

(2) 因为两个小恒星组成的双星系统的亮度(I'') 等于两个小恒星亮度之和

$$I'' = 2I'$$

所以

$$n'' - n = -2.5\lg\frac{I''}{I} = -2.5\lg\frac{2I'}{I} = -2.5\lg\frac{2\times 0.63I}{I}$$

$$= -2.5\lg 1.26 = -0.25$$

可见双星系统比原恒星亮了 0.25 等。

20. 解　根据式(12.4.7)，室女座星系团视向速度

$$v = cz = 3\times 10^8 \times 0.0038 = 1.14\times 10^6 (\text{m/s}) = 1140\text{km/s}$$

根据式(12.4.8)，它与太阳系的距离

$$d = \frac{v}{H_0} = \frac{1140}{57} = 20(\text{M}\cdot\text{pc})$$